Beschäftigungsfähigkeit im produzierenden Sektor – Entwicklung des Predictive Model of Industrial Employability

Employability in the Producing Sector – Developing the Predictive Model of Industrial Employability

Von der Fakultät für Wirtschaftswissenschaften
der Rheinisch-Westfälischen Technischen Hochschule Aachen
zur Erlangung des akademischen Grades einer
Doktorin der Wirtschafts- und Sozialwissenschaften
genehmigte Dissertation

vorgelegt von

Amelie Isabel Metzmacher

Berichterin: Univ.-Prof. Dr. rer. pol. Stefanie Paluch
Berichter: Univ.-Prof. Dr.-Ing. Robert Heinrich Schmitt

Tag der mündlichen Prüfung: 22. November 2023

ERGEBNISSE AUS DER PRODUKTIONSTECHNIK

Amelie Isabel Metzmacher

Beschäftigungsfähigkeit im produzierenden Sektor – Entwicklung des Predictive Model of Industrial Employability

Herausgeber:
Prof. Dr.-Ing. Dipl.-Wirt. Ing. G. Schuh
Prof. Dr.-Ing. C. Brecher
Prof. Dr.-Ing. R. H. Schmitt

Band 5/2024

WZL | RWTH AACHEN UNIVERSITY

Fraunhofer IPT

Bibliografische Information der Deutschen Nationalbibliothek
Die Deutsche Nationalbibliothek verzeichnet diese Publikation in der Deutschen Nationalbibliografie; detaillierte bibliografische Daten sind im Internet über https://portal.dnb.de abrufbar.

Amelie Isabel Metzmacher:

Beschäftigungsfähigkeit im produzierenden Sektor – Entwicklung des Predictive Model of Industrial Employability

1. Auflage, 2024

Gedruckt auf holz- und säurefreiem Papier, 100% chlorfrei gebleicht.

Wissenschaftsverlag des Instituts für Industriekommunikation und Fachmedien an der RWTH Aachen
Steinbachstr. 25, 52074 Aachen
Internet: www.apprimus-verlag.de, E-Mail: info@apprimus-verlag.de

Druck: CPI Druckdienstleistungen GmbH, Ferdinand-Jühlke-Straße 7 I 99095 Erfurt

ISBN 978-3-98555-201-6

D 82 (Diss. RWTH Aachen University, 2023)

Aus Lesbarkeitsgründen wird in dieser Arbeit auf die verschiedene Ansprechweisen, sei es männlich, weiblich oder divers verzichtet. Alle Formulierungen sprechen gleichermaßen alle Geschlechter an.

Kurzfassung der Arbeit

Bereits vor den Krisen der COVID-19-Pandemie und des Russland-Ukraine-Konflikts waren Hochlohnländer wie Deutschland mit einer Vielzahl von Herausforderungen, wie z. B. dem demografischen Wandel, Migration und Globalisierung konfrontiert. In der Thematik der Beschäftigungsfähigkeit in produzierenden Unternehmen spielen im Kontext der Industrie 4.0 mehrere dieser Herausforderungen eine immanente Rolle: Sie haben großen Einfluss auf die Arbeitsanforderungen, Arbeitsformen und -inhalte in der Industrie und damit auf die Beschäftigten in produzierenden Unternehmen.
Grundsätzlich herrscht in der wissenschaftlichen Literatur Konsens darüber, dass sich die Arbeitswelt durch Industrie 4.0 erheblich verändern wird. Jedoch ist es für Unternehmen oft noch unklar, wie die Arbeit im Detail gestaltet sein wird. Es stellt sich die Frage, wie die Arbeitsteilung von Mensch und Technik im soziotechnischen System auf dem Shopfloor zukünftig aussieht und über welche Kompetenzen Arbeitnehmende verfügen müssen, sodass sie in Industrie 4.0 beschäftigungsfähig sind und bleiben. Erst wenn geklärt ist, welche Aufgaben von Menschen wie zu erfüllen sind, können Maßnahmen entwickelt werden, um Personen im erwerbsfähigen Alter langfristig in Beschäftigung zu halten

Um diese Problemstellung zu adressieren, wird in dieser Arbeit ein Modell zur Messung und Vorhersage der industriellen Beschäftigungsfähigkeit (IB) von Mitarbeitenden auf operativer Ebene im produzierenden Sektor im Kontext von Industrie 4.0 entwickelt.
Die Ausgangssituation, die Problemstellung und die daraus abgeleitete Zielsetzung ordnen diese Arbeit in die anwendungsorientierte Forschung im Schnittpunkt der Betriebswirtschaftslehre (BWL), der Ingenieurwissenschaften und der Psychologie ein. Als forschungsmethodisches Vorgehen dient die Design Research Methodology (DRM). Zur Erreichung der Zielstellung wird folgende zentrale Forschungsfrage formuliert: „Lässt sich die Beschäftigungsfähigkeit der Mitarbeitenden auf operativer Ebene im produzierenden Sektor im Kontext von Industrie 4.0 messen und vorhersagen?". Im Rahmen der DRM wird die Forschungsfrage mittels eines Multimethodenansatzes über qualitative und quantitative Studien sukzessive beantwortet.

Basierend auf einer systematischen Literaturanalyse und Experteninterviews wird zunächst die IB definiert. Kern der Definition der IB ist die Clusterung erforderlicher Kompetenzen in die vier Dimensionen „Berufliches und technologisches Fachwissen", „Anpassungsfähigkeit", „Soziale Fähigkeiten" und „Selbstmanagement"
Mittels einer Szenario- und Personaentwicklung mit Experten aus Industrie und Wissenschaft werden für die IB relevante Faktoren auf Individual- und Unternehmensebene ermittelt. Das auf Basis von acht Schlüsselfaktoren entwickelte Szenario über die Zukunft der Produktionsarbeit 2030 wird auf zwei produzierende Unternehmen transferiert und dessen Auswirkungen auf die Beschäftigten auf dem Shopfloor analysiert.
Ergebnisse sind einerseits die Validierung der literaturbasierten Annahmen über die zukünftige Produktionsarbeit in Industrie 4.0 aus Praxissicht, andererseits die Ableitung der für die IB relevanten Faktoren: Digitalstrategie, HR-Maßnahmen, Mobilität, Industrie 4.0-Technologien, Berufsspezifische Weiterentwicklung, Ganzheitliche Lebensperspektive.

Die Resultate dieser Studien werden mit bestehenden Erkenntnissen aus der Literatur kombiniert. Das Ergebnis dieser Synthese stellt das Forschungs- bzw. Hypothesenmodell der IB dar. Dazu werden die zuvor ermittelten Kompetenzen und Faktoren in operationalisierte Konstrukte überführt.

Zur Testung und Validierung des Modells werden zwei empirische Fragebogenstudien durchgeführt. Beide Untersuchungen fokussieren auf Personen, die im produzierenden Gewerbe tätig sind (Studie I mit Beschäftigten) oder waren (Studie II mit Arbeitssuchenden). Ziele der Studien sind die Testung des Modells an repräsentativen Stichproben sowie die Validierung der Ergebnisse von Studie I durch Studie II. Insgesamt werden in den beiden Studien knapp 650 Personen befragt, davon 323 in Studie I und 321 in Studie II.

Basierend auf den Ergebnissen der beiden Fragebogenstudien können alle Zusammenhänge der Faktoren auf Individualebene mit den IB-Dimensionen in mindestens einer Studie bestätigt werden. Insgesamt zeigen die Studien, dass die IB-Dimensionen zur Abbildungen der Beschäftigungsfähigkeit in Industrie 4.0 geeignet sind und die Faktoren auf Individualebene einen großen Teil der IB-Dimensionen erklären. Somit wird erstmals ein Modell zur Beschäftigungsfähigkeit für die Arbeit auf dem Shopfloor in Industrie 4.0 auf Individualebene entwickelt, erfolgreich getestet und größtenteils validiert.

Demzufolge leistet die Arbeit einen Beitrag auf den Gebieten der Querschnittsforschung zur Beschäftigungsfähigkeit, der Berücksichtigung und Kombination theoretischer Grundlagen verschiedener Forschungsdisziplinen und der Forschung zu Modellen der Beschäftigungsfähigkeit. Als Implikation für die Praxis werden die Erkenntnisse dieser Arbeit in konkrete Handlungsempfehlungen überführt.

Die ersten Empfehlungen beziehen sich auf die Handlungsbedarfe, die sich primär aus der Szenario- und Personaentwicklung ergeben. Die zum Teil disruptiven Veränderungen in der Produktionsarbeit der Zukunft erfordern von Akteuren aus Meso- und Makroebene ein Umdenken hinsichtlich schulischer, universitärer sowie betrieblicher Aus- und Weiterbildung. Inhalte, Lehr- und Lernformen müssen an die neuen Gegebenheiten angepasst und Digitalkompetenz muss als zentrales Element in allen Ebenen gefördert und gefordert werden. Im Zuge des Fachkräftemangels sollten Unternehmen die Erkenntnisse bezüglich der persönlichen Präferenzen zukünftiger Arbeitnehmer nutzen und z. B. über eigene Beschäftigtenpersonas ausdetaillieren, um als Arbeitgeber attraktiv zu bleiben.

Weitere Handlungsempfehlungen basieren auf dem IB-Modell und den Ergebnissen der empirischen Studien I und II. Für Unternehmen relevant sind insbesondere die arbeitgeberabhängigen Faktoren „Berufsspezifische Weiterentwicklung“ und „Industrie 4.0-Technologien“, die im signifikanten Zusammenhang mit den IB-Dimensionen stehen und somit die IB der Beschäftigten beeinflussen können. Zur Realisierung von Industrie 4.0 sollten Unternehmen Maßnahmen zu diesen beiden Faktoren, z. B. zur gezielten frühzeitigen Kommunikation zur Einführung der Industrie 4.0-Technologien und informelle Formen der Karriereentwicklung wie Feedbackgespräche, als essentiellen Teil einer Industrie 4.0-Transformationsstrategie einsetzen. Nur so kann es gelingen, von Beginn an die technische und die soziale Perspektive des soziotechnischen Systems der Industrie 4.0 zu adressieren und das Unternehmen in eine bestmöglich funktionierende Smart Factory zu entwickeln.

Abstract

Even before the crises of the COVID 19 pandemic and the Russia-Ukraine conflict, high-wage countries like Germany were confronted with a variety of challenges, such as demographic change, migration and globalisation. In the context of Industry 4.0, several of these challenges play an immanent role in the topic of employability in manufacturing companies: They have a major influence on work requirements, forms of work and work content in industry and thus on employees in manufacturing companies.
There is a general consensus in the scientific literature that Industry 4.0 will significantly change the world of work. However, for companies, it is often still unclear how the work will be designed in detail. The question arises as to how the division of labour between humans and technology in the socio-technical system on the shop floor will look in the future and what competences employees should have so that they are and remain employable in Industry 4.0. Only when it has been clarified which tasks need to be performed by people and how, measures can be developed to keep people of working age in employment in the long term.

In order to address this problem, this thesis develops a model for measuring and predicting industrial employability (IE) of employees at the operational level in the manufacturing sector in the context of Industry 4.0.
The initial situation, the problem and the derived objectives place this work in the application-oriented research at the intersection of business administration, engineering sciences and psychology. The Design Research Methodology (DRM) serves as the research methodology. In order to achieve the objective, the following central research question is formulated: "Can the employability of employees at the operational level in the manufacturing sector be measured and predicted in the context of Industry 4.0? Within the framework of the DRM, the research question will be answered successively using a multi-method approach via qualitative and quantitative studies.

Based on a systematic literature research and expert interviews, IE is first defined. The core of the IE definition is the clustering of required competences into the four dimensions "Occupational and Technological Expertise", "Adaptability", "Social Skills" and "Self-Management".
Applying a scenario and persona development with experts from industry and science, factors relevant for the IB are identified at individual and company level. The scenario developed on the basis of eight key factors about the future of production work in 2030 is transferred to two manufacturing companies to analyse its effects on the employees on shop floor level.
The results are, on the one hand, the validation of the literature-based assumptions about future production work in Industry 4.0 from a practical perspective and, on the other hand, the derivation of the factors relevant for the IB: Digital Strategy, HR Measures, Mobility, Industry 4.0 Technologies, Job-Specific Further Development, Whole Life Perspective.
The results of these studies are combined with findings from literature. The outcome of this synthesis is the research or hypothesis model of IE. For this purpose, the previously identified competencies and factors are transformed into operationalised constructs.
In order to test and validate the model two empirical questionnaire studies are conducted. Both studies focus on persons who are (Study I with employees) or were (Study II with job seekers)

employed in the manufacturing sector. The aim of the studies is to test the model on representative samples and to validate the results of Study I through Study II. A total of almost 650 people participated in the two studies, 323 in Study I and 321 in Study II.
Based on the results of the two questionnaire studies, all correlations of the individual-level factors with the IE dimensions can be confirmed in at least one study. Overall, the studies show that the IE dimensions are suitable for mapping employability in Industry 4.0 and that the individual-level factors explain a large part of the IE dimensions. Thus, for the first time, a model of employability for work on the shopfloor in Industry 4.0 is developed, successfully tested and largely validated at the individual level.

Consequently, this work makes a contribution to the fields of cross-sectional research on employability, the consideration and combination of theoretical foundations of different research disciplines and research on employability models. As an implication for practice, the findings of this work are translated into concrete recommendations for action.
The first recommendations refer to the need for action that primarily results from scenario and persona development. The partly disruptive changes in the production work of the future require actors from the meso and macro levels to rethink school, university and company education and training. Content, teaching and learning methods must be adapted to the new circumstances and digital competence must be promoted and demanded as a central element at all levels. In the course of the shortage of skilled workers, companies should use the findings regarding the personal preferences of future employees and, e. g., detail their own employee personas in order to remain attractive as an employer.
Further recommendations for action are based on the IB model and the results of the empirical studies I and II. Of particular relevance for companies are the employer-dependent factors "occupation-specific further development" and "Industry 4.0 technologies", which are significantly related to the IE dimensions and can thus influence the IE of employees. In order to realise Industry 4.0, companies should implement measures on these two factors, e.g., targeted early communication on the introduction of Industry 4.0 technologies and informal forms of career development such as feedback meetings, as an essential part of an Industry 4.0 transformation strategy. Only in this manner can the technical and social perspectives of the socio-technical system of Industry 4.0 be addressed from the outset and the company be transformed into a smart factory that operates in the most efficient way possible.

Vorwort

Die vorliegende Dissertation entstand während meiner Zeit als wissenschaftliche Mitarbeiterin am Lehrstuhl für Fertigungsmesstechnik und Qualitätsmanagement des Werkzeugmaschinenlabors WZL der Rheinisch-Westfälischen Technischen Hochschule Aachen.

Mein Dank gilt meiner Doktormutter Frau Professorin Stefanie Paluch für das entgegengebrachte Vertrauen und die Unterstützung während des Promotionsprozesses. Herrn Professor Robert Schmitt danke ich herzlich für die Übernahme des Koreferats. Im Besonderen jedoch für die sehr lehrreiche Zeit am Lehrstuhl und die Möglichkeiten, die ein solch industrienahes Forschungsfeld impliziert. Die in den zahlreichen Forschungs- und Beratungsprojekten gewonnenen Erfahrungen und entstandenen Möglichkeiten haben sehr zu dieser Arbeit wie auch zu meiner persönlichen Weiterentwicklung beigetragen.

Meinen (ehemaligen) Kolleginnen und Kollegen am Lehrstuhl möchte ich für die schöne Zeit am WZL danken. Hervorheben möchte ich Maximilian Rüßmann, Ina Heine und Thomas Hellebrandt. Ich danke euch für die enge und vertrauensvolle Zusammenarbeit, auf die ich sehr gerne zurückblicke.
Ebenfalls bedanken möchte ich mich bei den Kollegen meiner Gruppe Industrial Capabilities. Mit euch war selbst das Arbeiten während der Pandemie-Höchstzeit immer abwechslungsreich und motivierend. Ein weiterer Dank gilt meinen studentischen Mitarbeitern, die mich während meiner Zeit am Lehrstuhl stets tatkräftig unterstützt haben.

Mein größter Dank gilt meiner Familie, allen voran meinen Eltern. Ich danke euch für eure Liebe und fortwährende Unterstützung, welche die Grundlage für meine persönliche und berufliche Entwicklung und somit auch für diese Arbeit gelegt haben. Abschließend danke ich meinem Freund Maximilian. Ich danke dir für deine Liebe und Unterstützung sowie für die kritischen Diskussionen zu diversen Themen, aber auch für die notwendige Zerstreuung zwischen arbeitsintensiven Phasen.

Aachen, im November 2023

Amelie Metzmacher

Inhaltsverzeichnis

Abkürzungsverzeichnis

ADAP	Adaptability (dt. Anpassungsfähigkeit)
AR	Augmented Reality
AVE	Average Variance Extracted (dt. durchschnittlich erfasste Varianz)
BWL	Betriebswirtschaftslehre
CARDEV	Berufsspezifische Weiterentwicklung
CAREER	Subjektiver Karriereerfolg
CAT	Cognitive Adaption Theory
CFA	Confirmatory Factor Analysis (dt. konfirmatorische Faktorenanalyse)
C-OAR-SE	Construct-Object-Attribute-Rater-Scale-Enumeration
COR	Conservation of Resources
CPS	Cyber-physische Systeme
DGQ	Deutsche Gesellschaft für Qualität
DIGI	Digitalisierungs-/ Industrie 4.0-Strategie
DRM	Design Research Methodology
LP	Ganzheitliche Lebensperspektive
HKT	Humankapitaltheorie
HR	Human Resource (HR)-Aktivitäten
HTMT	Heterotrait-Monotrait-Verhältnis
I40	Reifegrad von Industrie 4.0-Technologien
I40P	Wahrgenommener Reifegrad von Industrie 4.0-Technologien
IB	Industrielle Beschäftigungsfähigkeit
IC	Composite Reliabilität
IT	Informationstechnik
IKT	Informations- und Kommunikationstechnologien
IoP	Internet of Production
IoT	Internet of Things (dt. Internet der Dinge)
JD-R	Job Demands Resources

KI	Künstliche Intelligenz
KMU	Kleinere und mittlere Unternehmen
KSAO	Engl. Knowledge, Skills, Abilities, Other Characteristics (dt. Wissen, Fähigkeiten, Fertigkeiten, andere Charakteristika)
MOB	Wahrgenommene Mobilität
OTE	Occupational and Technological Expertise (dt. Berufliches und technologisches Fachwissen)
PE-Fit	Person-Environment Fit
PJ-Fit	Person-Job Fit
PESTEL	Political, Economical, Social, Technological, Ecological, Legal (dt.: politisch, ökonomisch, sozio-kulturell, technologisch, ökologisch, rechtlich)
PLS	Partial Least Squares
POSLEAD	Leitungsposition
RBV	Resource-Based View
RWTH	Rheinisch-Westfälische Technische Hochschule
SELF	Selfmanagement (dt. Selbstmanagement)
SET	Social Exchange Theory (dt. Soziale Austauschtheorie)
SGM	Strukturgleichungsmodell
SOCS	Social Skills (dt. Soziale Fähigkeiten)
STS	Soziotechnische Systeme
UNEMP	Vergangene Arbeitslosigkeit
VHB	Verband deutscher Hochschullehrer für Betriebswirtschaft e. V.
VIF	Varianzinflationsfaktor
VR	Virtual Reality
VUCA	Volatile, Uncertain, Complex, Ambiguous (dt. volatil, unsicher, komplex, mehrdeutig)
WAGE	Gehalt
WZL	Werkzeugmaschinenlabor

Abbildungsverzeichnis

Tabellenverzeichnis

1 Einleitung

In der dritten Dekade des 21. Jahrhunderts steht die Weltbevölkerung vor einigen zentralen Herausforderungen. Wie können der Klimawandel und dessen Folgen gebremst werden (United Nations, 2021)? Wie können gleichzeitig zunehmend mehr Menschen auf dem Standard von Industrienationen mit Nahrung und Energie versorgt werden (United Nations, 2021)? Wie diese und weitere Fragestellungen adressiert werden, wird erheblichen Einfluss auf das Leben jedes Einzelnen nehmen.

Entwicklungen, die für Unternehmen in Hochlohnländern wie Deutschland von besonderer Relevanz sind, stellen die digitale oder 4. Industrielle Revolution, im deutschen Sprachraum kurz als Industrie 4.0 bezeichnet, der demografische Wandel, der Fachkräftemangel und die Integration von Migrantinnen und Migranten dar.

Die Digitalisierung und Vernetzung von Fertigungsprozessen ermöglicht es, viele Arbeitsschritte zu automatisieren, sodass Auswirkungen des Fachkräftemangels und auch der Kostendruck durch Niedriglohnländer abgefedert werden können (vgl. Willcocks, 2020). Zukunftsprognosen, u. a. in Studien des World Economic Forum (2020), machen deutlich, dass die Produktionsarbeit auch zukünftig nur mit qualifizierten Fachkräften im Zusammenspiel mit Produktionsmitteln als soziotechnisches System zu realisieren ist. Dabei ist bislang noch nicht eindeutig definiert, welchen Anteil der Produktionsarbeit von Menschen erbracht wird und welche Kompetenzen sie dafür benötigen (vgl. Metzmacher et al., 2019; Münch et al., 2022).

Diese Erkenntnislücke adressiert die vorliegende Arbeit indem zwei Leitfragen eingehender untersucht werden:

Wie wird die Zukunft der Produktionsarbeit im Zusammenspiel von Mensch und Technik aussehen und über welche KSAOs (engl. Knowledge, Skills, Abilities and Other Characteristics, dt. Wissen, Fähigkeiten, Fertigkeiten und andere Charakteristika) – kurz *Kompetenzen 4.0* – müssen Mitarbeitende zukünftig verfügen, um beschäftigungsfähig zu sein?

1.1 Ausgangssituation und Problemstellung

Der Begriff „VUCA-Welt" (engl. Volatile, Uncertain, Complex, Ambiguous; dt. volatil, unsicher, komplex, mehrdeutig) verdeutlicht die komplexen Herausforderungen und Rahmenbedingungen der heutigen Zeit. Verschiedene Ereignisse wie die COVID-19-Pandemie und der Russland-Ukraine-Krieg sind Sinnbild des „Unvorhersehbaren" und dessen Auswirkungen sind für viele Menschen im Privat- und Arbeitsleben spürbar.

Insbesondere in Deutschland stehen der Arbeitsmarkt und viele Unternehmen vor einer Vielzahl von Herausforderungen, die die Arbeitssituation der Zukunft beeinflussen werden. Zentrale Herausforderungen sind u. a. die alternde Gesellschaft, der Klimawandel, die Migration, die Globalisierung, z. B. global verkettete Wertschöpfungsketten, und Auswirkungen geopolitischer Krisen, wie die Explosion der Energiekosten (vgl. Walwei, 2020). In Kombination mit dem technologischen Wandel, der mit dem Einzug von Industrie 4.0 in produzierende Unternehmen verbunden ist, haben die oben genannten Herausforderungen bereits heute einen wesentlichen Einfluss auf Arbeitsformen und -inhalte und somit auf Anforderungen an Beschäftigte in der Industrie und damit auf die Menschen, die in produzierenden Unternehmen arbeiten (vgl. Becker & Merkel, 2022; Zink & Bosse, 2019).

Der technologische Fortschritt durch Industrie 4.0 steht für einen digitalen und vernetzten Produktionsprozess, der maßgeblich die Aufgaben der menschlichen und technischen Akteure sowie deren Beziehung untereinander verändert (Culot et al., 2020; Horváth & Szabó, 2019). Eine aktuelle Studie des World Economic Forum, an der 291 globale Unternehmen von Januar bis September 2020 teilgenommen haben, ergab, dass 43 % der befragten Unternehmen bis 2025 ihre Belegschaft aufgrund der Technologieintegration reduzieren werden (World Economic Forum, 2020). Zudem gingen die meisten Befragten davon aus, dass bis 2025 die Zeit, die Menschen und Maschinen für aktuelle Aufgaben am Arbeitsplatz aufwenden, gleich sein wird. Im Besonderen sehen die Befragten der Studie niedriger entlohnte Tätigkeiten in Gefahr, durch Maschinen und Algorithmen ersetzt zu werden. Diejenigen Arbeitsplätze, die erhalten bleiben, werden allerdings andere Qualifikationen erfordern (World Economic Forum, 2020). Bei den Arbeitnehmenden, die in ihren Positionen bleiben werden, wird sich nach den Ergebnissen der Studie der Anteil der Kernqualifikationen in den nächsten fünf Jahren um 40 % ändern; 50 % aller Arbeitnehmenden werden eine Umschulung benötigen. Die Mehrheit der Befragten gehen davon aus, dass sich trotz des pandemiebedingten wirtschaftlichen Abschwungs Investitionen in die Aus- und Weiterbildung innerhalb eines Jahres auszahlen werden (World Economic Forum, 2020).

Grundsätzlich sind sich alle beteiligten Parteien im Arbeitsmarkt – Politik, Arbeitnehmer- und Arbeitgebervertreter – wie auch die jüngste Forschung einig, dass sich die Arbeitswelt der Zukunft insbesondere in produzierenden Unternehmen durch Industrie 4.0 erheblich verändern wird (Klingbeil-Döring, 2022). Da jedoch die wenigsten Unternehmen ihre Produktion bereits zu einer Smart Factory transformiert haben, ist unklar, wie die Arbeit genau gestaltet sein wird. Es stellt sich die Frage, wie die Arbeitsteilung von Mensch und Technik im soziotechnischen System zukünftig auf dem Shopfloor aussieht (vgl. Becker & Merkel, 2022). Folglich ist unklar, über welche KSAOs Arbeitnehmende verfügen müssen, sodass sie in Industrie 4.0 beschäftigungsfähig sind und bleiben (vgl. Lodgaard et al., 2022).

Die obigen Fragestellungen müssen zunächst beantwortet werden, um die Herausforderungen in Form des demografischen Wandels, des Fachkräftemangels und der Eingliederung von Migrantinnen und Migranten adäquat adressieren zu können. Erst wenn klar ist, welche Aufgaben von Menschen wie zu erfüllen sind, können Maßnahmen entwickelt werden, um Personen im erwerbsfähigen Alter langfristig in Beschäftigung zu halten. Dies bedeutet im Detail, aktuell Beschäftigte für Tätigkeiten in Industrie 4.0 weiterzubilden, Tätigkeiten durch Technikunterstützung von Geringqualifizierten durchführen zu lassen und die Arbeitskraft von Personen mit anderen Bildungsabschlüssen, aus anderen Kulturkreisen und mit verschiedenen Sprachniveaus erfolgreich nutzen zu können.

Insgesamt lässt sich daher feststellen, dass zur Lösung des Problems und um eine Vollbeschäftigung der erwerbsfähigen Personengruppe in Industrie 4.0 zu erreichen, folgende Punkte adressiert werden müssen:

(1) Klarheit über Arbeitsgestaltung in Industrie 4.0
(2) Ableitung daraus resultierender Kompetenzprofile und erforderlicher KSAOs
(3) Identifikation des Status quos der KSAOs und Vorhersage der zukünftigen Beschäftigungsfähigkeit in der relevanten Personengruppe
(4) Ableitung konkreter Maßnahmen bei der Identifikation etwaiger Qualifikationslücken

Die vorliegende Arbeit adressiert jeden dieser Punkte, fokussiert aber maßgeblich auf die Punkte (1) bis (3), um ein Instrument zur Messung und Vorhersage der Beschäftigungsfähigkeit in Industrie 4.0 zu entwickeln.

1.2 Zielsetzung der Arbeit

Das übergeordnete Ziel dieser Arbeit ist die Entwicklung eines Modells zur Messung und Vorhersage der Industriellen Beschäftigungsfähigkeit (IB) von Mitarbeitenden auf operativer Ebene im produzierenden Sektor im Kontext von Industrie 4.0. Dies erfolgt mittels eines Multimethodenansatzes und unter der Prämisse, dass die Arbeit auf dem Shopfloor in Industrie 4.0 als soziotechnisches System verstanden wird. Literaturbasierte, wissenschaftliche Erkenntnisse werden mit aktuellem Expertenwissen aus Industrie und Forschung, das über verschiedene Methoden wie Experteninterviews, Szenariotechnik und Personaentwicklung ermittelt wird, gekoppelt. Das vielschichtige Vorgehen erlaubt es, ein Modell zu entwickeln, das sowohl Auskunft über für Industrie 4.0 relevante KSAOs (engl. Knowledge, Skills, Abilities and Other Characteristics) – kurz *Kompetenzen 4.0* – als auch über Einflussfaktoren auf Arbeitnehmenden- und Arbeitgeberseite gibt. Das Modell soll ermöglichen, die IB zu messen und zukünftig vorherzusagen.

Die Zielsetzung impliziert zwei Eingrenzungen. Die erste Eingrenzung ergibt sich über den zu betrachtenden Sektor. Der Begriff „Industrie 4.0" verdeutlicht die Fokussierung von Anwendungsfällen des produzierenden Gewerbes (vgl. Kagermann et al., 2013). Die in dieser Arbeit betrachteten Tätigkeiten sind der Produktion und flankierenden operativen Tätigkeiten, z. B. in der Qualitätssicherung, zuzuordnen. Demnach werden sowohl der Primär- als auch der Tertiärsektor ausgeklammert.
Die zweite Eingrenzung bezieht sich auf den Unternehmensstandort. Aufgrund des relativ hohen Anteils an Automatisierung und Digitalisierung, die sich durch den Fokus auf von Industrie 4.0 geprägten produzierenden Unternehmen ergeben, wird die Beschäftigungsfähigkeit in Hochlohnländern betrachtet. In Niedriglohnländern, in der manuelle Arbeit in der reinen Kosten-Nutzen-Analyse bevorzugt werden könnte, findet das Modell keine Anwendung.

Anhand der Eingrenzungen wird deutlich, für welche Untersuchungsbereiche die in dieser Arbeit generierten Ergebnisse gültig sind: Für Beschäftigte und potenziell beschäftigungsfähige Personen in der Produktion oder operativen produktionsnahen Bereichen in produzierenden Unternehmen, deren Arbeitsbereiche und Tätigkeiten durch Industrie 4.0 beeinflusst werden. Die Erkenntnisse sind sowohl von Interesse für die Personen selbst als auch für die Unternch men, Sozial- und Wirtschaftsverbände wie auch für die Arbeitsmarktpolitik, um die Beschäftigungsfähigkeit für diese Personengruppen langfristig nachhaltig zu fördern (vgl. Blayone & Van Oostveen, 2021; Liboni et al., 2019; Spöttl & Windelband, 2021).

Basierend auf der beschriebenen Zielstellung und unter Berücksichtigung des methodischen Vorgehens adressiert die vorliegende Arbeit Forschungsbedarfe auf vier Ebenen:

(1) Ganzheitliche Betrachtung des soziotechnischen Systems:
Die Beantwortung der Frage nach der Ausgestaltung der Arbeit auf dem Shopfloor von Industrie 4.0 als soziotechnisches System adressiert sowohl Bedarfe aus Praxis als auch aus der theoriegeprägten Forschung. So herrscht zwar Konsens über die Notwendigkeit des Zusammenspiels der menschlichen Arbeit und der Industrie 4.0-Technologien (vgl. z. B. Avis, 2018; Ittermann et al., 2015; Margherita, 2021). Oftmals wird jedoch nur ein Teilbereich, d. h. nur das technische oder nur das soziale Teilsystem, betrachtet und optimiert; eine Optimierung der Bereiche unter Berücksichtigung des jeweils anderen – hier: die Förderung der Beschäftigungsfähigkeit der Mitarbeitenden über bestimmte KSAOs in von Industrie 4.0 geprägten Arbeitsumgebungen – bleibt in den bestehenden Arbeiten aus (Sony & Naik, 2020).

(2) Integration von Faktoren der Meso- und Makroebene im Kompetenzmodell:
Im Rahmen der praxisorientierten Forschung zu Shopfloorarbeit in Industrie 4.0 beschreibt eine Reihe von Arbeiten zukünftige Tätigkeiten und erforderliche Kompetenzen (z. B. acatech, 2016; Flores et al., 2020; Frey & Osborne, 2017; Spöttl & Windelband, 2021). Zwar bestehen auf diesem Forschungsgebiet auch allgemeiner gehaltene Kompetenzmodelle (z. B. acatech, 2016; Hecklau et al., 2016), diese gehen jedoch nicht auf die besonderen Gegebenheiten des soziotechnischen Systems auf dem Shopfloor ein. Zudem bleibt die Untersuchung der Beschäftigungsfähigkeit aus. Die Beschäftigungsfähigkeit berücksichtigt neben den konkreten Anforderungen der spezifischen Tätigkeit auch generelle Anforderungen des Arbeitsmarktes sowie weiterer Faktoren wie Technologien und soziopolitische Faktoren auf Meso- und Makroebene (vgl. u. a. Fugate et al., 2004; Hillage & Pollard, 1998; Rothwell & Arnold, 2007).

(3) Industrie 4.0-Fokus in der Beschäftigungsfähigkeitsforschung:
Auch die konkrete Forschung zur Beschäftigungsfähigkeit kann diese Lücke aktuell nicht schließen. Einige Modelle vereinen Faktoren verschiedener Ebenen (z. B. Rothwell & Arnold, 2007; Vanhercke et al., 2014), es mangelt jedoch sowohl an einem Fokus auf die Shopfloorarbeit als auch an der Zukunftsorientierung, die in ein empirisch entwickeltes Modell einfließen (vgl. Blayone & Van Oostveen, 2021; Liboni et al., 2019).

(4) Multimethodenansatz:
Der Forschungsbedarf hinsichtlich der Zukunftsorientierung wird über die in dieser Arbeit verwendete Methodik adressiert. Im Bereich der Beschäftigungsfähigkeit klassische Methoden wie die Fragebogenentwicklung, Experteninterviews und systematische Literaturanalysen werden mit der Szenarioprognostik in Kombination mit der Personamethode gekoppelt. Einige wenige Arbeiten nutzen zwar die Szenariotechnik zur Untersuchung der zukünftigen Arbeit in der Produktion (z. B.Bauer & Klapper, 2018;

Bokrantz et al., 2017; Culot et al., 2020), es werden jedoch keine Rückschlüsse für die konkrete Ausgestaltung des soziotechnischen Arbeitssystems, erforderliche KSAOs zur Sicherung der Beschäftigungsfähigkeit und diese beeinflussende Faktoren gezogen. Die Entwicklung von Personas erlaubt schließlich, die Auswirkungen der Faktoren auf Makro- und Mesoebene auf der Mikroebene der Beschäftigten darzustellen und somit neben Einflussfaktoren zur Beschäftigungsfähigkeit auch konkrete KSAOs abzuleiten.

Zur Erreichung der beschriebenen Zielstellung und zur Adressierung der dargestellten Forschungsbedarfe wird unter Berücksichtigung der aufgestellten Eingrenzungen folgende zentrale Forschungsfrage formuliert:

„Lässt sich die Beschäftigungsfähigkeit der Mitarbeitenden auf operativer Ebene im produzierenden Sektor im Kontext von Industrie 4.0 messen und vorhersagen?"

Aus der zentralen Forschungsfrage leiten sich vier Unterforschungsfragen ab, die jeweils einen Beitrag zur Beantwortung der übergeordneten Forschungsfrage liefern:

I. Welche Kompetenzen werden zukünftig erforderlich sein, um im produzierenden Sektor im Kontext von Industrie 4.0 beschäftigungsfähig zu sein?

II. Welche Faktoren auf Individual- und Unternehmensebene sind relevant für die Beschäftigungsfähigkeit im Kontext von Industrie 4.0?

III. Wie lassen sich die Kompetenzen und zu betrachtende Faktoren im Kontext von Industrie 4.0 operationalisieren?

IV. Welche Wirkzusammenhänge bestehen zwischen den Kompetenzen und den zu betrachtenden Faktoren im Kontext von Industrie 4.0?

1.3 Forschungskonzeption

Die Ausgangssituation, die Problemstellung und die daraus abgeleitete Zielsetzung ordnen diese Arbeit in die anwendungsorientierte Forschung im Schnittpunkt der Betriebswirtschaftslehre (BWL), der Ingenieurwissenschaften und der Psychologie ein.

Nach Carnap (1935) lassen sich die Wissenschaftsdisziplinen in die Formal- und Realwissenschaften einteilen. Zu den Formalwissenschaften werden z. B. die Mathematik und die Logik gezählt. Sie bilden die logischen Grundlagen für die synthetischen Sätze, z. B. Sätze zur Beschreibung konkreter beobachteter naturwissenschaftlicher Phänomene oder soziologischer Verhaltensweisen, die in den Realwissenschaften, z. B. in der Physik und in der Psychologie behandelt werden (Carnap, 1935). Ulrich & Hill (1976) unterscheiden die Realwissenschaften weiter in Grundlagenwissenschaften, die Erklärungsmodelle empirischer Wirklichkeitsausschnitte liefern, und in Handlungswissenschaften, die auf die Analyse menschlicher Handlungsalternativen zur Gestaltung sozialer und technischer Systeme fokussieren und Entscheidungsmodelle entwickeln. In letztere Gruppe werden die Ingenieurwissenschaften und angewandte Sozialwissenschaften wie die BWL eingeteilt (Ulrich & Hill, 1976). Die Psychologie lässt sich hingegen sowohl den Grundlagenwissenschaften, bei einer reinen Untersuchung psychologischer Grundlagen, als auch den Handlungswissenschaften, sofern der Betrachtungsgegenstand konkrete Probleme des handelnden Menschen sind, zuordnen (Ulrich, 1982). Nach Ulrich (1982) ist die angewandte Forschung ihrem Wesen nach interdisziplinär. Nach diesem Kriterium lässt sich diese Arbeit daher eindeutig der angewandten Forschung bzw. den Handlungswissenschaften zuteilen.

Als Ansatz zur Forschungskonzeption der handlungswissenschaftlichen Arbeit eignet sich die Konstruktionsstrategie empirischer Forschung nach Kubicek (1977). Ziel der Forschungsstrategie ist, iterativ durch Fragen an die Realität Erfahrungswissen aufzubauen und somit ein Verständnis und letztendlich die Beherrschung über komplexe Probleme zu erlangen (Kubicek, 1977). Kubicek (1977) führt weiter aus „Forschung als einen Lernprozeß zu begreifen, in dem vor allem näher zu untersuchende Probleme vor dem Hintergrund von Erfahrungswissen theoretisch gefaßt und präziser definiert werden“ (Kubicek, 1977, S. 14). Dies bedeutet zugleich, dass die Definition der Probleme stark vom aktuellen Erfahrungswissen der Forschenden abhängt und sich im iterativen, kritisch-reflektierten Prozess demnach weiter konkretisiert. Tomczak (1992) hat das iterative Vorgehen in einem Zyklus veranschaulicht, in dessen Zentrum das theoretische Problem oder ein generelles Phänomen als Ausgangsbasis steht. In das theoretische (Vor-) Verständnis fließen das Vorwissen der Forschenden, aber auch Erkenntnisse aus der wissenschaftlichen Literatur ein. Dieses Verständnis stellt die Basis, um Fragen an die Realität zu formulieren, die mittels empirischer Methoden das gewonnene Realbild kritisch reflektieren und zu einer Verbesserung des initialen Problemverständnisses führen (Kubicek, 1977; Tomczak, 1992). Das iterative Vorgehen, welches in der Praxis häufig auch „unbewusst“ (Kubicek, 1977, S. 15) erfolgt, lassen sich über die geschärfte Problemstellung schließlich auch konkrete Hypothesen aufstellen, die über weitere empirische Verfahren geprüft werden (Tomczak, 1992).

Der für die Handlungswissenschaften beschriebene Forschungszyklus nach Kubicek bietet die Ausgangbasis für den ebenfalls für anwendungsorientierte Forschung ausgelegte Forschungsansatz der *Design Research Methodology* (DRM) nach Blessing & Chakrabarti (2009). Das Vorgehen ist in vier Stufen untergliedert, welche in der Regel sequenziell nacheinander durchlaufen werden, allerdings sind auch hier, wie auch im Forschungszyklus nach Kubicek (1977) Iterationen bzw. Rücksprünge erlaubt (Biedermann et al., 2013). Abbildung 1-1 stellt den schematischen Ablauf eines Forschungsprozesses nach der DRM dar. Im Zuge dessen gibt die Graphik für jede Stufe typische Forschungsmethoden und das Hauptergebnis an.

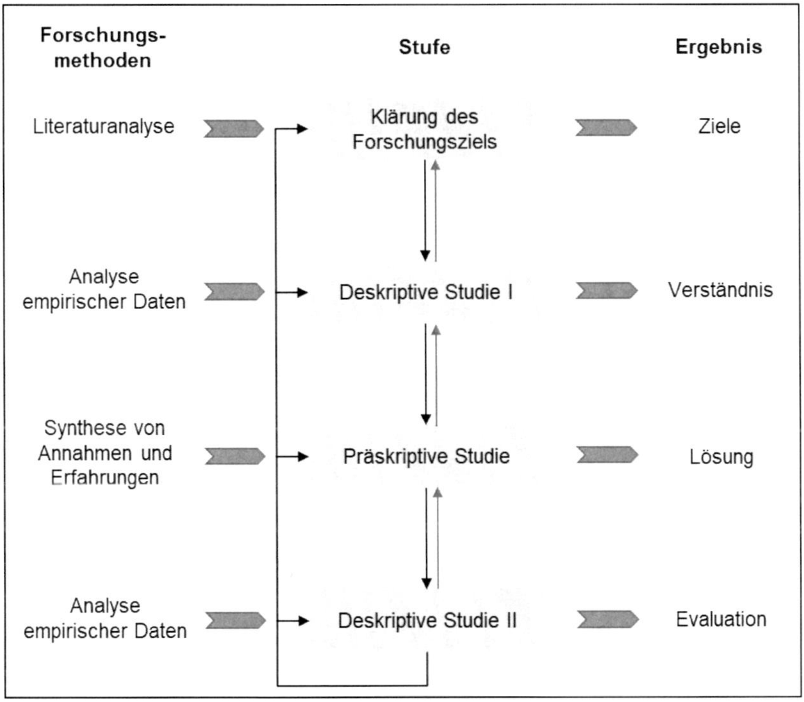

Abbildung 1-1 Forschungsvorgehen der DRM (i. A. an Biedermann et al., 2013; Blessing & Chakrabarti, 2009)

Nachfolgend erfolgt eine Erläuterung der Kerninhalte der einzelnen Stufen auf Basis der Ausführungen von Blessing & Chakrabarti (2009) und Biedermann et al. (2013)

- Die erste Stufe „Klärung des Forschungsziels" fokussiert auf die Formulierung eines realistischen und lohnenswerten Forschungsziels. Primäre Forschungsmethode ist die Literaturanalyse, um erste Annahmen zu untermauern, den Problembereich und die Zielstellung zu konkretisieren sowie mögliche Einflussfaktoren zu identifizieren. Ferner werden die weitere Vorgehensweise innerhalb des Forschungsprozesses und erste Kriterien zur Bewertung der Forschungsergebnisse definiert.
- In der zweiten Stufe „Deskriptive Studie I" ist das Ziel, die initiale Beschreibung des Problembereichs und den Forschungsfokus zu präzisieren sowie erste Konzepte für die Lösungserarbeitung abzuleiten. Dies erfolgt über eine weitere, tiefergreifende Literaturanalyse. Diese wird ergänzt durch die Analyse empirischer Daten aus quantitativen und qualitativen Studien, z. B. Experteninterviews oder quantitative Befragungen. Demzufolge umfasst die zweite Stufe auch die Konzeption und Durchführung mindestens einer empirischen Studie, sodass die Aktualität und Praxisrelevanz sichergestellt werden kann.

- Die dritte Stufe „Präskriptive Studie“ fokussiert auf die konkrete Lösung für die in den vorigen Stufen formulierte Zielstellung. Es erfolgt die Synthese der theoretischen und praktischen Erfahrungen zur optimierten Beschreibung des Zielbilds. Weiterhin wird ein initialer Evaluierungsplan für die nachfolgende Studie in Stufe 4 erarbeitet.
- In der vierten Stufe „Deskriptive Studie II“ wird die entwickelte Lösung mittels empirischer Daten bewertet, d. h. die Fähigkeit der Lösung zur Herstellung des Zielbilds wird evaluiert. Ferner werden etwaige Verbesserungsbedarfe sowohl zum Konzept selbst, zur Umsetzung oder bezüglich des Anwendungsumfelds abgeleitet.

Je nach Art des Forschungsprojekts unterscheiden Blessing & Chakrabarti (2009) sieben Typen von Forschungsvorhaben. Nicht zwangsläufig werden immer alle Stufen überhaupt oder vollumfänglich durchlaufen – die Forschungsfragen und -hypothesen sowie die verfügbare Zeit und die Ressourcen bestimmen den jeweiligen Typ (Blessing & Chakrabarti, 2009). Obligatorisch ist allerdings bei allen Typen die literaturbasierte Klärung der wissenschaftlichen Problemstellung (Biedermann et al., 2013). Abbildung 1-2 gibt eine Übersicht der einzelnen Typen und des üblichen Umfangs der Forschung in den einzelnen Stufen.

Forschungs-projekttypen	Klärung der Forschungsziele	Deskriptive Studie I	Präskriptive Studie	Deskriptive Studie II
1	Literaturbasiert	Umfassend	-	-
2	Literaturbasiert	Umfassend	Initial	-
3	Literaturbasiert	Literaturbasiert	Umfassend	Initial
4	Literaturbasiert	Literaturbasiert	Literaturbasiert, initial, umfassend	Umfassend
5	Literaturbasiert	Umfassend	Umfassend	Initial
6	Literaturbasiert	Literaturbasiert	Umfassend	Umfassend
7	Literaturbasiert →	Umfassend →	Umfassend →	Umfassend

Abbildung 1-2 Typisierung der Arbeit nach der DRM (i. A. an Biedermann et al., 2013; Blessing & Chakrabarti, 2009)

Basierend auf der Zielsetzung und den einzusetzenden Forschungsmethoden wird die vorliegende Arbeit als Typ 7 „Vollständiges Projekt“ (Biedermann et al., 2013) kategorisiert. Dabei ist die Deskriptive Studie I neben einer umfassenden Literaturanalyse primär von qualitativen Methoden geprägt, während die Deskriptive Studie II den quantitativen Forschungsmethoden zugeordnet werden kann.

Eine umfassende Beschreibung zu allen Typen kann Blessing & Chakrabarti (2009, S. 19 f.) entnommen werden.

1.4 Aufbau der Arbeit

Die vorliegende Arbeit ist entsprechend der durchzuführenden Stufen der DRM nach Blessing & Chakrabarti (2009) und der Einordnung als Typ 7 „Vollständiges Projekt" gegliedert. Abbildung 1-3 stellt die Übersicht der Kapitel anhand der Stufen der DRM sowie die je Stufe eingesetzten Forschungsmethoden dar.

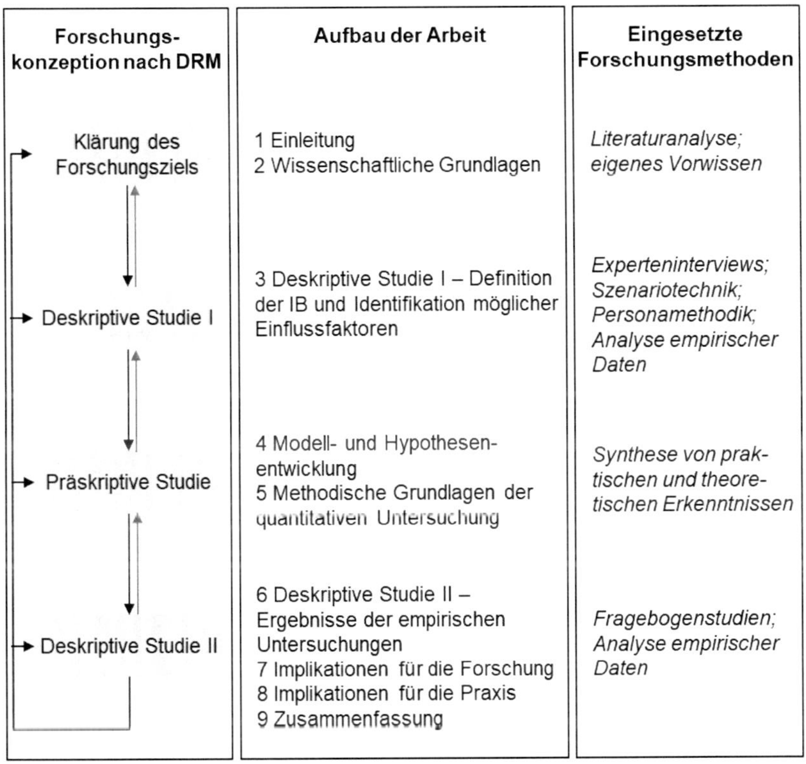

Abbildung 1-3 Aufbau der Arbeit in Anlehnung an DRM und eingesetzte Forschungsmethoden (eigene Darstellung)

Kapitel 1 und 2 umfassen die erste Stufe der DRM „Klärung des Forschungsziels". Kapitel 1 motiviert zunächst das Forschungsvorhaben über die Darstellung der Ausgangssituation und die Problemstellung aus wissenschaftlicher und praktischer Sicht. Daraus leiten sich die Zielsetzung und darauf basierende Forschungsfragen ab. Ferner erfolgt die Darstellung des forschungsmethodischen Lösungswegs und des Aufbaus der Arbeit. In Kapitel 2 werden die drei übergeordneten Themengebiete „Industrie 4.0", „Arbeit 4.0" und „Beschäftigungsfähigkeit" betrachtet. „Industrie 4.0" definiert den technologischen Rahmen und gibt den Rahmen zukünftiger Arbeitswelten, „Arbeit 4.0", vor. Als drittes Themengebiert stellt „Beschäftigungsfähigkeit" den zentralen Befähiger der zukünftigen Arbeitswelt 4.0 dar und bildet den Untersuchungsgegenstand dieser Arbeit. Das Kapitel umfasst die zentralen Begriffe und theoretischen Grundlagen der einzelnen Themengebiete. Im Zuge der Darstellung der Erkenntnisse der jeweiligen Stände der Forschung werden die Forschungslücken in Bezug auf den Untersuchungsgegenstand der Beschäftigungsfähigkeit im Kontext moderner Arbeitswelten in produzierenden Unternehmen als zentrales Thema dieser Arbeit herausgestellt.

Die zweite Stufe der DRM „Deskriptive Studie I" wird in Kapitel 3 abgebildet. Das Kapitel beschreibt den Problemraum, die Beschäftigungsfähigkeit in der Produktionsarbeit der Zukunft, und schärft somit den Forschungsfokus. Die aus der Literatur gewonnenen Erkenntnisse werden um Erkenntnisse aus der Praxis ergänzt, um ein sowohl aus wissenschaftlicher Sicht als auch für die unternehmerische Praxis relevantes Verständnis und eine gemeinsame Definition für die Industrielle Beschäftigungsfähigkeit (IB) zu generieren. Zu diesem Zweck werden verschiedene Forschungsmethoden angewandt. Der Multimethodenansatz ermöglicht es, ein Modell zu entwickeln, das die wissenschaftlichen Erkenntnisse mit Praxiswissen koppelt und dabei möglichst alle relevanten Faktoren berücksichtigt.
Eine tiefgreifende Literaturanalyse gibt das wissenschaftliche Verständnis der Beschäftigungsfähigkeit und zukünftig relevante KSAOs im industriellen Kontext mit Fokus auf Industrie 4.0 wieder. In Experteninterviews werden diese Erkenntnisse um Perspektiven aus der Praxis ergänzt und schließlich eine Definition der IB festgelegt. Diese stellt das zentrale Element des Modells der IB dar.
Zur Ermittlung relevanter Faktoren, die die IB beeinflussen, werden die Methoden Szenarioentwicklung und Personaentwicklung gekoppelt. Mittels der Szenariotechnik werden mit weiteren Experten aus Wissenschaft und Industrie verschiedene Zukunftsbilder prognostiziert, die die Produktionsarbeit der Zukunft maßgeblich beeinflussen. Über eine quantitative Befragung mit zusätzlichen unternehmerischen Experten werden die wahrscheinlichsten Szenarien zu einem Gesamtbild zusammengefügt, welches ein Bild für Deutschland im Jahr 2030 wiedergibt. Dies ist die Ausgangsbasis für die Entwicklung eines repräsentativen Mitarbeitenden auf dem Shopfloor in Industrie 4.0. Mittels der Persona werden zukünftige Tätigkeitsfelder und für diese benötigte KSAOs aus Praxisperspektive dargestellt.
Das Kapitel und somit auch die „Deskriptive Studie I" schließt mit der Ableitung von für die Modellentwicklung relevanten Variablen für die Operationalisierung der IB und der relevanten Faktoren auf Individual- und Unternehmensebene.

Die Ergebnisse aus Kapitel 3 werden in den nachfolgenden Kapiteln 4 und 5 unmittelbar weiterverarbeitet. Modell- und Hypothesenentwicklung erfolgen gemeinsam mit den methodischen Grundlagen für die Konzeption der quantitativen empirischen Studie als „Präskriptive Studie" bzw. Stufe 3 der DRM.

Die vierte und letzte Stufe der DRM „Deskriptive Studie II“ umfasst die letzten Kapitel 6 bis 9. Es erfolgt die Bewertung des aufgestellten Modells der IB. Dazu werden zwei empirische Fragebogenstudien durchgeführt, deren Ergebnisse Auskunft über die Fähigkeit des Modells zu Abbildung und Vorhersage der IB geben. Die empirischen Studien werden in Kapitel 6 vorgestellt. Das Kapitel umfasst die Darstellung der beiden Studien, die konkreten Ergebnisse, den Vergleich der beiden Stichproben, die Evaluation der aufgestellten Hypothesen des IB-Modells und die kritische Würdigung der Ergebnisse.

Auf Basis der in der Arbeit durchgeführten empirischen Arbeiten der Deskriptiven Studien I und II werden im Kapitel 7 die Implikationen für die Forschung abgeleitet. Die Implikationen für die betriebliche Praxis folgen in Kapitel 8. Dieses ist weiter untergliedert in aus den empirischen Studien abgeleitete Handlungsbedarfe und -empfehlungen für die Makro- und Mesoebene sowie Strategien zur Förderung der IB mittels des in dieser Arbeit entwickelten Modells. Die Arbeit schließt mit einer Zusammenfassung in Kapitel 9.

2 Wissenschaftliche Grundlagen

Das Kapitel „Wissenschaftliche Grundlagen“ behandelt die drei übergeordneten Themengebiete „Industrie 4.0“, „Arbeit 4.0“ und „Beschäftigungsfähigkeit“. Das Themenfeld „Industrie 4.0“ definiert den technologischen Rahmen und ist daher Wegweiser zukünftiger Arbeitswelten, die im Unterkapitel Arbeit 4.0 näher erläutert werden. Im Anschluss wird die Beschäftigungsfähigkeit als zentraler Befähiger der zukünftigen Arbeitswelt 4.0 und Untersuchungsgegenstand dieser Arbeit herausgestellt.

Dieses Kapitel erläutert die definitorischen und wissenschaftlichen Grundlagen der o. g. Themengebiete und zeigt die Forschungslücke in Bezug auf den Untersuchungsgegenstand der Beschäftigungsfähigkeit im Kontext moderner Arbeitswelten in produzierenden Unternehmen auf.

2.1 Industrie 4.0

Im vorliegenden Unterkapitel wird das Konzept „Industrie 4.0“ erläutert. Der Fokus liegt auf der Betrachtung von Industrie 4.0 als soziotechnisches System, d. h. dem Zusammenspiel von technischen und sozialen Teilsystemen.

Das Konzept „Industrie 4.0” ist sowohl in der wissenschaftlichen Literatur als auch in der unternehmerischen Praxis weithin bekannt. Demnach gibt es eine Vielzahl an einschlägigen Definitionen. Um „Industrie 4.0“und dessen Einfluss auf die Arbeit auf dem Shopfloor produzierender Unternehmen über die eingesetzten Technologien eindeutig zu definieren, wird zu Beginn dieses Unterkapitels dargelegt, wie der Begriff „Industrie 4.0“ in dieser Arbeit zu verstehen ist (Kapitel 2.1.1).
Anschließend erfolgt die Vorstellung des soziotechnischen Systembegriffs und die Erläuterung des Verständnisses von Industrie 4.0 als soziotechnisches System (Kapitel 2.1.2).

2.1.1 Das Konzept „Industrie 4.0“

Der Begriff „Industrie 4.0“ wurde im Rahmen der Hannover Messe bereits im Jahr 2011 eingeführt und ist namensgebend für die Hightech-Strategie der Bundesregierung aus demselben Jahr. Der Begriff wird seither inflationär für verschiedene Anwendungsfälle und Technologieentwicklungen genutzt, die zumindest im weiteren Sinne einen Bezug zur digitalen Transformation der Produktion haben (Bauernhansl et al., 2016). Darüber hinaus wird Industrie 4.0 als fortschreitender technologiegetriebener Prozess, i. S. der sich entwickelnden vierten industriellen Revolution verstanden (Culot et al., 2020; Horváth & Szabó, 2019).

Eine weitgehend verbreitete Definition hat der Arbeitskreis Industrie 4.0, bestehend aus Experten aus Forschung und Industrie, in seinem Abschlussbericht im Jahr 2013 ausgegeben: „Industrie 4.0 meint im Kern die technische Integration von Cyber physischen Systemen (CPS) in die Produktion und die Logistik sowie die Anwendung des Internets der Dinge und Dienste in industriellen Prozessen – einschließlich der sich daraus ergebenden Konsequenzen für die

Wertschöpfung, die Geschäftsmodelle sowie die nachgelagerten Dienstleistungen und die Arbeitsorganisation.“ (Kagermann et al., 2013, S. 18).

Diese Definition repräsentiert den Einfluss von Industrie 4.0 in sämtliche Unternehmensbereiche – über die gesamte Wertschöpfungskette inklusive aller Unterstützungsprozesse und, insbesondere im Kontext zur Zukunft der Arbeit von Relevanz, den Einfluss auf die Arbeitsorganisation.
Das sog. Internet der Dinge und Dienste (engl. Internet of Things, kurz: IoT) stellt dabei das technologische Fundament dar und rechtfertigt laut des Experten-Teams die Bezeichnung als vierte industrielle Revolution, da erst das ab 2012 bestehende Internetprotokoll IPv6 eine unmittelbare und flächendeckende Vernetzung von Ressourcen, Informationen, Objekten und Menschen ermöglicht (Kagermann et al., 2013). Cyber-physische Systeme (CPS) umfassen dabei eingebettete Systeme und Prozesse sowie Internetdienste, die über Sensoren physikalische Daten erfassen, auf physikalische Vorgänge einwirken können, mittels digitaler Netze untereinander verbunden sind, weltweit verfügbare Daten und Dienste nutzen und über multimodale Mensch-Maschine-Schnittstellen verfügen (Kagermann et al., 2013).
Die Arbeitsgruppe Plattform Industrie 4.0, die 2013 als Gemeinschaftsprojekt der deutschen Wirtschaftsverbände BITKOM, VDMA und ZVEI zur Weiterentwicklung und Umsetzung von Industrie 4.0 der Hightech-Strategie der Bundesregierung gegründet worden ist, ergänzt in ihrem Ergebnisbericht die Relevanz von Vernetzung in Echtzeit (Plattform Industrie 4.0, 2015). Zudem wird betont, dass durch die Verbindung von Menschen, Objekten und Systemen dynamische, echtzeitoptimierte und selbst organisierende, unternehmensübergreifende Wertschöpfungsnetzwerke entstehen, die sich z. B. hinsichtlich Kosten, Verfügbarkeit und Ressourcenverbrauch optimieren lassen (Plattform Industrie 4.0, 2015). Das enge Zusammenspiel der Entitäten und besonders der Relevanz des Menschen wird weiterhin Gewicht verliehen, indem Industrie 4.0 insgesamt als soziotechnisches System beschrieben wird, das den Mitarbeitenden erlaubt, ihr Aufgabenspektrum zu erweitern, ihre Qualifikationen und Handlungsspielräume zu erhöhen und ihren Zugang zu Wissen deutlich zu verbessern (Plattform Industrie 4.0, 2015).

Neben dieser praxisgeleiteten Interpretation, wird Industrie 4.0 auch aus der wissenschaftlichen Perspektive intensiv betrachtet. Aufgrund der z. T. sehr unterschiedlichen Auffassungen sind Culot et al. (2020) der Ansicht, dass Industrie 4.0 eher als übergreifendes Konstrukt zu verstehen ist, da es allgemein für aufkommende Technologien und Methoden in der Fertigung verstanden und häufig synonym – neben dem Begriff der „vierten industriellen Revolution“ (Avis, 2018) – zu Begriffen wie „Digitale Transformation“ und „intelligente Fertigung" verwendet wird.
Ivanov et al. (2021) stellen weiterhin fest, dass die Definition „Industrie 4.0“ stark von der jeweiligen Forschungsdisziplin abhängt. So beziehen sich z. B. Disziplinen wie Betriebswissenschaften meist auf die technologischen Fortschritte und damit einhergehende organisatorische Umgestaltungen, während im Bereich Ingenieurwissenschaften häufig die Anwendung spezifischer Technologien im Vordergrund steht.

Viele Autoren geben entweder in Form einer Literaturanalyse oder im Kontext der Darstellung des theoretischen Hintergrunds Übersichten zu den verschiedenen Definitionen und Beschreibungen des Konzepts Industrie 4.0, u. a. Xu et al. (2018), Horváth & Szabó (2019), Oztemel & Gursev (2020), Zheng et al. (2021). Nachfolgend sind einige Definitionen aufgeführt.

Hermann et al. (2016) definieren Industrie 4.0 als Sammelbegriff für Technologien und Konzepte der Wertschöpfungsorganisation. Lee et al. (2018) heben in ihrer Definition die Informationstechnologie als Treiber von Industrie 4.0 hervor: Industrie 4.0 bzw. die vierte industrielle Revolution als das Ergebnis der horizontalen Ausweitung der Informationstechnologie in allen erdenklichen betrieblichen Prozessen.
Weitere Ansätze zur Definition von Industrie 4.0 erweitern den Betrachtungsrahmen der Informationstechnologie um die Kommunikationstechnologie (IKT), die sowohl die Kommunikation zwischen Maschinen, zwischen Mensch und Maschine und zwischen Menschen umfasst. Demnach verstehen z. B. Xu et al. (2018) die IKT als infrastrukturelle Grundlage für die innovativen industriellen Technologien von Industrie 4.0 und sprechen den eingebetteten Systemen „IOT", „CPS", „Industrial Integration" und „Industrial Information Integration" fundamentale Rollen zu.

Nach Zheng et al. (2021) ist der Bereich, auf den sich Industrie 4.0 am stärksten auswirkt, die Produktion. Dabei reichen die untersuchten Themengebiete von der Anwendung von vernetzten und eingebetteten Systemen mittels Steuerung und Überwachung der Produktion durch die Verarbeitung und Analyse von Daten in Echtzeit (Lee et al., 2015; Thramboulidis, 2015), die Rolle von Dezentralisierung und Modularität (Ghobakhloo & Azar, 2018) bis zu Industrie 4.0-Technologien zur Entscheidungsfindung und Leistungsoptimierung (Saucedo-Martínez et al., 2018; Zhong et al., 2017). Eine Definition, die wiederum den Prozess der industriellen Revolution und den Stellenwert der Digitalisierung hervorhebt, geben Oztemel & Gursev (2020). Sie verstehen Industrie 4.0 als eine Methodik zur Erzeugung einer Transformation von der maschinendominierten zur digitalen Fertigung.

Die verschiedenen Ansätze zur Definition und Spezifikation von Industrie 4.0 spiegeln wider, dass je nach Schwerpunktsetzung verschiedene Technologien hervorgehoben werden. Im Einklang mit den praxisgeleiteten Definitionen stützen sich dabei im Grunde alle Ansätze auf IKT-Technologien, die eine durchgehende Vernetzung aller Unternehmensbereiche oder sogar kompletter Wertschöpfungsketten ermöglichen.

Folglich wird für diese Arbeit die Definition von Lee et al. (2018) aufgegriffen und ergänzt:

Industrie 4.0 ist das Ergebnis der horizontalen Ausweitung der Informations- und Kommunikationstechnologie in allen erdenklichen betrieblichen Prozessen über die gesamte Wertschöpfungskette hinweg.

Industrie 4.0 in der Produktion

Um das Konzept Industrie 4.0 in produzierenden Unternehmen umzusetzen, bedarf es einer Reihe an Technologien und prozessualen Anpassungen. Zheng et al. (2021) stellen fest, dass es analog zur fehlenden einheitlichen Definition von Industrie 4.0, auch an einer einheitlichen Auflistung an Technologien mangelt, die auf technischer Ebene zur Umsetzung von Industrie 4.0 befähigen. In ihrer Literaturanalyse haben Zheng et al. (2021) insgesamt 10 Technologiecluster auf Basis von folgenden Gestaltungsprinzipien identifiziert und definiert: (1) Dezentralisierung, (2) Echtzeitunterstützung, (3) Modularität, (4) Interoperabilität, (5) Virtualisierung und (6) Serviceorientierung. Die im Review entstandenen 10 Technologiecluster sind in Tabelle 2-1 dargestellt.

Tabelle 2-1 Industrie 4.0 Technologiecluster (i. A. an Zheng et al., 2021)

Technologie	Beschreibung
Cyber-physische System (CPS)	CPS sind eine Sammlung von transformativen Technologien, die den Betrieb von physischen Anlagen und Rechenkapazitäten miteinander verbinden. Das Hauptziel besteht darin, physische Systeme zu überwachen und gleichzeitig eine virtuelle Kopie zu erstellen.
Internet der Dinge (engl. Internet of Things, IoT)	Informationsnetzwerk aus physischen Objekten (Sensoren, Maschinen, Autos, Gebäuden und anderen Gegenständen), das die Erfassung und den Austausch von Daten ermöglicht und die Interaktion und Zusammenarbeit dieser Objekte erlaubt.
Big Data und Analytics	Sammlung und Analyse großer Mengen verfügbarer Daten unter Verwendung einer Reihe von Techniken zum Filtern, Erfassen und Berichten von Erkenntnissen, wobei Daten in größeren Mengen, mit höherer Geschwindigkeit und in größerer Vielfalt verarbeitet werden.
Cloud-Technologie	System zur Bereitstellung von Online-Speicherdiensten für alle Anwendungen, Programme und Daten auf einem virtuellen Server, ohne dass eine Installation erforderlich ist.
Künstliche Intelligenz (KI)	System, das menschlich und rational denkt, gemäß sechs Hauptdisziplinen, einschließlich der Verarbeitung natürlicher Sprache, der Wissensdarstellung, des automatisierten Denkens, des maschinellen Lernens, der Computer Vision und der Robotik.
Blockchain	Eine Datenbank, die ein verteiltes und fälschungssicheres digitales Verzeichnis der Transaktionen erstellt, einschließlich der Zeitstempel der Blöcke, die von jedem teilnehmenden Knoten gepflegt werden.
Simulation und Modellierung	Technologien, die die Daten der physischen Welt wie Maschinen, Produkte und Menschen in einer virtuellen Welt widerspiegeln, mit dem Ziel der Vereinfachung und Erschwinglichkeit des Entwurfs, der Erstellung, der Prüfung und des Live-Betriebs der Systeme.

Visualisierungs-technologien (Augmented und Virtual Reality)	Erweiterte Realität (Augmented Reality): eine Reihe innovativer Techniken der Mensch-Computer-Interaktion (HCI), die virtuelle Objekte in die reale Umgebung einbetten können, sodass sie dort koexistieren und interagieren können; Virtuelle Realität (Virtual Reality): Anwendung von Computertechnologie zur Schaffung einer interaktiven Welt, die es dem Benutzer ermöglicht, das virtuelle Objekt und die gesamte virtuelle Szene in Echtzeit zu steuern.
Automatisierung und Robotik	Maschinen und Geräte, die betriebliche Abläufe automatisieren, enthalten auch die kollaborative Robotik, die es Menschen und Maschinen ermöglicht, in einer gemeinsamen Umgebung zu arbeiten.
Additive Fertigung	Verfahren zum Verbinden von Materialien in aufeinanderfolgenden Schichten, das es erlaubt, Objekte aus 3D-Modelldaten herzustellen und somit neue Designoptionen und Potenziale für die Massenanpassung eröffnet.

Die dargestellten Technologien werden im Bereich der Produktion im Rahmen der sog. Smart Factory in einen Anwendungskontext gebracht. Dementsprechend wird diese oftmals auch als Herzstück von Industrie 4.0 verstanden (Ruessmann et al., 2019). Die Smart Factory kann in diesem Kontext als „ein (oder ein Verbund von) Unternehmen verstanden werden, das IKT zur Produktentwicklung, Engineering des Produktionssystems, Produktion, Logistik und Koordination der Schnittstellen zu den Kunden nutzt, um flexibler auf Anfragen reagieren zu können. Die Smart Factory beherrscht Komplexität, ist weniger störanfällig und steigert die Effizienz in der Produktion. In der Smart Factory kommunizieren Menschen, Maschinen und Ressourcen selbstverständlich wie in einem sozialen Netzwerk.“ (Kagermann et al., 2013, S. 87). Neben den in Tabelle 2-1 dargestellten Technologieclustern, die in solch einer Smart Factory zum Einsatz kommen, identifizieren Posada et al. (2015, S. 27) folgende Schlüsselelemente für Industrie 4.0 in produzierenden Unternehmen:

- IT-gestützte Produktionsmengensteuerung der hergestellten Produkte, bei der sich die Produktion an kleine Chargen / individuelle Kundenwünsche anpassen;
- automatische und flexible Adaption der Produktionskette an sich ändernde Anforderungen;
- automatisierte Nachverfolgung von Teilen / Produkten und deren Kommunikation untereinander und mit Maschinen;
- Produktionsoptimierung durch die Kommunikation in intelligenten Fabriken, die durch das Internet der Dinge (IoT) ermöglicht wird;
- neue Arten von Dienstleistungen und Geschäftsmodellen, die zu einer veränderten Art der Interaktion in der Wertschöpfungskette beitragen;
- verbesserte Paradigmen der Mensch-Maschine-Interaktion, einschließlich der Koexistenz mit Robotern oder radikal neuer Formen der Interaktion und des Betriebs in Fabriken.

Die technologische Umsetzung von Industrie 4.0 in der Produktion lässt sich auf konzeptioneller Ebene klar beschreiben. Ein Beispiel ist das Konzept des Internet of Production (IoP), das am Werkzeugmaschinenlabor WZL der RWTH Aachen entwickelt wurde. Das IoP zeigt auf, welche Infrastruktur erforderlich ist, um eine Integration von Industrie 4.0-Lösungen entlang des gesamten Produktlebenszyklus zu realisieren, die auf den oben beschriebenen Technologieclustern basieren. Durch die Bereitstellung semantisch adäquater und kontextbezogener Daten aus Produktion, Entwicklung und Nutzung in Echtzeit und angepasster Granularität wird eine neue Ebene der domänenübergreifenden Kollaboration entwickelt (Klocke et al., 2017).

Die technologische Vision dieser Infrastruktur ist in der Literatur detailliert beschrieben und wird bereits in Teilen in die Praxis umgesetzt. Weitestgehend offen ist jedoch die Antizipation und Gestaltung des sozialen Teilsystems in der Produktion (Metzmacher et al., 2020). In der wissenschaftlichen Literatur besteht größtenteils Einigkeit darüber, dass der Mensch auch in Zukunft auf dem Shopfloor eine tragende Rolle einnehmen wird (Stocker et al., 2014).

2.1.2 Theoretischer Bezugsrahmen: Industrie 4.0 als soziotechnisches System

Wie im vorherigen Unterkapitel erläutert, lassen sich die Konzepte „Industrie 4.0“ und im Speziellen „Smart Factory“ und „IoP“ in ihrer Vision als Interpretation der Produktion als soziotechnisches System verstehen. Der Begriffslogik folgend, lässt das soziotechnische System sowohl eine technologische als auch eine soziale Betrachtungsweise zu bzw. erfordert diese sogar (Dalenogare et al., 2018; Davies et al., 2017; Ittermann et al., 2015; Metzmacher et al., 2019).

Einführung Systembegriff und soziotechnisches System

Die Theorie soziotechnischer Systeme geht auf Forschungsarbeiten des Londoner Tavistock Institute of Human Relations im Steinkohlebergbau um 1950 zurück (vgl. Trist & Bamforth, 1951). In ihren Feldforschungen beobachteten Trist & Bamforth (1951) wie sich durch technische Neuerungen, was u. a. veränderte Schichtzyklen und Isolierung der Arbeiter implizierte, das soziale Teilsystem der Arbeiter zum Schlechteren veränderte. Daraus schlossen die Autoren auf die besondere Relevanz sozialer Strukturen für die Leistungsfähigkeit der gesamten Organisation. Als Kernergebnisse ließ sich aus den Beobachtungen ableiten, dass für Produktivitätssteigerungen technische und soziale Systeme zusammen optimiert werden sollten (Karafyllis, 2019).
Auch Ropohl (2009) bezieht sich in seiner Abhandlung zur Systemtheorie der Technik und der Herleitung zur Modellierung soziotechnischer Systeme auf den vom Tavistock Institute geprägten Begriff. In seiner Modellierung bringt er jedoch eine weiter gefasste gesellschaftliche Perspektive ein und baut seine Grundsätze auf philosophischen Theorien, insbesondere der Marxschen Kapitalismuskritik und Entfremdungshypothese (vgl. Karafyllis, 2019) auf. Nach Ropohl (2009, S. 72) liegt der Ursprung moderner Systemtheorien und damit auch der Ursprung der Theorie Soziotechnischer Systeme insbesondere auf der Allgemeinen Systemlehre

nach Bertalanffy aus den 1930er Jahren. Darin wird der aristotelische Begriff der Ganzheit, der die besondere Anordnung der Dinge hervorhebt, präzisiert: Das Ganze ist sowohl die Summe seiner Teile als auch die Summe der Beziehungen zwischen den Teilen, womit zusätzlich die Wechselwirkungen der Systemelemente untereinander betont werden (Bertalanffy, 1972 in Ropohl, 2009, S. 72). Ropohl (2009, 75, ff.) führt weiter aus, dass sich insgesamt drei Aspekte identifizieren lassen, die isoliert oder in Kombination in verschiedenen Systemdefinitionen zu finden sind:

- **Strukturales Systemkonzept**: Das Konzept „System“ wird als eine Ganzheit miteinander verknüpfter Elemente betrachtet. Im Fokus stehen sowohl die Vielfalt möglicher Beziehungsgeflechte also auch die Beschaffenheit der Elemente, von der es abhängt, wie gut sie sich in ein System integrieren lassen.
- **Funktionales Systemkonzept**: Das System wird als „black box“ betrachtet. Es ist durch bestimmte Zusammenhänge zwischen seinen Input- und Outputgrößen sowie seinen Zuständen gekennzeichnet und wie diese von außen zu beobachten sind. Das Konzept beschränkt sich auf das Verhalten einer Einheit in ihrer Umgebung; der innere Aufbau findet keine Beachtung.
- **Hierarchisches Systemkonzept**: Das System kann als Teil eines umfassenderen Konstrukts, eines sog. Supersystems, angesehen und ebenso in weitere Subsysteme unterteilt werden. Das Konzept erlaubt zwei Erkenntnisstrategien; die unteren Hierarchieebenen detaillieren das System weiter aus, während die oberen Ebenen die Bedeutung des Systems erklären.

Im Sinne einer vollumfassenden Betrachtung des Systems kombiniert Ropohl (2009, S. 77) die Konzepte in seiner Definition: „Ein System ist das Modell einer Ganzheit, die (a) Beziehungen zwischen Attributen (Inputs, Outputs, Zustände etc.) aufweist, die (b) aus miteinander verknüpften Teilen bzw. Subsystemen besteht, und die (c) von ihrer Umgebung bzw. von einem Supersystem abgegrenzt wird.“

Dieses Systemverständnis lässt sich analog auf das soziotechnische System übertragen und dient als Grundlage dieser Arbeit. Um von der allgemeinen Systemdefinition auf die eigentliche Definition des soziotechnischen Systems überzuleiten, ist es vorab notwendig, die weiteren Begrifflichkeiten innerhalb der drei Konzeptebenen zu erläutern. Ropohl (2009) interpretiert das Systemmodell der Technik als Handlungssystem. Inputs, Zustände und Outputs, die über die Funktion des Handelns von einem Ausgangs- zu einem Endstadium gelangen, lassen sich den Kategorien Masse, Energie und Information zuordnen und folglich lässt sich das Handlungssystem in ein Zielsetzungs-, ein Informations- und ein Ausführungssystem gliedern. Über die Informationsspeicherung und ihren internen Modellen wird wiederum die Bedeutung des Wissens für das Handeln hervorgehoben (Ropohl, 2009, S. 106), womit ein direkter theoretischer Bezug zur Relevanz des sog. Wissensarbeiters der Industrie 4.0 (siehe dazu Kapitel

2.2.2) hergestellt werden kann. Das Handlungssystem konkretisiert er weiter in ein menschliches Handlungssystem und ein künstliches bzw. technisches Sachsystem. was letztendlich entsprechend des Tavistock-Ansatzes zum soziotechnischen System führt.

Mikro-, Meso- und Makroebene im soziotechnischen System

Das Systemverständnis nach Ropohl (2009) unterteilt die menschlichen Handlungssysteme in eine dreistufige Systemhierarchie. Diese finden auch in dieser Arbeit Anwendung: Individuen sind der Mikroebene zuzuordnen, diese verbinden sich zu einer Organisation als Mesosystem und bilden in ihrer Verknüpfung das soziale Makrosystem der Gesellschaft (Ropohl, 2009, S. 306). Abbildung 2-1 stellt die Hierarchie schematisch dar.

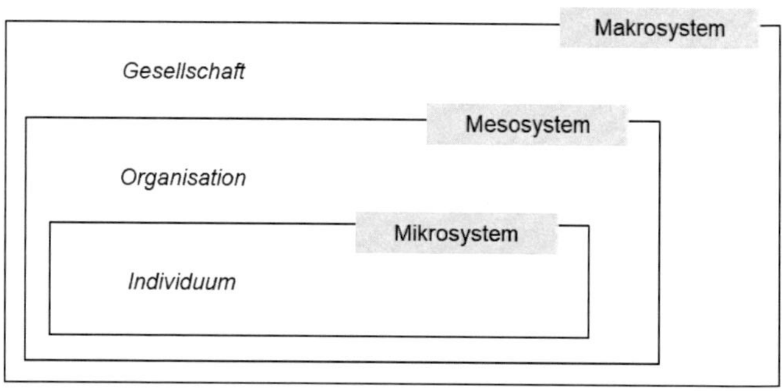

Abbildung 2-1 Hierarchie der menschlichen Handlungssysteme (i. A. an Ropohl, 2009, S. 108)

Nach Ropohl (2009, S. 143) unterliegt nicht nur das menschliche Handlungssystem, sondern das gesamte soziotechnische System einer entsprechenden Systemhierarchie. Diese Annahme geht über das arbeitswissenschaftliche Konzept hinaus, das bislang nur auf die Mikroebene des individuellen Arbeitsplatzes fokussiert hat. Jedoch bietet es sich an, auch für die soziologische Perspektive in der Arbeitswissenschaft die Mesoebene der industriellen Arbeitsorganisation mit diesem Modell zu erfassen. Selbiges gilt für die Gesellschaft als soziotechnisches System der Makroebene, in dem soziale und sachtechnische Teilsysteme miteinander verflochten sind. Mit diesem Verständnis der Interaktion beider Teilsysteme betont er, dass die Mensch-Maschine-Einheit nicht nur durch den einzelnen Nutzer, also als Arbeitsteilung auf Mikroebene gebildet wird, sondern auch von weiteren Menschen, also auf Meso- und Makroebene, mitgeprägt wird (Ropohl, 2009, S. 59). Das Zusammenspiel der verschiedenen Entitäten lässt sich über die soziotechnische Arbeitsteilung erläutern.

Soziotechnische Arbeitsteilung

Abbildung 2-2 stellt die soziotechnische Arbeitsteilung dar. Die originäre Beschreibung kann Ropohl (2009, 143, f.) entnommen werden. Im Folgenden wird das Schema auf den Anwendungsfall Industrie 4.0 angewandt. Als Anwendungsbeispiel dient eine Montagelinie eines produzierenden Unternehmens.

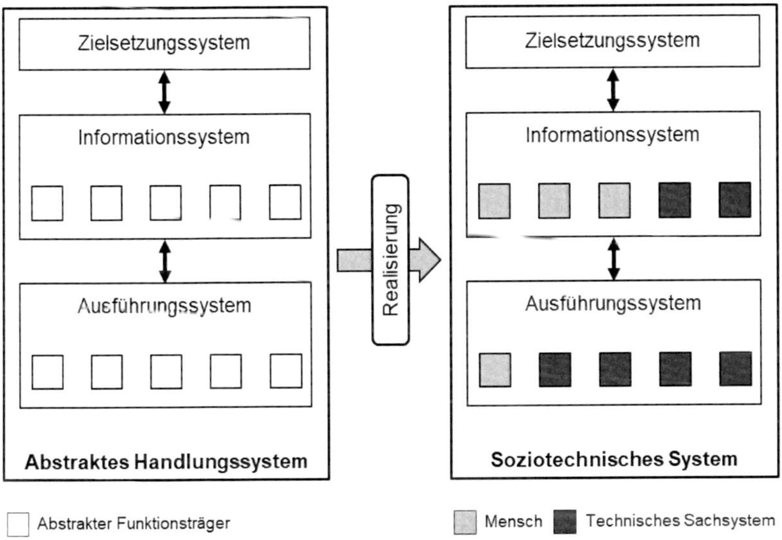

Abbildung 2-2 Soziotechnische Arbeitsteilung (Ropohl, 2009, S. 142)

Auf der linken Seite ist das abstrakte Handlungssystem entsprechend seiner theoretischen Funktionen und Aufgaben, ähnlich eines Produktionsplanes, dargestellt. Im Zuge der Transformation eines Produktionsbereichs hin zur Smart Factory am Beispiel einer manuellen Montage als Teilbereich kann angenommen werden, dass als Ausgangsbasis zunächst alle abstrakten Funktionsträger Menschen sind. Demnach werden für eine Montagelinie mehrere manuelle Arbeitsschritte angenommen, die von 8 Mitarbeitenden pro Schicht ausgefüllt werden. Dabei führen die Mitarbeitenden sowohl Tätigkeiten im Bereich des Ausführungssystems in Form der manuellen Montage, aber auch Tätigkeiten im Bereich des Informationssystems z. B. in Form der Anpassung der Montagereihenfolge oder der Qualitätsprüfung durch. Die Ziele bzw. das Zielsystem wird vom verantwortlichen Gruppenleiter für die Montagemitarbeitenden vorgegeben.

Zur Realisierung von Industrie 4.0 sollen nun eine Reihe von Arbeitsschritten durch Roboter durchgeführt werden. Nur sehr komplexe Handgriffe werden weiter von Menschen übernommen. Die Mitarbeitenden müssen aber die gesamte Montagelinie mithilfe spezieller Software steuern und überwachen. Pro Schicht sind noch 3 Mitarbeitende eingeplant. Zur Realisierung werden nun in der Aufgabensynthese Teilfunktionen, die ursprünglich von menschlichen Funk-

tionsträgern übernommen worden sind, an technische Sachsysteme, d. h. im Beispiel an Roboter, übertragen. Zudem werden neue Teilfunktionen sowohl für das menschliche Arbeitssystem als auch für das technische Sachsystem geschaffen – beide bilden im soziotechnischen System eine Einheit.
Bei der abschließenden Betrachtung der drei dargestellten Subsysteme, fällt auf, dass im Zielsystem keine Änderungen erfolgt sind. Das Ziel besteht weiterhin in der Montage des gefertigten Produkts. Zudem gilt die Maxime, dass Sachsysteme kein Zielsetzungssystem sein können und deshalb keine eigenen Ziele erzeugen (Ropohl, 2009, S. 119); Ziele werden nach dieser Auffassung immer von menschlichen Handlungsträgern vorgegeben[1].
Im Ausführungssystem sind dagegen deutliche Änderungen zu erkennen – ein Großteil wird vom technischen Sachsystem übernommen. Dies umfasst sowohl die Roboter als auch das softwarebasierte Steuerungssystem; sie übernehmen gemeinsam mit einem geringeren Anteil menschlicher Arbeitsleistung die Arbeit (vgl. Ropohl, 2009, S. 103). Im Gegensatz dazu ist der Anteil der menschlichen Arbeitsleistung im Informationssystem höher als die des technischen Sachsystems. Hier laufen Handlungsfunktionen ab, die Information aufnehmen, verarbeiten und weitergeben, d. h. auch die Kommunikation mit anderen Handlungssystemen, z. B. anderen Abteilungen oder Produktionsabschnitten, vornehmen (vgl. Ropohl, 2009, S. 103). Die Gewichtung der sozialen Komponente im Informationssystem zeigt erneut die Relevanz des menschlichen Wissensarbeiters. Dieser verfügt einerseits über einen theoretischen und auf Erfahrungen basierenden großen Wissensschatz, andererseits kann er Wissen aber auch abstrahieren und auf andere Anwendungsfelder übertragen und somit zu komplexen Lösungen und Entscheidungen kommen.

Industrie 4.0 als soziotechnisches System

Im Einklang mit den oben erläuterten Prinzipien des soziotechnischen Systems betont Hirsch-Kreinsen (2018), dass besonders im deutschen Industrie 4.0-Diskurs das Konzept Industrie 4.0 sowohl von der arbeitnehmerorientierten als auch von der technikwissenschaftlichen und politischen Perspektive betrachtet und entsprechende Bedeutung beigemessen werden muss. Somit sollte eine gemeinsame Betrachtung von Mikro-, Meso- und Makroebene sowie der sich darin befindlichen sozialen und technischen Teilsysteme erfolgen (Hirsch-Kreinsen, 2018).

Dieser Ansicht folgt, neben der hier vorliegenden, eine Vielzahl weiterer Arbeiten, z. B. Ittermann et al. (2015), Avis (2018), Karafyllis (2019), Sony & Naik (2020), Margherita (2021). Die zwingende Notwendigkeit des Zusammenspiels der menschlichen Arbeit und technologischer Innovationen im Rahmen von Industrie 4.0 führen u. a. Ittermann et al. (2015) in der Analyse weiterer Arbeiten detailliert aus. Dabei stehen besonders Fragestellungen hinsichtlich der Kontrolle autonomer Systeme, den Interaktionen zwischen Mensch und Technik sowie den Ausformungen intelligenter Produktionssysteme im Fokus arbeits- und sozialwissenschaftlicher Forschung. Sehr häufig wird bei der Umsetzung von Industrie 4.0 die Notwendigkeit des Blicks auf das Gesamtsystem der Produktion und auf die dabei wirksamen Wechselwirkungen

[1] Inwieweit diese Maxime weiterhin Gültigkeit behält, ist in Anbetracht der Entwicklungen bezüglich Künstlicher Intelligenz durchaus diskussionswürdig, für diese Arbeit allerdings an dieser Stelle nicht von Relevanz und wird demnach ausgeklammert.

innerhalb des Systems, aber auch mit seiner Umwelt, i. S. der verschiedenen Ebenen menschlicher Handlungssysteme, hervorgehoben. So fassen Ittermann et al. (2015) zusammen, dass durch das STS-Konzept vermieden wird, ausschließlich nach der Funktionsweise und den Wandlungsprozessen einzelner technischer und nicht-technischer Elemente zu fragen, sondern auch die Wechselwirkung und die Kombination der Elemente als technisch-soziale Konfigurationen ins Zentrum der Analyse gerückt werden.

Obgleich sich die Wissenschaft einig über die Bedeutung der STS-Theorie im Kontext von Industrie 4.0 ist, so zeigt sich bei der Analyse bestehender wissenschaftlicher Arbeiten, dass dem fundamentalen theoretischen Prinzip, dem angestrebten Einklang von Mensch und Technik, nur selten Folge geleistet wird. Oftmals wird nur ein Teilbereich, d. h. nur das technische oder nur das soziale Teilsystem, betrachtet und optimiert; eine Optimierung der Bereiche unter Berücksichtigung des jeweils anderen bleibt aus (Sony & Naik, 2020). Ein Grund liegt u. a. in der Dynamik des technischen Systems, da die technologischen Innovationen in zunehmend kürzeren Zyklen erfolgen, sodass auch die Anpassungs- und Abstimmungsprozesse der technischen und der sozialen Perspektive kontinuierlich und dynamisch geartet sein müssten (Walker et al., 2008; Winter et al., 2014, in Hirsch-Kreinsen, 2018). Ebenso wird bemängelt, dass die sozio-ökonomischen Rahmenbedingungen nicht ausreichend miteinbezogen werden (Hirsch-Kreinsen, 2018). In eine ähnliche Richtung geht die Kritik von Margherita (2021): Der Fokus lag bislang zu sehr auf der technologischen Perspektive. Um Unternehmen aber dazu zu bewegen, eine ausgewogene soziotechnische Perspektive einzunehmen, muss auch dargestellt werden, weshalb diese neben sozialen auch ökonomische Vorteile mit sich bringt. Weitere Gründe für die Missachtung des sozialen Teilsystems liegen allerdings auch darin, dass oftmals nicht klar ist, wie dieses gestaltet werden muss (vgl. Metzmacher et al., 2019; Münch et al., 2022).

Diese Lücke soll in dieser Arbeit adressiert werden. Mithilfe des Modells der Industriellen Beschäftigungsfähigkeit soll ein Beitrag zur Adressierung der sozialen Perspektive – sowohl aus wissenschaftlicher als auch aus praktischer Ebene – geschaffen werden.

2.2 Arbeit 4.0 in der Produktion

Nachdem im vorangegangenen Unterkapitel das Konzept Industrie 4.0 im Allgemeinen und Industrie 4.0 als soziotechnischen System im Speziellen vorgestellt worden ist, beschäftigt sich dieses Kapitel mit dem sozialen Teilsystem. Dieses lässt sich auch als Arbeit 4.0 verstehen. Nach einer einführenden Begriffserklärung folgt eine Zusammenfassung zukünftig erwarteter Tätigkeitsfelder und Kompetenzen auf dem Shopfloor im Kontext von Industrie 4.0 auf Basis meist qualitativer Forschungsmethoden wie Interviews oder Fallstudien.
Eine Methode, die sowohl qualitative als auch quantitative Forschungsmethoden zur Prognose zukünftiger Sachverhalte nutzt, ist die Szenariotechnik. Diese wurde auch im Forschungsfeld Arbeit 4.0 und in dieser Arbeit angewandt, um mögliche Entwicklungen zur Zukunft der Arbeit zu analysieren und den Einfluss der Industrie 4.0 Technologien auf das soziotechnische System zusammenhängend darzustellen und u. a. Einflussfaktoren zu identifizieren. Auf Basis einer systematischen Literaturanalyse werden in Kapitel 2.2.2 wissenschaftliche Arbeiten zu Zukunftsszenarien zur Arbeit 4.0 vorgestellt.

Der Begriff Arbeit 4.0 wird synonym zur Zukunft der Arbeit verwendet und leitet sich unmittelbar aus dem Begriff Industrie 4.0 ab (Zink & Bosse, 2019). Arbeit 4.0 beleuchtet an dieser Stelle insbesondere das soziale Teilsystem des Konzepts Industrie 4.0. Grundsätzlich bezieht sich Arbeit 4.0 nicht nur auf den industriellen Produktionsbereich, sonders umfasst zunächst alle Tätigkeiten in verschiedenen Branchen, einschließlich des Handwerks und des Dienstleistungsbereichs, die sich durch die Anwendung von Industrie 4.0-Technologien, z. B. durch den Einsatz von mobilen Endgeräten oder Robotern, in das Konzept Industrie 4.0 eingliedern lassen (Zink & Bosse, 2019).

Unabhängig der Branche, Art von Arbeit etc. lassen sich folgende Trends zur Zukunft der Arbeit ableiten (Morgan, 2014, 3 f. in Zink & Bosse, 2019):

- Verfügbarkeit neuer Technologien (siehe Technologien zu Industrie 4.0),
- neues Verhalten der eher jüngeren Belegschaft, geprägt durch den Umgang mit sozialen Medien und dem Internet, verbunden mit neuen Vorstellungen von Arbeit,
- größere Mobilität in Bezug auf Arbeitsplatz und Arbeitszeit durch leistungsfähige IKT,
- globale Verfügbarkeit von Arbeitskräften verbunden mit der Unabhängigkeit von lokalen Arbeitsmärkten.

Zink & Bosse (2019) weisen darauf hin, dass z. B. im Hinblick auf Mobilität bei stationären Produktionen, wie sie für produzierende Betriebe üblich sind, die Möglichkeiten auch zukünftig beschränkter sein werden als etwa bei reinen Dienstleistungsbetrieben möglich.
Für die vorliegende Arbeit und den Betrachtungsrahmen produzierender Unternehmen in Hochlohnländern wie Deutschland liegt der Fokus daher auf den ersten beiden Trends: Neue Technologien und veränderte Verhaltensformen und Schwerpunktsetzung der Belegschaft.

2.2.1 Tätigkeitsfelder und Kompetenzen auf dem Shopfloor

Wie in Kapitel 2.1 dargelegt, ist das Umfeld von Industrie 4.0 von Digitalisierung, Automatisierung und vernetzten intelligenten Systemen geprägt. Die durch diese Technologien entstehenden Arbeitswelten beinhalten neue Aufgaben, die zum Teil noch unbekannt sind. Klar jedoch ist, dass aktuelle Aufgabenstrukturen verschwinden oder sich verändern können und folglich andere Kompetenzen erfordern (Eberhard et al., 2017; Letmathe & Schinner, 2018). In einer Studie der Boston Consulting Group (Lorenz et al., 2015) wurden die Auswirkungen von Industrie 4.0 auf verschiedene Berufe und Branchen untersucht. Dabei wurde prognostiziert, dass bis 2025 insgesamt mehr Arbeitsplätze entstehen als verloren gehen. Jedoch werden die klassischen Tätigkeiten auf dem Shopfloor, z. B. in der Montage rückläufig sein, während Arbeitsplätze im Bereich IKT und Datenwissenschaften, z. B. auch im Bereich der Maschinenbedienung und Wartung, zunehmen werden (Lorenz et al., 2015).
Ein wesentlicher Treiber ist dabei der Grad der Automatisierung. Je höher dieser ist, desto weniger körperlich anstrengende und gering qualifizierte Arbeitsplätze wird es geben, z. B. für einfache Tätigkeiten auf dem Shopfloor (Pejic-Bach et al., 2020). Ein Rückgang wird demnach bei leicht automatisierbaren, repetitiven, routinemäßigen und körperlich anstrengenden Tätigkeiten zu verzeichnen sein, während komplexe Tätigkeiten, die flexible Reaktionen erfordern, zunehmen werden (Hecklau et al., 2016; Lorenz et al., 2015). Diese komplexeren Aufgaben werden bereits heute von Menschen in Kollaboration mit Robotern durchgeführt, sodass die körperlich anstrengende Komponente von Maschinen übernommen wird. Es wird weiterhin angenommen, dass die Mensch-Roboter-Kollaboration zunehmend enger wird, d. h. auch ohne Barrieren wie eingezäunte Käfige verläuft (Evjemo et al., 2020).

Darüber hinaus wird erwartet, dass Tätigkeiten, die von den Beschäftigten ein hohes Maß an kreativer und sozialer Intelligenz erfordern, z. B. im Beschwerdemanagement oder in der Produktentwicklung, nicht automatisiert werden, da Menschen bei diesen Aufgaben weiterhin überlegen sind (Frey & Osborne, 2017; Nourbakhsh, 2015). Aus diesem Grund prognostizieren Huang & Rust (2018) sowie Wirtz et al. (2018), dass ein Großteil der Beschäftigten unabhängig der Branche zur erfolgreichen Ausführung ihrer Tätigkeit über ausgeprägte „Soft Skills", z. B. Kommunikationsfähigkeit, Problemlösekompetenz, Empathie etc., verfügen müssen – KSAOs, die in der Vergangenheit primär im Dienstleistungssektor erforderlich waren.
Ein weiterer Aspekt, der zunehmend an Bedeutung gewinnt, ist Erfahrungswissen der Beschäftigten. So stellen Stocker et al. (2014) fest, dass zukünftige Produktionsmitarbeitende als sog. Wissensarbeitende (engl. Knowledge Workers) zunehmend eine Schlüsselressource für die industrielle Wettbewerbsfähigkeit darstellen, da das notwendige Wissen von Beschäftigten auf dem Shopfloor in einigen Bereichen den an Ingenieure gestellten Anforderungen gleicht und zusätzlich entsprechend etwaiger neuer Entwicklungen aktualisiert werden muss. Spöttl & Windelband (2021) betonen die Notwendigkeit einer Reform der beruflichen Aus- und Weiterbildung, welche nicht nur die rein fachlichen Fertigkeiten entwickelt. Sie schlagen vor, drei Kategorien zu adressieren: Technologie, Arbeitsorganisation sowie soziale und ethische Kompetenzen. Diese zusätzlichen Kompetenzen schließen Fähigkeiten zur Problemlösung und Entscheidungsfindung ein, da auch in automatisierten Umgebungen, unvorhersehbare Zustände eintreten können, die bislang auch nicht verlässlich von KI-Algorithmen abgedeckt

werden können (Benešová & Tupa, 2017; Pereira & Romero, 2017).
Auch wenn in der näheren Zukunft noch keine vollständige Übernahme von Entscheidungs- und Problemlöseprozessen durch KI absehbar ist, so wird angenommen, dass Beschäftigte zunehmend Unterstützung durch den Einsatz von maschinellem Lernen, auch in Kombination mit AR- und VR-Anwendungen erhalten, z. B. bei der wachsenden Zahl von Wartungs- und Überwachungsaufgaben (Benešová & Tupa, 2017; Decius & Schaper, 2017; Pereira & Romero, 2017). Die Fähigkeit, datenbasierte Entscheidungsunterstützungssysteme zu verstehen und zu nutzen, erfordert folglich IKT-Kenntnisse und Datenkompetenz (Flores et al., 2020) sowie Technikakzeptanz und -vertrauen (Gehrke et al., 2015; Haeffner & Panuwatwanich, 2018). Aufgrund der zunehmenden Schnelligkeit von technologischen Innovationen sind zudem die Bereitschaft zu lebenslangem Lernen und eine hohe Anpassungsfähigkeit wichtig (Gehrke et al., 2015; Haeffner & Panuwatwanich, 2018; Hecklau et al., 2016; Schlund et al., 2014; Spöttl, 2016).

Unabhängig von den Entwicklungen im Bereich Industrie 4.0 werden schon jetzt erforderliche Qualifikationen weiterhin von Relevanz sein. In Metzmacher et al. (2020) wurden diese wie folgt zusammengefasst: Für die Arbeit auf dem Shopfloor sind in der Regel fachliches Basiswissen, naturwissenschaftliche, physikalische Grundkenntnisse, handwerkliches Geschick sowie grundlegende PC-Kenntnisse erforderlich (Benešová & Tupa, 2017; Gudanowska et al., 2018; Loebe & Severing, 2008). Sehr gute Kenntnisse der Betriebs- und Produktionsabläufe als auch Prozess- und Anlageverständnis werden ebenfalls vorausgesetzt (Loebe & Severing, 2008). Zusätzlich werden interdisziplinäre Kenntnisse aufgrund der zunehmenden Komplexität der Technik immer wichtiger (acatech, 2016; Schlund et al., 2014; Spöttl, 2016).

Zusammengefasst lässt sich annehmen, dass im Gegensatz zu den traditionellen technisch-geprägten, fachlichen Kompetenzen zukünftig eine Kombination aus fachlichen und technologischen Kompetenzen, sozialen Fähigkeiten und persönlichen Charaktereigenschaften notwendig sein wird, um auf dem Shopfloor der Zukunft erfolgreich tätig zu sein. Um das weiter gefasste Verständnis hervorzuheben, bietet es sich an, den Begriff der KSAOs (engl. Akronym für Knowledge (Wissen), Skills (Fähigkeiten), Abilities (Fertigkeiten) und Others (für andere Charakteristika) zu verwenden, da dieser neben fachlichen Fertigkeiten bereits per Definition ein weiteres Spektrum an Anforderungen an den Arbeitnehmer enthält. Somit setzt er sich vom klassischen Kompetenzbegriff ab. Nach wissenschaftlicher Definition beschreibt dieser zwar nur die Relation zwischen den Anforderungen an eine Person und ihre Fähigkeiten, diesen Anforderungen gerecht zu werden (North et al., 2018), im praktischen Kontext ist dies jedoch besonders auf Shopfloorebene meist auf fachliche Kompetenz beschränkt.

2.2.2 Literaturanalyse zu Szenarien zur Arbeit 4.0 in der Produktion

Bei den technologischen Veränderungen (siehe Kapitel 2.1) und den daraus resultierenden Auswirkungen auf die Arbeitnehmenden (vgl. Kapitel 2.2.1) handelt es sich in der Regel um eher abstrakte Auflistungen von Technologien und – daraus abgeleitet – die als erforderlich eingestuften KSAOs. Diese sind für die weitere Forschung ggf. aufschlussreich, können aber in den meisten Fällen nicht für praktische Anwendungen, z. B. als Handlungsempfehlungen für Unternehmen oder politische Entscheidungsträger, genutzt werden. Um auch die Rahmenbedingungen von prognostizierten Entwicklungen darzustellen und mehrere Entwicklungsmöglichkeiten einzelner Faktoren, z. B. von einzelnen Technologien oder von Wertevorstellungen und vorgegebener gesetzlicher Beschränkungen, aufzuzeigen, eignet sich die Szenariotechnik. Diese ermöglicht eine langfristige strategische Planung zur Gestaltung soziotechnischer Systeme im Kontext von Industrie 4.0 auf allen Ebenen, da hier sowohl die Mikro-, Meso- und Makroebene Berücksichtigung finden. Unternehmen und Entscheidungsträger werden durch verschiedene Faktoren und Zukunftsprojektionen in die Lage versetzt, auch für sich ein differenzierteres Zukunftsbild zu entwickeln und potenzielle Auswirklungen für den eigenen Fall zu prüfen, bevor strategische Entscheidungen getroffen werden.

Für eine möglichst umfassende Übersicht über bestehende Szenarien für die Arbeit in Industrie 4.0 wurde eine systematische Literaturanalyse durchgeführt. Die Suche wurde im Jahr 2021 durchgeführt, das letzte Update erfolgte im März 2022. Die Recherche erfolgte in den Datenbanken *Web of Science – Core Collection*, *EbscoHost – Ebsco Business Source Premier* und *EconLit*, *ScienceDirect*, *IEEEXplore* und *PsycInfo*. In Summe war das Ziel, eine umfassende Übersicht der internationalen Fachbeiträge in den Ingenieurwissenschaften, der BWL, den weiteren Sozialwissenschaften und der Psychologie zu erhalten.

Zunächst wurde der Suchterm *(("scenario planning") OR ("scenario method") OR ("scenario development")) AND (("fourth industrial revolution") OR ("industrie 4.0") OR ("industry 4.0"))* verwendet, sodass nach den anhand von Keywords identifizierten gängigsten Begriffen zur Szenarioentwicklung gesucht worden ist. Die Ergebnisse stellten sich als größtenteils thematisch passend heraus, jedoch wurden vorab als sehr relevant identifizierte Beiträge nicht gefunden, da diese oftmals auch „scenario-based“ oder nur „scenario(s)“ sowohl im Titel, Abstract oder den Keywords enthalten. Um demnach auch diese Artikel zu identifizieren wurde der Term auf folgenden verallgemeinert:
(("scenario") OR ("scenarios")) AND (("fourth industrial revolution") OR ("industrie 4.0") OR ("industry 4.0"))

In allen Datenbanken worden Titel, Abstract und Keywords sowie nur englisch- oder deutschsprachige Veröffentlichungen gesucht. Bei *IEEEXplore* ergibt dies jedoch keine Treffer. Eine weitere Suche ohne diese Eingrenzung ergibt allerdings auch hier relevante Treffer, sodass diese Einschränkung bei dieser Datenbank nicht eingehalten werden kann. Bei *Ebsco* lässt sich wiederum die Sprache nicht vorab einstellen.

Die Suche ergibt je nach Datenbank unterschiedliche Zahlen an Treffern. Die meisten Treffer werden mit 1.117 bei *Web of Science* angezeigt. Davon sind viele Treffer nicht relevanten Fachgebieten zugeordnet, z. B. im Bereich der Materialwissenschaften. Daher wurden bei

Web of Science, ebenfalls wie die ursprünglich 303 Treffer bei *ScienceDirect*, weiter nach folgenden Fachgebieten gefiltert:

- *Web of Science*: Engineering; Business Economics; Psychology; Sociology; Behavioral Sciences; Operations Research Management Science; Social Issue; Social Sciences Other Topics
- *Science Direct*: Engineering; Decision Sciences; Business, Management and Accounting; Social Sciences

Nach dieser Einschränkung ergaben sich bei *Web of Science* noch 874 Treffer und bei *ScienceDirect* 228. *IEEEXplore* ergab 630 Treffer, lässt sich aber nicht nach Fachgebieten filtern. Die wenigsten Treffer ergeben schließlich die Datenbanken *PsycInfo* und *Ebsco* mit 11 bzw. 148 Treffern.

Nachdem die Ergebnisse in das Literaturverwaltungsprogramm CITAVI geladen wurden, ergaben sich insgesamt 541 Dubletten, davon 357 automatisch und 184 manuell ermittelte. Insgesamt 10 nicht-englisch- oder -deutschsprachige Treffer wurden herausgefiltert, sodass die Datenbank zu Szenarien im Kontext Industrie 4.0 insgesamt 1.340 potenziell relevante Veröffentlichungen enthält. Um nun aus dieser Menge relevante Beiträge zu identifizieren, wurden weitere Kriterien festgelegt, auf deren Basis Titel und Abstract manuell überprüft werden. Zur Auswahl werden folgende Kriterien verwendet:

- Fokus auf die Arbeitswelt in Industrie 4.0 in der Produktion im weiteren Sinne, d. h. Ausschluss bei Betrachtung einzelner Technologien oder Konzepte; Einbezug Forschung zu Kompetenzen und Zukunft der Arbeit
- Entwicklung mindestens eines tatsächlichen Zukunftsszenarios oder Darstellung mehrerer Szenarien (Review), d. h. Ausschluss bei Verwendung des Szenario-Begriffs als Synonym von „Konzept", „Vision" etc.
- Keine ausschließliche technokratische Betrachtung von Industrie 4.0
- Fokus auf Arbeiten auf dem Shopfloor, d. h. Ausschluss von Hochschulausbildung (engl. Higher Education) oder anderer Unternehmensbereiche wie Supply Chain Management oder Logistik

Die manuelle Überprüfung ergab, dass sich eine große Anzahl von Veröffentlichungen mit einzelnen Technologien, z. B. 5 G, KI etc., beschäftigt oder aber spezifische Themen bzw. Industrien betrachtet werden, z. B. Green Production, Healthcare, Mining, Textil, Energie. Schließt man die Artikel aus, die nicht unter eine der obigen Kategorien fallen, als auch die, die auf eine spezifische Technologie oder Industrie fokussieren, verbleiben 72 Artikel in der Auswahl.

Priorität bei der weiteren Auswahl relevanter Publikationen bilden wissenschaftliche Journalbeiträge, die innerhalb des *VHB-Jourqual-Rankings* des *Verbandes deutscher Hochschullehrer für Betriebswirtschaft e. V. (VHB)* Bewertungen von A+ bis C erhalten haben, da diese eine hohe Qualität annehmen lassen.
Nach Überprüfung der Volltexte verbleiben 16 Artikel, auf die die o. g. Kriterien zutreffen. Von diesen Artikeln sind sechs im VHB Ranking gelistet, z. B. in *Technological Forecasting and*

Social Change oder *Computers & Industrial Engineering*. Sieben Artikel stammen aus nicht gerankten Journals, davon sind die meisten aus Ingenieurwissenschaftlichen Journals, z. B. *Procedia Manufacturing*. Der Rest gliedert sich auf in drei Beiträge verschiedener Konferenzen.

In Tabelle 2-2 sind zudem alle analysierten Artikel gelistet und hinsichtlich der Ausprägungen zur systematischen Anwendung der Szenariotechnik, der Beschreibung der Tätigkeiten auf dem Shopfloor und der Beschreibung der Rolle der Beschäftigten inklusive Angabe erforderlicher KSAOs bewertet. Eine Arbeit, die alle Bereiche vollständig adressiert, würde demnach die Szenariotechnik anwenden und als Ergebnis die Zukunft der Shopfloor-Arbeit abbilden und Informationen zu der Rolle der Beschäftigten und für diese erforderliche KSAOs enthalten.

Tabelle 2-2 Ergebnisse der Literaturanalyse zu Szenarien zur Arbeit in Industrie 4.0

Quelle	Szenario-Technik	Shopfloor-Arbeit	Beschäftigte
Bauer & Klapper, 2018	◕	◕	●
Bokrantz et al., 2017	●	◑	◔
Cimini et al., 2021	◔	◑	◑
Culot et al., 2020	●	◔	○
Fantini et al., 2020	◑	◕	●
Flores et al., 2020	◔	◕	●
Hirsch-Kreinsen, 2016	○	◕	◑
Hofmann & Ruesch, 2017	◑	◕	◔
Piwowar-Sulej, 2020	◔	●	◕
Pollitzer, 2019	◕	◔	◔
Romero et al., 2018	◑	◕	●
Romero et al., 2017	◑	◕	◕
Schulte et al., 2020	○	◑	◑
Turner et al., 2021	◑	◕	●
Weber, 2016	◑	◑	◕
Zheng et al., 2018	◔	◑	◔

Legende: ● *Anforderung vollständig erfüllt* / ◕ *Anforderung größtenteils erfüllt* / ◑ *Anforderung teilweise erfüllt* / ◔ *Anforderung ansatzweise erfüllt* / ○ *Anforderung nicht erfüllt*

Bei Analyse der gelisteten Arbeiten lassen sich drei Typen identifizieren. Die erste Gruppe fokussiert auf die systematische Entwicklung von Zukunftsszenarien, meist unter detaillierter Beschreibung der angewandten Szenario-Technik. Diese Arbeiten, z. B. Culot et al. (2020), Bokrantz et al. (2017), Pollitzer (2019) beschreiben häufig die äußeren Treiber wie gesell-

schaftlicher Wandel, Technologien, Globalisierung, Klimawandel etc. und wie sie zu bestimmten Entwicklungen führen können. Dies führt dazu, dass die Makroebene in diesen Studien meist ausführlich beschrieben wird, aber die Mikroebene, d. h. der einzelne Beschäftigte nicht detailliert betrachtet wird. Die Mesoebene als einzelne Unternehmen wird in der Regel ebenfalls nicht betrachtet, jedoch werden häufiger Entwicklungen von Unternehmenstypen beschrieben, sodass hier auch Rückschlüsse auf diese Ebene möglich sind.
Die meisten Arbeiten beinhalten eine Beschreibung von mindestens einem Szenario mit Fokus auf Arbeiten auf dem Shopfloor und den eingesetzten Technologien – sie bilden die zweite Gruppe. Der Fokus liegt nicht auf der systematischen Szenarioentwicklung. Davon beschreiben einige gezielt, welche Tätigkeiten die Beschäftigten ausführen müssen und welche Kompetenzen erforderlich sind, z. B. Bauer & Klapper (2018), Flores et al. (2020), Piwowar-Sulej (2020). Im Gegensatz dazu gehen Zheng et al. (2018) stärker auf die Technologien ein; Weber (2016) fokussiert stärker auf den Arbeitsmarkt als Makroebene. Ein weiterer Teil der Studien untersucht zudem einzelne Bereiche in der Produktion, die besonders von Industrie 4.0 beeinflusst werden, z. B. die Logistik (z. B. Cimini et al., 2021; Hofmann & Ruesch, 2017).
Als dritter Typ steht die systematische Literaturanalyse, in der die Erkenntnisse verschiedener Arbeiten zu Szenarien zusammenfasst werden. Dieser Typ ist hier mit zwei Artikeln vertreten, wobei die Arbeit von Schulte et al. (2020) einen systematisch Review durchführt, die Arbeit von Hirsch-Kreinsen (2016) führt dagegen mehr implizit einen Review durch, fasst allerdings verschiedene Kernelemente zusammen, sodass diese hier eingeordnet werden kann.
Nachfolgend werden exemplarisch einige Vertreter der jeweiligen Typen detaillierter vorgestellt.

Ein Beispiel für die erste Gruppe ist die Studie von Culot et al. (2020). Sie fokussiert auf die Szenarioanalyse im Kontext Industrie 4.0 in der Produktion 2030 in der Makroebene und ist somit typisch für Arbeiten im Forschungsfeld der Szenarioentwicklung.
Auf Basis von Wertschöpfungsketten wurden insgesamt 43 Projektionen für potenzielle Entwicklungspfade von produzierenden Unternehmen entwickelt. Die Projektionen wurden anschließend von Experten aus Wissenschaft und Praxis hinsichtlich ihrer Eintrittswahrscheinlichkeit bewertet. Die Ergebnisse wurden in acht Szenarien konsolidiert. Sie basieren auf vier Treibern, die zukünftig maßgeblich die Wertschöpfung produzierender Unternehmen bestimmen sollen. Zu den vier Treibern wurden in der Studie von Culot et al. (2020) jeweils die zwei wahrscheinlichsten Trends ausgearbeitet:

- Nachfragemerkmale: (1) Individualisierung von physischen Produkten, (2) Servitisierung („X-as a service"), z. B. auch bei Produkten, die keine Individualisierung erfordern.
- Datentransparenz zwischen den Teilnehmern der Wertschöpfungskette: (1) hohe Datentransparenz in Echtzeit über die gesamte Wertschöpfungskette und darüber hinaus, inkl. der Möglichkeit, Kundendaten auf dem Markt zu erwerben, (2) niedrige Datentransparenz, d. h. alle Daten verbleiben innerhalb der Unternehmensgrenzen.
- Reifegrad der additiven Fertigung und der fortgeschrittenen Robotik: (1) hoher Reifegrad, d. h. die Technologien sind überall verfügbar, leicht zu beschaffen und können in der Produktion vieler Produkte eingesetzt werden, (2) niedriger Reifegrad, d. h. Technologien haben keine Marktdurchdringung erlangt und sind nicht anwendbar.

- Durchdringung mit intelligenten Produkten: (1) hoch, d. h. volle Anwendbarkeit und Verbreitung von intelligenten Produkten, (2) niedrig, d. h. überhaupt keine Anwendbarkeit.

Abbildung 2-3 stellt die Szenarioentwicklung in Culot et al. (2020) graphisch dar.

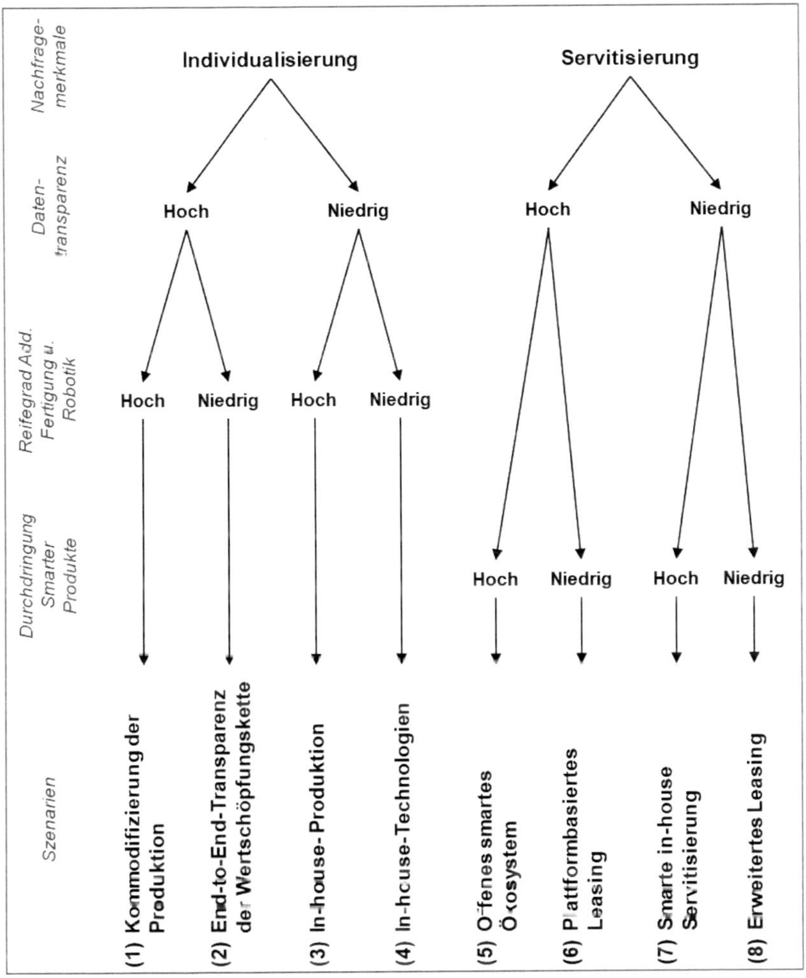

Abbildung 2-3 Szenarioentwicklung in Culot et al. (2020) (i. A. an ebenda)

Anhand der systematischen Entwicklung über verschiedene Treiber auf Makroebene, die sowohl gesellschaftliche als auch technologische Entwicklungen im Kontext von Industrie 4.0 berücksichtigten, zeigt die Studie detailliert, wie sich die Mesoebene, d. h. produzierende Unternehmen, bis 2030 entwickeln könnten. Aus praktischer Sicht könnten Unternehmen die für sie relevanten Szenarien für ihre strategischen Entscheidungen zugrunde legen oder anhand der Auswahlmöglichkeiten für das Unternehmen selbst verschiedene Szenarien entwickeln. Detaillierte Ergebnisse können Culot et al. (2020) entnommen werden.

In der Studie erfolgt keine Berücksichtigung der Mikroebene. Demnach wird nicht beschrieben, welche Auswirkungen sich für Beschäftigte ergeben könnten.

Im Vergleich dazu repräsentiert die Studie von Bokrantz et al. (2017) ein Beispiel für eine Szenarioentwicklung, die stärker die Meso- und in Ansätzen auch die Mikroebene berücksichtigt. In der Studie wurden mithilfe von 25 Experten Szenarien zur Zukunft der Instandhaltung in produzierenden Unternehmen im Kontext von Industrie 4.0 entwickelt Die Ergebnisse zeigen, dass die Experten insgesamt sieben Themen als besonders prägend für die Zukunft der Instandhaltung sehen: Data Analytics, interoperable Informationssysteme, Big Data Management, Fokus auf Aus- und Weiterbildung, faktenbasierte Instandhaltungsplanung, neue intelligente Arbeitsverfahren und Instandhaltungsplanung mit einer Systemperspektive. Zudem wird erwartet, dass strengere Umweltgesetze und -normen das externe Umfeld maßgeblich beeinflussen werden. Die Bokrantz et al. (2017) fassen die Ergebnisse wie folgt zusammen: Die wahrscheinliche Zukunft der Instandhaltung ist datengesteuert, faktenbasiert, eingebettet in intelligente Technologien, angetrieben durch eine starke Betonung der kontinuierlichen Weiterentwicklung der Arbeitskräfte und in Übereinstimmung mit strengeren Umweltanforderungen.

Im Vergleich zu den beiden vorangegangenen Arbeiten bleibt Pollitzer (2019) vollends auf der Makroebene, um die digitale Zukunft zu prognostizieren. Über verschiedene Ausprägungen in drei Treiberclustern, z. B. techno-soziale Treiber wie Digitalisierung durch Industrie 4.0, indirekte Treiber des techno-sozialen Wandels wie Demographie und Menschenrechte, Wissenschaft und Technologien und direkte Treiber wie Hochschulsysteme, Regierungen, Gesetzgebungen, werden vier mögliche Zukunftsszenarien gebildet: „Digitale Ungleichheit", „Digitale Spaltung", „Digitales Wachstum" und „Digitale Harmonie" (Pollitzer, 2019). Die Szenarien bieten einen Rahmen für die Untersuchung der Frage, wie Unterschiede in sozio-politischen und wirtschaftlichen Systemen, Kulturen sowie Wissenschafts- und Innovationskapazitäten das Erreichen einer gerechten digitalen Zukunft beeinflussen können. Eine Bewertung der Eintrittswahrscheinlichkeiten erfolgt somit nicht.

Als Beispiel für die zweite Gruppe wird die Szenario-Technik in der Studie von Bauer & Klapper (2018) anders als in o. g. und weiteren vergleichbaren Arbeiten angewandt. Der Fokus liegt hier noch stärker auf der Mikro- und Mesoebene. Zu diesem Zweck wird zunächst als Zukunftsszenario eine sog. „Worker Journey", als Abwandlung der aus dem Marketing bekannten Customer Journey, erstellt. Diese beschreibt den Tagesablauf einer oder eines Mitarbeitenden in der Intralogistik unter dem Einfluss von Industrie 4.0. Zentral ist dabei das MES (engl. Manufacturig Execution System), das den gesamten Produktionsprozess digital abbildet und z. B. Maschinen-, Qualitätsdaten und Auftragsdaten enthält. Die Mitarbeitenden nutzen jeweils ein mobiles Endgerät, um flexibel Daten abrufen zu können und auch selbst Updates, wie z. B. eine Verbuchung neuer Materialien eingeben zu können. Zusätzlich enthalten die mobilen

Endgeräte Informationen zu Arbeitsanweisungen und Instandhaltungsplänen. Eine systemseitige Auftragspriorisierung unterstützt dabei, etwaigen Stress der Beschäftigten zu reduzieren. In der manuellen Arbeitsausführung kommen weitere Technologien zum Einsatz, wie z. B. fahrerlose Transportsysteme zur Reduktion körperlich belastender Arbeit, Smart Glasses bei der Kommissionierung oder RFID-Chips zur Traceability. Aufgrund der hohen digitalen Unterstützung werden für die operative Arbeit in der Logistik keine hochqualifizierten Mitarbeitenden benötigt.
In einer zweistufigen Studie mit 22 Experten aus Industrie und Forschung wurde in der Arbeit von Bauer & Klapper (2018) die Worker-Journey evaluiert. Die Mehrheit der Befragten waren sich einig, dass bei einem Ausfall der Technik, der Prozess zum Erliegen kommt. Daher sollte trotz aller Hilfe der technischen Systeme die Rolle des höher qualifizierten Vorarbeiters oder Facharbeiters beibehalten werden, um eine schnelle Wiederaufnahme der Prozesse sicherzustellen. Ebenso wurde betont, dass auch Offline-Sicherungskopien auf verschiedenen Endgeräten sinnvoll seien und Mitarbeitende auch einen Teil der Arbeitsabläufe durch Schulungen vermittelt bekommen müssen, um nicht auf Schritt-für-Schritt-Anweisungen angewiesen zu sein und somit auch bei etwaigen Störungen weiterhin arbeitsfähig zu sein.
Die Experten waren sich einig, dass sich die Qualifikationsprofile der Mitarbeitenden durch die neuen Arbeitsbedingungen z. T. erheblich verändern werden. Jedoch waren sich die Befragten nicht einig, ob die Anforderungen an die Mitarbeitenden steigen oder sinken werden. 53 % gingen davon aus, dass sich das Qualifikationsniveau der Beschäftigten auf Shopfloorebene stark erhöhen wird. 37 % nahmen an, dass die Qualifikation schrumpfen wird, da Assistenzsysteme die komplexen Systeme leichter beherrschbar machen und somit zukünftig auch ungelernte Kräfte die erforderlichen Tätigkeiten übernehmen können. Die Anzahl der Mitarbeitenden wird nach mehrheitlicher Meinung der Befragten tendenziell abnehmen.
Auf der Mesoebene nahmen die Experten der Studie von Bauer & Klapper (2018) an, dass Industrie 4.0 die Prozesse in der Intralogistik erheblich effizienter und effektiver macht, was insbesondere mit einem höheren Maß an Flexibilität zusammenhängt. Zudem hielten sie, zumindest für die nähere Zukunft, das beschriebene Szenario eher bei mittleren und großen produzierenden Unternehmen für wahrscheinlich.

Cimini et al. (2021) untersuchten ebenfalls den Einfluss von Industrie 4.0-Technologien im Bereich Logistik mit Fokus auf die Beschäftigten bzw. auf spezifische sog. Humanfaktoren. Die Humanfaktoren wurden geclustert in physische, z. B. Fitness, Reaktionsfähigkeit, kognitive, z. B. Entscheidungskompetenz, Stress, und organisationale, z. B. Teamfähigkeit, Proaktivität, Kommunikationsfähigkeit. Zunächst wurden literaturbasiert drei Zukunftsszenarien formuliert, die von keiner Veränderung des Status quo über unterstützende Funktion bis hin zum vollständigen Ersatz der menschlichen Arbeit reichten. In einer Matrix wurden die Beziehungen zwischen den Technologien und den jeweils beeinflussten Humanfaktoren dargestellt und in einer Fallstudie getestet. Die Arbeitsschritte und eingesetzte Technologien sind ähnlich wie in Bauer & Klapper (2018). Die Untersuchung von Cimini et al. (2021) hat gezeigt, dass durch die Einführung von Industrie 4.0-Technologien die Tendenz dahingeht, Logistikmitarbeitende vollständig zu ersetzen. Dies gilt nicht nur für gefährliche physische Aufgaben, sondern auch für kognitive belastende Aufgaben, die stressig und repetitiv sind. Bei einigen Aufgaben, an denen viele verschiedene Humanfaktoren aus allen drei Clustern relevant sind, wird dagegen davon ausgegangen, dass die Mitarbeitenden zukünftig stärker durch Assistenzsysteme unterstützt werden.

Ähnlich wie Bauer & Klapper (2018) und Cimini et al. (2021) nutzen die weiteren Vertreter der Gruppe 2, z. B. Fantini et al. (2020), Romero et al. (2017), die Beschreibung von Szenarien zur Produktionsarbeit in Industrie 4.0, um daraus Tätigkeiten abzuleiten und aufzuzeigen, welche Kompetenzen zukünftig erforderlich sein werden. Die Arbeit von Flores et al. (2020) nimmt in dieser Gruppe eine Art Sonderrolle ein, da sich die Autoren stärker auf die Kompetenzen der zukünftigen Belegschaft fokussieren und als Ergebnis ein Kompetenzmodell für das sog. Humankapital 4.0 entwickeln. Dieses bezieht sich nicht auf erforderliche Kompetenzen für jeden einzelnen Beschäftigten, sondern gibt an, welche Kompetenzgruppen insgesamt in produzierenden Unternehmen benötigt werden. Wahrscheinlich ist, dass die einzelnen Beschäftigten aus mehreren der insgesamt 5 Dimensionen Kompetenzen abdecken müssen. So verfügt die sog „Soft Workforce“ (1) über Anpassungsfähigkeit, Flexibilität und soziale Fähigkeiten zur Interaktion, die „Hard Workforce" (2) über erweitertes Fachwissen über industrielle Prozesse oder Arbeitstechniken sowie über ein hohes Maß an Digitalisierungskompetenz, die „Kognitive Workforce“ (3) ist geprägt durch kontinuierliches Lernen, Selbstständigkeit und Komplexitätsbewältigung, die „Emotional intelligente Workforce“ (4) verfügt über intrinsische Motivation und der Fähigkeit zum Perspektivenwechsel und die „Digitale Workforce“ (5) beinhaltet das Verständnis und die aktive Nutzung von digitalen Technologien (Flores et al., 2020).

Besonders die Dimension der „Digitalen Workforce“ wird auch in vielen anderen Veröffentlichungen in den Mittelpunkt gerückt, z. B. in Romero et al. (2017), Romero et al. (2018), Turner et al. (2021). Diese beschreiben zwar Szenarien, in denen der Mensch im Zentrum steht („Operator 4.0“; Romero et al., 2017; Romero et al., 2018) und mit KI interagiert, sodass diese nachvollziehbar gestaltet ist (sog. „explainable AI“, engl. „erklärbare KI“; Turner et al., 2021), dies erfordert jedoch ein grundlegendes Technik- und Datenverständnis.

Die systematische Literaturanalyse von Schulte et al. (2020) fasst die Kernergebnisse über bestehende Studien zu Szenarien zur Zukunft der Arbeit zusammen. Dabei berücksichtigen sie sowohl peer-reviewte Artikel als auch sog. Graue Literatur wie Studien von Unternehmensberatungen, z. B. Brown et al. (2017). Als Treiber der Entwicklungen im Bereich Arbeitsorganisation und Beschäftigungsmuster haben Schulte et al. (2020) Technologie, Globalisierung, Demografie und Urbanisierung identifiziert. Diese führen zu Arbeitsplätzen, an denen CPS, Materialien, Lager und andere Fabriksysteme kontinuierlich Informationen mit menschlichen Arbeitskräften austauschen, wodurch der Bedarf an menschlichen Arbeitskräften sinkt. Auch hier wird prognostiziert, dass dies zu einem Wandel von körperlichen Tätigkeiten verbunden mit impliziten Wissen über Arbeitsabläufe hin zu theoretischen und abstrakten Kenntnissen und Fähigkeiten und von handwerklichen zu eher technischen und technologischen Qualifikationen führt.

Auch Hirsch-Kreinsen (2016) kann im Review hinsichtlich der Entwicklungen von Tätigkeiten und Qualifikationen verschiedene Trends feststellen. Einerseits wird ein Upgrading von Qualifikationen als Folge der Automatisierung einfacher und gering qualifizierter Tätigkeiten und dem Erhalt und dem Ausbau qualifizierter Tätigkeiten prognostiziert. Andererseits wird eine

Polarisierung von Tätigkeiten und Qualifikationen vorhergesagt, da sich zunehmend eine Schere zwischen komplexen Tätigkeiten mit hohen Qualifikationsanforderungen und einfachen Tätigkeiten mit niedrigem Qualifikationsniveau öffnet und mittlere Qualifikationsgruppen an Bedeutung verlieren. Daher wird in diesem Szenario die These aufgestellt, dass einfache Tätigkeiten nicht durch Automatisierung verschwinden, sondern auch neue einfache Tätigkeiten mit niedrigen Qualifikationsanforderungen entstehen (Hirsch-Kreinsen, 2016). Dies könnte besonders wahrscheinlich sein, wenn eine Automatisierung zu hohe Investitionskosten erfordert.

Im ersten Szenario, das von der Mehrheit der in der hier vorliegenden Arbeit analysierten Studien vertreten wird (z. B. Turner et al., 2021; Weber, 2016), besteht laut Schulte et al. (2020) die Gefahr, dass sich Arbeit und Freizeit nicht mehr strikt voneinander trennen lassen und Arbeitnehmervertretungen deutlich geschwächt werden, wodurch eine Reform des Arbeitsschutzgesetzes gefordert wird (Bellace, 2018; Caruso, 2018). Viele Studien beschreiben daher, dass der kognitive Stress voraussichtlich zunehmen wird, da neben des 24/7-Online-Status die weiterhin von Menschen auszuführenden Tätigkeiten komplexer werden, mehr Konzentration und intellektuelle Fähigkeiten einfordern (Schulte et al., 2020). Diese Verschiebung zu weniger körperlich anstrengenden Tätigkeiten könnte allerdings dazu führen, dass sich der Frauenanteil in bislang männerdominierten Bereichen erhöht (Johansson et al., 2017). Darüber hinaus nehmen Schulte et al. (2020) an, dass die Arbeit über Plattformen, die Arbeitnehmende nicht mehr als ihre Mitarbeitenden einstellen, zunimmt und langfristig dazu führen könnte, dass das Konzept des psychologischen Vertrags zwischen Arbeitnehmenden und Arbeitgebern (siehe Kapitel 2.3.2) hinfällig wird (vgl. Bellace, 2018).

Zusammengefasst stimmen die Erkenntnisse dieser Studien, die sich auf Shopfloor-Tätigkeiten sowie die Rolle und Kompetenzen der Beschäftigten fokussieren, mit den unter 2.2.1 vorgestellten Erkenntnissen überein. Durch die Nutzung von Szenarien wurden zusätzlich weitere Informationen zur möglichen Entwicklung der Makro- und Mesoebene vorgestellt, sodass ein vollständigeres Bild der Zukunft der Produktionsarbeit entsteht.

Allerdings lässt sich bislang keine Arbeit finden, die alle Ebenen, d. h. sowohl Mikro-, Meso- als auch die Makroebene untersucht. Da sich die Studien immer mit Teilbereichen der Produktionsarbeit der Zukunft, z. B. Instandhaltung, neuen Technologien oder Geschäftsmodellen, beziehen, lässt sich insgesamt kein vollständiges Bild zeichnen. Demzufolge besteht Forschungsbedarf zur Entwicklung eines Szenarios zur Produktionsarbeit der Zukunft unter Berücksichtigung aller drei Ebenen.

2.3 Beschäftigungsfähigkeit

Im Gegensatz zu den Konzepten Industrie 4.0 und Arbeit 4.0 wird der Begriff der Beschäftigungsfähigkeit in den anwendungsnahen Forschungsbereichen kaum verwendet, sodass sich dieser Bereich von den beiden anderen abhebt. Als typisches Forschungsfeld der Sozialwissenschaften und der Psychologie fließen in die Forschung zu Beschäftigungsfähigkeit viele wissenschaftliche Theorien ein. Diejenigen, die am häufigsten Anwendung finden, werden im ersten Unterkapitel kurz vorgestellt. Das zweite Unterkapitel gibt einen Überblick über die historischen Entwicklungen und die Entstehung verschiedener Forschungsansätze zur Beschäftigungsfähigkeit, die im Rahmen des dritten Unterkapitels detaillierter dargestellt werden.

2.3.1 Theoretische Grundlagen der Beschäftigungsfähigkeitsforschung

Im Zuge der wissenschaftlichen Auseinandersetzung mit der Thematik der Beschäftigungsfähigkeit wird schnell deutlich, dass viele Ansätze inklusive der zugehörigen Definitionen und Modelle auf bekannten Theorien fundieren: Insbesondere sind der Ressourcenbasierte Ansatzes (engl. Resource-based View; RBV), die Theorie der Ressourcenerhaltung (engl. Conservation of Resources; COR), die Humankapitaltheorie (HKT), das Modell der Arbeitsanforderungen und Ressourcen (engl. Job-Demands Resources; JD-R), die Theorie der kognitiven Anpassung (engl. Cognitive Adaptation Theory; CAT) und die Theorie des Sozialen Austauschs (engl. Social Exchange Theory; SET) als maßgeblich für die Beschäftigungsfähigkeitsforschung zu nennen. Nachfolgend werden die Theorien kurz vorgestellt.

Ressourcenbasierter Ansatz

Eine bekannte und häufig verwendete Theorie des strategischen Managements ist die des ressourcenbasierten Ansatzes (engl. Resource-based View; RBV). Der RBV fundiert auf der Ausarbeitung von Penrose aus dem Jahr 1959, in der ein Unternehmen als Bündel materieller und immaterieller Ressourcen verstanden wird. Demnach lässt sich der RBV in Anlehnung an die Hierarchie der menschlichen Handlungssysteme nach Ropohl (siehe Kapitel 2.1) der Mesoebene zuordnen. Die zentrale Aufgabe des RBV ist es, einen nachhaltigen Wettbewerbsvorteil durch eine Strategie zu generieren, die es schafft, die Ressourcen als innere Stärken zu erkennen und zu nutzen, auf gegebene Chancen im Unternehmensumfeld zu reagieren und mögliche Gefahren zu neutralisieren (Barney, 1991). Demnach ergibt sich der strategische Vorteil, wenn ein Unternehmen in der Lage ist, eine Strategie zum optimalen Einsatz seiner Ressourcen umzusetzen, die nicht gleichzeitig von den Wettbewerbern umgesetzt wird.

Barney (1991) unterteilt die Ressourcen eines Unternehmens in drei Kategorien. Die erste Kategorie bildet das physisches Kapital. Es umfasst Maschinen und Anlagen, physische Technologien, geographische Lage und den Zugang zu Rohstoffen. Die zweite Kategorie, organisationales Kapital, beinhaltet z. B. Strukturen und Systeme zur Planung, Kontrolle und Koordination. Die dritte Kategorie stellt das Humankapital dar. Dies umfasst Intelligenz, Erfahrungen, Urteilsvermögen, Training und interne sowie externe Beziehungen der Mitarbeitenden. Besonders das Humankapital stellt die Verbindung zur Beschäftigungsfähigkeit her. In Verbindung mit der Prämisse, dass die Variation der Ressource, d. h. auch die Variation der Kompetenzen der Mitarbeiter, einen Wettbewerbsvorteil schafft, wird der Zusammenhang des RBV mit dem Konzept der Beschäftigungsfähigkeit besonders deutlich (vgl. Bonfiglioli et al., 2006).

Theorie der Erhaltung der Ressourcen

Im Gegensatz zum RBV, der auf die Ressourcen eines Unternehmens fokussiert, befasst sich die Theorie der Erhaltung der Ressourcen (engl. Conservation of Resources; COR) mit den internen Ressourcen eines Individuums und deren Erhaltung (Hobfoll, 1989) und kann somit der Mikroebene zugeordnet werden. In der COR-Theorie werden zwei Arten von Ressourcen unterschieden: persönliche und soziale Ressourcen (Hobfoll, 2002). Der Grundgedanke der Theorie besagt, dass Menschen motiviert sind, ihre aktuellen Ressourcen zu schützen und neue Ressourcen zu erwerben (Halbesleben et al., 2014), da Ressourcen ein Gefühl der Kontrolle und Beherrschung vermitteln (de Cuyper et al., 2012). Zudem sind Arbeitnehmer, die bereits über Ressourcen verfügen, eher in der Lage, Ressourcen zu gewinnen, also auch weniger anfällig für Ressourcenverluste und somit eher befähigt diese Ressourcen zu schützen (Hobfoll, 2001).

Das Kontrollgefühl liegt auch der Beschäftigungsfähigkeit zugrunde. Eine hohe Beschäftigungsfähigkeit führt dazu, dass Arbeitnehmende das Gefühl der Kontrolle über ihre Karriere haben, was sich wiederum auf ihren aktuellen Arbeitsplatz auswirken kann, da sie in der Lage sind, durch bestimmte Verhaltensweisen und Maßnahmen ihren Arbeitsplatz zu schützen oder ihre Karriere weiter voranzutreiben (vgl. de Cuyper et al., 2012). An potenziellen Maßnahmen sind dies typischerweise Aus- und Weiterbildungsmaßnahmen, die Beschäftigte zu Erhaltung ihrer Ressourcen nutzen. An Verhaltensweisen oder Fähigkeiten können nach COR die Fähigkeit zur Schaffung persönlicher beruflicher Netzwerke oder aber die Fähigkeit zum lebenslangen Lernen sein. Grundsätzlich lässt sich durch diese Theorie begründen, weshalb die meisten Definitionen und Modelle der Beschäftigungsfähigkeit in der Regel kontinuierliche Weiterentwicklung und soziale Fähigkeiten als wichtige Attribute beinhalten.

Humankapitaltheorie

Die Humankapitaltheorie (HKT) nach Becker (1994) definiert Humankapital als Qualifikationen, Wissen, Fähigkeiten und Erfahrungen, die ein Mensch in sich trägt, die dabei helfen Gewinne zu erzielen und die eigene Produktivität zu steigern. Bildungsmaßnahmen und Kompetenzentwicklung gelten als die wichtigsten Investments, um das Humankapital zu steigern. Dabei ist es beiden Parteien empfohlen – sowohl dem Individuum als auch dem anstellenden Unternehmen – in das Humankapital zu investieren, da sich diese Investitionsrendite in höheren Lohnen, einer effektiveren Produktion oder einer verbesserten Gesundheit äußern kann (Becker, 1994).

Gut zu erkennen ist diese Rendite beim deutlich höheren Einkommenspotenzial von Hochschulabsolventen (Becker, 1994). Doch auch nachgelagerte Investitionen in die Karriereentwicklung gelten als Investitionen in das Humankapital. Eine höhere Beschäftigungsfähigkeit ist demnach ebenfalls eine Form der Rendite. Nach der Humankapitaltheorie wären somit die formale Bildung, die berufsspezifische informelle und formelle Kompetenzentwicklung und die Dauer der Beschäftigung ebenfalls entscheidende aktive oder inaktive Investitionen für die

individuelle Beschäftigungsfähigkeit, die dazu führt, dass diese Arbeitskräfte auf dem Arbeitsmarkt sehr gefragt sind (Berntson et al., 2006).
Da die Humankapitaltheorie besagt, dass Beschäftigte Rendite für frühere Investitionen erwarten und oft auch aushandeln, werden die Arbeitgeber für solch hochqualifizierter Arbeitskräfte häufig weitere Investitionen tätigen, um sie an ihr Unternehmen zu binden, indem sie ihnen z. B. sichere Arbeitsplätze oder weitere Möglichkeiten der Karriereentwicklung bieten (vgl. de Cuyper et al., 2012). Dies hätte demnach zur Folge, dass Personen, die über eine hohe Beschäftigungsfähigkeit verfügen, meist über unbefristete Verträge verfügen und seitens ihres Arbeitgebers in ihrer Karriere gefördert werden.

Modell der Arbeitsanforderungen und Ressourcen

Eine weitere Theorie, die auf dem Ressourcenansatz fußt, ist das Modell der Arbeitsanforderungen und Ressourcen (engl. Job Demands Resources; JD-R). Es basiert auf der Annahme, dass unabhängig der individuellen Tätigkeit zwei übergeordnete Kategorien für Risikofaktoren von Stress und Burnout verantwortlich sind: Arbeitsanforderungen und Arbeitsressourcen (Demerouti et al., 2001).
Nach Bakker & Demerouti (2007) beziehen sich Arbeitsanforderungen auf die physischen, psychischen, sozialen oder organisatorischen Aspekte der Arbeit, z. B. Arbeitsdruck, ergonomische Belastungen oder soziale Konfrontationen, die anhaltende physische oder psychische Anstrengungen oder Fähigkeiten erfordern und daher mit bestimmten physiologischen oder psychologischen Kosten verbunden sind. Arbeitsressourcen beziehen sich auf die physischen, psychologischen, sozialen oder organisatorischen Aspekte des Arbeitsplatzes, die entweder (a) zur Erreichung von Arbeitszielen beitragen, (b) die Arbeitsanforderungen und die damit verbundenen physiologischen und psychologischen Kosten verringern oder (c) persönliches Wachstum, Lernen und Entwicklung fördern. Demzufolge sind Ressourcen nicht nur notwendig, um die Arbeitsanforderungen zu bewältigen, sondern sie sind auch für sich genommen wichtig (Bakker & Demerouti, 2007). Zusammengefasst geht das JD-R-Modell davon aus, dass hohe Arbeitsanforderungen zu negativen Ergebnissen (Stress), führen, während Arbeitsressourcen zu positiven Ergebnissen (Motivation) führen (Schaufeli, 2015).
Bezogen auf Beschäftigungsfähigkeit gelten diese Ressourcen, z. B. Feedback zu den eigenen Arbeitsleistungen, als wichtige Einflussfaktoren, die der Beschäftigungsfähigkeit vorausgehen und über den Motivationsprozess positiv auf diese einwirken (van Emmerik et al., 2012). Im Falle von Feedback wäre dies etwa die Förderung des Lernens und der persönlichen Weiterentwicklung.
Weiterhin wird angenommen, dass Arbeitsanforderungen und Ressourcen zusammenwirken, z. B. in dem Ressourcen die negativen Effekte der Arbeitsanforderungen abschwächen (van den Broeck et al., 2012). Nach van den Broeck et al. (2012) beruht diese Annahme auf einer Hauptaussage der COR-Theorie, die besagt, dass Personen, die nicht über ausreichende Ressourcen verfügen, anfällig für die negativen Auswirkungen negativer Ereignisse sind. Demnach gelte für Beschäftigte, die hohen beruflichen Anforderungen ausgesetzt sind, dass sie weniger von negativen Auswirkungen betroffen sind, wenn sie über viele berufliche Ressourcen verfügen. Demnach ist es für die Beschäftigungsfähigkeit elementar, dass Arbeitnehmende über Ressourcen verfügen, die die Arbeitsanforderungen ausgleichen können.

Theorie der Kognitiven Anpassung

Eine weitere Theorie, die sich mit negativen Effekten und den erfolgreichen Umgang mit diesen beschäftigt, ist die Theorie der kognitiven Anpassung (engl. Cognitive Adaptation Theory; CAT) nach Taylor (1983). Die CAT geht davon aus, dass eine erfolgreiche Anpassung an Risiken zu einem großen Teil von der Fähigkeit abhängt, Illusionen aufrechtzuerhalten und zu modifizieren, die nicht nur gegenwärtige Bedrohungen, sondern auch mögliche zukünftige Rückschläge abfedern. Anders formuliert heißt dies, dass resiliente Personen eine positivere Selbsteinschätzung und eine optimistische Sicht der Lebensaspekte haben (Aspinwall & Taylor, 1992).

Im Kontext der Beschäftigungsfähigkeit führen Fugate & Kinicki (2008) aus, dass mit dieser Resilienz auch Optimismus bzw. Karriereoptimismus einhergeht, der Vertrauen in die eigenen Fähigkeiten impliziert und somit Arbeitnehmende befähigt, Herausforderungen positiv wahrzunehmen und diese mit hoher Wahrscheinlichkeit erfolgreich meistern. Ähnlich wie z. B. in der COR-Theorie, würden Personen mit einer hohen Beschäftigungsfähigkeit zudem, Möglichkeiten zur persönlichen Weiterentwicklung erkennen und nutzen, um ihre Karriere und somit auch ihre Beschäftigungsfähigkeit selbst weiter zu fördern.

Person-Umwelt-Fit/ Person-Job-Fit

Ein weiterer etablierter theoretischer Ansatz, der häufig in der Arbeits- und Organisationspsychologie Anwendung findet, ist der Person-Umwelt-Fit (engl. Person-Environment-Fit; PE-Fit) (Edwards, 2008). Der PE-Fit beschreibt den Grad der Übereinstimmung von individuellen und umweltbezogenen Merkmalen und zeigt wichtige Implikationen für die Ausbildung und Entwicklung von Mitarbeitenden und die Gestaltung des Arbeitsplatzes auf (Kristof-Brown et al., 2005).

Für die Beschäftigungsfähigkeit von besonderem Interesse ist der Person-Job-Fit (PJ-Fit), der die Kompatibilität zwischen den Merkmalen einer Person und denen eines bestimmten Arbeitsplatzes untersucht (Kristof-Brown & Guay, 2011). Innerhalb des PJ-Fit wird zwischen zwei verschiedenen Typen unterschieden, die jeweils unterschiedliche Eigenschaften der beiden Parteien untersuchen (Edwards).

(1) Anforderungen – Fähigkeiten: Untersucht wird die Passung zwischen den Fähigkeiten, Kenntnissen und Fertigkeiten des Arbeitnehmenden und den Anforderungen des Jobs.

(2) Bedarfe – Angebot: Untersucht wird die Kompatibilität zwischen den Bedürfnissen, Präferenzen und Wünschen des Arbeitnehmenden und dem Ausmaß, in dem der Arbeitsplatz diese befriedigen kann.

Im Kontext der Beschäftigungsfähigkeit sind beide Typen von Relevanz. Einerseits müssen Beschäftigte über für die Tätigkeit passende Attribute oder in Anlehnung an die zuvor beschriebenen Theorien wie den RBV oder die Humankapitaltheorie über passende Ressourcen verfügen, um beschäftigungsfähig zu sein. Kombiniert man den PJ-Fit mit dem JD-R Modell, so ist auch der zweite Typ wichtig, da hier noch mehr die psychische Gesundheit betont wird. Werden Bedürfnisse der Mitarbeitenden nicht berücksichtigt, so können diese auch bei passenden Kompetenzen langfristig ihrer Tätigkeit mit hoher Wahrscheinlichkeit nicht nachkommen, da dies zu Stress oder Burnout führt.

Theorie des Sozialen Austauschs

Eine Theorie die noch stärker auf die beidseitige Beziehung zwischen Arbeitnehmenden und Arbeitgebern fokussiert, ist die Theorie des Sozialen Austauschs (engl. Social Exchange Theory; SET) (Blau, 1964). Die SET nimmt an, dass wenn ein Unternehmen, das in seine Mitarbeitenden investiert, um deren Bedürfnisse nach Entwicklung, beruflichem Erfolg und Wohlbefinden zu befriedigen, die Mitarbeitenden mit positivem Verhalten reagieren, indem sie härter arbeiten, um ihre eigenen Ergebnisse und die des Unternehmens zu verbessern. Dieses Verständnis enthält demnach Parallelen zur Humankapitaltheorie, nach deren Verständnis es ebenfalls zu einer Wechselbeziehung kommen kann. Jedoch geht die SET einen Schritt weiter, indem sie grundsätzlich davon ausgeht, dass eine solche Beziehung per se lohnenswert für beide Parteien ist (Cook & Rice, 2003). Zudem gibt sie im Gegensatz zur Humankapitaltheorie und auch zum PJ-Fit Aufschluss darüber, inwieweit die Investitionen in die Ausbildung in der Verantwortung der beiden Parteien liegen (Veld et al., 2015). Im Kontext der Beschäftigungsfähigkeit wird meist von folgendem Muster ausgegangen: Der Arbeitgeber investiert in die Beschäftigungsfähigkeit der Arbeitnehmenden, die sich aufgrund ihres Zugewinns in ihrer Beschäftigungsfähigkeit beim Arbeitgeber revanchieren (Fugate et al., 2021). Veld et al. (2015) argumentieren weiter, dass sowohl unabhängige als auch gemeinsame oder voneinander abhängige Investitionen und Verpflichtungen relevant sind, um die Ergebnisse der Beschäftigungsfähigkeit zu optimieren. Zudem sei nicht immer klar, in welcher Weise sich diese Austauschbeziehung beeinflussen.

Zusammenfassend lässt sich schließen, dass die einzelnen Theorien jeweils neue Aspekte in das Verständnis der Beschäftigungsfähigkeit einbringen, da sie sich nicht widersprechen, sondern vielmehr ergänzen und so zu einem vollständigeren Bild führen. Demnach herrscht Konsens darüber, dass Beschäftigungsfähigkeit eine wichtige Ressource, bestehend aus Qualifikationen, Kompetenzen und persönlichen Eigenschaften, sowohl für Arbeitgeber als auch für Arbeitnehmer ist und verschiedene Strategien von beiden Seiten zum Erhalt und zur Erhöhung beitragen.

2.3.2 Forschung zur Beschäftigungsfähigkeit

Forschungsaktivitäten zur Beschäftigungsfähigkeit sind seit Dekaden Bestandteil verschiedener Fachbereiche, insbesondere in der Psychologie, der Soziologie und den Wirtschaftswissenschaften (vgl. Fugate et al., 2021).

Wenngleich die Forschungstätigkeiten zur Beschäftigungsfähigkeit besonders im neuen Jahrtausend stetig zugenommen haben, so ist der Beginn auf die 1950er Jahre bzw. auf die Publikation von Feintuch (1955) zurückzuführen (vgl. u. a. Forrier & Sels, 2003). In den Veröffentlichungen in den 1950er bis 1970er Jahren diente die Beschäftigungsfähigkeit in erster Linie dem wirtschaftlichen Zweck der Erreichung von Vollbeschäftigung (Forrier & Sels, 2003). Auch wenn sich die wirtschaftlichen Lagen änderten, fokussierte sich die Forschung auf die Frage, wie zunächst primär schwierig vermittelbare Personen und später auch besser qualifizierte Arbeitslose in den Arbeitsmarkt integriert werden können. Untersuchte Faktoren waren anfangs auf Einstellungen bezogen, z. B. die Einstellung zur Arbeit und das Selbstbild, und später auf Wissen und Fähigkeiten (Forrier & Sels, 2003). Die abgeleiteten Maßnahmen bezogen sich sehr stark auf die Makroebene und bestanden dementsprechend vornehmlich aus staatlichen Interventionen zum Einstieg in den Arbeitsmarkt; persönliche berufliche Weiterentwicklung spielte allenfalls eine untergeordnete Rolle (Fugate et al., 2021). Die damalige Vernachlässigung individueller Weiterentwicklung lässt sich zum Teil damit erklären, dass die Arbeitgeberperspektive vorherrschte und lebenslange Beschäftigung bei einem einzigen Arbeitgeber das Ideal war (Fugate et al., 2021; Thijssen et al., 2008).

Ein Richtungswechsel erfolgte in Hall (1976), als der Autor voraussagte, dass Arbeitnehmer zukünftig mit weit weniger Stabilität und größerer Komplexität konfrontiert sein würden und diese folglich anpassungsfähiger sein und ihre Karriere mehr selbst steuern müssen (Fugate et al., 2021). Als Beschleuniger dieser Entwicklungen nennen Fugate et al. (2021) die Konfrontation der Arbeitgeber mit zunehmender Unsicherheit und erhöhten Wettbewerbsdruck, die durch neue Technologien und die Globalisierung hervorgerufen wurden. Dies rückte die Arbeitgeber in das Zentrum der Forschung der Beschäftigungsfähigkeit; es ergab sich eine Verlagerung von der Makro- auf die Mesoebene (Fugate et al., 2021). Ziel der Forschung war, das Angebot an potenziellen Mitarbeitenden mit den sich ändernden organisatorischen Anforderungen in Einklang zu bringen (Thijssen et al., 2008). Beschäftigungsfähigkeit wurde zu einer HR-Initiative, die darauf abzielt, den Einsatz der Arbeitnehmer zu optimieren (Forrier & Sels, 2003). Demnach war auch die Perspektive der Forschung stark von der Humankapitaltheorie und dem RBV geprägt.

Seit den 1990er Jahren hat sich der Schwerpunkt der Forschung wieder auf die Makroebenen, d. h. als Arbeitsmarktinstrument, allerdings in Kombination mit einer gezielten Betrachtung der Mikroebene, d. h, dem Individuum, verlagert. Dadurch traten Ansichten, die sich z. B. auf dem Modell der Arbeitsanforderungen und Ressourcen oder der Theorie der Ressourcenerhaltung stützen, in den Vordergrund. Zudem konzentriert sich die Forschung nicht mehr nur auf Unterprivilegierte und Arbeitslose, sondern auf die gesamte Erwerbsbevölkerung als Alternative zur Arbeitsplatzsicherheit (Forrier & Sels, 2003). In diesem Zusammenhang wird häufig von dem „neuen psychologischen Vertrag" zwischen Arbeitnehmern und Arbeitgebern gesprochen (Hiltrop, 1995). Einerseits wird von den Arbeitnehmern erwartet, dass sie die Verantwortung für ihre eigene Karriere übernehmen, z. B. kontinuierliche berufsspezifische Weiterentwicklung, und loyal gegenüber dem Arbeitgeber sind. Andererseits kann der Arbeitnehmer vom Arbeitgeber erwarten, dass er ihm die notwendige Unterstützung und die entsprechenden Einrichtungen bietet, um seine Beschäftigungsfähigkeit zu erweitern (Forrier & Sels, 2003). Der verstärkte Fokus auf die Arbeitnehmenden (vgl. de Vos et al., 2009) hatte zur Folge, dass sich die Forschung auf die Fähigkeit des Arbeitnehmers, mit den Veränderungen auf den internen und externen Arbeitsmärkten zurechtzukommen und eine ertragreiche, idealerweise sogar erfüllende Beschäftigung zu finden, konzentrierte (Thijssen et al., 2008). Besonders diese Entwicklung basieren wiederum auf Theorien, die ebenfalls das Individuum noch stärker in das Zentrum rücken, z B. SET oder JD-R.

2.3.2.1 Definitionen der Beschäftigungsfähigkeit

Auch wenn sich seit dem neuen Jahrtausend wieder ein stärkerer Fokus auf die Mikroebene erkennen lässt, so ist Beschäftigungsfähigkeit als psychologisches Konstrukt nicht eindeutig definiert. Wie auch schon im letzten Jahrhundert ist die Forschungslandschaft heterogen; folglich existieren sowohl unterschiedliche Definitionen wie auch Modelle. Die am häufigsten verwendeten Definitionen von Beschäftigungsfähigkeit werden nachfolgend vorgestellt.

Hillage & Pollard (1998, S. 3) definierten Beschäftigungsfähigkeit als die „Fähigkeit, sich selbständig auf dem Arbeitsmarkt zu bewegen und sein Potenzial durch eine dauerhafte Beschäftigung auszuschöpfen.". Eine unmittelbare Verbindung lässt sich mit der Humankapitaltheorie herstellen, da die Beschäftigungsfähigkeit in dieser Definition als das Kapital jedes Einzelnen verstanden werden kann. Zudem umfasst diese Definition mehrere Ebenen: Das Individuum auf der Mikroebene, Arbeitgeber auf der Mesoebene i. S. der dauerhaften Beschäftigung und den Arbeitsmarkt als Makroebene.

Eine ähnliche Definition geben Sanders & de Grip (2004), die feststellen, dass Beschäftigungsfähigkeit „die Fähigkeit und die Bereitschaft ist, auf dem Arbeitsmarkt attraktiv zu sein und zu bleiben, indem man Veränderungen der Aufgaben und des Arbeitsumfelds antizipiert und auf diese Veränderungen proaktiv reagiert" (Sanders & de Grip, 2004, S. 76). Neben dem bestehenden Fokus auf den Arbeitsmarkt, liegt der Schwerpunkt auf der Anpassungsfähigkeit verbunden mit einem hohen Maß an Proaktivität der Arbeitnehmenden.

Den ab dem neuen Jahrtausend vorherrschenden Fokus auf die Mikroebene verdeutlicht die Definition von Fugate et al. (2004), die auf der CAT basiert. Sie definieren Beschäftigungsfähigkeit als „eine Form von arbeitsspezifischer proaktiver Anpassungsfähigkeit, die es Arbeitnehmern ermöglicht, Karrieremöglichkeiten zu erkennen und zu realisieren" (Fugate et al., 2004, S. 16). Somit konzentriert sich die Definition ebenfalls auf die proaktive Anpassungsfähigkeit von Arbeitnehmenden. 2006 führt Fugate den Begriff der Disposition ein und konkretisiert die vorangegangene Definition: „Dispositionelle Beschäftigungsfähigkeit ist eine Konstellation individueller Unterschiede, die Arbeitnehmer dazu befähigen, sich (pro)aktiv an ihr Arbeits- und Berufsumfeld anzupassen. Beschäftigungsfähigkeit erleichtert die Identifizierung und Verwirklichung von Arbeits- und Karrieremöglichkeiten sowohl innerhalb als auch zwischen Organisationen. In diesem Sinne ist Beschäftigungsfähigkeit eine Disposition, die individuelle Merkmale erfasst, die adaptive Verhaltensweisen und positive Beschäftigungsergebnisse fördern" (Fugate, 2006, S. 20). Dies schärft das Verständnis von Beschäftigungsfähigkeit als persönliche Eigenschaft im Gegensatz zu Kompetenzen, die z. B. in einer Ausbildung erlangt werden.

In der Definition von van der Heijde & van der Heijden (2006) wird ebenfalls die Mikroebene adressiert. Zudem greifen die Autoren die kontinuierliche Weiterentwicklung der Arbeitnehmenden als zentrales Element der COR-Theorie auf. Die eigentliche Definition der Beschäftigungsfähigkeit ist im Vergleich aber hinsichtlich der Detaillierung von KSAOs allgemeiner als „das kontinuierliche Erbringen und Schaffen von Arbeitsleistung durch die optimale Nutzung von Kompetenzen" (van der Heijde & van der Heijden, 2006, S. 453) formuliert. Die Einbringung des Kompetenzbegriffs verdeutlicht wiederum eine Verbindung zum PJ-Fit, da die Formulierung auf eine optimale Passung einer Person bzw. deren KSAOs zu einem Job schließen lässt. Die Definition van der Klink et al. (2016, S. 74) ist ähnlich gestaltet, indem sie auf ein „Set von Fähigkeiten" verweist, die über das gesamte Arbeitsleben aufgebaut werden (van der Klink et al., 2016, S. 74). Ebenso ist die Definition von Hinchcliffe (2001; in: Pool & Sewell, 2007) und dem kompetenzbasiertem Ansatz zuzuordnen. Der Autor versteht Beschäftigungsfähigkeit als „ein Bündel von Fähigkeiten, Kenntnissen, Verständnis und persönlichen Eigenschaften, die eine Person dazu bringen, Berufe zu wählen und zu sichern, in denen sie zufrieden und erfolgreich sein kann" (Hinchcliffe, 2001 in: Pool & Sewell, 2007, S. 8).

Einen anderen Fokus in der Definition setzten Rothwell & Arnold (2007). Sie definieren Beschäftigungsfähigkeit als „die wahrgenommene Fähigkeit, den Arbeitsplatz zu behalten, den man hat, oder den Arbeitsplatz zu bekommen, den man sich wünscht" (Rothwell & Arnold, 2007, S. 25). Diese Definition enthält Elemente der JD-R, da sie auf die Fähigkeit eingeht, den spezifischen Anforderungen des eigenen oder eine zukünftig gewünschten Jobs nachzukommen. Die Fähigkeit der Erhaltung des Arbeitsplatzes, der als Ressource verstanden werden kann, lässt zudem die Grundzüge der COR erkennen. Zudem betont die Definition die eigene Wahrnehmung über die Beschäftigungsfähigkeit, womit sie keinen Anspruch auf Objektivität erhebt.
Eine weitere Definition, welche die subjektive Wahrnehmung über die eigene Beschäftigungsfähigkeit untersucht, stammt von Berntson et al. (2006). Sie definieren die wahrgenommene Beschäftigungsfähigkeit „als die Einschätzung einer Person über ihre Möglichkeiten einen neuen Arbeitsplatz zu finden" (Berntson et al., 2006, S. 225). Vanhercke et al. (2014, S. 594) erweitern die Definition der wahrgenommenen Beschäftigungsfähigkeit „als die Einschätzung einer Person über ihre Möglichkeiten, eine Beschäftigung zu finden und zu behalten" (Vanhercke et al., 2014, S. 594), womit ebenfalls wie bei Rothwell & Arnold (2007) die Erhaltung der aktuellen Arbeitsstelle inkludiert ist und somit eine Verbindung zur COR Theorie hergestellt werden kann.

Trotz leicht abweichender Schwerpunkte, stimmen viele Definitionen darin überein, dass Beschäftigungsfähigkeit mit der Verantwortung des Arbeitnehmers verbunden ist, selbständig Möglichkeiten zur Erhöhung der eigenen Beschäftigungsfähigkeit zu erkennen und zu nutzen. Dies erfordert die Fähigkeit einer kontinuierlichen Anpassung an die sich ständig ändernden Anforderungen des Arbeitsmarktes. Nach de Grip et al. (2004) sind die meisten Definitionen jedoch zu eindimensional, da sie jeweils nur einen Aspekt der Beschäftigungsfähigkeit abdecken, z. B. das Vorhandensein bestimmter KSAOs oder die Fähigkeit zur Nutzung verschiedener Ressourcen. Basierend auf der Empfehlung von Thijssen (1998) nach einer geschichteten Definition in drei Stufen schlagen de Grip et al. (2004, S. 216) daher folgende Definition vor: „Beschäftigungsfähigkeit bezieht sich auf die Fähigkeit und Bereitschaft von Arbeitnehmenden, für den Arbeitsmarkt attraktiv zu bleiben (Angebotsfaktoren), indem sie auf Veränderungen der Aufgaben und des Arbeitsumfelds (Nachfragefaktoren) reagieren und diese antizipieren, was durch die ihnen zur Verfügung stehenden Instrumente der Personalentwicklung (Institutionen) erleichtert wird." (de Grip et al., 2004, S. 216). Im Gegensatz zu den oben genannten Definitionen werden hier auch situationsbedingte Faktoren einbezogen, die vom Individuum nicht kontrolliert werden, aber als wichtige Förderer dienen. Ferner geht diese Definition über die reine Definition von Beschäftigungsfähigkeit hinaus, da sie sich auf Faktoren bezieht, die die Beschäftigungsfähigkeit beeinflussen (z. B. Personalentwicklungsinstrumente). Durch diese Vielschichtigkeit lassen sich Grundzüge verschiedener Theorien wiederfinden. Angebot- und Nachfragefaktoren stellen eine Verbindung zum JD-R, kontinuierliche Weiterentwicklung zur COR und die Nutzung bzw. das Angebot von Personalentwicklungsinstrumenten stellen eine Verbindung zur HKT her.

Der Vergleich der vorgestellten Definitionen und die beschriebenen Verbindungen zu den in Kapitel 2.3.1 eingeführten Theorien lassen erkennen, dass sie sich verschiedenen Forschungsansätzen zuteilen lassen: (1) dem kompetenzbasieren Ansatz (z. B. Hillage & Pollard, 1998; van der Heijde & van der Heijden, 2006), in dessen Zentrum KSAOs als maßgebliche Faktoren der individuellen Beschäftigungsfähigkeit stehen; (2) dem dispositionellen Ansatz, in dem Persönlichkeitsfaktoren als ausschlaggebend angesehen werden (vgl. Fugate, 2006) und (3) dem Ansatz der wahrgenommenen Beschäftigungsfähigkeit, in dem die persönliche Wahrnehmung über die eigene Beschäftigungsfähigkeit im Zentrum steht, z. B. Rothwell & Arnold (2007), Berntson et al. (2006).
Tabelle 2-3 enthält eine Übersicht der Definitionen, der maßgeblich relevanten Theorien und ihrer Zuordnung zum jeweiligen Ansatz der Beschäftigungsfähigkeit.

Tabelle 2-3 Übersicht der Definitionen der Beschäftigungsfähigkeit

Quelle	Definition	Theorie	Ansatz
Hillage & Pollard (1998)	Beschäftigungsfähigkeit ist die Fähigkeit, sich selbständig auf dem Arbeitsmarkt zu bewegen und sein Potenzial durch eine dauerhafte Beschäftigung auszuschöpfen.	HKT	Kompetenzbasierter Ansatz
Sanders & de Grip (2004)	Beschäftigungsfähigkeit ist die Fähigkeit und die Bereitschaft auf dem Arbeitsmarkt attraktiv zu sein und zu bleiben, indem man Veränderungen der Aufgaben und des Arbeitsumfelds antizipiert und auf diese Veränderungen proaktiv reagiert.	HKT; SET	Dispositioneller Ansatz
Fugate et al. (2004)	Beschäftigungsfähigkeit ist eine Form von arbeitsspezifischer proaktiver Anpassungsfähigkeit, die es Arbeitnehmern ermöglicht, Karrieremöglichkeiten zu erkennen und zu realisieren.	CAT	Dispositioneller Ansatz
Fugate (2006)	Beschäftigungsfähigkeit ist die Konstellation individueller Unterschiede, die Arbeitnehmer dazu befähigen, sich (pro)aktiv an ihr Arbeits- und Berufsum-	CAT	Dispositioneller Ansatz

	feld anzupassen. Beschäftigungsfähigkeit erleichtert die Identifizierung und Verwirklichung von Arbeits- und Karrieremöglichkeiten sowohl innerhalb als auch zwischen Organisationen. In diesem Sinne ist Beschäftigungsfähigkeit eine Disposition, die individuelle Merkmale erfasst, die adaptive Verhaltensweisen und positive Beschäftigungsergebnisse fördert.		
van der Heijde & van der Heijden (2006)	Beschäftigungsfähigkeit ist das kontinuierliche Erbringen und Schaffen von Arbeitsleistung durch die optimale Nutzung von Kompetenzen.	COR; PJ-Fit	Kompetenzbasierter Ansatz
van der Klink et al. (2016)	Beschäftigungsfähigkeit als ein Set von Fähigkeiten, die über das gesamte Arbeitsleben aufgebaut werden.	COR; PJ-Fit	Kompetenzbasierter Ansatz
Hinchcliffe (2001; in: Pool & Sewell, 2007)	Beschäftigungsfähigkeit ist ein Bündel von Fähigkeiten, Kenntnissen, Verständnis und persönlichen Eigenschaften, die eine Person dazu bringen, Berufe zu wählen und zu sichern, in denen sie zufrieden und erfolgreich sein kann.	PJ-Fit; HKT	Kompetenzbasierter Ansatz
Rothwell & Arnold (2007)	Beschäftigungsfähigkeit ist die wahrgenommene Fähigkeit, den Arbeitsplatz zu behalten, den man hat, oder den Arbeitsplatz zu bekommen, den man sich wünscht.	JD-R; COR	Wahrnehmungsbasierter Ansatz
Berntson et al. (2006)	Beschäftigungsfähigkeit ist die Einschätzung einer Person über ihre Möglichkeiten einen neuen Arbeitsplatz zu finden.	HKT	Wahrnehmungsbasierter Ansatz
Vanhercke et al. (2014)	Beschäftigungsfähigkeit ist die Einschätzung einer Person über ihre Möglichkeiten, eine Beschäftigung zu finden und zu behalten.	HKT; COR	Wahrnehmungsbasierter Ansatz
de Grip et al. (2004)	Beschäftigungsfähigkeit bezieht sich auf die Fähigkeit und Bereitschaft von Arbeitnehmenden, für den Arbeitsmarkt attraktiv zu bleiben (Angebotsfaktoren), indem sie auf Veränderungen der Aufgaben und des Arbeitsumfelds (Nachfragefaktoren) reagieren und diese antizipieren, was durch die ihnen zur Verfügung stehenden Instrumente der Personalentwicklung (Institutionen) erleichtert wird.	JD-R; COR; HKT	Dispositioneller Ansatz

2.3.2.2 Modelle und Faktoren der Beschäftigungsfähigkeit

Modelle der Beschäftigungsfähigkeit lassen sich – neben der Zuteilung zu den drei oben beschriebenen Forschungsansätzen – auch unterteilen in Modelle, die lediglich die Dimensionen des Konstrukts der Beschäftigungsfähigkeit beschreiben, und in Modelle, die tatsächlich Faktoren zur Vorhersage des Grads der Beschäftigungsfähigkeit einer Person enthalten. Ein ganzheitliches Modell muss beide Merkmale umfassen, um die Beschäftigungsfähigkeit einerseits zu messen und andererseits Aussagen darüber tätigen zu können, welche Faktoren diese beeinflussen. Das bedeutet, dass sowohl die (multiplen) Dimensionen des Konstrukts als auch die sie vorhersagenden Faktoren berücksichtigt werden sollten. Im folgenden Abschnitt wird eine Zusammenfassung und Bewertung der bekanntesten Modelle gegeben.

Modelle der Beschäftigungsfähigkeit

Fugate et al. (2004) haben auf Basis ihrer im vorigen Unterkapitel eingeführten Definition ein Modell ausgearbeitet, welches zunächst ihre Definition spezifiziert. Demzufolge umfasst Beschäftigungsfähigkeit als arbeitsspezifische Form der Anpassungsfähigkeit drei Dimensionen: Berufliche Identität, die persönliche Anpassungsfähigkeit und das Sozial- und Humankapital. Nach den Autoren bilden diese drei Dimensionen eine synergetische Kombination, in der jede Dimension ihre eigene und unabhängige Bedeutung für das Konstrukt hat, während sie in ihrer Zusammensetzung Beschäftigungsfähigkeit gewährleistet. Ferner sollen diese drei Dimensionen die Beschäftigungsfähigkeit vorhersagen, da weil sie davon ausgehen, dass die Dimensionen die Beschäftigungsfähigkeit verursachen, d. h. diese als ein aggregiertes multidimensionales Konstrukt verstanden wird und nicht die Wirkung der Beschäftigungsfähigkeit sind. Das Modell fokussiert allerdings nur auf Faktoren der Mikroebene und lässt andere wichtige Faktoren auf der Meso- und Makroebene, die die Beschäftigungsfähigkeit beeinflussen könnten, unberücksichtigt. Demnach greift hier die Kritik der Unvollständigkeit der Definitionen (vgl de Grip et al., 2004; Thijssen, 1998), sodass eine realistische Vorhersage der Beschäftigungsfähigkeit auf Mikroebene ohne Berücksichtigung der übergeordneten Ebenen nicht sinnvoll erscheint.

Eine Weiterentwicklung des Modells von 2004 und basierend auf der weiterentwickelten Definition zur Beschäftigungsfähigkeit nach dem dispositionellen Ansatz (siehe Kapitel 2.3.2.1) beschreiben Fugate & Kinicki (2008). Dispositionelle Beschäftigungsfähigkeit ist definiert als latentes multidimensionales Konstrukt, das aus fünf reflektiven Dimensionen besteht. Diese Dimensionen sind (1) Offenheit für Veränderungen am Arbeitsplatz, (2) Belastbarkeit am Arbeitsplatz und im Beruf, (3) Proaktivität am Arbeitsplatz und im Beruf, (4) berufliche Motivation und (5) berufliche Identität. Das Konstrukt wurde operationalisiert, um die dispositionelle Beschäftigungsfähigkeit über die fünf Dimensionen zu messen und im Rahmen einer empirischen Studie das Modell zu validieren. Die prädiktive Validität wurde in Longitudinalstudien (Fugate & Kinicki, 2008) über den Zusammenhang der dispositionellen Beschäftigungsfähigkeit und einer positiven Einstellung sowie Engagement zu Veränderungen in der Organisation untersucht. Auch wenn das Modell über die Dimensionen breiter aufgestellt und umfassend validiert worden ist, bleibt der Kritikpunkt der ausschließlichen Berücksichtigung der Mikroebene bestehen.

Im Gegensatz zu den beiden erstgenannten Modellen, haben McQuaid & Lindsay (2005) ein Modell entwickelt, das das Ziel verfolgt, "einen Ansatz zur Definition von Beschäftigungsfähigkeit zu finden, der die Arbeitsmarktpolitik besser unterstützen kann" (S. 197), womit die Zielsetzung offenbart, dass bei diesem Modell mindestens die Makroebene berücksichtigt wird. Nach den Autoren wird die Beschäftigungsfähigkeit maßgeblich von drei Arten von Faktoren beeinflusst: (1) individuelle Faktoren (Fähigkeiten und Eigenschaften der Beschäftigungsfähigkeit; demografische Merkmale; Gesundheit und Wohlbefinden; Arbeitssuche; Anpassungsfähigkeit und Mobilität), (2) Umstände (Haushaltsbedingungen; Arbeitskultur; Zugang zu Ressourcen) und (3) externe Faktoren (Nachfragefaktoren; unterstützende Faktoren). Das Modell bildet einen breiten Rahmen, um zu erklären, welche Faktoren die Beschäftigungsfähigkeit beeinflussen, da es jedoch weder qualitativ noch quantitativ validiert worden ist, bleibt unklar, welche Faktoren tatsächlich von Bedeutung sind.
Ein weiteres konzeptionelles Modell, das nicht empirisch getestet und validiert wurde, ist das Modell von Forrier & Sels (2003). Dieses beschreibt, welche Faktoren, z. B. die aktuelle Situation auf dem Arbeitsmarkt (Makroebene), Bereitschaft die Stelle zu wechseln (Mikroebene), die Beschäftigungsfähigkeit einer Person beeinflussen könnten.

Ein mehrfach empirisch validiertes Modell des kompetenzbasierten Ansatzes stammt von van der Heijde & van der Heijden (2006). Die Basis bildet die von den Autoren formulierte Definition der Beschäftigungsfähigkeit (siehe Kapitel 2.3.2.1). In ihrem Modell besteht Beschäftigungsfähigkeit aus fünf Dimensionen: (1) Berufliche Kompetenz, (2) Antizipation und Optimierung, (3) persönliche Flexibilität, (4) Unternehmenssinn und (5) Gleichgewicht. Wie Fugate & Kinicki (2008) haben sie das Modell operationalisiert und mittels mehrerer Studien (vgl. van der Heijde & van der Heijden, 2006; van der Heijden & Bakker, 2011; van der Heijden, B. et al., 2009) validiert. Die prädiktive Validität wurde in der Studie unter Arbeitnehmenden zweier Organisationen von van der Heijde & van der Heijden (2006) über Variablen des objektiven und subjektiven Karriereerfolgs, z. B. Einkommen, Beförderungen, untersucht.
Zwar wurde in derselben Studie auch eine Datenerhebung unter den direkten Vorgesetzen der einzelnen Arbeitnehmenden durchgeführt, jedoch als eine Fremdbewertung der individuellen Personen in den fünf Dimensionen der Beschäftigungsfähigkeit und Faktoren des individuellen Karriereerfolgs. Somit werden auch in diesem Modell und auch in dieser spezifischen Studie keine Faktoren auf Meso- und Makroebene erfasst.

Im Bereich des Ansatzes zur wahrgenommenen Beschäftigungsfähigkeit haben Rothwell & Arnold (2007) ein Modell auf Basis ihrer im vorigen Unterkapitel eingeführten Definition entwickelt. Kern der Definition ist die wahrgenommene Fähigkeit, einen Arbeitsplatz zu finden und zu behalten. Als Einflussfaktoren innerhalb des Modells wird zwischen (organisations-)internem und externem Arbeitsmarkt sowie zwischen individuellen persönlichen und beruflichen Merkmalen unterschieden. Somit umfasst das Modell in Ansätzen sowohl Faktoren der Mikro-, der Meso- und der Makroebene. Aufgrund des Ansatzes der wahrnehmungsbasierten Beschäftigungsfähigkeit handelt es sich jedoch um eine primär subjektive Einschätzung über die Fähigkeit auf dem internen oder externen Arbeitsmarkt zu bestehen. Objektive Merkmale zum externen Arbeitsmarkt, z. B. Arbeitslosenquote, oder einzelnen Organisationen, z. B. Organisationsstrukturen oder Karriereförderung, werden nicht betrachtet.

Die Definition von Vanhercke et al. (2014) lässt sich zwar dem Ansatz zur wahrgenommenen Beschäftigungsfähigkeit zuordnen (siehe Kapitel 2.3.2.1), in ihrem konzeptionellen Modell kombinieren die Autoren jedoch Komponenten aller drei Ansätze. Das Ziel des Modells ist es, die Beziehungen und Zusammenhänge zwischen den unterschiedlichen Auffassungen der Beschäftigungsfähigkeit darzustellen. Die Autoren stellen die These auf, dass die wahrnehmungsbasierte Beschäftigungsfähigkeit ein Ergebnis (Output) aus den Kompetenzen und Persönlichkeitseinstellungen/ Dispositionen (Input) ist, deren Einflussgrad wiederum über externe Faktoren bestimmt wird. Als Beispiele für solche externe Faktoren geben Vanhercke et al. (2014) u. a. ökonomischer Wohlstand der Gesellschaft, Wohnen in Metropolregionen, Typ des Arbeitsvertrags und Karriereförderung in der Organisation an. In der Aufstellung des Modells werden somit sowohl die Mikro-, die Meso- als auch die Makroebene berücksichtigt. Da die einzelnen Faktoren jedoch nicht weiter spezifiziert und operationalisiert worden sind, mangelt es folglich auch an einer Validierung.

Insgesamt zeigt sich, dass trotz der z. T. unterschiedlichen Ansätze die Modelle auf konzeptioneller Ebene eher komplementär als widersprüchlich erscheinen. Es besteht Konsens über den mehrdimensionalen Aspekt der Beschäftigungsfähigkeit. In einer Vielzahl von Studien wird das Konzept der Eigenverantwortung der Beschäftigten für ihre berufliche Laufbahn mit der Rolle der Arbeitgeber und den beschäftigungspolitischen Maßnahmen zur Förderung der Beschäftigungsfähigkeit der Arbeitnehmer verknüpft. Viele Ansätze sprechen daher von einem „komplexen Mosaik" (Forrier & Sels, 2003) oder einem „multidimensionalen" Konzept (Fugate et al., 2004; Rothwell & Arnold, 2007; van der Heijde & van der Heijden, 2006), das wiederum von vielen Faktoren auf Mikro-, Meso- und Makroebene beeinflusst wird.

In Tabelle 2-4 sind die beschriebenen Modelle der Beschäftigungsfähigkeit gelistet. Zusätzlich enthält die Tabelle Informationen zur Zuordnung des Modells zu den Ansätzen der Beschäftigungsfähigkeit, die adressierten Ebenen sowie die Angabe ob es sich um ein getestetes und validiertes Modell handelt.

Tabelle 2-4 Übersicht der Modelle der Beschäftigungsfähigkeit

Quelle	Modell	Ansatz	Ebene	Getestet/ validiert
Fugate et al. (2004)	Drei Dimensionen: Berufliche Identität, die persönliche Anpassungsfähigkeit und das Sozial- und Humankapital	Dispositioneller Ansatz	Mesoebene; Makroebene	-
Fugate & Kinicki (2008)	Fünf Dimensionen: (1) Offenheit für Veränderungen am Arbeitsplatz, (2) Belastbarkeit am Arbeitsplatz und im Beruf, (3)	Dispositioneller Ansatz	Mikroebene	x

	Proaktivität am Arbeitsplatz und im Beruf, (4) berufliche Motivation und (5) berufliche Identität			
McQuaid & Lindsay (2005)	Fokus auf Faktoren der Beschäftigungsfähigkeit: (1) individuelle Faktoren (Fähigkeiten und Eigenschaften der Beschäftigungsfähigkeit, demografische Merkmale, Gesundheit und Wohlbefinden, Arbeitssuche, Anpassungsfähigkeit und Mobilität), (2) Umstände (Haushaltsbedingungen, Arbeitskultur, Zugang zu Ressourcen) und (3) externe Faktoren (Nachfragefaktoren, unterstützende Faktoren).	Kombination aus dispositionellem und kompetenzbasiertem Ansatz	Makroebene; Mikroebene	-
Forrier & Sels (2003)	Fokus auf Faktoren, z. B. die aktuelle Situation auf dem Arbeitsmarkt (Makroebene), Bereitschaft die Stelle zu wechseln (Mikroebene).	Dispositioneller Ansatz	Mikroebene; Makroebene	-
van der Heijde & van der Heijden (2006)	Fünf Dimensionen: (1) Berufliche Kompetenz, (2) Antizipation und Optimierung, (3) persönliche Flexibilität, (4) Unternehmenssinn und (5) Gleichgewicht.	Kompetenzbasierter Ansatz	Mikroebene	x
Rothwell & Arnold (2007)	Kern der Definition ist die wahrgenommene Fähigkeit, einen Arbeitsplatz zu finden und zu behalten. Als Einflussfaktoren innerhalb des Modells wird zwischen (organisations-)internem und externem Arbeitsmarkt sowie zwischen individuellen persönlichen und beruflichen Merkmalen unterschieden.	Wahrnehmungsbasierter Ansatz	Mikroebene; Mesoebene; Makroebene	x
Vanhercke et al. (2014)	Die wahrnehmungsbasierte Beschäftigungsfähigkeit ist ein Ergebnis (Output) aus den Kompetenzen und Persönlichkeitseinstellungen/ Dispositionen (Input), deren Einflussgrad wiederum über externe Faktoren bestimmt wird.	Wahrnehmungsbasierter Ansatz zzgl. Komponenten des dispositionellen und kompetenzbasierten Ansatz	Mikroebene; Mesoebene; Makroebene	-

Nachfolgend werden einige Forschungsarbeiten vorgestellt, die auf die Beschäftigungsfähigkeit wirkende Faktoren untersuchen.

Faktoren der Beschäftigungsfähigkeit

Ebenso wie die Beschäftigungsfähigkeit als Kernelement untersucht worden ist, hat sich eine weitere Gruppe von Forschenden verstärkt mit den Einflussfaktoren auf die Beschäftigungsfähigkeit fokussiert, z. B. Kirves et al. (2014), Berntson et al. (2006), van Dam (2004). In den Studien wird deutlich, dass äußere Faktoren z. T. erheblichen Einfluss auf die Beschäftigungsfähigkeit haben können. So haben z. B. Kirves et al. (2014) einen negativen Einfluss von befristeten Arbeitsverträgen sowie einen positiven Einfluss von wahrgenommener Mobilität auf die Beschäftigungsfähigkeit demonstriert, Sanders & de Grip (2004) haben einen positiven Zusammenhang mit absolvierten Weiterbildungen erkannt und McQuaid & Lindsay (2005) beschreiben einen Zusammenhang mit weiteren individuellen Faktoren wie den persönlichen Lebensumständen.
Besonders in der jüngeren Forschung sind vermehrt Faktoren auf Meso- und Makroebene untersucht worden. Dabei adressieren die Arbeiten die u. a. von Forrier et al. (2018) und McQuaid & Lindsay (2005) identifizierte Forschungslücke zum Multi-Level Ansatz, d. h. der Untersuchung von Faktoren der Meso- und Makroebene auf die Beschäftigungsfähigkeit auf der Mikroebene.
So haben sich z. B. Dello Russo et al. (2020) vor dem Kontext des demografischen Wandels mit der Beschäftigungsfähigkeit älterer Arbeitnehmer beschäftigt. In ihrer cross-nationalen Studie konnten sie einen negativen Effekt des Alters auf die wahrgenommene Beschäftigungsfähigkeit nachweisen. Dieser konnte nach den Ergebnissen ihrer Studie jedoch durch (organisationsunabhängige) Karriereentwicklungsaktivitäten abgeschwächt werden. Eine Analyse der Arbeitslosenquoten in den verschiedenen Ländern zeigte keinen signifikanten Effekt auf die wahrgenommene Beschäftigungsfähigkeit der Befragten.
Ein Konzept, das ebenfalls Einflussfaktoren der verschiedenen Ebenen miteinbezieht und die Herausforderung des demographischen Wandels adressiert, ist die nachhaltige Beschäftigungsfähigkeit (engl. Sustainable Employability). Im Fokus steht die nachhaltige i. S. v. lebenslange Beschäftigungsfähigkeit. Auf konzeptioneller Ebene verweisen van der Klink et al. (2016) auf den Einfluss des Arbeitsmarktes und der Globalisierung auf Makroebene, den Einfluss der Unternehmenskultur und -führung auf Mesoebene und den Einfluss persönlicher Faktoren in der Familie und im sozialen Umfeld auf Mikroebene auf ihr kompetenzbasiertes Verständnis von nachhaltiger Beschäftigungsfähigkeit. Eine Validierung über eine empirische Studie erfolgt jedoch nicht.
Eine empirische Studie von Ybema et al. (2020) untersucht den Einfluss von Karriereentwicklungs- und Gesundheitsmaßnahmen auf die nachhaltige Beschäftigungsfähigkeit der Belegschaft. Anhand der Ergebnisse konnte lediglich ein signifikanter Einfluss von Karriereentwicklungsmaßnahmen auf die Beschäftigungsfähigkeit nachgewiesen werden. Die Zusammenhänge wurden allerdings nur auf Basis der Antworten der Unternehmensführung untersucht, sodass hier die individuelle Mikroebene nicht berücksichtigt worden ist.

Zusammengefasst lässt sich feststellen, dass in vielen Arbeiten die Relevanz von Faktoren auf Meso- und Makroebene erläutert wird. Empirische Studien, die die vermuteten Zusammenhänge von unternehmensspezifischen Faktoren, die über das Angebot von Karriereentwick-

lungsmaßnahmen hinausgehen und im Kontext von Industrie 4.0 den Einfluss des Digitalisierungsgrades auf die individuelle Beschäftigungsfähigkeit in einem Modell untersuchen, scheinen bislang jedoch nicht zu existieren.
Ein Grund für die relativ seltene Berücksichtigung der Mesoebene in Form von Unternehmen liegt im Studiendesign bzw. den Zielgruppen. Eine große Gruppe der empirischen Studien untersucht die Beschäftigungsfähigkeit von Hochschulabsolventen, z. B. Pool & Sewell (2007), Bologa et al. (2017). Eine andere Gruppe führt die Untersuchungen zwar in Unternehmen oder Organisationen bestimmter Branchen durch, z. B. Philippaers et al. (2019) im öffentlichen Sektor oder Vanhercke et al. (2014) unter Grundschullehrern, sie haben aber das Ziel, allgemeine Aussagen zur Beschäftigungsfähigkeit zu tätigen. Aus diesem Grund sind die Studiendesigns und verwendeten Fragebögen generisch gehalten, sodass die Erkenntnisse auf möglichst alle Personen im beschäftigungsfähigen Alter transferiert werden können.
Ein Grund für die bislang ausbleibende Berücksichtigung von Industrie 4.0 könnte in den in der Beschäftigungsfähigkeitsforschung vorherrschenden Forschungsdisziplinen liegen. Diese sind mehrheitlich den Fachbereichen Psychologie, Soziologie und Wirtschaftswissenschaften zuzuordnen (Fugate et al., 2021). Forschungsaktivitäten zum Thema Industrie 4.0 sind dagegen primär in den Ingenieurwissenschaften zu verorten, sodass zur Beschäftigungsfähigkeit in Industrie 4.0 bislang wenig detaillierte Forschungsergebnisse existieren.

Aufgrund der durch Industrie 4.0 prognostizierten Veränderungen in produzierende Unternehmen, ist es allerdings fraglich, ob die bestehenden Forschungsarbeiten die Zielgruppe der Beschäftigten auf dem Shopfloor ausreichend abdeckt. Daher haben sich primär in den letzten fünf Jahren erste Studien mit der Frage auseinandergesetzt, welche Komponenten Beschäftigungsfähigkeit im Kontext Industrie 4.0 definieren und welche Faktoren diese beeinflussen könnten. Im folgenden Kapitel wird das Ergebnis einer systematischen Literaturanalyse und die daraus resultierende Übersicht von Arbeiten vorgestellt, die sich mit dieser Thematik beschäftigen.

2.3.3 Literaturanalyse zu Beschäftigungsfähigkeit in Industrie 4.0

Wie im vorangegangenen Unterkapitel erläutert, sind Forschungsaktivitäten zur Beschäftigungsfähigkeit feste Bestandteile in den Fachbereichen Psychologie, Soziologie und Wirtschaftswissenschaften (vgl. Fugate et al., 2021). Da Forschungsarbeiten zum Thema Industrie 4.0 verstärkt im Bereich der Ingenieurwissenschaften zu finden sind, ist die Thematik der Beschäftigungsfähigkeit in Industrie 4.0 bislang noch nicht eingehend erforscht. Existierende Forschungsarbeiten fokussieren hauptsächlich auf die Frage benötigter Kompetenzen (siehe Kapitel 2.2).

Die Erläuterungen in Kapitel 2.3.2 haben verdeutlicht, dass Beschäftigungsfähigkeit mehr beinhaltet als die simple Betrachtung von Kompetenzen, um Tätigkeiten auszuführen. Aus dieser Erkenntnis sind in den letzten fünf Jahren vermehrt wissenschaftliche Arbeiten zur Beschäftigungsfähigkeit im Kontext Industrie 4.0 entstanden. Um diese systematisch darzulegen, wird für dieses Themenfeld eine entsprechende Literaturanalyse durchgeführt.

Ziel ist es, nur die Arbeiten zu erfassen, die explizit die beiden Themen Beschäftigungsfähigkeit und Industrie 4.0 behandeln. Für den Themenkomplex Industrie 4.0 werden dieselben Suchwörter verwendet, wie bereits für die Recherche in Kapitel 2.2.2. In Anlehnung an Fugate et al. (2021) wird neben dem für das Forschungsfeld eindeutigen englischen Begriff „Employability" das zugehörige Adjektiv „employable" gewählt. Arbeiten, die thematisch in eine ähnliche Richtung gehen und sich mit Kompetenzen, KSAOs etc. beschäftigen, sind hingegen in der Literaturanalyse in Kapitel 3.1 aufgeführt. Zusammengefasst ergeben die vorigen Ausführungen folgenden Suchterm:
(("employability")) AND (("fourth industrial revolution") OR ("industrie 4.0") OR ("industry 4.0"))

Durchsucht wurden dieselben Datenbanken wie in der Suche in Kapitel 2.2.2: *Web of Science*, *ScienceDirect*, *IEEEXplore*, *PsycInfo* und *EbscoHost* – *Ebsco Business Source Premier* und *EconLit*. Auch hier erfolgte die Suche in 2021 mit dem letzten Update im März 2022. Zur Bewertung der Relevanz wurden Titel, Abstract und Keywords aller deutsch- und englischsprachigen Artikel aller Fachgebiete untersucht.

Nach den genannten Filtern ergaben sich insgesamt 72 Treffer; 48 in *Web of Science*, vier in *ScienceDirect*, sieben in *IEEEXplore*, vier in *PsycInfo* und neun in *Ebsco*. Die Ergebnisse enthielten 10 Dubletten, sodass insgesamt 62 Artikel in der CITAVI-Datenbank verblieben. Diese wurden nach folgenden Kriterien manuell überprüft:

1. Fokus auf die Beschäftigungsfähigkeit und Kompetenzen bzw. KSAOs
2. Kein Fokus auf Hochschulausbildung oder -absolventen
3. Produzierende Unternehmen in Hochlohnländern

Da sich eine sehr große Anzahl an Arbeiten auf die Hochschulausbildung bzw. Absolventen verschiedener Studiengänge beziehen, wurden über das zweite Kriterium viele Artikel ausgeschlossen, z. B. Pauceanu et al. (2020), Bologa et al. (2017), Rampersad (2020). Nach Überprüfung der Volltexte verbleiben fünf Artikel, auf die die o. g. Kriterien zutreffen, davon ist ein eigener Konferenzbeitrag (Metzmacher & Beierle et al., 2021), der für diese Analyse nicht berücksichtigt wird. Von den verbliebenen vier Artikeln ist einer im VHB Ranking gelisteten *Journal Technological Forecasting and Social Change* erschienen, ein Artikel stammt aus einem nicht gerankten Journal und zwei Artikel sind Konferenzbeiträge.
Die vier Artikel sind in Tabelle 2-5 enthalten. Sie werden bewertet hinsichtlich des Detailgrads mit dem sie sich mit den Bereichen Beschäftigungsfähigkeit, Arbeit auf dem Shopfloor und der Betrachtung von KSAOs bzw. Kompetenzen auseinandersetzen. Eine Arbeit, die alle Anforderungen vollständig adressiert, würde demnach ein Modell zur Beschäftigungsfähigkeit für die Arbeit auf dem Shopfloor enthalten und Informationen über erforderliche KSAOs enthalten.

Tabelle 2-5 Ergebnisse der Literaturanalyse zu Beschäftigungsfähigkeit in Industrie 4.0

Quelle	Beschäftigungs-fähigkeit	Shopfloor-Arbeit	KSAOs
Nam, 2019	◑	○	○
Spöttl, 2017	○	◕	●
Tommasi et al., 2022	◔	◑	◕
Urze et al., 2021	◔	◔	○

Legende: ● *Anforderung vollständig erfüllt* / ◕ *Anforderung größtenteils erfüllt* / ◑ *Anforderung teilweise erfüllt* / ◔ *Anforderung ansatzweise erfüllt* / ○ *Anforderung nicht erfüllt*

Nachfolgend werden die als relevant identifizierten Arbeiten kurz vorgestellt und bewertet.

Das zentrale Thema der Forschung von Nam (2019) ist die wahrgenommene Arbeitsplatzunsicherheit und der Einfluss von Technologienutzung und langfristigen Prognosen für die Ausgestaltung von Industrie 4.0 in produzierenden Unternehmen. Im Kontext der Beschäftigungsfähigkeit wird die wahrgenommene Sicherheit über den eigenen Arbeitsplatz betrachtet. Wahrgenommene Arbeitsplatzunsicherheit (engl. Job insecurity) und wahrgenommene Beschäftigungsfähigkeit sind in der Forschung eng miteinander verwoben. Der Zusammenhang wurde bereits in einigen Studien, z. B. de Cuyper et al. (2012), de Cuyper et al. (2014), nachgewiesen.
Als Aspekt im Kontext von Industrie 4.0 untersucht die Studie von Nam (2019), ob die persönliche Einstellung zur Technologieeinführung und -nutzung einen Einfluss auf die wahrgenommene Arbeitsplatzunsicherheit hat. Dabei stützt sich Nam (2019) auf Prognosen, die besagen, dass viele Arbeitsplätze, besonders in den mittleren Einkommensschichten, sowohl in produzierenden Unternehmen als auch im Dienstleistungssektor der Digitalisierung zum Opfer fallen werden. Um weitere Zusammenhänge aufzudecken, wird als Indikator für die technologische Bereitschaft, Vorbereitung und Kompetenz für die Zukunft, die aktuelle Technologienutzung verwendet. Der Autor geht davon aus, dass technologisch versierte Arbeitnehmende eine positivere Einstellung zu ihrer Arbeitsplatzsicherheit als technologisch unvorbereitete Arbeitnehmende. Technologieaffine Personen sollen zudem über eine höhere Anpassungsfähigkeit verfügen, wodurch sie sich besser an das sich schnell verändernde Umfeld anpassen können. Da die Datenerhebung über eine großflächig angelegte Telefonbefragung in den USA erfolgte, wurden keine Industrie 4.0-spezifischen Technologien abgefragt. Stattdessen wurde das Nutzungsverhalten von Internet, Mobiltelefon und internet-basierte Jobsuche untersucht. Die wahrgenommene Arbeitsplatzsicherheit wurde über die Wahrscheinlichkeit, dass in den nächsten 50 Jahren generell Jobs durch Maschinen und Roboter ersetzt werden und der Wahrscheinlichkeit, dass der eigene Job noch existiert, abgefragt. Die Ergebnisse der Studie zeigen, dass bezüglich der Technologienutzung lediglich die Internetbasierte Jobsuche eine signifikante Verringerung der Arbeitsplatzunsicherheit zeigt. In Verbindung mit der Beschäftigungsfähigkeit hieße dies, dass Personen, die bereits heute aktiv im Internet Jobs suchen, ihre eigene Beschäftigungsfähigkeit tendenziell höher einschätzen.
Da in der Befragung auf spezifische Technologien verzichtet worden ist, bleibt fraglich, wie

aussagekräftig die Ergebnisse hinsichtlich Industrie 4.0-Technologien und Beschäftigungsfähigkeit sind, da nur für die Internetbasierte Jobsuche ein signifikanter Zusammenhang gezeigt werden konnte. Da diese Tätigkeit fast ausschließlich im privaten Rahmen stattfindet, kann hier kein direkter Bezug zur Shopfloorarbeit in Industrie 4.0 festgestellt werden. Zu diesem Zweck müsste stärker auf konkrete Industrie 4.0-Technologien eigegangen werden. Zudem müssten Probandengruppen gezielter ausgewählt werden, z. B. Beschäftigte ausgewählter Branchen oder in bestimmten Jobs, die in direktem Bezug zur Shopfloorarbeit stehen bzw. Aussagen dazu tätigen können.

Ein Beitrag, der gezielt auf Beschäftigungsfähigkeit eingeht, stammt von Urze et al. (2021). Anhand einer Literaturanalyse und zweier hypothetischer Fallstudien im Bereich kollaborativer Netzwerke, werden die Auswirkungen von KI und Automatisierung auf die Beschäftigungsfähigkeit untersucht.
Die erste Fallstudie beschäftigt sich mit einem kollaborativen Projektmanagement, das von Freelancern bearbeitet wird. Es kommt eine neue Managementsoftware zum Einsatz, die komplexe Aufgaben automatisch in kleine individuelle Aufgaben herunterbricht. Dabei werden Kosten eingespart, indem zunächst Aufgaben des Mittleren Managements ersetzt werden. Langfristig ist das Ziel, über Machine Learning auch die Erledigung der kleineren Aufgaben zu automatisieren, um gänzlich auf Freelancer verzichten zu können. Folgen dieses Szenarios sind mittelfristig das Wegfallen der mittleren Managementpositionen und langfristig das Wegfallen der Aufgaben von Freelancern. Demnach ist die Beschäftigungsfähigkeit der Personen, die in diesen Positionen typische Aufgaben erledigen, zukünftig stark gefährdet.
Die zweite Fallstudie fokussiert auf eine kollaborative Supply Chain, bei der jedes Unternehmen auf eine Kernkompetenz spezialisiert ist. Um die Produkt- und Prozessqualität zu gewährleisten, müssen sich die einzelnen Entitäten in Echtzeit miteinander abstimmen, einen kontinuierlichen Datenfluss herstellen und komplexe Vorgänge automatisieren. Je größer das Netzwerk desto mehr muss automatisiert werden. Bei einem hohen Grad an Automatisierung und einer vollständig digitalisierten Prozesskette kommt eine Roboter-basierte Prozessautomatisierung zum Einsatz. Der hohe Digitalisierungs- und Automatisierungsgrad führt dazu, dass ein Großteil der Aufgaben von Maschinen übernommen wird. Menschliche Arbeitskräfte werden obsolet. Dies hat folglich unmittelbare Auswirkungen auf deren Beschäftigungsfähigkeit.
Als neue Perspektive werden in der Arbeit von Urze et al. (2021) kollaborative Netzwerke im Kontext Industrie 4.0 anhand zweier Beispiele vorgestellt. Diese vermitteln zwar einen groben Eindruck über die zukünftige Ausgestaltung der Arbeit in produzierenden Unternehmen, genaue Beschreibungen der Tätigkeiten und Informationen zu erforderlichen KSAOs bleiben jedoch aus. Die Auseinandersetzung mit der Beschäftigungsfähigkeit beschränkt sich auf Prognosen über das Fortbestehen bestimmter Aufgabenfelder.

Spöttl (2017) geht nicht explizit auf die Beschäftigungsfähigkeit, sondern fokussiert auf KSAOs und im Speziellen auf Shopfloorarbeit in Industrie 4.0. In Übereinstimmung zu den Studien in Kapitel 2.2 nimmt der Autor an, dass sich Arbeitsorganisation, -prozesse und somit auch die Arbeitsinhalte durch Industrie 4.0 erheblich ändern werden. In der Studie wird untersucht, welche Auswirkungen diese Entwicklungen auf Facharbeiter in produzierenden Unternehmen haben.

Anhand von Literaturanalysen, Expertenbefragungen, Fallstudien und Expertenworkshops werden in Spöttl (2017) Veränderungen auf der Produktionsebene und die daraus resultierenden Konsequenzen für die Gestaltung von Berufs- und Kompetenzprofilen identifiziert. Das Ziel der Interviews mit 15 Fachleuten aus verschiedenen Bereichen der Wirtschaft, Wissenschaft und Berufsbildung ist, den aktuellen Stand der technologischen Entwicklung zur Umsetzung von Industrie 4.0 in produzierenden Unternehmen zu ermitteln. Zudem werden Informationen über die zu erwartenden oder bereits eingetretenen Veränderungen der Facharbeit und deren Konsequenzen für die Qualifizierung generiert.
Anhand von sechs in verschiedenen Unternehmen der Metall- und Elektroindustrie durchgeführten Fallstudien werden Entwicklungen und Veränderungen in Technik, Arbeitsorganisation und Arbeitsaufgaben auf dem Shopfloor identifiziert, um zukünftige Anforderungen an Qualifikationen abzuleiten. In zwei Expertenworkshops werden die Ergebnisse validiert und Implikationen für die berufliche Aus- und Weiterbildung abgeleitet. In einem dritten Workshop werden betriebliche und außerbetriebliche Weiterbildungsmaßnahmen erarbeitet, um Fachkräfte zielgerichtet und zügig auf die Anforderungen von Industrie 4.0 vorzubereiten.
In Übereinstimmung mit anderen Studien, prognostizieren die befragten Experten, dass die technologischen Grundlagen von Industrie 4.0, z. B. allgemeine Konnektivität, Internet, Sensoren, CPS, bereits heute zu einem massiven Effizienzschub und einer Kostenreduktion bei Produkten geführt haben. Die Substitution von kognitiver Arbeit und von Routinetätigkeiten führt zu einer Umgestaltung von Berufsbildern. Jobs für Geringqualifizierte (in der Metall- und Elektroindustrie ca. 15 bis 20 %) werden mit hoher Wahrscheinlichkeit deutlich abnehmen, während die Anforderungen für höher Qualifizierte steigen. Für die Arbeit in produzierenden Unternehmen hat Spöttl (2017) die Herausforderungen, die sich bei der Umsetzung von Industrie 4.0 ergeben, wie folgt zusammengefasst:

1. Facharbeiter auf dem Shopfloor müssen für Industrie 4.0-relevante Spezialisierungen qualifiziert sein. Das schließt ein, dass sie in der Lage sind, die Prozesse in ihrer Komplexität zu beherrschen und einen einwandfreien Betrieb von Anlagen zu gewährleisten.
2. Ergänzend zu ihren herkömmlichen Aufgaben, müssen Facharbeiter vernetzte Systeme mit dezentraler Intelligenz beherrschen, mit Daten umgehen und diese analysieren können und den einwandfreien Betrieb der Anlagen, u. a. mittels spezifischer Software, sicherstellen.
3. Besonders in produzierenden Unternehmen werden im Rahmen von Industrie 4.0 Veränderungen durch CPS erfolgen. Zudem werden sich die Arbeitsorganisation und Arbeitsplatzgestaltung verändern. Ferner werden sich die Anforderungen in den Bereichen Datensicherheit und Programmiertechniken erhöhen. Fehlersuchen und Problemlösungen erfolgen zukünftig mit Hilfe von Assistenzsystemen und Datenanalyse.

Diese weitreichenden Veränderungen implizieren andere Kompetenzen für Facharbeiter und Ingenieure. Basiskompetenzen für die Arbeit in Industrie 4.0 sind nach Spöttl (2017):

- Denken aus Software-Perspektive
- Kenntnis über Netzwerkstrukturen
- Beherrschung von Big-Data-Technologien

- Umgang mit verschiedenen Datenformaten
- Prozessverständnis und -beherrschung
- Eigenverantwortung
- Kooperatives Verhalten
- Kommunikationsfähigkeit
- Innovationsfähigkeit
- Fähigkeit zur Entwicklung nach ökologischen und sozialen Maßstäben

Bezogen auf die Beschäftigungsfähigkeit bedeutet dies, dass höher-qualifizierte Beschäftigte mit einer Berufsausbildung, die über Industrie 4.0-spezifische Qualifikationen verfügen und sich zudem kontinuierlich weiterbilden, auch langfristig über eine hohe Beschäftigungsfähigkeit und gute Karriereaussichten verfügen (Spöttl, 2017). Der Autor führt weiter aus, dass im Bereich Produktionsplanung und bei konzeptionellen Aufgaben, diese Personengruppe mit Beschäftigen mit Hochschulabschluss konkurrieren. In den Bereichen Fehlermanagement, Reparaturen und Instandhaltungsaufgaben auf dem Shopfloor werden aber Mitarbeitende mit Berufsausbildung und Softwarekenntnissen auch in Zukunft unabdingbar sein. Dies gilt besonders für Unternehmen, die, wie für Industrie 4.0 typisch, hochkomplexe Produktionsanlagen und -prozesse betreiben.
Insgesamt zeichnet Spöttl (2017) ein relativ umfassendes Bild von der zukünftigen Produktionsarbeit. Über die verschiedenen Methoden werden Erkenntnisse aus der Literatur um Praxiswissen ergänzt und validiert. Im Artikel wird erläutert, dass besonders in produzierenden Unternehmen in Hochlohnländern die Industrie 4.0-Technologien großen Einfluss auf Arbeitsorganisation, -prozesse und somit auf die Beschäftigten haben. Auf die Beschäftigten in besonders von Industrie 4.0 beeinflussten Bereichen wird besonders eingegangen, indem zukünftig erforderliche KSAOs vorgestellt werden.
Zusammengefasst werden somit zwei der drei definierten Anforderungen (siehe Tabelle 2-5) adressiert. Die Thematik der Beschäftigungsfähigkeit wird lediglich implizit erwähnt. Es wird angedeutet, dass Industrie 4.0-spezifische Inhalte in Aus- und Weiterbildung notwendig sind, aber was, abgesehen von den dargestellten KSAOs, zusätzlich erforderlich sein könnte, um auch langfristig beschäftigungsfähig zu sein, bleibt offen. Modelle zur Beschäftigungsfähigkeit werden weder erwähnt, angewandt oder entwickelt.

Die letzte Arbeit in der Übersicht stammt von Tommasi et al. (2022). Die Autoren untersuchen ebenfalls im Kontext von Industrie 4.0 zukünftig erforderliche KSAOs sowie die sich aus den veränderten Qualifikationsprofilen ergebenden Herausforderungen für die berufliche Bildung. Um die einschlägige Literatur um die Praxisperspektive zu ergänzen, werden halbstrukturierte Interviews mit 16 Berufsbildungsexperten durchgeführt. Die Ergebnisse sind ähnlich wie bei Spöttl (2017): Es herrscht Konsens zwischen der aktuellen wissenschaftlichen Literatur und den Befragten über KSAOs für Industrie 4.0. Die Experten betonen die Notwendigkeit einer Mischung aus KSAOs, die naturwissenschaftliche, technologische und mathematische Kenntnisse, technische Fertigkeiten und übergreifende soziale Fähigkeiten umfassen. Darüber hinaus unterstützt die Perspektive der Praktiker ein vielschichtiges Verständnis der Anforderungen von Industrie 4.0 an die allgemeine und berufliche Bildung. Auf Grundlage dieser Erkennt-

nisse wird ein Bewertungsinstrument für Arbeitssuchende zur Eingliederung in den Arbeitsmarkt vorgeschlagen.
Auch Tommasi et al. (2022) gibt eine Übersicht über die sich durch Industrie 4.0 veränderten Anforderungen an die Beschäftigten. Die Erkenntnisse decken sich mit den bereits von Spöttl (2017) aufgelisteten KSAOs, wobei diese spezifischer auf die Arbeit auf dem Shopfloor eingehen. Ebenfalls fehlt eine detaillierte Auseinandersetzung mit der Beschäftigungsfähigkeit als eigenes wissenschaftliches Themenfeld. Anstelle eines Modells zur Beschäftigungsfähigkeit wird ein Bewertungsinstrument zur Eingliederung in den Arbeitsmarkt vorgestellt. Demnach ist die Zielgruppe auf Arbeitssuchende beschränkt.

Abschließend lässt sich zusammenfassen, dass keiner der Artikel alle drei Anforderungen vollumfänglich erfüllt. Die Arbeiten von Spöttl (2017) und Tommasi et al. (2022) vermitteln am ehesten einen Eindruck über die zukünftige Arbeit auf dem Shopfloor und erforderliche KSAOs. Allerdings beziehen sich wie bei Urze et al. (2021) die Aussagen zur Beschäftigungsfähigkeit lediglich auf das Fortbestehen bestimmter Qualifikationsstufen oder Aufgabengebiete. Dagegen ordnet sich der Beitrag von Nam (2019) durch das Auseinandersetzen mit der wahrgenommenen Sicherheit über den Arbeitsplatz in die Forschung zur Beschäftigungsfähigkeit ein. Es werden allerdings keine Angaben zu Tätigkeiten und KSAOs gemacht. Keine der Arbeiten entwickelt oder wendet ein Modell zur Beschäftigungsfähigkeit an.

2.4 Fazit zu wissenschaftlichen Grundlagen

In Kapitel 2 wurden die wissenschaftlichen und terminologischen Grundlagen der vorliegenden Arbeit definiert. Dies dient zum einen dem einheitlichen Verständnis bzgl. des Forschungsziels und zum anderen der klaren Abgrenzung des Untersuchungsbereichs der Arbeit.

Die Vorstellung aktueller Arbeiten zur Arbeit 4.0 (Kapitel 2.2) hat verdeutlicht, dass aktuell allgemeine Beschreibungen zu Tätigkeiten und in Teilen auch zu Kompetenzen bestehen, die die Mikroebene der Beschäftigten adressiert. Instrumente z. B. zur Kompetenzmessung fehlen jedoch gänzlich. Ebenfalls wurde eine Übersicht zu der bislang kleinen Anzahl an Arbeiten gegeben, die über Szenarioentwicklungen systematisch hergeleitete Zukunftsprognosen zur zukünftigen Arbeit in Industrie 4.0 und auf dem Shopfloor vorstellen. Diese Arbeiten adressieren zwar die Makro- und Mesoebene, lassen aber die Mikroebene in Form der Beschäftigten und der erforderlichen KSAOs außer Acht. Die Vorstellung der allgemeinen Forschung zur Beschäftigungsfähigkeit in Kapitel 2.3.2 hat gezeigt, dass auch auf dem Forschungsfeld der Beschäftigungsfähigkeit eine gemeinsame Betrachtung von Mikro-, Meso- und Makroebene bislang in keinem getesteten und validierten Modell erfolgt ist.

Hinsichtlich der Beschäftigungsfähigkeit in Industrie 4.0 hat die kombinierte Betrachtung der Themengebiete „Industrie 4.0“, „Arbeit 4.0“ und „Beschäftigungsfähigkeit“ in der systematischen Literaturanalyse in Kapitel 2.3.3 sowie die Untersuchung bisheriger Modelle der Beschäftigungsfähigkeit gezeigt, dass bislang keine wissenschaftlichen Arbeiten existieren, die das Themenfeld der Beschäftigungsfähigkeit im Kontext Industrie 4.0 hinreichend untersu-

chen. Insbesondere fehlt es an einer kombinierten Betrachtung folgender Aspekte: (a) Beschäftigungsfähigkeit, (b) Tätigkeiten auf dem Shopfloor im produzierenden Gewerbe und (c) erforderliche Kompetenzen/ KSAOs der Beschäftigten.
Eine weitere Erkenntnis ist, dass auch eine geeignete Methodik fehlt, die es ermöglicht, o. g. Aspekte kombiniert zu untersuchen und in einem Modell darzustellen, da bislang keine Arbeit Methoden der Zukunftsprognostik (Szenarioentwicklung) mit klassischen Methoden in der Beschäftigungsfähigkeitsforschung (Fragebogen zur Entwicklung eines Messinstruments, Experteninterviews, systematische Literaturanalysen) verbindet.

Die dargelegten Forschungslücken werden in den folgenden Kapiteln adressiert und ein Modell zur Beschäftigungsfähigkeit für die Arbeit auf dem Shopfloor im Kontext von Industrie 4.0 in produzierenden Unternehmen entwickelt.

3 Deskriptive Studie I – Definition der IB und Identifikation möglicher Einflussfaktoren

In Kapitel 3 werden Vorgehensweise und Ergebnisse der Deskriptiven Studie I vorgestellt. Diese beinhaltet mehrere Teilstudien, die sowohl qualitative als auch quantitative Forschungsmethoden umfassen.

Zur Zielerreichung dieser Arbeit – die Entwicklung eines Modells der Industriellen Beschäftigungsfähigkeit (IB) – ist es erforderlich, als ersten Schritt den Begriff „IB“ zu definieren. Die Basis der Definition der IB stellt eine systematische Literaturanalyse aus den Jahren 2013 bis 2018 dar, die um Ergebnisse aus Experteninterviews und aus weiteren aktuellen Literaturquellen ergänzt wird.
Als vollständiges Mess- und Vorhersageinstrument muss das IB-Modell zudem Faktoren enthalten, die potenziell Einfluss auf die IB nehmen bzw. mit dieser in Verbindung stehen. Es wird die in Kapitel 2.3.2.2 identifizierte Forschungslücke nach Berücksichtigung aller drei Ebenen in die Untersuchungen zur Beschäftigungsfähigkeit (siehe z. B. Forrier et al., 2018) adressiert. Auf Makroebene wird zu diesem Zweck das Zukunftsszenario der Produktionsarbeit 2030 entwickelt und auf Mesoebene und Mikroebene der Unternehmen und Beschäftigten mittels der Personamethodik konkretisiert.
Der Multimethodenansatz ermöglicht es, ein Modell zu entwickeln, das (a) wissenschaftliche Erkenntnisse mit (b) Praxiswissen verbindet und dabei (c) alle drei Ebenen des soziotechnischen Systems „Industrie 4.0“ berücksichtigt. Da es sich im Kontext des IB-Modells bei Meso- und Mikroebene jeweils über spezifische Akteure handelt, werden die Ebenen nachstehend als Unternehmensebene (Mesoebene) und Individualebene (Mikroebene) bezeichnet.
Nachfolgend werden die einzelnen Teilstudien vorgestellt.

3.1 Definition IB und Expertenvalidierung

3.1.1 Literaturanalyse zur Definition der IB

Im Rahmen des Forschungsprojekts PreModIE[2] wurde zur Entwicklung der Definition der IB eine systematische Literaturanalyse durchgeführt. Die systematische Literaturanalyse ist im Detail in Beierle, Heine, Letmathe, Metzmacher & Schmitt (2020) beschrieben. Die für diese Arbeit relevanten Erkenntnisse werden an dieser Stelle sinngemäß übernommen.

Theoretische Herleitung der IB-Definition

Ziel der systematischen Literaturanalyse ist es, die aktuelle Forschung zu Definition und Modellen zur Beschäftigungsfähigkeit im Sekundärsektor, d. h. in produzierenden Unternehmen, zu untersuchen, um im Anschluss eine theoretische Basis für die Definition der IB zu entwi-

[2] https://gepris.dfg.de/gepris/projekt/406934476?language=de

ckeln. Im Gegensatz zu der Recherche aus Kapitel 2.3.3 ist diese Untersuchung breiter angelegt, um auch Arbeiten zu identifizieren, die sich nicht explizit auf Beschäftigungsfähigkeit und Industrie 4.0 fokussieren.

Zur Analyse wurden mehrere Datenbanken durchsucht, um die verschiedenen Fachgebiete abzudecken: *PsycInfo* (Psychologie), *EconBiz* (Wirtschaftswissenschaften) und *IEEEXplore* (Ingenieurwissenschaften). Basierend auf der Kombination „Industrial“ und „Employability“ wurde folgender Suchterm definiert:

((“*Industrial*” OR “*Manufacturing*” OR “*Production*” OR “*Secondary Sector*” OR “*Industry*” OR “*Factory*” OR “*Fabrication*” OR “*Industrialization*") AND ("*Employability*” OR “*Employable*” OR “*Capability for Work*” OR “*Finding a Job*” OR “*Job Readiness*” OR “*Capability Employed*"))

Die Analyse erfolgte im Januar und Februar 2019. Es wurden insgesamt fünf Auswahlkriterien zur weiteren Reduktion der Artikel angewandt: (1) englischsprachig, (2) peer-reviewed, (3) Veröffentlichung in 2013 bis 2018 (4) Fokus auf Beschäftigte, Arbeitslose oder Hochschulabsolventen und (5) eine Definition oder Konzeptualisierung der jeweiligen Suchbegriffe enthalten.

In den Datenbanken wurde nach den Kriterien (1) bis (3) gefiltert und die resultierenden Artikel wurden in die Literaturübersicht zur weiteren Untersuchung aufgenommen. In *PsycInfo* ergaben sich 221 Treffer, in *EconBiz* 73 und in *IEEEXplore* 469.
In den insgesamt 763 waren einige Duplikate enthalten, sodass nach deren Entfernung 541 Artikel hinsichtlich Kriterien (4) und (5) weiter untersucht wurden. Nach Analyse der Abstracts blieben insgesamt 28 Artikel übrig. Um mögliche relevante Studien zu identifizieren, die noch nicht in den ausgewählten Datenbanken enthalten waren, wurden auch die Abstracts der letzten Ausgabe der Konferenz der *European Association of Work and Organizational Psychology (EAWOP)* im Jahr 2017 und der letzten beiden Konferenzen der *Society for Industrial and Organizational Psychology (SIOP)* in den Jahren 2017 und 2018 gesichtet. Das Ergebnis waren 12 potenziell relevante unveröffentlichte Studien, deren Autoren durch das Projektteam kontaktiert wurden. Zu zwei Studien wurden Berichte zugesandt. Davon erfüllte eine die o. g. Kriterien, sodass insgesamt 29 Artikel nach Analyse der Volltexte in der Literaturdatenbank verblieben.

Von den 29 Artikeln sind acht in Journals erschienen, die im VHB-Ranking gelistet sind. Ein Journal ist dort nicht gerankt. Die sieben verbliebenen Artikel wurden in Journals der Kategorien A und B veröffentlicht. Die vollständige Auflistung der 29 Veröffentlichungen befindet sich im Anhang.

Für die Herleitung der literaturbasierten Definition wurden die Artikel hinsichtlich der genannten Definition bzw. hinsichtlich des enthaltenen Verständnisses der Beschäftigungsfähigkeit analysiert. 26 Studien verstehen Beschäftigungsfähigkeit als eine Kombination von KSAOs oder eine Kombination persönlicher Attribute. 13 Studien definieren Beschäftigungsfähigkeit als die Fähigkeit einer Person, eine Beschäftigung aufrechtzuerhalten. Die Ergebnisse lassen sich mindestens einem der drei in Kapitel 2.3 erläuterten Ansätze (kompetenzbasierte Beschäftigungsfähigkeit, dispositioneller Ansatz der Beschäftigungsfähigkeit oder wahrgenommene Beschäftigungsfähigkeit) zuordnen.

Zur Entwicklung der IB-Definition wurde folgender Rahmen festgelegt:
Bei der Beschäftigungsfähigkeit handelt es sich um ein Konzept, das einer Kombination bestimmter KSAOs bedarf und die Fähigkeit zu deren Aufrechterhaltung erfordert.

Zur vollständigen Definition der IB ist es notwendig, die KSAOs zu definieren, da diese den Kern der Beschäftigungsfähigkeit darstellen. Folglich wurden die 29 Artikel hinsichtlich enthaltener KSAOs untersucht. In dieser Untersuchung konnten insgesamt vier Gruppen – nachfolgend als Dimensionen bezeichnet – identifiziert werden, um die einzelnen KSAOs zu kategorisieren.
(1) „Berufliches und technologisches Fachwissen" (engl. Occupational and Technological Expertise, OTE), (2) „Anpassungsfähigkeit" (engl. Adaptability, ADAP), (3) „Soziale Fähigkeiten" (engl. Social Skills, SOCS) und (4) „Selbstmanagement" (engl. Selfmanagement, SELF)[3]. Nachfolgend werden die in den einzelnen Artikeln identifizierten KSAOs entsprechend ihrer Zuordnung zu den vier Dimensionen aufgelistet.

(1) **OTE**: Kompetenz in Informations- und Kommunikationstechnologien (kurz: IKT-Kompetenz) (Collet et al., 2015; Eberhard et al., 2017; Pruijt, 2013), Innovationsfähigkeit (Detsimas et al., 2016; Stengård et al., 2015; Süß & Becker, 2013), Technologieaffinität (Collet et al., 2015; Eberhard et al., 2017; Gao & Yuan, 2015; Süß & Becker, 2013; Turhan & Akman, 2013), Kreativität (Hollister et al., 2017; Süß & Becker, 2013), lebenslanges Lernen (Süß & Becker, 2013; Tonnon et al., 2018; Wanberg et al., 2016)
(2) **ADAP**: Anpassungsfähigkeit hinsichtlich des internen und externen Arbeitsmarktes (Hogan et al., 2013; van der Heijden et al., 2018), innere Offenheit gegenüber Veränderungen (Egan et al., 2017; Hollister et al., 2017), Fähigkeit in unterschiedlichen Umgebungen zu arbeiten (Espada & Chambel, 2013; Griffin & Annulis, 2013), Nutzung verschiedener Ressourcen (Collet et al., 2015; Kirves et al., 2014), flexible Organisation (Griffin & Annulis, 2013; Wanberg et al., 2016)
(3) **SOCS**: Teamfähigkeit (McGonagle et al., 2015; Nagendra et al., 2013), Kommunikationsfähigkeit (Eberhard et al., 2017; van der Heijden et al., 2018), Verhandlungsgeschick (Detsimas et al., 2016; Eberhard et al., 2017), soziale Verhaltensweisen (Lee & Chin, 2017; Nagendra et al., 2013; Shukla & Garg, 2017), emotionale Intelligenz (Coetzee et al., 2016; Ferreira & Mujajati, 2017), kulturelle Kompetenz/ ethisches Verhalten (Botha et al., 2015; Wang et al., 2015)
(4) **SELF**: Eigenorganisation (Botha et al., 2015; Espada & Chambel, 2013), Resilienz/ Stressmanagement (Ferreira & Mujajati, 2017; McGonagle et al., 2015; Potgieter & Mawande, 2017), Zeitmanagement (Direnzo et al., 2015; Süß & Becker, 2013; van der Heijden et al., 2018), Problemlösefähigkeit (Collet et al., 2015, Preenen et al., 2015),

---

[3] Für die Dimensionen der IB werden nachfolgend die Abkürzungen der englischen Bezeichnungen genutzt.

kritisches Denken (Eberhard et al., 2017; Nagendra et al., 2013), Selbstwirksamkeit (Hogan et al., 2013).

Zusammenfassend decken die KSAOs der einzelnen Dimensionen bereits viele der erforderlichen Fähigkeiten auf dem Shopfloor im Kontext Industrie 4.0 ab. Auf Basis dieser Erkenntnis aus der Literaturanalyse wird eine Begriffsdefinition für die IB formuliert, die in den folgenden Schritten, insbesondere hinsichtlich der Ausgestaltung einzelner Dimensionen, weiter präzisiert und validiert wird. Die Definition in Beierle, Heine, Letmathe, Metzmacher & Schmitt (2020) lautet wie folgt:

Industrielle Beschäftigungsfähigkeit steht für eine Reihe von Kenntnissen, Fertigkeiten, Fähigkeiten und anderen Merkmalen (KSAO), die nach den vier Dimensionen Berufliches und technologisches Fachwissen (OTE), Anpassungsfähigkeit (ADAP), soziale Fähigkeiten (SOCS) und Selbstmanagement (SELF) gegliedert sind und eine Person in die Lage versetzen, eine Beschäftigung im Industriesektor zu finden und zu behalten.

Ergänzung der IB-Definition um weitere Erkenntnisse aus aktuellen Forschungsarbeiten zu KSAOs im Kontext von Industrie 4.0

Zur weiteren Ausdetaillierung der Dimensionen und um die Erkenntnisse zu validieren, werden im Rahmen der vorliegenden Arbeit ergänzend Forschungsarbeiten analysiert und in die Übersicht mitaufgenommen. Bei den zusätzlich aufgenommenen wissenschaftlichen Veröffentlichungen handelt es sich primär um Forschungsarbeiten aus dem Bereich der Ingenieurwissenschaften, die mittels Metaanalyse Kompetenzen für Industrie 4.0 untersucht haben (siehe auch Kapitel 2.2.1 und 2.3.3).
Tabelle 3-1 zeigt eine Übersicht von wissenschaftlichen Quellen, die KSAOs unterschiedlicher Dimensionen aufführen. Die KSAOs und ihre Dimensionen sind in der ersten Zeile und die Nennungen je Quelle in den darunterliegenden Zeilen angegeben. Die letzte Zeile der Tabelle summiert die Nennungen über alle Quellen. Die Übersicht umfasst 32 Einzelquellen aus dem Bereich der Beschäftigungsfähigkeitsforschung und aus der Industrie 4.0-spezifischen Forschung. Die KSAOs sind den Dimensionen OTE, ADAP, SOCS und SELF zugeordnet.

Tabelle 3-1 Übersicht von KSAOs für Industrie 4.0

Quellen	OTE								ADAP					SOCS							SELF							
	Unternehmerische Orientierung	Innovationsfähigkeit	Technologisches Verständnis	Nutzung neuer Technologien	Einbringung eigener Ideen	Lebenslanges Lernen	Kreativität	IKT-Kompetenz	Offenheit gegenüber Veränderungen	Nutzung verschiedener Ressourcen	Arbeit in versch. Umgebungen	Kundenorientierung	Flexible Organisation	Kulturelle Kompetenz	Soziale Verhaltensweisen	Emotionale Intelligenz	Teamfähigkeit	Interpersonelle Kompetenz	Kommunikationsfähigkeit	Verhandlungsgeschick	Zeitmanagement	Resilienz/ Stressmanagement	Problemlösefähigkeit	Kritisches Denken	Eigenorganisation	Karrierebezogene Resilienz	Proaktivität	Selbstwirksamkeit
Blayone & Van Oostveen (2021)		x	x	x			x	x	x		x	x	x	x	x			x	x	x			x					
Collet et al. (2015)				x				x		x								x					x	x				
Decius & Schaper (2017)					x				x			x						x	x		x							
Detsimas et al. (2016)		x	x										x				x		x	x	x	x	x					
Direnzo *et al.*(2015)										x	x				x						x							
Eberhard et al. (2017)	x		x	x	x	x	x	x			x					x		x	x	x	x	x	x	x				
Egan et al. (2017)	x								x		x				x			x							x			
Espada & Chambel (2013)											x			x											x			
Flores et al. (2020)			x	x		x		x			x						x		x	x			x	x	x			x
Gao & Yuan (2015)					x		x																					
Griffin & Annulis (2013)											x	x	x	x			x	x	x				x	x				
Hecklau et al. (2016)	x		x	x		x	x	x			x			x		x	x	x	x	x		x	x					
Hecklau et al. (2017)			x	x		x	x	x			x						x		x				x					
Hogan et al. (2013)				x								x			x	x											x	x
Hollister et al. (2017)							x		x				x				x		x				x					
Kirves et al. (2014)										x																		
Lee & Chin (2017)			x			X	x				x		x	x	x		x	x	x				x					x
McGonagle et al. (2015)																x	x					x						
Preenen et al. (2015)																	x		x				x			x		
Pruitt, J., & Grudin, J. (2003)	x					X		x			x						x					x						
Rampersad (2020)	x	x					x		x						x	x	x	x	x				x	x				x
Riebe & Jackson (2014)																	x		x				x	x				

Shukla & Garg (2017)	x		x												x		x		x				x				x	
Spöttl & Windelband (2021)		x			x		x										x		x				x	x			x	
Stengård et al. (2015)		x								x					x										x			
Süß & Becker (2013)			x				x				x				x		x		x						x			
Tonnon et al. (2018)						x					x				x												x	
Turhan & Akman (2013)	x		x							x				x										x				
van der Heijden et al. (2018)		x									x		x	x	x		x		x		x				x			
Wanberg et al. (2016)						x					x		x												x			
Wang et al. (2015)														x														
Summe	7	6	10	7	4	8	10	7	5	5	15	4	7	8	11	5	16	9	17	5	5	5	15	8	7	1	4	4

Für OTE ist eine der am häufigsten genannten KSAO laut Literatur „Technologisches Verständnis“ (10). Am häufigsten wird diese KSAO in Quellen diskutiert, die sich entweder auf den IKT-Sektor konzentrieren oder allgemeine Kompetenzen ansprechen, die für die Arbeit in der Industrie 4.0 notwendig sind. Die am zweithäufigsten genannte KSAO ist „Kreativität“ (10), die oft mit Problemlösungsfähigkeiten und innovativem Denken in Verbindung gebracht wird. Es folgt das „lebenslange Lernen“ (8), das besonders im Kontext von Industrie 4.0 als essenzielles KSAO zum Erlernen neuer Technologien eingestuft wird.

Innerhalb der Dimension ADAP haben sich 15 Quellen auf die „Fähigkeit in verschiedenen Umgebungen zu arbeiten" bezogen. Demnach wird der Fähigkeit, die Position zu wechseln, unterschiedliche Aufgaben zu erfüllen und in wechselnden Teams zu arbeiten, wie es z. B. in agilen Unternehmensstrukturen oder Arbeitsorganisationen wie Job-Rotation relevant ist, von knapp der Hälfte der analysierten Studien als besonders wichtig angesehen.

Innerhalb der Dimension SOCS sind „Teamfähigkeit“ und „Kommunikationsfähigkeit“ von höchster Bedeutung. Mehr als 50 % der Quellen beziehen sich auf diese KSAOs. 11 Quellen betonen zudem die Relevanz von „Soziale(n) Verhaltensweisen“.

Im Feld der Dimension SELF werden „Problemlösefähigkeit“ (15) und „kritisches Denken“ (8) als besonders wichtig erachtet. Darüber hinaus wird „karrierebezogene Resilienz“ von 7 Quellen genannt. Dies deutet darauf hin, dass eine bestimmte Form von Robustheit und selbstbestimmtes, eigenverantwortliches Handeln, sowohl bei der Erledigung von Aufgaben im Beruf als auch bei der Verfolgung der eigenen Karriere, in Zukunft an Relevanz gewinnen wird.

Bei der Betrachtung auf horizontaler Ebener, d. h. bei der Analyse der einzelnen Quellen, wird deutlich, dass Arbeiten, die sich auf Industrie 4.0 beziehen, im Rahmen der vier Dimensionen und darin verorteten KSAOs das größte Spektrum abdecken. Die drei Arbeiten mit dem größten Spektrum genannter KSAOs sind Eberhard et al. (2017) (16), Blayone & Van Oostveen (2021) (15) und Hecklau et al. (2016) (15). Flores et al. (2020), Lee & Chin (2017) und

Rampersad (2020) führen jeweils 12 KSAOs auf. Demzufolge lässt sich schließen, dass sowohl das Spektrum der aufgeführten KSAOs auf Basis der bestehenden Literatur als auch deren Unterteilung in vier Dimensionen als Detaillierung der Beschäftigungsfähigkeit in Industrie 4.0 geeignet sind.

Bevor die erste Unterforschungsfrage „Welche Kompetenzen werden zukünftig erforderlich sein, um im produzierenden Sektor beschäftigungsfähig zu sein?“ beantwortet wird, erfolgt im nächsten Teilkapitel eine Validierung der obigen Erkenntnisse unter Einbezug von Expertenwissen.

3.1.2 Experteninterviews

Um eine sowohl theoretisch als auch praktisch fundierte Grundlage für die folgende Konstruktentwicklung der IB bzw. der IB-Dimensionen zu schaffen, werden die Erkenntnisse aus der Literaturanalyse mit den Ergebnissen aus halbstrukturierten Experteninterviews kombiniert. Ziele der Interviews sind (a) Das Einbeziehen der praktischen und aktuellen wissenschaftlichen Perspektive in das Set der KSAOs und (b) Die Validierung und ggf. Anpassung der literaturbasierten Definition der IB (siehe Kapitel 3.1.1).

Um die aktuelle Praxisperspektive einzufangen, wurde als qualitative Forschungsmethode die Methodik der Experteninterviews verwendet. Experteninterviews ordnen sich in die Kategorie der halbstrukturierten Interviewformen ein (Lamnek, 2002, S. 173; Meuser & Nagel, 1991, S. 449; in: Borchardt & Göthlich, 2009). Experteninterviews fokussieren im Unterschied zu anderen Varianten des qualitativen Interviews nicht auf die Befragten selbst, sondern auf deren Erfahrungen und Interpretationen im Hinblick auf das Forschungsthema (Borchardt & Göthlich, 2009) – die Befragten sind somit Spezialisten für ein definiertes Thema (Mayring, 2015, S. 33). Für die vorliegende Arbeit sind die befragten Experten Spezialisten für den Bereich Personal in produzierenden Unternehmen und Industrie 4.0.

Die Befragungen wurden als halbstrukturierte Interviews konzipiert. Zur Strukturierung des Interviewablaufs wurde ein Interviewleitfaden genutzt. Dieser dient der inhaltlichen Orientierung des Interviewers, um alle relevanten Fragestellungen anzusprechen und um die Vergleichbarkeit im Falle mehrerer Interviews sicherzustellen (Bortz & Döring, 2002, S. 315; Lamnek, 2005, S. 202; Meuser & Nagel, 1991, S. 453in: Borchardt & Göthlich, 2009). Darüber hinaus bietet die halbstrukturierte Form genügend Flexibilität für eine offene Gesprächsführung (Borchardt & Göthlich, 2009).

Zur Gliederung des Interviewleitfadens und Auswertung diente der Ablauf für problemzentrierte Interviews nach Witzel, 2000; in: Döring & Bortz, 2016, S. 377). Dieser gliedert sich in folgende Schritte:

1. Erklärungsphase: Erklärung von Zielsetzung und Ablauf des Interviews und Hinweis auf die Wichtigkeit der individuellen Vorstellung der Befragten zum Untersuchungsthema.
2. Befragung du den Sozialdaten: Ermittlung der (sozio-)demografischen Daten der Befragten.
3. Vorformulierte Einleitungsfrage als Erzählanstoß: Erzählaufforderung zur individuellen Meinung zum Untersuchungsthema.
4. Erzählungsgenerierende und verständnisgenerierende Kommunikationsstrategien im Anschluss an die Eingangserzählung: Interviewphase baut auf Eingangserzählung auf, um einzelne Aspekte auszudetaillieren und etwaige Verständnisfragen seitens des Interviewers zu klären.
5. Ad-hoc-Fragen anhand des Leitfadens: Themenbereiche, die bislang von den Befragten nicht angesprochen worden sind, werden in Form von Ad-hoc-Fragen flexibel durch den Interviewer eingebracht.
6. Postskriptum: Ergänzend zur Interviewaufzeichnung werden unmittelbar nach dem Interview Postskripte (Interviewnotizen) erstellt, das sind Anmerkungen zur Interviewsituation sowie zu thematischen Auffälligkeiten und Interpretationsideen.
7. Transkription und Datenanalyse: Qualitative (hier: insbesondere auch quantitative) Datenanalyse der Interviewtranskripte.

Der Interviewleitfaden greift die Schritte 1 bis 5 auf (siehe Anhang A.1).
Zusammengefasst wurden die Experten im Rahmen der Interviews nach der Erklärung von Zielsetzung und Rahmenbedingungen des Interviews (siehe Schritt 1) aufgefordert, zu erläutern, was IB im Kontext von Industrie 4.0 für sie bedeutet (siehe Schritt 3). Basierend auf der Erläuterung der IB aus Expertensicht wurden die Experten um eine Definition gebeten und anschließend befragt, welche KSAOs in Zukunft aus ihrer Sicht notwendig sein werden (siehe Schritt 4). Im Anschluss wurde die in Kapitel 3.1.1. aufgeführte Definition der IB vorgestellt und mit den Befragten hinsichtlich Übereinstimmungsgrad mit der persönlichen Definition und aus Expertensicht bestehendem Anpassungsbedarf der literaturbasierten Definition diskutiert (siehe Schritt 5). Als letztes Element der Interviews wurden die Befragten gebeten, die von ihnen genannten KSAOs den IB-Dimensionen zuzuordnen und mit den aus der Literatur entnommenen KSAOs zu vergleichen, Ähnlichkeiten oder Abweichungen zu identifizieren und ggf. Änderungen vorzunehmen (siehe Schritte 4 und 5).

Die halbstrukturierten Interviews wurden mit 14 Experten geführt. In Tabelle 3-2 (siehe Schritt 2) sind die Experten und ihre für die Studie relevanten soziodemografischen Daten aufgeführt. Folgende Kriterien wurden zur Auswahl der Experten herangezogen:

- Praktiker: tätig in Produktions- oder Dienstleistungsunternehmen mit Personalverantwortung ODER im Personalwesen;
- Wissenschaftler: Forschungsexpertise in der Skalenkonstruktion UND in der Beschäftigungsfähigkeitsforschung,
- mindestens drei Jahre Berufserfahrung.

Die Durchführung der Interviews erfolgte von Juni bis August 2019 persönlich oder per Telefon. Die Interviews wurden bereits während der Durchführung sinngemäß verschriftlicht und, sofern erforderlich, im Anschluss mithilfe von Audioaufzeichnungen ergänzt (siehe Schritte 6 und 7). Jedes Interview dauerte circa 40 Minuten.

Tabelle 3-2 Übersicht der Experten der Deskriptiven Studie I

Experte	**Alter**	**Geschlecht**	**Organisation/ Sektor**	**Position**	**Berufserfahrung [Jahre]**
1	30-39	m	Universität	Wissenschaftlicher Mitarbeiter	6
2	40-49	m	Universität	Juniorprofessor	10
3	40-49	w	Universität	Professor	14
4	30-39	m	Universität	Wissenschaftlicher Mitarbeiter	5
5	30-39	m	Maschinenbau	Beratung	4
6	50-59	m	Maschinenbau	Projektmanagement	> 20
7	60-69	m	Medizintechnik	Qualitätsmanagement	> 30
8	20-29	w	Personaldienstleistung	Beratung	3
9	30-39	w	Universität	Wissenschaftlicher Mitarbeiter	7
10	20-29	w	Universität	Wissenschaftlicher Mitarbeiter	3
11	30-39	w	Personaldienstleistung	Beratung	11
12	20-29	w	Personaldienstleistung	Beratung	5
13	40-49	w	Personaldienstleistung	Geschäftsführung	17
14	50-59	m	Automobil	Geschäftsführung	> 20

Die Auswertung der Interviews orientierte sich am Vorgehen beschrieben in Döring & Bortz (2016, S. 376): Die inhaltsanalytische Auswertung enthielt sowohl quantitative, z. B. Häufigkeitszählungen bei der Nennung der KSAOs, als auch qualitative Elemente, z. B. wörtliche Zitate zur Schärfung der IB Definition. Die Kategorisierung der KSAOs basierte auf den Kategorien der im vorigen Kapitel 3.1.1 vorgestellten Ergebnissen der Literaturanalyse.

Nachfolgend sind die Interviewergebnisse der inhaltsgenerierenden Schritte 3 bis 5 zusammengefasst.

<u>Fragenteil 1 (Schritte 3 und 4): Verständnis und Definition der IB aus Expertensicht</u>

Auf die erste Frage nach dem Verständnis über die industrielle Beschäftigungsfähigkeit (IB) enthielten die Antworten der Experten im Kern die Aussage „Industrielle Beschäftigungsfähigkeit wird als Fähigkeit zur Arbeit in Industrie 4.0 verstanden". Demnach ordneten die Befragten IB direkt dem Themenfeld Industrie 4.0 zu. Sechs Experten betonten eine „langfristige und

erfolgreiche“ Beschäftigung, um nicht nur eine Momentaufnahme zu betrachten. In eine ähnliche Richtung gingen die Ergänzungen von drei weiteren Experten. Sie inkludierten neben der „Erhaltung“ auch das „Finden der Arbeit“, da durch eine zunehmende Anzahl an Arbeitsplatzwechseln innerhalb eines Erwerbslebens auch dieses Element berücksichtigt werden müsse. Insgesamt zwei Experten gingen noch stärker auf die zukünftige Arbeit in produzieren Unternehmen ein, da sie IB direkt mit der „Arbeit auf dem Shopfloor in der Smart Factory“ verbinden. Ein Experte (5) bezog die IB direkt auf Kompetenzen: „IB als geeignetes Kompetenzprofil für die Anforderungen von Industrie 4.0“.
Insgesamt lässt sich demnach feststellen, dass die Kernbedeutung der literaturbasierten Definition nicht im Kontrast mit den Antworten der Experten stand. Es stellen sich aber Potenziale zur Anpassung bzw. Erweiterung der Definition heraus, um die Praxisperspektive in der finalen Definition angemessen abzubilden.

Fragenteil 2 (Schritt 4): Fokus auf KSAOs

Die Diskussion über relevante KSAOs zeigte, dass 50 % der Experten auf verschiedene KSAOs zu beruflichem und formalisiertem Fachwissen fokussierte, während die anderen 50 % die Notwendigkeit von „Selbstmanagement“ und „Anpassungsfähigkeit“ betonten und das formalisierte Fachwissen als zukünftig weniger relevant einstuften. Die Notwendigkeit sozialer Fähigkeiten, insbesondere „Kommunikationsfähigkeit“, wurde von 11 Experten genannt, jedoch nicht in den Vordergrund gestellt.
Grundsätzlich wurde durch die Experten, im Gegensatz zur Literatur, sehr stark auf die Aspekte Daten und Technologien eingegangen. Der sichere Umgang mit Daten auf der Shopfloorebene wurde von 10 Experten als besonders relevant eingestuft. Bei vier Experten wurde „Datenkompetenz“ als zukünftige Kernkompetenz benannt. Zusammengefasst verstanden die Befragten darin die Fähigkeit, Daten in einem für die Zielgruppe relevanten Kontext zu verstehen, zu analysieren und zu kommunizieren. Darüber hinaus wurde von Experte 5 die Bedeutung von analytischen Fähigkeiten betont und auf die Relevanz von Datenanalyse und maschinellem Lernen hingewiesen. Ergänzend dazu erläuterte Experte 1 die Bedeutung des Datenverständnisses im Hinblick auf Entscheidungsunterstützungssysteme, die in der Regel auf Datenanalysen basieren.
Die Fähigkeit, mit Daten zu arbeiten, wurde immer in Verbindung mit der Nutzung neuer Technologien genannt, z. B. in Form des Umgangs mit mobilen Geräten und Kommunikationssoftware. Zusammenfassend für diese Fähigkeit wurde von vier Experten der Begriff „IKT-Kompetenz“ erwähnt.
Hinsichtlich der weiteren KSAOs wurden von den Experten mehrfach, sinngemäß folgende benannt: die „Fähigkeit und Bereitschaft zur kontinuierlichen Weiterentwicklung“; „Flexibilität“; die „Fähigkeit mit Veränderungen umzugehen“; „Teamfähigkeit“; „soziale Intelligenz“; „Entscheidungskompetenz“, „eigenverantwortliches Arbeiten“.

Fragenteil 3 (Schritte 4 und 5): Abgleich der literaturbasierten IB-Definition und zugehöriger KSAOs

Auf die offengestellten Fragen nach dem individuellen Verständnis der Experten bzgl. industrieller Beschäftigungsfähigkeit und erforderlicher KSAOs folgte zu Schritt 5 nach Witzel (2000)

die Vorstellung der literaturbasierten IB-Definition als Ausgangspunkt für die Ermittlung des Übereinstimmungsgrades „Literaturbasierte Definition versus Expertenindividuelle Definition".

Die literaturbasierte Definition der IB sowie die Untergliederung in vier Dimensionen wurden im Kern durch die Experten bestätigt. Bei der Analyse des Übereinstimmungsgrades ergaben sich folgende Anpassungsvorschläge aus Sicht der Experten:

- Ersatz des Begriffs „Industriesektor" durch „Industrie 4.0", um eine eindeutige Zuordnung zur Industrie 4.0 und den Produktionskontext sicherzustellen.
- Streichung des Begriffs „Industriesektor", um eine allgemeingültigere Definition zu nutzen, die weder Primär- noch Tertiärsektor ausschließt, da besonders Sekundär- und Tertiärsektor im Kontext von Industrie 4.0 durch eine wachsende Anzahl an Dienstleistungstätigkeiten zunehmend ineinander übergehen.
- Ersatz des Begriffs „KSAOs" durch Kompetenzen, da in der Praxis geläufiger.

Auf der Grundlage der IB-Definition ordneten die Experten die von ihnen zuvor genannten KSAOs einer der in der Literatur definierten KSAO-Dimension zu und begründeten ihre Entscheidung. Anschließend wurde ihnen die Liste der literaturbasierten KSAOs vorgelegt, um diese mit ihren eigenständig definierten KSAOs zu vergleichen.
Die überwiegende Mehrheit der von den Experten genannten KSAOs deckte sich mit der literaturbasierten Liste und auch die Zuordnung der KSAOs erfolgte in den meisten Fällen in Übereinstimmung mit der literaturbasierten Zuordnung. Insgesamt wurden drei KSAO, weder gleichlautend noch sinngemäß, in beiden Quellen genannt: „Unternehmerische Orientierung" und „Innovationsfähigkeit" in der Literatur und „Datenkompetenz" von den Experten. Die beiden literaturbasierten KSAOs wurden von den Experten klar den Managementebenen in Unternehmen zugeordnet und für die IB als nicht relevant eingestuft, sodass dies KSAOs aus der Übersicht entfernt wurden. Aufgrund des zukünftig hohen Stellenwerts der Daten und der Notwendigkeit des täglichen Umgangs auf Shopfloorebene wurde „Datenkompetenz" hinzugefügt.

Hinsichtlich der Zuordnung zu den IB-Dimensionen wurde bei Nicht-Übereinstimmung die Zuordnung hinterfragt. Ein Begriff, der von vier Experten ausführlich diskutiert wurde, ist "lebenslanges Lernen" (literaturbasierte Zuordnung: OTE). Drei Experten ordneten lebenslanges Lernen der Dimension SELF zu, da „das traditionelle Verständnis von beruflicher Expertise eher statisch ist" (Experte 3). Experte 9 argumentierte für die Zuordnung zu ADAP, „da dies auf den ständigen Prozess der persönlichen Weiterentwicklung hinweisen würde". Da die Mehrheit der Experten jeweils die literaturbasierte Zuordnung unterstützen, erfolgte keine Anpassung hinsichtlich der Dimensionszuordnung.
Weiterhin wurden bei der Nennung von Synonymen bzw. sinngemäßen Übereinstimmungen über den Stellenwert und die Begriffsbezeichnung diskutiert. So wurde z. B. im Zuge zur Diskussion über „Proaktivität" von sechs Experten der hohe Stellenwert der KSAO innerhalb von SELF aus. Experte 13 betonte, dass SELF in Zukunft die wichtigste Dimension sein wird, da „ein Mangel in dieser Dimension nicht durch die anderen Dimensionen kompensiert werden

kann". Darüber hinaus schlugen drei Experten vor, „Entscheidungsfähigkeit" als eine individuelle KSAO aufzunehmen. Nach den Experten ist diese KSAO zwar eng mit „Problemlösefähigkeit" und „Eigenorganisation" verbunden, sollte jedoch stärker betont werden, da die letzte Entscheidung auch unter Zuhilfenahme von datenbasierten Entscheidungsunterstützungssystemen letztendlich von den Mitarbeitenden selbst getroffen werden muss.

Zusammenfassend lässt sich feststellen, dass die in der Literaturanalyse ermittelten KSAOs größtenteils auch von den Experten als relevant eingestuft werden. Im Gegensatz zu den in der Literatur genannten KSAOs konzentrierten sich die Experten stärker auf analytische Fähigkeiten und die Nutzung von Technologien. Fähigkeiten wie unternehmerische Orientierung oder innovatives Denken, die eher auf Managementebenen in Unternehmen und somit für eine allgemeinere Definition der Beschäftigungsfähigkeit relevant sind, wurden dagegen nicht genannt.

Um den Fokus der IB-Definition auf Industrie 4.0 zu schärfen, wird der Änderungsvorschlag zum Ersatz von „Industriesektor" in „Industrie 4.0" umgesetzt. An dem Begriff „KSAO" wird festgehalten, da unter Kompetenzen in der Praxis häufig eher berufsbezogenen Fertigkeiten und formalisiertes Wissen verstanden wird.

Die Synthese der Ergebnisse aus der Literaturanalyse und den durchgeführten Experteninterviews ergibt die finale Definition der IB und der zugehörigen Dimensionen. Diese sind in Tabelle 3-3 dargestellt.

Tabelle 3-3 Definition der IB und der zugehörigen Dimensionen

	Definition
Industrielle Beschäftigungsfähigkeit (IB)	IB stellt eine Reihe von KSAOs (Knowledge, Skills, Abilities and Other Characteristics) dar, die nach den vier Dimensionen OTE, ADAP, SOCS und SELF gegliedert sind und eine Person in die Lage versetzen, eine Beschäftigung in Industrie 4.0 zu finden und ihr langfristig nachzugehen.
Berufliches und technologisches Fachwissen (engl. Occupational and Technological Expertise, **OTE**)	OTE beinhaltet Fachwissen, IKT- und Datenkompetenz, technologisches Verständnis und lebenslanges Lernen, um erfolgreich mit neuen Technologien umzugehen.
Anpassungsfähigkeit (engl. Adaptability, **ADAP**)	ADAP bezieht sich auf die Fähigkeit, sich leicht an Veränderungen auf dem Arbeitsmarkt und in der Organisation anzupassen. Darüber hinaus umfasst es Offenheit, Gewissenhaftigkeit und Flexibilität, um in neuen Umgebungen zu arbeiten.
Soziale Fähigkeiten (engl. Social Skills, **SOCS**)	SOCS umfasst die Fähigkeit, sich sozial kompetent zu verhalten, um mit anderen zu interagieren, was soziale Fähigkeiten und emotionale Intelligenz erfordert. Sie zeichnet sich dadurch aus, dass sie in verschiedenen Arbeitsgruppen, einschließlich unterschiedlicher Hierarchieebenen und Kulturen, mitwirken und Leistungen erbringen kann.
Selbstmanagement (engl. Selfmanagement, **SELF**)	SELF steht für einen selbstinitiierten proaktiven Prozess, um auf aktuelle und zukünftige Anforderungen in der Arbeitswelt vorbereitet zu sein. Dazu gehören Zeitmanagement, Problemlösungskompetenz und Entscheidungsfähigkeit.

3.1.3 Einordnung der IB in den theoretischen Bezugsrahmen

Wie der Herleitungsprozess der Definition der Industriellen Beschäftigungsfähigkeit und ihrer vier Dimensionen gezeigt hat, basiert das Verständnis der IB in dieser Arbeit auf einer Reihe von verschiedenen Forschungsarbeiten und Theorien zur Beschäftigungsfähigkeit und Kompetenzen in Industrie 4.0.

Die IB-Definition „Industrielle Beschäftigungsfähigkeit stellt eine Reihe von KSAOs dar, die nach den vier Dimensionen OTE, ADAP, SOCS und SELF gegliedert sind und eine Person in die Lage versetzen, eine Beschäftigung in Industrie 4.0 zu finden und ihr langfristig nachzugehen“ geht zurück auf die Grundlagen des Person-Job (PJ)-Fits. Dieser berücksichtigt die Fähigkeit eines Individuums, einen Arbeitsplatz zu erhalten und erfolgreich auszuführen (vgl. Edwards, 1991). Demzufolge kann der Kern der IB dem PJ-Fit zugeordnet werden.
Wie in Kapitel 2.3.1 beschrieben, existieren zwei Typen des PJ-Fits: Typ 1 „Anforderungen – Fähigkeiten“ und Typ 2 „Bedarfe – Angebot“. Die IB-Definition ist dem ersten Typ zuzuordnen, da zentral ist, welche Anforderungen die Tätigkeiten auf dem von Industrie 4.0 geprägten Shopfloor an die Beschäftigten stellen und welche KSAOs die Beschäftigten benötigen, um den Anforderungen gerecht zu werden. Dies trifft sehr genau das Verständnis von Typ 1, wobei die Anforderungen der Tätigkeit die Fähigkeiten der Beschäftigten bestimmen (Edwards).

Durch die eindeutige Zuordnung der IB-Definition zum PJ-Fit lässt sich das in dieser Arbeit hergeleitete Verständnis der IB der Gruppe der kompetenzbasierten Ansätze der Beschäftigungsfähigkeit zuordnen. Bei der Formulierung der IB-Definition wurden Komponenten verschiedener bestehender Definitionen kombiniert. Im Besonderen sind dies die Definitionen von Hinchcliffe (2001; in: Pool & Sewell, 2007) und von van der Heijde & van der Heijden (2006). Hinchcliffe (2001; in: Pool & Sewell, 2007) versteht Beschäftigungsfähigkeit als "ein Bündel von Fähigkeiten, Kenntnissen, Verständnis und persönlichen Eigenschaften, die eine Person dazu bringen, Berufe zu wählen und zu sichern, in denen sie zufrieden und erfolgreich sein kann" (S. 8). van der Heijde & van der Heijden (2006) verstehen wiederum Beschäftigungsfähigkeit als eine Zusammensetzung mehrerer Dimensionen (Anpassung und Optimierung, Flexibilität, Unternehmerisches Verständnis und Balance), die bei „optimaler Ausprägung/Passung dazu führen, dass die Beschäftigten ihrer Arbeit kontinuierlich erfolgreich nachgehen bzw. in der Lage sind, eine passende Arbeit zu finden. Die in dieser Arbeit definierte IB-Definition greift die Kombination von KSAOs, die Untergliederung in Dimensionen sowie den Aspekt des langfristigen Sicherns von Arbeit bzw. das Auffinden von (neuer) Arbeit auf.

Die formulierte IB-Definition unterscheidet sich zudem von der obigen Definition von van der Heijde & van der Heijden (2006) bzgl. der spezifizierten Dimensionen. Die Autoren beziehen sich allgemein auf Arbeitnehmende unabhängig des Ausbildungsniveaus und der Tätigkeit, sodass auch KSAOs wie das „unternehmerische Verständnis“ enthalten sind, die von den Experten für die IB, die auf Beschäftigte auf dem Shopfloor fokussiert, abgelehnt worden sind.
Die IB konstituierenden KSAOs „Lebenslanges Lernen“ in der Dimension OTE und „Proaktivität“ und „Eigenverantwortung“ in der Dimension SELF legen eine Verbindung zur Conservation of Resources (COR)-Theorie nahe, die sich auf die Erhaltung und Optimierung der eigenen

Ressourcen fokussiert (Hobfoll, 1989). Zudem sind „Proaktivität“ in SELF und „Veränderungsbereitschaft“ in ADAP auch Kernelemente des dispositionellen Ansatzes und z. B. in den Beschäftigungsfähigkeitsdefinitionen von Fugate et al. (2004) und Sanders & de Grip (2004) enthalten. Folglich ist bei der formulierten IB-Definition auch eine Verknüpfung zum dispositionellen Ansatz der Beschäftigungsfähigkeit festzustellen.

Besondere Merkmale, die die IB-Definition von bestehenden Definitionen der Beschäftigungsfähigkeit unterscheiden, sind die KSAOs, die spezifisch auf die Anforderungen von Industrie 4.0 eingehen. Die Arbeiten, mit denen die größte Schnittmenge an KSAOs bestehen (Blayone & Van Oostveen, 2021; Eberhard et al., 2017; Hecklau et al., 2016) (siehe Tabelle 3-1) stammt nicht aus der klassischen Forschung zur Beschäftigungsfähigkeit wie z. B. die Arbeiten von Direnzo et al. (2015) oder Tonnon et al. (2018), sondern können der Gruppe der anwendungsnahen ingenieurwissenschaftlichen Forschung im Bereich Kompetenzen für Industrie 4.0 zugeordnet werden. Diese Arbeiten betonen ebenso wie die befragten Experten die Notwendigkeit von IKT-Kenntnissen, den Umgang mit Daten, Eigenverantwortung, soziales Verhalten und Kommunikationsfähigkeit. Durch Aufnahme der vorgenannten KSAOs ordnet sich die IB-Definition in die Gruppe bestehender Arbeiten zu Kompetenzen und Beschäftigungsfähigkeit in Industrie 4.0 auf dem Shopfloor (vgl. Nam, 2019; Spöttl, 2017; Tommasi et al., 2022; Urze et al., 2021) ein.

Abschließend lässt sich zusammenfassen, dass die IB-Definition inklusive der vier Dimensionen in die Gruppe der kompetenzbasierten Ansätze der Beschäftigungsfähigkeit einzuordnen ist. Durch die Spezialisierung auf produzierende Unternehmen und dort auf die Arbeit auf dem Shopfloor grenzt sie sich klar von bestehenden Definitionen und darauf basierenden Modellen ab. Die Definition basiert auf den theoretischen Grundlagen des PJ-Fits, enthält aber in Teilen auch Grundlagen der COR und Verbindungen zum dispositionellen Ansatz. Durch die Kombination der formalisierten Forschung im Bereich der Beschäftigungsfähigkeit und der anwendungsnahen ingenieurwissenschaftlichen Forschung zu Kompetenzen von Industrie 4.0 trägt der in dieser Arbeit entwickelte neue Ansatz zu beiden Bereichen neue Erkenntnisse bei.

Die Definition der IB und die darin enthaltenen Dimensionen stellen das Zentrum des Modells der IB dar. Folglich bilden die Erkenntnisse dieser Teilstudien das Fundament der weiteren Arbeiten. Die folgende Teilstudie der Szenarienentwicklung baut auf der IB-Definition auf, indem sie Faktoren identifiziert, die Einfluss auf die IB nehmen bzw. mit dieser in Beziehung stehen können.

3.2 Szenarienentwicklung Zukunft der Produktionsarbeit 2030

Zur Berücksichtigung der Makroebene im IB-Modell wird ein Szenario zur Produktionsarbeit 2030 entwickelt[4]. Mittels der Szenariotechnik werden mit weiteren Experten aus Wissenschaft und Industrie verschiedene Zukunftsbilder prognostiziert, die die Produktionsarbeit der Zukunft maßgeblich beeinflussen. Über eine quantitative Befragung mit zusätzlichen unternehmerischen Experten werden die wahrscheinlichsten Szenarien zu einem Gesamtbild zusammengefügt, welches ein Bild für Deutschland im Jahr 2030 wiedergibt. Über dieses Zukunftsbild werden wiederum weitere Faktoren auf Unternehmens- und Individualebene abgeleitet, die ebenfalls Einfluss auf die IB einer Person nehmen können.

3.2.1 Methodisches Vorgehen

Zur Prognose der Produktionsarbeit im Jahr 2030 wird eine Kombination aus der Szenariotechnik und der Personamethodik angewandt.

Für die Entwicklung eines solchen Zukunftsbildes wird die Szenariotechnik als etablierte Methode im strategischen Management genutzt. Die Methode umfasst die systematische und methodische Entwicklung mehrerer in sich konsistenter Zukunftsszenarien (Fink & Siebe, 2006; Gausemeier et al., 1998). Zur Entwicklung des Szenarios 2030 wurde die expertenbasierten Szenariotechnik eingesetzt (Nowack et al., 2011).
Die Szenarioentwicklung gliedert sich üblicherweise in fünf Phasen (vgl. Gausemeier et al., 2007):

1. Szenariovorbereitung
2. Szenariofeldanalyse
3. Szenarioprognostik
4. Szenariobildung
5. Szenariotransfer

Abbildung 3-1 stellt die Vorgehensweise der Szenarioentwicklung graphisch dar.

[4] Die Beschreibung zur Szenarienentwicklung zur Zukunft der Produktionsarbeit 2030 wurde in Metzmacher et al. (2020) und Metzmacher & Hellebrandt et al. (2021) veröffentlicht und wird an dieser Stelle zusammengefasst. Einzelne Teile werden wortwörtlich übernommen.

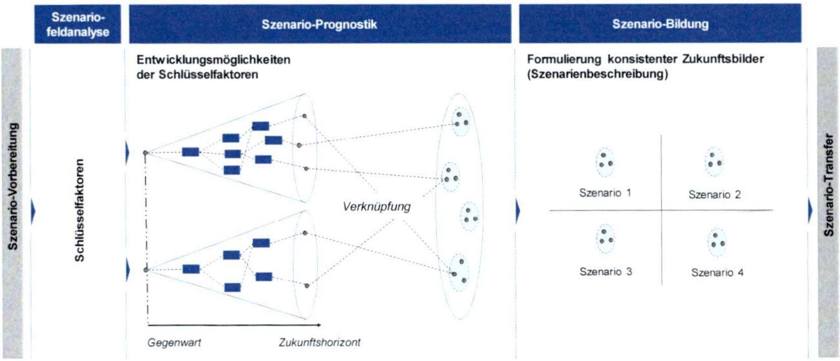

Abbildung 3-1 Vorgehensweise in der Szenarioentwicklung (i. A. an Gausemeier & Plass, 2014, S. 48)

Um mögliche Auswirkungen des entwickelten Szenarios auf der Individual- und Unternehmensebene zu veranschaulichen, wird das abgeleitete Zukunftsszenario auf produzierende Unternehmen übertragen. Dazu findet im letzten Schritt 5 (Szenariotransfer) die Personamethodik Anwendung, um die notwendigen KSAOs der Beschäftigten für das Jahr 2030 anhand eines prototypischen Beschäftigtenprofils aufzuzeigen.

Um die Objektivität und Glaubwürdigkeit der Szenariotechnik maßgeblich zu erhöhen, wurde in den einzelnen Schritten Expertenwissen integriert (Nowack et al., 2011). Das Expertenteam besteht aus insgesamt sieben Experten, von denen sechs in leitenden Positionen in der produzierenden Industrie tätig sind. Eine Expertin mit vorausgegangener Industrieerfahrung ist in der industrienahen Forschung tätig. Im Rahmen der quantitativen Befragung in Schritte 3 (Szenariobildung) wurden zusätzliche Personen aus Forschung und Praxis im Rahmen einer quantitativen Befragung hinzugezogen.

Zur Entwicklung des Zukunftsszenarios für die Produktionsarbeit werden alle fünf Schritte durchlaufen. Die methodische Vorgehensweise zur Entwicklung des Szenarios zur Produktionsarbeit 2030 wird nachfolgend erläutert.

<u>Szenariovorbereitung</u>

In der Szenariovorbereitung wird die Zielsetzung der Szenarioentwicklung bestimmt und festgehalten. Dies impliziert die Definition sowie eine präzise Formulierung des Gestaltungs- und Untersuchungsfelds (Geschka & Hammer, 1990).
In der vorliegenden Arbeit umfasst das Gestaltungsfeld die Produktionsarbeit im Jahr 2030 in Deutschland. Eine weitere Eingrenzung auf bestimmte Branchen innerhalb des produzierenden Sektors, Produktionsarten oder Geschäftstypen wird nicht vorgenommen, da angenommen wird, dass Industrie 4.0 auf alle produzierenden Unternehmen Einfluss hat.

Zur Definition des Untersuchungsfelds wurden weiter folgende Grundannahmen getroffen:

- Die technologische Perspektive von Industrie 4.0 (siehe Kapitel 2.1) wird in deutschen Produktionsunternehmen weitestgehend umgesetzt. Dies bedeutet, dass eine vollständige Digitalisierung und Vernetzung der Unternehmensprozesse angenommen und zumindest in bestimmten Bereichen eine Fokussierung auf datenzentrierte Geschäftsmodelle erfolgt ist.
- Die politische Lage in Deutschland und Europa ist weitestgehend stabil. In diesem Zusammenhang ist es zwar möglich, dass sich Machtverhältnisse einzelner Parteien verändern und die politische Orientierung der Bevölkerung Schwankungen unterliegt, es werden aber keine Ausnahmesituationen, wie z. B. bedingt durch die COVID-19-Pandemie oder den Russland-Ukraine-Krieg, angenommen.

Diese Rahmenbedingungen ermöglichen es, für die ersten vier Schritte ein möglichst allgemeingültiges Bild der Produktionsarbeit 2030 zu zeichnen. Die mit dem Gestaltungsfeld korrespondierende Zielstellung ist die Entwicklung eines realistischen Szenarios, das es erlaubt, für die IB potenzielle Einflussfaktoren abzuleiten.

Szenariofeldanalyse

Die Szenariofeldanalyse hat zum Ziel, Schlüsselfaktoren zu identifizieren, die den größten Einfluss auf das festgelegte Gestaltungsfeld haben.
Zu diesem Zweck werden Kreativitätstechniken wie Brainstorming und -writing, Design Thinking Workshops und/ oder Methoden des Desk Researchs angewendet (Gausemeier & Plass, 2014; Geschka & Hammer, 1990). Nach der Ermittlung grundsätzlich relevanter Einflussfaktoren werden diese nach thematischen Bereichen gruppiert (z. B. mittels PESTEL-Methodik; engl. political, economical, social, technological, ecological, legal; dt.: politisch, ökonomisch, sozio-kulturell, technologisch, ökologisch, rechtlich) und zu übergeordneten Schlüsselfaktoren konsolidiert (vgl. Nowack et al., 2011).

Für die Produktionsarbeit 2030 wurde in einem Workshop mit den Experten die Kreativitätstechnik Brainwriting angewendet, um die aus Expertensicht relevanten Einflussfaktoren auf die Produktionsarbeit zu identifizieren. Insgesamt wurden auf diese Weise 42 unterschiedliche Faktoren identifiziert.
Diese wurden anschließend mittels eines Bottom-up Ansatzes zu Schlüsselfaktoren konsolidiert. Zu diesem Zweck wurden die Faktoren gemäß des PESTEL-Schemas einsortiert, um eine strukturelle Grundlage zu schaffen. Die einsortierten Faktoren sind in Abbildung 3-2 dargestellt.

Es wird deutlich, dass sich die meisten Faktoren auf politischer, sozio-kultureller und ökonomischer Ebene befinden. Somit sind nach Meinung der Experten besonders Faktoren auf der Makroebene relevant, die durch den Staat und den Arbeitsmarkt (politisch), z. B. Bildungssystem, Rolle von Gewerkschaften, Umgang mit Migration, und durch (globale) Märkte (ökonomisch), z. B. Internationalisierungsstrategien, Kapitalverfügbarkeit, bestimmt werden. Darüber hinaus wird ein großer Einfluss von Faktoren auf sozialer Ebene erwartet. Dies impliziert insbesondere den demographischen Wandel und Generationenwechsel sowie die damit verbundenen Änderungen in der Erwartungshaltung an Arbeitsinhalten („sinnstiftend") und der Work-Life-Balance. Dieses Cluster beinhaltet zum Teil Faktoren, die mit dem rechtlichen Cluster in Verbindung stehen, z. B. Arbeitszeitgesetz, bzw. beiden Clustern zugeordnet werden können, z. B. Work-Life-Balance. Dem technologischen Cluster wurden deutlich weniger Faktoren zugeordnet. Dies liegt mit hoher Wahrscheinlichkeit daran, dass in diesem Bereich viele Grundannahmen, z. B. Industrie 4.0-Technologien in der Produktion, schon als gegeben angenommen wurden. Das ökologische Cluster beinhaltet in diesem Bereich wenige Faktoren. Jedoch ist das Thema Nachhaltigkeit sehr vielschichtig und nimmt daher eine starke Rolle ein.

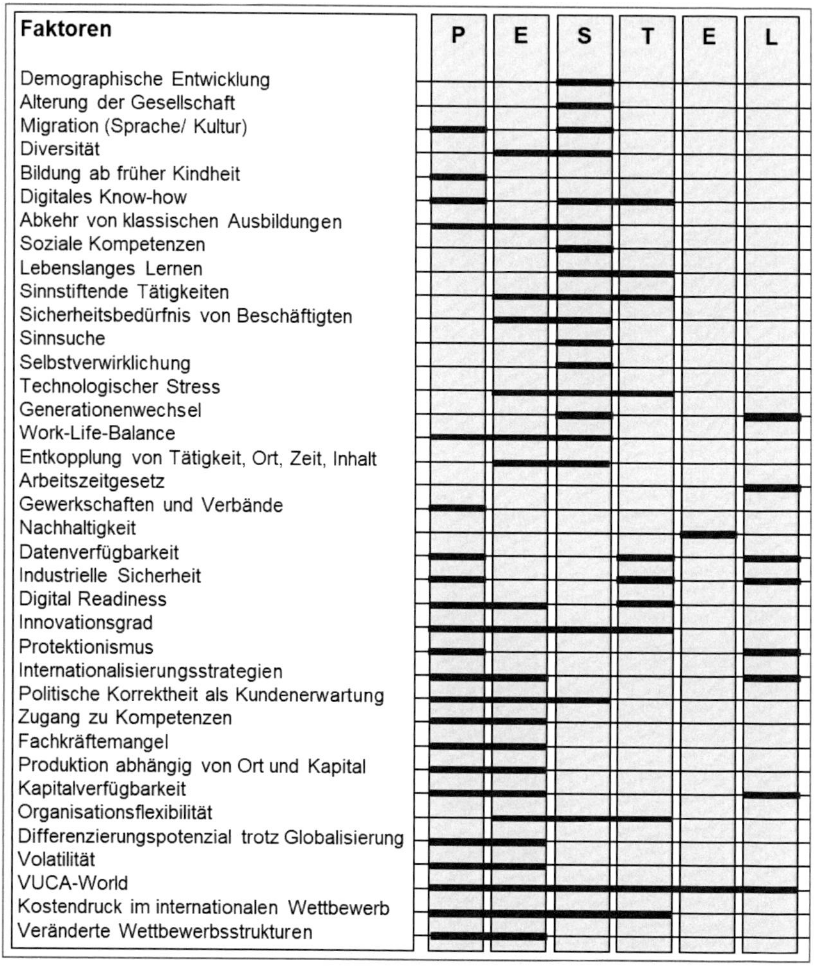

Abbildung 3-2 Clusterung der Faktoren nach der PESTEL-Systematik (eigene Darstellung)

Im nächsten Schritt wurde basierend auf der Clusterung die Relevanz der Faktoren für die Arbeitswelt 2030 untersucht. Die Einschätzung der Relevanz erfolgte mittels einer Diskussion innerhalb des Expertenteams über potenzielle aktive oder passive Einflüsse auf die zukünftige Arbeitswelt sowie über Wechselbeziehungen zwischen den Faktoren. Basierend auf dieser Relevanzbewertung folgte eine Priorisierung der Faktoren. Darauf aufbauend wurden schließlich die aus Expertensicht wichtigsten Einflussfaktoren zu insgesamt acht Schlüsselfaktoren konsolidiert (vgl. Fink & Siebe, 2006; Gausemeier & Plass, 2014).

Von diesen Schlüsselfaktoren wird angenommen, dass sie einen wesentlichen Einfluss auf die Produktionsarbeit haben. Folgende Schlüsselfaktoren wurden ausgewählt:

1. Arbeitsmarkt
2. Arbeitsrecht
3. Arbeitsorganisation/ -bedingungen
4. Bildung
5. Gesellschaftliches Wertesystem
6. Gesellschaftsstruktur
7. Ökologische Nachhaltigkeit
8. Technologische Disruption

Diese acht Faktoren dienen als inhaltliche Grundlage für die Entwicklung des Szenarios 2030. Die Definition der Schlüsselfaktoren befinden sich im Anhang A.2.

Szenarioprognostik

Die Szenarioprognostik dient der Untersuchung der Schlüsselfaktoren hinsichtlich ihrer zukünftigen Entwicklungsmöglichkeiten. Das Ergebnis sind realistische Zukunftsprojektionen der jeweiligen Schlüsselfaktoren.
Die Prognostik beruht auf der grundlegenden Annahme, dass es keine exakte Zukunftsvorhersage geben und sich die Zukunft immer in verschiedene Richtungen entwickeln kann – aus diesem Grund wird von einer multiplen Zukunft gesprochen (Gausemeier & Plass, 2014). Zur Projektion der Schlüsselfaktoren werden ausgehend vom Ist-Zustand der Schlüsselfaktoren die möglichen Entwicklungen abgeleitet. Diese Projektionen werden durch fortschreiben und simulieren, Überzeichnung, bewusster Beschleunigung und unter Einbeziehung des Umfeldes entwickelt (Gausemeier & Plass, 2014). Die Projektionen beruhen auf Fakten der Gegenwart und es sollte zu jedem Schlüsselfaktor mehr als eine Projektion geben, um eine breite Zukunft abbilden zu können (Geschka & Hammer, 1990).

Das Vorgehen der Szenerioprognostik in dieser Arbeit ist ähnlich zur Vorgehensweise von Culot et al. (2020) (siehe Kapitel 2.2.2). Die Basis der Prognostik für die Zukunft der Produktionsarbeit bilden Studien zu Trends, Prognosen und Zukunftsszenarien (z. B. Brown et al., 2017; Ittermann et al., 2015; Vogler-Ludwig et al., 2016). Die Erkenntnisse wurden dabei den konsolidierten Schlüsselfaktoren zugeordnet und auf diese übertragen. Hierdurch wurden vier Projektionen je Faktor entwickelt, die entsprechend einer ausreichenden Trennschärfe ausgewählt und narrativ ausformuliert worden sind.

Szenariobildung

Aus den entwickelten Zukunftsprojektionen der einzelnen Schlüsselfaktoren werden anschließend in sich konsistente Zukunftsbündel (Szenarien) gebildet. Hierzu werden die jeweiligen Ausprägungen der Projektionen miteinander verknüpft und narrativ beschrieben (Gausemeier

& Plass, 2014; Geschka & Hammer, 1990). Die Auswahl der Szenarien für das jeweilige Gestaltungsfeld erfolgt anhand der Kriterien Konsistenz, Unterschiedlichkeit und Wahrscheinlichkeit (Geschka & Hammer, 1990).

Als Grundlage der Szenariobildung für die Produktionsarbeit 2030 dient der Strukturierungsvorschlag von Brown et al. (2017). Dieser basiert auf der Annahme, dass Megatrends den Kontext zukünftiger Arbeitswelten prägen, jedoch nicht ihre Form oder Charakteristik determinieren. Stattdessen ist es die menschliche Dynamik, z. B. die Art und Weise, wie Menschen auf Herausforderungen und Chancen von Megatrends reagieren, die letztendlich die Zukunft der Arbeit bestimmen. Diese menschliche Dynamik wird durch diametrale Entwicklungsrichtungen ausgedrückt: Dezentralisierung vs. Zentralisierung und Individualismus vs. Kollektivismus. Die Entwicklungsrichtungen sind wie folgt definiert:

- *Dezentralisierung:* Große Unternehmen werden weniger relevant. Kleinere Organisationen, die sich auf einzelne Themengebiete spezialisiert haben, nehmen an Bedeutung zu. Digitale Plattformen bilden die Grundlage vieler unternehmerischer Aktivitäten.
- *Zentralisierung:* Die Macht von Großkonzernen nimmt stetig zu, sodass deren Einfluss über denen einiger Nationen steht. Neue Geschäftsfelder werden bspw. durch den Aufkauf von Startups abgedeckt.
- *Individualismus:* Individuelle Bedürfnisse der Kunden – insbesondere die der Endverbraucher – bestimmen das Angebot auf dem Markt und bilden die Basis unternehmerischer Aktivitäten. Ebenso setzen Beschäftige ihre eigenen Bedürfnisse an erste Stelle.
- *Kollektivismus:* Das Gemeinwohl hat Vorrang vor persönlichen Präferenzen. Soziale Verantwortung und Umweltverträglichkeit bestimmen individuelles Handeln sowie Unternehmensaktivitäten.

Mit diesen Entwicklungsrichtungen wurde eine Vier-Felder-Matrix aufgespannt, anhand derer die Entwicklung der Zukunftsbündel je Schlüsselfaktor abgebildet wurde. Insgesamt ergeben sich demnach für die acht Schlüsselfaktoren 32 Projektionen.

Die Projektionen wurden anschließend zur Bewertung ihrer Eintrittswahrscheinlichkeit in ein Online-Umfragetool der Software SosciSurvey überführt. Ziel der Umfrage war die Abschätzung der Eintrittswahrscheinlichkeiten der einzelnen Projektionen. Die einzelnen Projektionen wurden unabhängig voneinander bewertet.
In Abbildung 3-3 ist ein Ausschnitt der Online-Befragung am Beispiel des Faktors Arbeitsrecht dargestellt. Im Anhang A.3 befinden sich die Frageblöcke zu allen Schlüsselfaktoren.

Zur Erhöhung der Objektivität nahmen an der quantitativen Befragung neben den bereits in den Workshops beteiligten Personen weitere Experten aus Industrie und Forschung teil. Voraussetzung war, dass diese entweder im produzierenden Gewerbe oder im Bereich der produktionstechnischen Forschung tätig sind. Insgesamt wurden 16 vollständig ausgefüllte

Bewertungen erfasst, davon stammen sieben Teilnehmende aus der Industrie und neun Teilnehmende aus der Forschung. Das Ergebnis der Befragung stellen die 32 bezüglich ihrer Eintrittswahrscheinlichkeit bewerteten Projektionen dar.

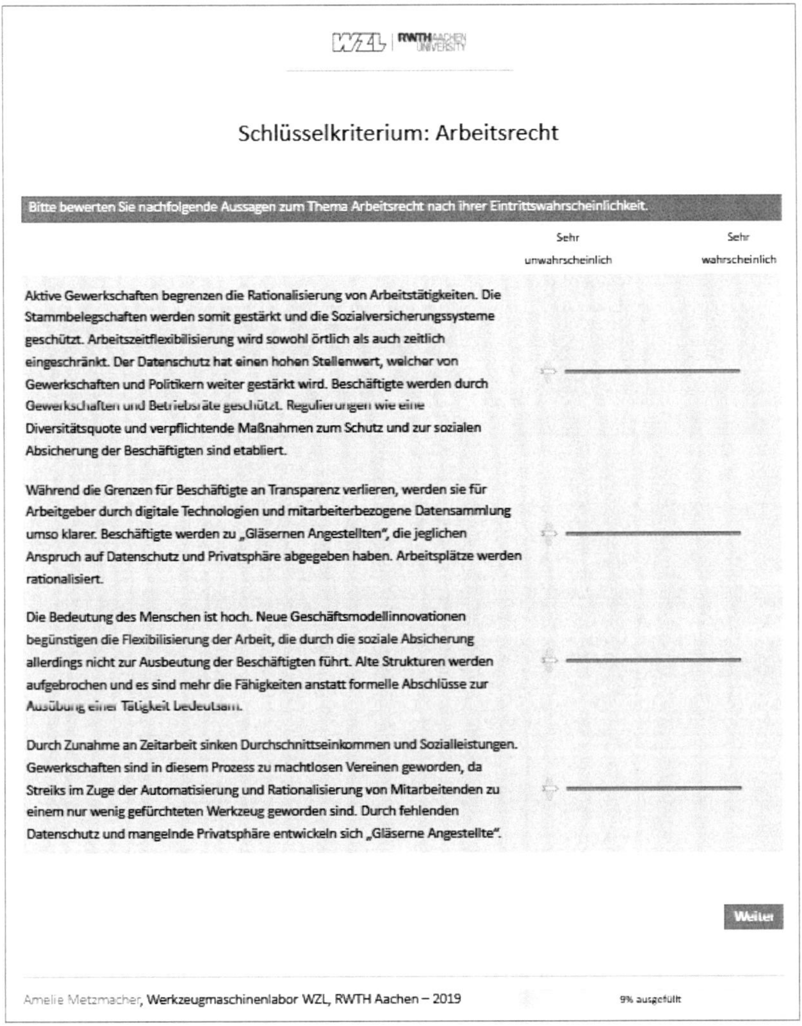

WZL | RWTH AACHEN UNIVERSITY

Schlüsselkriterium: Arbeitsrecht

Bitte bewerten Sie nachfolgende Aussagen zum Thema Arbeitsrecht nach ihrer Eintrittswahrscheinlichkeit.

Sehr unwahrscheinlich — Sehr wahrscheinlich

Aktive Gewerkschaften begrenzen die Rationalisierung von Arbeitstätigkeiten. Die Stammbelegschaften werden somit gestärkt und die Sozialversicherungssysteme geschützt. Arbeitszeitflexibilisierung wird sowohl örtlich als auch zeitlich eingeschränkt. Der Datenschutz hat einen hohen Stellenwert, welcher von Gewerkschaften und Politikern weiter gestärkt wird. Beschäftigte werden durch Gewerkschaften und Betriebsräte geschützt. Regulierungen wie eine Diversitätsquote und verpflichtende Maßnahmen zum Schutz und zur sozialen Absicherung der Beschäftigten sind etabliert.

Während die Grenzen für Beschäftigte an Transparenz verlieren, werden sie für Arbeitgeber durch digitale Technologien und mitarbeiterbezogene Datensammlung umso klarer. Beschäftigte werden zu „Gläsernen Angestellten", die jeglichen Anspruch auf Datenschutz und Privatsphäre abgegeben haben. Arbeitsplätze werden rationalisiert.

Die Bedeutung des Menschen ist hoch. Neue Geschäftsmodellinnovationen begünstigen die Flexibilisierung der Arbeit, die durch die soziale Absicherung allerdings nicht zur Ausbeutung der Beschäftigten führt. Alte Strukturen werden aufgebrochen und es sind mehr die Fähigkeiten anstatt formelle Abschlüsse zur Ausübung einer Tätigkeit bedeutsam.

Durch Zunahme an Zeitarbeit sinken Durchschnittseinkommen und Sozialleistungen. Gewerkschaften sind in diesem Prozess zu machtlosen Vereinen geworden, da Streiks im Zuge der Automatisierung und Rationalisierung von Mitarbeitenden zu einem nur wenig gefürchteten Werkzeug geworden sind. Durch fehlenden Datenschutz und mangelnde Privatsphäre entwickeln sich „Gläserne Angestellte".

Weiter

Amelie Metzmacher, Werkzeugmaschinenlabor WZL, RWTH Aachen – 2019 — 9% ausgefüllt

Abbildung 3-3 Darstellung der quantitativen Befragung zur Szenariobildung am Beispiel des Schlüsselfaktors Arbeitsrecht (eigene Darstellung)

<u>Szenariotransfer</u>

Die Szenarioentwicklung wird mit dem Szenariotransfer abgeschlossen. Dabei wird das Szenario auf das festgelegte Gestaltungsfeld und hinsichtlich der Zielstellung angewendet, um

Chancen/Gefahren oder strategische Stoßrichtungen zu ermitteln (Reibnitz, 1992). Demnach stellt der Szenariotransfer die Verknüpfung zwischen den Szenarien und dem Gestaltungsfeld her (Reibnitz, 1992).
Zur Darstellung von Chancen und Herausforderungen des entwickelten Zukunftsszenarios im Hinblick auf die Beschäftigungsfähigkeit von Mitarbeitenden auf dem Shopfloor von produzierenden Unternehmen wurde zu einer realistischeren Darstellung die Personamethodik eingesetzt.
Die Personamethodik stammt aus der Softwareentwicklung, findet aber zunehmend im Marketing und Produktdesign Anwendung, um die Aufmerksamkeit auf Aspekte der Gestaltung und Nutzung spezifischer Kundengruppen oder User zu lenken (Pruitt, J., & Grudin, J., 2003). Nach Cooper (1999) ist eine Persona ein fiktives Benutzermodell, das für archetypische Benutzer während des gesamten Designprozesses repräsentativ ist. Im Kontext des Zukunftsszenarios und der IB wird das Tätigkeitsfeld und die erforderlichen KSAOs eines Mitarbeitenden auf dem Shopfloor in Industrie 4.0 entwickelt.

Das Zukunftsszenario wurde zu diesem Zweck auf ein für den Industriestandort Deutschland repräsentatives produzierendes Unternehmen übertragen.
Die Vorgehensweise orientiert sich am Vorgehen von Cooper (1999). Demnach wurde ein Template entwickelt, um stereotypische Personen, „realistische Personas“ (vgl. Cooper, 1999), für die Produktionsarbeit der Zukunft zu entwickeln. In Anlehnung an Beck (2005) wurden für Beschreibung der Personas folgende Kategorien ausgewählt:

- *Soziodemografisch:* Alter, Geschlecht, Beruf, Bildungsstand, Erfahrung, Kenntnisstand, Einkommen, Familienstand
- *Psychografisch:* Einstellung, Motive, Wünsche, Werte, Bedürfnisse und Erwartungen, Zufriedenheit, Lebensstil
- *Technografisch:* Einstellung gegenüber digitalen Technologien, Nutzungshäufigkeit digitaler Technologien (mobile Endgeräte)
- *Geographisch:* Wohnort, -größe, Land, Kultur
- *Verhaltensorientiert:* Nutzung bestimmter Medien, Produkte und Services, Art des Zugriffs und der Nutzung (Zeitpunkt, Dauer, Häufigkeit), berufliche oder private Nutzung, Freizeit- und Konsumverhalten, zukünftige Absichten

Zusätzlich zu diesen häufig erfassten Merkmalen werden zur Entwicklung der Personas in den Unternehmen weitere Spezifika zum Job ermittelt:

- *Tätigkeit im Unternehmen*: Stellenbezeichnung, Vertragsspezifika, Stellenziel, Aufgaben, Arbeitshilfsmittel, Kompetenzen, Anforderungen, Weiterbildungs- und Weiterentwicklungsmöglichkeiten.

Die Persona-Entwicklung erfolgte mit einem Teil der Experten, die in zwei für das produzierende Gewerbe repräsentativen Unternehmen tätig sind. Bei Unternehmen A handelt es sich um einen global agierenden Großkonzern der Konsumgüterbranche, der in einer Metropolre-

gion ansässig ist. Unternehmen B ist im ländlichen Raum angesiedelt und ein mittelständisches, familiengeführtes Unternehmen in der Automobilbranche.
Zur Persona-Entwicklung diente das oben beschriebene Template als Strukturgeber für die halbstrukturierten Interviews[5]. Nach der Beschreibung des allgemeinen Szenarios der Produktionsarbeit 2030 wurden die Interwieten aufgefordert, anhand der Kategorien die Persona für ihr Unternehmen zu beschreiben. Zur Prognose des Shopfloors 2030 und der sich verändernden Tätigkeitsprofile wurde das Template zusätzlich mit weiteren Mitarbeitenden in leitenden Positionen in der Fertigung und im Personalbereich besprochen. Insgesamt ergeben sich somit zwei Personas, die jeweils auf die beiden Unternehmen zugeschnitten sind. Um die Erkenntnisse auf die allgemeine IB zu übertragen, werden die beiden spezifischen Personas zu einer Persona 2030 zusammengefasst.

3.2.2 Szenario Produktionsarbeit 2030

Das entwickelte Szenario 2030 setzt sich aus den oben definierten Schlüsselfaktoren zusammen und wurde aus den in der quantitativen Befragung bewerteten Projektionsbündeln abgeleitet.

Die Ergebnisse der quantitativen Befragung zeigen, dass je Schlüsselfaktor ein bis zwei widerspruchsfreie Projektionen von den Teilnehmenden durchschnittlich als wahrscheinlich (d. h. Eintrittswahrscheinlichkeit > 50 %) bewertet wurden. Auf dieser Grundlage wurde das finale Szenario 2030 mittels ein oder zweier Projektionen pro Schlüsselfaktor entsprechend ihrer abgeschätzten Eintrittswahrscheinlichkeit gebildet. Das konsolidierte Ergebnis ist in Abbildung 3-4 dargestellt.

In der Abbildung ist zu erkennen, dass sich viele Projektionsbündel besonders im Quadranten links oben einordnen lassen. Dieser Quadrant steht für „sinnstiftende Arbeit", ethische Belange und die Gesellschaft als Gemeinschaft. Demnach sehen die Befragten zukünftig die Bedürfnisse und Anforderungen der Beschäftigten noch stärker im Fokus. Die Auswahl der auszuübenden Tätigkeiten bezieht sowohl wirtschaftliche als auch soziale Aspekte, z. B. die Motivation und Zufriedenheit der Beschäftigten mit ein. Gesellschaftlich wird verstärkt auf das „Miteinander" geachtet, wodurch nach Ansicht der Befragten zwar weiterhin die Interessen Einzelner Beachtung finden, jedoch weniger auf Kosten der Gemeinschaft. Dieses verstärkte Gemeinschaftsgefühl wird von einem hohen Stellenwert von Umwelt und Nachhaltigkeit begleitet.

[5] Die Beschreibung der beiden unternehmensspezifischen Personas ist Metzmacher et al. (2020) und Metzmacher & Hellebrandt et al. (2021) zu entnehmen.

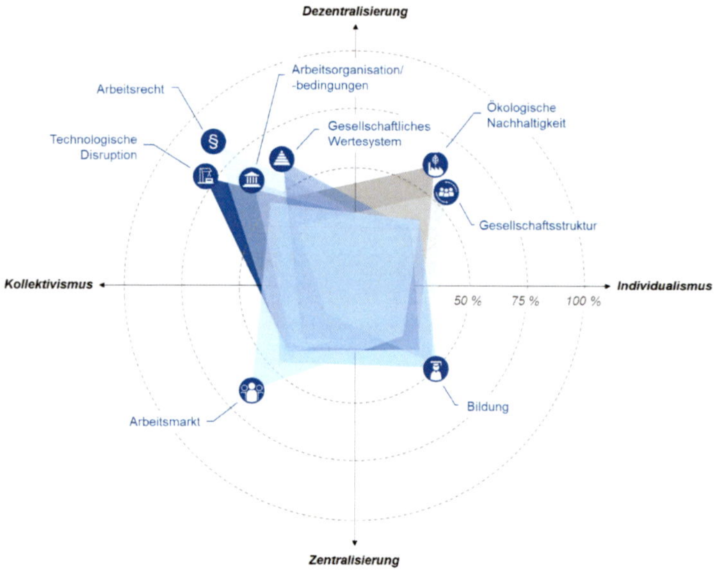

Abbildung 3-4 Graphische Darstellung des Szenarios 2030 anhand der projizierten Ausprägungen der Schlüsselfaktoren (eigene Darstellung)

Im entwickelten Szenario 2030 fördern nach Ansicht der Befragten digitale Technologien die Flexibilisierung der Arbeit, die durch einen Vertrauensvorschuss ermöglicht wird (Dellot et al., 2019). Die zunehmende Flexibilisierung der Arbeit ist akzeptiert und eine zeit- und ortsunabhängige Leistungserbringung wird immer häufiger zur Norm (Vogler-Ludwig et al., 2016). Konzerne ermöglichen die wachsende Flexibilisierung teilweise durch die Transformation zu Schwarmorganisationen, die sich aus selbstorganisierten Gruppen mit hoher struktureller Offenheit zusammensetzen (Ittermann et al., 2015). „Arbeit" wird zu einem dynamischen Konzept, in welchem die Grenzen zwischen Arbeit und Freizeit zunehmend verschwimmen (Brown et al., 2017). Die Work-Life-Balance wird verbessert, da z. B. Automatisierung belastende Einfacharbeiten übernimmt.

Aktive Gewerkschaften wirken einer Verschlechterung der Arbeitsbedingungen, welche potenziell durch günstigere Plattform-Geschäftsmodelle entstehen könnten, entgegen und begrenzen die Rationalisierung von Arbeitstätigkeiten durch digitale Technologien (Mitchell, 2018; Vogler-Ludwig et al., 2016). Die Politik hat die Gefahr von Plattform-Geschäftsmodellen und wachsender Zeitarbeit erkannt, sodass Regulierungen wie eine Diversitätsquote und verpflichtende Maßnahmen zum Schutz und zur sozialen Absicherung der Beschäftigten etabliert werden (Brown et al., 2017). In den Organisationen wird die Bedeutung des Menschen erkannt und hervorgehoben. Gewerkschaften und Betriebsräten wird eine hohe Relevanz zugesprochen und ihr Einfluss wächst bis in die Geschäftsführung. Gewerkschaften integrieren sich in die Personalabteilungen und machen soziale Verantwortung zu einem Kerninhalt ihres Arbeitsbereichs (Brown et al., 2017).

Das Ergebnis der Befragung nimmt die Annahme vorangegangener Studien auf, dass im Jahre 2030 große Teile der Produktion automatisiert sein werden. Ebenso schreiten Entwicklungen in der KI-Forschung rasant voran und führen dazu, dass KI-Systeme Menschen in nahezu allen Sinnen (Sehen, Hören, Sprache, allgemeine Kognition) (Manyika et al., 2017), z. B. in der Verarbeitung großer Datenmengen und der darauf fundierten Entscheidungsfindung überlegen sind (Mitchell, 2018). Nach Meinung der Befragten ist es jedoch unwahrscheinlich, dass KI-Systeme die vollständige Kontrolle übernehmen, da Menschen besonders in unvorhersehbaren Situationen, z. B. auf Basis ihrer Erfahrungen, schneller reagieren können. Es wird davon ausgegangen, dass der Mensch weiterhin als letzte Instanz die Verantwortung übernimmt. Demzufolge das humane Teilsystem dem technischen Teilsystem überlegen ist.
Somit verändern disruptive Innovationen in der KI und Automatisierung zwar viele Tätigkeitsprofile, eine vollständige Rationalisierung ist jedoch nicht zu erwarten (Manyika et al., 2017). Daraus resultiert eine stark gestiegene Anzahl an Tätigkeiten mit Mensch-Maschine-Interaktion. Die Verbreitung von IoT-Geräten führt zu einem Produktivitätszuwachs und steigender Lebensqualität (Mitchell, 2018).

Der fortschreitende Klimawandel und die wachsende Zustimmung der Bevölkerung zur Bekämpfung globaler Erwärmung führen zu einem Zuwachs an Beschäftigung in „Grünen Jobs“, allen voran den Erneuerbaren Energien (Balliester & Elsheikhi, 2018). Dieser erwartete Trend geht damit einher, dass eine globale, nachhaltige Wohlstandssicherung an Bedeutung gewinnt (Daheim & Wintermann, 2019). Insbesondere die Industrie treibt nachhaltige Lösungen voran (Zhang et al., 2017). Aus demselben Grund wird angenommen, dass sich Plattformen zum Management der globalen Energieinfrastruktur durchsetzen.

Nach Annahme der Befragten bestimmt sich die Qualifikation der Beschäftigten nicht mehr (ausschließlich) nach Berufsausbildung oder Universitätsabschluss (Brown et al., 2017; Wolter et al., 2015), sondern nach individuellen Fähigkeiten und Kenntnissen (Brown et al., 2017). Generell wird erwartet, dass es zu einer Polarisierung des Bildungssektors kommt (Facer & Sandford, 2010; Manyika et al., 2017). Einerseits finden sich viele hochgebildete Spezialisten z. B. für Forschung und Entwicklung oder umfassend ausgebildete Personen zur Wartung und Instandhaltung der komplexen Produktionsanlagen. Andererseits gibt es weiterhin einige Beschäftigte für Einfacharbeiten, die sich nur schwer automatisieren lassen, z. B. Reinigungskräfte. Durch diese unternehmensspezifischen Berufsbilder kommt es zu einer starken Verbindung von Industrie und Bildungssektor, die gleichsam zu einer Privatisierung des Bildungssektors führen kann (Cawood, 2018). Da sich die Unternehmen ständig weiterentwickeln, ist lebenslanges Lernen auch für Beschäftigte im produzierenden Sektor essentiell (Daheim & Wintermann, 2019; Ehlers & Kellermann, 2019; Facer & Sandford, 2010; Williamson, 2017). Die Unternehmen unterstützen dies durch Personal Learning Accounts. Dabei hat jeder Beschäftigte ein jährliches Budget zur persönlichen Weiterbildung (Fortmann & Kolocek, 2018). Eine weitere Möglichkeit zur Mitarbeitendenbildung sind Lernfabriken, welche die komplexen Zusammenhänge in der Produktion anschaulich darstellen (Erol et al., 2016; Thiede et al., 2016).

Es wird erwartet, dass sich die Gesellschaftsstruktur weiter dahingehend verändern wird, dass die Mittelschicht in ihrer aktuellen Stärke abnimmt. Der demographische Wandel setzt sich in Deutschland fort; die Gesellschaft wird bis zum Jahr 2030 zunehmend älter (Destatis, 2019). Die Migration verlangsamt den Alterungstrend und trägt gleichsam zu einer diverseren Gesellschaft bei (Störmer et al., 2014).

Die Befragten erwarten, dass die Loyalität bei der Wahl der Tätigkeit oder des Arbeitgebers wieder zunimmt (Brown et al., 2017). Eng verwoben ist dies mit dem Wunsch nach „sinnstiftender Arbeit". Weit verbreitet ist die Sharing-Kultur, die individuellen Besitz vermeidet und bedarfsbezogen Güter und Dienstleistungen zur Verfügung stellt (Vogler-Ludwig et al., 2016). Diese Güter und Dienstleistungen, die zur Erhöhung des Gemeinwohls beitragen, werden zunehmend durch crowd-funding finanziert (vgl. Daheim & Wintermann, 2019). Insgesamt wird somit angenommen, dass sich die Unterschiede zwischen Arm und Reich reduzieren. Trotz der Annahmen, dass sich viele Aktivitäten auf gemeinsame Ziele und den Erhalt der Gemeinschaft konzentrieren, wird ein Streben nach Individualismus weiterhin angenommen.

3.2.3 Mitarbeitende auf dem Shopfloor 2030

Das beschriebene Narrativ des Szenarios, das auf die IB beeinflussenden Faktoren der Makroebene fokussiert ist, dient als Basis des Szenariotransfers zur Ableitung der Auswirkungen auf Faktoren der Unternehmens- und Individualebene.

Um die Auswirkungen des entwickelten Zukunftsszenarios auf produzierende Unternehmen zu identifizieren, wurde die Persona-Methodik angewandt. Nachfolgend wird die Persona Herrmann Müller für einen für das produzierende Gewerbe repräsentativen Beschäftigten auf dem Shopfloor 2030 vorgestellt. Ziel ist es, aufzuzeigen, wie sich die Tätigkeitsfelder auf dem Shopfloor entwickeln und daraus ein idealtypisches Kompetenzprofil abzuleiten, das für die IB zukünftig erforderlich ist.

Persona 2030

Herrmann Müller arbeitet in einem mittelständischen Unternehmen des Maschinen- und Anlagenbaus im ländlichen Bereich. Das Unternehmen hat mehrere Produktionsstandorte im In- und Ausland mit insgesamt knapp 1.500 Mitarbeitenden. Herr Müller ist Verantwortlicher einer Produktionslinie am Hauptstandort. Abbildung 3-5 stellt den Steckbrief von Hermann Müller als Persona 2030 dar.

Hermann Müller

Schicht- & Produktionslinienleiter

> *„Meine Familie und meine Heimat stehen bei mir an erster Stelle. Mir ist wichtig, dass ich neben meiner Arbeit noch genügend Zeit dafür habe.*
> *Bei meiner Arbeit schätze ich den großen Teil an eigenverantwortlichen Tätigkeiten und die Zusammenarbeit mit meinen Kollegen.*

Persönliches Profil

Allgemeine Daten

Alter	35 Jahre
Wohnort	Eckenhagen
Familienstand	Verheiratet
Kinder	2 Kinder
Sprachen	Deutsch, Polnisch
Wohnsituation	Eigenheim
Ausbildung	Fachabitur, Ausbildung zum Techniker
Unternehmens zugehörigkeit	15 Jahre

Lebensstil

Hobbies	Fußball, Gaming
Freizeitverhalten	Großer Freundeskreis, u.a. Kollegen
Soziales Engagement	Aktives Mitglied im Ortsverein
Urlaub	Bei Verwandten in Polen, Pauschalreise ca. einmal/Jahr
Technologienutzung	Sehr aufgeschlossen; Smartphone, -watch, PC, Spielekonsole
Veränderungs-bereitschaft	Sehr verwurzelt; Eltern in der Region, schulpflichtige Kinder, Ehefrau arbeitet mobil

Berufliche Tätigkeit

Arbeitsinhalte

- Überwachung des gesamten Produktionsablaufs der Produktionslinie über den digitalen Zwilling mit digitalen Endgeräten (ortsunabhängig)
- Online-Schichtplanung der Mitarbeiter
- Vorausschauende Instandhaltungsarbeiten inkl. Wartung aller Komponenten
- (Remote) Expert bei seltenen Fehlerereignissen, u. a. Nutzung von AR
- Kommunikation mit internationalen Kompetenzteams über Webmeetings
- Aus- und Weiterbildung von Kollegen

Kompetenzen / Anforderungen

- Berufsspezifische Kompetenzen, u. a. Steuerungstechnik, Elektrik
- Ausgeprägte IKT-Kenntnisse, hohe Technologieaffinität, Datenverständnis
- Hohe Lernbereitschaft, Anpassungsfähigkeit und Flexibilität
- Teamfähigkeit, Kommunikationsfähigkeit,
- Aufgeschlossenheit, kulturelle Kompetenz
- Englischkenntnisse
- Problemlöse-, Entscheidungsfähigkeit, Priorisierung von Aufgaben
- Hohe Eigenverantwortung

Abbildung 3-5 Persona 2030 (eigene Darstellung, Personaprofilbild erstellt in Avatar Generator, 2020)

In seinem Verantwortungsbereich überwacht er unterschiedliche Fertigungsanlagen, erstellt die Schichtplanung und koordiniert seine Mitarbeitenden. Um diese Tätigkeiten auszuführen, arbeitet er mit dem auf das Unternehmen angepasste Online-ERP-System, in dem die Daten sämtlicher Produktionsbereiche zusammenlaufen. Jeder Mitarbeiter auf dem Shopfloor ist über digitale Endgeräte mit dem System verbunden, sodass Daten jederzeit abgefragt oder hochgeladen werden können. Ebenso sind alle Fertigungsanlagen wie auch alle weiteren Stationen, wie die Messstationen zur Qualitätsüberwachung, direkt mit dem System verbunden, sodass die Daten aus der Fertigung in Echtzeit in das System übertragen werden.

Durch die vollständige Digitalisierung und Vernetzung der einzelnen Prozesse wird ein digitaler Zwilling der Produktion erzeugt. Dieser digitale Zwilling kann jederzeit ortsunabhängig von berechtigten Mitarbeitenden angezeigt werden. Als Produktionslinienverantwortlicher am Hauptstandort nutzt Herr Müller den digitalen Zwilling seiner Produktionslinie, um den Produktionsprozess zu überwachen. In einer auf seinen Aufgabenbereich zugeschnittenen Ansicht werden ihm Kennzahlen angezeigt, die ihn über den Status der wichtigsten Prozessschritte informieren.

In das System sind mehrere KI-Algorithmen integriert, die die Unternehmensdaten kontinuierlich analysieren. Für den Verantwortungsbereich von Herrn Müller bedeutet dies, dass die Algorithmen die Daten auf Anomalien und potenzielle Störfälle im Produktionsablauf analysieren. Regelmäßige Auffälligkeiten in den Daten, die über das automatische Einstellen von Maschinenparametern korrigiert werden können, werden vom System nicht angezeigt, da sie automatisiert behoben werden. Lediglich Anomalien, die nur von den Mitarbeitenden behoben werden können, werden angezeigt. In diesem Fall wird Herr Müller über eine Push-Nachricht informiert. In einer separaten Ansicht werden Informationen zur Anomalie in den Daten dargestellt. Dies umfasst die Darstellung der Fertigungsdaten und Messwerte im Verlauf mit Kennzeichnung der Anomalie sowie die Darstellung potenzieller Ursachen mit Angabe von Wahrscheinlichkeiten. Sofern die Algorithmen in der Datenbank passende Fehlerabstellmaßnahmen zu den jeweiligen Ursachen entdecken, werden auch diese angegeben.

Herr Müller muss für die korrekte Bearbeitung der Störungen im Betriebsablauf in der Lage sein, die Daten mit den Anomalien zu verstehen und die Handlungsempfehlungen des Systems nachzuvollziehen. Diese Informationen muss er mit seinem Expertenwissen verknüpfen, um selbstständig eine datenbasierte Entscheidung treffen zu können. Ist er unsicher, so hat er die Möglichkeit, Kollegen über das Expertennetzwerk hinzuzuziehen. Diese sind über alle Werke verteilt. Mittels einer AR-Software kann er den Kollegen die Situation an Maschinen zeigen. Diese wiederum können ihm über die Software z. B. Vergleichsbilder anzeigen oder ihn über Reparaturanleitungen durch die Ausführung der Abstellmaßnahme führen.

Die AR-Funktion steht allen Mitarbeitenden über Smartphones und Tablets zur Verfügung. Mitarbeitende auf dem Shopfloor sind zusätzlich mit AR-Brillen ausgestattet, sodass sie zeitgleich Tätigkeiten mit beiden Händen ausführen können. Beim Auftreten von Anomalien, die das Eingreifen von Mitarbeitenden erfordern, werden nach einiger Zeit weitere Push-Nachrichten versendet, die Herrn Müller und seine Kollegen daran erinnern, anzugeben, welche Ursache die Anomalie hatte und welche Maßnahme zur Abstellung geführt hat. Dieser Prozess ermöglicht der KI, kontinuierlich hinzuzulernen und die Prädiktion von Störfällen zu verbessern.

Um Expertenwissen im Unternehmen zu teilen, nimmt Herr Müller an monatlichen Meetings mit allen Produktionsverantwortlichen weltweit teil. Dies findet über eine Webkonferenz statt, sodass im Bedarf Inhalte geteilt oder gemeinsam erstellt werden können. Die Relevanz der Inhalte, die Herr Müller aus seinem Bereich einbringt, bewertet er selbst, sodass er vor den anstehenden Meetings mit seinem Team die wichtigsten Themen diskutiert und selektiert. Von seinen Vorgesetzten werden Herrn Müller weitere Aufgaben zugeteilt. Dies beinhaltet z. B. die Ausbildung von Auszubildenden in seinem Verantwortungsbereich oder die Mitarbeit an Strategien zur Energieeinsparung. Für die Bearbeitung seiner Aufgaben ist Herr Müller selbst verantwortlich. Er organisiert und priorisiert die anfallenden Tätigkeiten zu Wochenbeginn und kommuniziert diese in wöchentlichen Teammeetings an sein Team.

Die Tätigkeitsfelder von Herrn Müller sind vielfältig. Dies spiegelt sich in seinem Kompetenzprofil wieder. Regelmäßige Meetings und der Umgang mit seinen Kollegen erfordern eine hohe Kommunikationsfähigkeit, Teamfähigkeit und soziale Fähigkeiten. Durch die Internationalisierung des Unternehmens und den zunehmenden Anteil an Mitarbeitenden mit Migrationshintergrund ist es wichtig, dass Herr Müller über kulturelle Kompetenz und Englischkenntnisse verfügt. Durch die freie Zeiteinteilung muss er sich und sein Team selbst organisieren und Aufgaben priorisieren können. Dies setzt insgesamt eine eigenständige Arbeitsweise voraus, die mit hoher Entscheidungsfähigkeit und Problemorientierung gekoppelt ist. Die zu nutzende Technik, anzuwendenden Technologien und das Arbeiten mit Algorithmen erfordern eine hohe Technologieakzeptanz, ausgeprägte IKT-Kenntnisse und ein ausgeprägtes Datenverständnis. Durch die kontinuierliche Optimierung von Arbeitsabläufen, Einführung neuer Technologien und Ausweitung des eigenen Tätigkeitsfelds wird ein hohes Maß an Anpassungsfähigkeit, Flexibilität und lebenslange Lernbereitschaft vorausgesetzt. Diese KSAOs werden ergänzt um berufsspezifische Kompetenzen, die Herr Müller während seiner Ausbildung und in berufsbegleitenden Weiterbildungen erlangt hat.

3.2.4 Implikationen für die IB

Die vorgestellte Persona 2030 steht repräsentativ für Beschäftigte auf dem Shopfloor in Industrie 4.0. Basierend auf den Erkenntnissen der Szenario- und Personaentwicklung sind folgende KSAOs relevant:

(1) Berufs- und technologisches Fachwissen (OTE): Lebenslanges Lernen, Technologieakzeptanz, IKT-Kompetenz, technisches Grundverständnis, ganzheitliches Prozessverständnis, grundlegende Datenkompetenz

(2) Anpassungsfähigkeit (ADAP): Flexibilität, Offenheit, Adaptionsvermögen

(3) Soziale Fähigkeiten (SOCS): Teamfähigkeit, Kommunikationskompetenz, kulturelle Kompetenz, emotionale Intelligenz

(4) Selbstmanagement (SELF): Eigenverantwortung, selbständiges Arbeiten, Zeitmanagement, Problemlösefähigkeit, Entscheidungsfähigkeit, kritisches Denken

Die gesetzten Schwerpunkte decken sich mit den in Tabelle 3-1 vorgestellten KSAOs und deren Häufigkeiten in den Nennungen. So wurden z. B. Lebenslanges Lernen, Technologieakzeptanz, Kommunikationskompetenz und Problemlösefähigkeit häufig erwähnt und stützen die über die Literatur und in Experteninterviews gewonnenen Erkenntnisse.

Die Szenarien- und Personaentwicklung haben das Verständnis über die IB konkretisiert und um Erkenntnisse zu potenziellen Einflussfaktoren ergänzt. Die hergeleiteten Schlüsselfaktoren geben Hinweise auf Faktoren, die in der Individual-, Unternehmens- und Makroebene relevant sind.

Nachfolgend sind die abgeleiteten Einflussfaktoren der Unternehmens- und Individualebene den acht Schlüsselfaktoren der Makroebene zugeordnet. Teilweise werden einzelne Faktoren mehreren Schlüsselfaktoren zugeordnet. Die Betrachtungsebene ist durch (I) für Beschäftigte und (U) für Unternehmen gekennzeichnet.

- Arbeitsmarkt: HR-Maßnahmen (U), Arbeitslosigkeit (I), Mobilität (I)
- Arbeitsrecht: Alter (I), Geschlecht (I)
- Arbeitsorganisation/ -bedingungen: Technologien auf dem Shopfloor (U/I), Unternehmensgröße (U)
- Bildung: Ausbildungsniveau (I), Weiterbildungsmaßnahmen (U/I)
- Gesellschaftliches Wertesystem: Work-Life-Balance (I)
- Gesellschaftsstruktur: Alter (I)
- Technologische Disruption: Technologien auf dem Shopfloor (U/I), Digitalstrategie (U)

Insgesamt zeigt sich, dass bis auf den Schlüsselfaktor Ökologische Nachhaltigkeit für alle Bereiche der Schlüsselfaktoren Einflussfaktoren identifiziert werden konnten, die im Zuge der Szenario- und Personaentwicklung in unmittelbaren Zusammenhang mit der IB stehen. Zum Schlüsselfaktor der Ökologischen Nachhaltigkeit kann aktuell kein direkter Zusammenhang mit der IB identifiziert werden. Es wird angenommen, dass der Faktor bei der Wahl des Arbeitgebers zu berücksichtigen ist. Diese Betrachtung ist nicht Teil dieser Arbeit.

Die oben gelisteten Faktoren gehen in das Modell der IB ein. Die Zusammenhänge und Einordnung im IB-Modell werden in Kapitel 4 vorgestellt.

In Abbildung 3-6 ist eine Übersicht der oben beschriebenen Ergebnisse der Teilstudien der Deskriptiven Studie I und deren Implikationen auf die IB dargestellt.

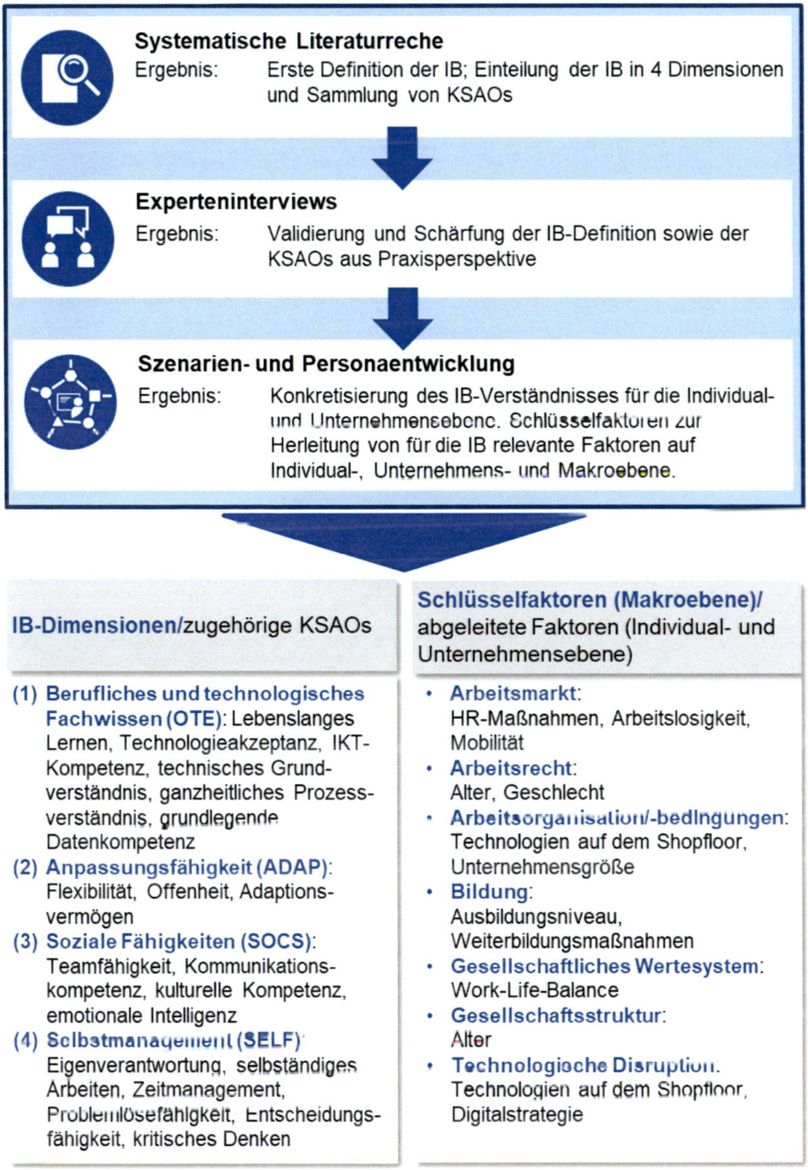

Abbildung 3-6 Ergebnisübersicht der Ergebnisse der Teilstudien der Deskriptiven Studie I und deren Implikationen auf die IB (eigene Darstellung)

3.3 Fazit zur Deskriptiven Studie I

Die Experteninterviews und die mit der Personamethodik gekoppelte Szenarioentwicklung haben die Erkenntnisse der Literaturanalysen aus Kapitel 2 und 3.1.1 aus Praxissicht bestätigt. Durch die Verknüpfung der übergeordneten Themengebiete „Industrie 4.0“, „Arbeit 4.0“ und „Beschäftigungsfähigkeit“ in der Szenario-/Personaentwicklung wurden zudem die Beschäftigungsfähigkeit, Tätigkeiten auf dem Shopfloor im produzierenden Gewerbe und dafür erforderliche Kompetenzen/ KSAOs kombiniert untersucht.

Die Ergebnisse beantworten die in Kapitel 1.2 aufgestellten Teilforschungsfragen 1 und 2. Die Antwort zu Frage (1)„Welche Kompetenzen werden zukünftig erforderlich sein, um im produzierenden Sektor beschäftigungsfähig zu sein?“ liefern die in den IB-Dimensionen enthaltenen KSAOs – kurz: *Kompetenzen 4.0*.
Frage (2) „Welche Faktoren auf Individual- und Unternehmensebene sind relevant für die Beschäftigungsfähigkeit?“ wird durch die Ergebnisse der Szenario- und Personaentwicklung beantwortet.

Die detaillierte Herleitung der Faktoren auf Individual- und Unternehmensebene sowie die Verknüpfung mit den in Kapitel 2 vorgestellten Theorien wird im Rahmen der Modell- und Hypothesenentwicklung in Kapitel 4 vorgestellt. In Kapitel 6, der Deskriptiven Studie II, erfolgen Test und Validierung des aufgestelltes Hypothesenmodells in zwei empirischen Studien.

4 Modell- und Hypothesenentwicklung (Präskriptive Studie)

Kapitel 4 beschreibt die Präskriptive Studie, d. h. die Synthese der theoretischen und praktischen Erkenntnisse aus den vorangegangenen Kapiteln. Das Ergebnis dieser Synthese stellt ein Forschungs- bzw. Hypothesenmodell dar.
Untersuchungsgegenstand des Forschungsmodells ist es, die IB einer Person zu messen, Einflussfaktoren auf Individual- und Unternehmensebene zu identifizieren und über diese die IB vorherzusagen. Ziel ist die Förderung der IB, indem Rückschlüsse über messbare Wirkzusammenhänge das Ableiten von Handlungsmaßnamen auf Individual- und Unternehmensebene erlaubt.

Im vorliegenden Kapitel wird zunächst die Vorgehensweise zur Herleitung des IB-Modells vorgestellt. Anschließend erfolgt die Herleitung und Erläuterung der Konstrukte und deren Operationalisierung. Die Herleitung der Hypothesen konkretisiert das IB-Modell zum finalen Hypothesenmodells. Das vorletzte Unterkapitel 4.8 stellt den Fragebogen vor, mit dem das Modell im Rahmen zweier empirischer Studien in der Deskriptiven Studie II getestet und validiert wird.

4.1 Vorgehensweise

Zur Adressierung der Zielsetzung der Arbeit, insbesondere der Forschungsfragen I und II, wurden in der vorangegangenen Deskriptiven Studie I zunächst das theoretische Verständnis der IB anhand einer systematischen Literaturanalyse ermittelt. Zur Ergänzung und Verifizierung der wissenschaftlichen Erkenntnisse wurden zusätzlich Experteninterviews geführt, um die Relevanz der KSAOs in der beruflichen Praxis zu bestätigen. Diese Erkenntnisse stellen die Basis des IB Modells dar.

Ausgangsbasis für die IB-Modellierung ist die IB-Definition. Wie im vorigen Kapitel beschrieben, besteht diese aus den vier Dimensionen Berufs- und technologisches Fachwissen (OTE), Anpassungsfähigkeit (ADAP), Soziale Fähigkeiten (SOCS) und Selbstmanagement (SELF).

In Abbildung 4-1 sind die vier Dimensionen schematisch dargestellt.

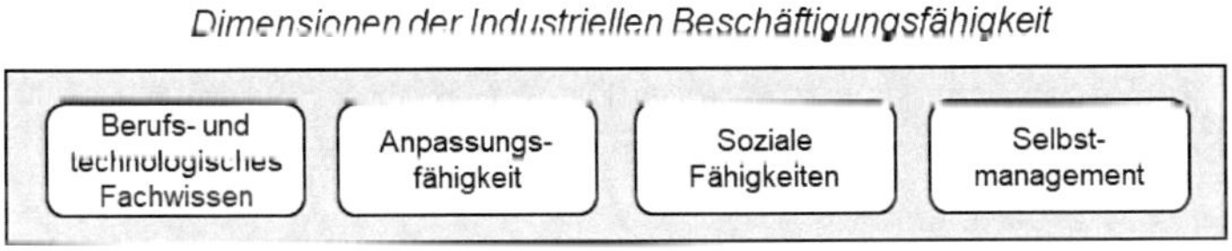

Abbildung 4-1 Dimensionen der IB (eigene Darstellung)

Es wird angenommen, dass die IB von verschiedenen Faktoren beeinflusst wird. Diese Einflussfaktoren sind den IB-Dimensionen im Modell vorgelagert. Bei den vorgelagerten Einflussfaktoren handelt es sich um unabhängige oder exogene Faktoren, die IB-Dimensionen werden als abhängige oder endogene Faktoren bezeichnet (Backhaus et al., 2021, S. 68). Die Auswahl der Einflussfaktoren der IB erfolgt auf Basis der in Kapitel aufgeführten Schlüsselfaktoren, die im Rahmen der Szenarioentwicklung abgeleitet worden sind. Die Faktoren lassen sich clustern in Faktoren auf Individualebene und Unternehmensebene.

Die Faktoren auf Individualebene, die auf Basis der vorangegangenen Erkenntnisse berücksichtigt werden, sind die „Ganzheitliche Lebensperspektive", die thematisch eng mit der Work-Life-Balance verbunden ist, die „Wahrgenommene Mobilität", „Berufsspezifische Weiterbildung" und „Wahrgenommene Industrie 4.0-Technologien" (siehe Abbildung 4-2). Darüber hinaus nehmen weitere persönliche Faktoren, wie Alter oder Ausbildungsgrad Einfluss. Nach vorangegangenen Studien (z. B. Veld et al., 2015; Wittekind et al., 2010) korrelieren diese jedoch mit weiteren Konstrukten innerhalb des Modells, weshalb diese als Kontrollvariablen einfließen (siehe Kapitel 4.7).

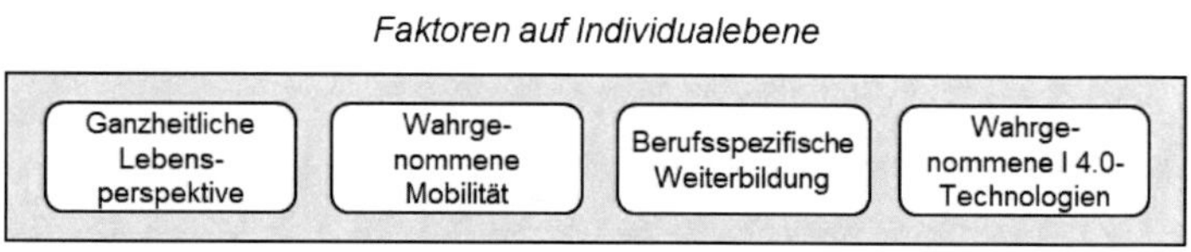

Abbildung 4-2 Faktoren auf Individualebene (eigene Darstellung)

Auf der Unternehmensebene werden die Faktoren „HR-Aktivitäten", „Digitalisierungs-/Industrie 4.0-Strategie" (kurz: I 4.0-/Digitalisierungsstrategie) und „Industrie 4.0-Technologien" (kurz: I 4.0-Technologien) als relevant eingestuft (siehe Abbildung 4-3). Dies sind grundsätzlich diejenigen Faktoren, die nicht von den einzelnen Beschäftigten beeinflusst werden können. Zudem gelten für die Beschäftigten eines Bereichs jeweils dieselben Bedingungen, z. B. hinsichtlich der Karrieremöglichkeiten oder zur Verfügung stehende Industrie 4.0-Technologien.

Abbildung 4-3 Faktoren auf Unternehmensebene (eigene Darstellung)

Die oben genannten Dimensionen der IB und die identifizierten Einflussfaktoren auf Individual- und Unternehmensebene werden im Folgenden operationalisiert. Ziel ist die Beantwortung der Forschungsfrage III: Wie lassen sich die Kompetenzen und zu betrachtende Faktoren im Kontext von Industrie 4.0 operationalisieren?

Zur Validierung des Messmodells der IB, wird zudem untersucht, inwiefern die IB und der Karriereerfolg bereits heute korrelieren. Hierzu werden der objektive und der subjektive Karriereerfolg, die im Modell als Indikatoren langfristiger Beschäftigungsfähigkeit fungieren, ausgewählt (siehe Abbildung 4-4).

Faktoren des Karriereerfolgs

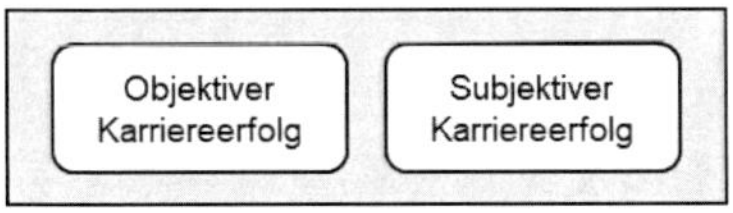

Abbildung 4-4 Dimensionen des Karriereerfolgs (eigene Darstellung)

4.2 Industrielle Beschäftigungsfähigkeit (IB)

Die IB als zentrales Element des Forschungsmodells wurde bereits in Kapitel 3 detailliert beschrieben. Die einzelnen Dimensionen setzen sich zusammen aus verschiedenen KSAOs, die in den einzelnen Definitionen der IB-Dimensionen enthalten sind:

- OTE umfasst berufliche Kompetenz, IKT-Fähigkeiten, Datenkompetenz, Technologieorientierung, Kreativität und lebenslanges Lernen, um in einem technologieorientierten Arbeitsumfeld effektiv arbeiten zu können.
- ADAP bezieht sich auf die Fähigkeit, sich leicht an Veränderungen auf dem Arbeitsmarkt und in der Organisation anzupassen. Darüber hinaus umfasst es Offenheit, Gewissenhaftigkeit und Flexibilität, um in neuen Umgebungen zu arbeiten.
- SOCS umfasst die Fähigkeit, sich sozial kompetent zu verhalten, um mit anderen zu interagieren, was soziale Fähigkeiten und emotionale Intelligenz erfordert. Sie zeichnet sich dadurch aus, dass sie in verschiedenen Arbeitsgruppen, einschließlich unterschiedlicher Hierarchieebenen und Kulturen, mitwirken und Leistungen erbringen kann.
- SELF steht für einen selbstinitiierten proaktiven Prozess, um auf aktuelle und zukünftige Anforderungen in der Arbeitswelt vorbereitet zu sein. Dazu gehören Zeitmanagement, Problemlösungskompetenz und Entscheidungsfähigkeit.

Nachfolgend werden die Dimensionen der IB operationalisiert. Zur Skalenentwicklung wird der C-OAR-SE-Ansatz von Rossiter (2002) verwendet.

4.2.1 Operationalisierung nach C-OAR-SE

Für die Operationalisierung der IB-Dimensionen, wird auf den C-OAR-SE-Ansatz von Rossiter (2002) zurückgegriffen. Dieser ist sowohl für reflektive als auch für formative Messmodelle und für Single- wie auch Multi-Item Skalen anwendbar (Rossiter, 2002). Das Vorgehen gliedert sich in sechs Schritte:

(1) Konstruktdefinition,
(2) Objektklassifikation,
(3) Attributklassifikation,
(4) Identifikation der Befragten,
(5) Skalenentwicklung,
(6) Bewertung (Rossiter, 2011).

Im C-OAR-SE-Ansatz ist das primäre Kriterium zur Skalenvalidierung die Inhaltsvalidität, die auf rationalen Argumenten und der logischen Übereinstimmung von Expertenmeinungen beruht (Rossiter, 2002). Die weiteren Reliabilitäts- und Validitätskriterien, wie sie in kennzahlengetriebenen Verfahren nach Churchill (1979) und Nunnally (1978) zum Einsatz kommen, entfallen.

Dieser Punkt wird z. B. von Diamantopoulos (2005) diskutiert. Darin hebt er hervor, dass der Ansatz einen wesentlichen Beitrag in der Skalenentwicklung darstellt, da er auch das oftmals „blinde“ Festhalten an die Ansätze der klassischen Testtheorie kritisiert, welches häufig zu Lasten des Inhalts geht. Dennoch mangelt es dem C-OAR-SE-Ansatz laut Diamantopoulos (2005) an weiteren Kriterien zur Sicherstellung der Reliabilität und Validität der neu entwickelten Skalen.

Aus diesem Grund erfolgt die Skalenentwicklung für die Konstrukte der IB zwar auf Basis des C-OAR-SE-Ansatzes, jedoch werden auch etablierte Gütemaße der klassischen Testtheorie, die über die reine Inhaltsvalidität hinausgehen, zur Bewertung hinzugezogen. Die maßgebliche Entwicklung orientiert sich am C-OAR-SE-Ansatz mit Fokus auf Schritt 1 bis 5. Schritt 6 beinhaltet zunächst die Inhaltsvalidität. In einer empirischen Vorstudie sowie den beiden empirischen Studien I und II (siehe Kapitel 6) erfolgt die Prüfung anhand weiterer Gütemaße.

Definition und Klassifikation der Konstrukte (Schritte 1 bis 4)

Zur Adressierung von Schritt 1 wird das Konstrukt konzeptionell definiert. Die Definition der Konstrukte ist dem vorigen Unterkapitel zu entnehmen.

Nach Rossiter werden Konstrukte, deren Verständnis von Person zu Person variiert, so wie es auch bei der IB und den IB-Dimensionen der Fall ist (siehe Expertengespräche in Kapitel 3.1.2), als „abstrakt geformte Objekte“ klassifiziert werden (Schritt 2).

Nach der Klassifizierung der Objekte wird in Schritt 3 untersucht, ob diese mit einem einzigen Item oder mehreren Items, von Rossiter als Attribute bezeichnet, gemessen werden können. Im Fall der reflektiven Dimensionen sind dies mehrere Items, die OTE, ADAP, SOCS oder SELF messen können.

Schritt 4 betrifft die Identifizierung der Rater, mit deren Hilfe die Inhaltsvalidität ermittelt wird. Im Falle der IB sind dies Experten, für die dieselben Kriterien wie in Kapitel 3.1 gelten.

Skalenentwicklung (Schritt 5)

Zur Operationalisierung der Dimensionen wurden bestehende Skalen als Basis verwendet, um ein möglichst reliables und valides Messinstrument zu erhalten. Da bislang kein Messinstrument der IB existiert, wurden Items etablierter Skalen kombiniert. Aufgrund der weiteren Prüfungen hinsichtlich der in Kapitel 5.3.2 beschriebenen Gütekriterien ist dies ein etabliertes Vorgehen in der Testtheorie.

Tabelle 4-1 gibt eine Übersicht über die initialen Items der vier IB-Dimensionen im englischsprachigen Original an. Für die folgenden Schritte im Operationalisierungsprozess wurden die Items ins Deutsche übersetzt. Um den Sinn der Items nicht zu verfälschen, wurden englische Rückübersetzungen durch einen professionellen Übersetzer durchgeführt. Unstimmigkeiten wurden diskutiert und die ins Deutsche übersetzten Items, wenn nötig, angepasst.

Tabelle 4-1 Übersicht der initialen Items der vier IB-Dimensionen im Original

Dimension	Items	Quelle
ADAP	How quickly do you generally anticipate and take advantage of changes in your working environment?	van der Heijde & van der Heijden (2006)
	I find working with new people (very unpleasant-very pleasant).	
	I have a … (very negative-very positive) attitude to changes in my function.	
	How much variation is there in the range of duties you aim to achieve in your work?	
	How easily would you say you can adapt to changes in your workplace?	
	How easily would you say you are able to change organizations, if necessary?	
	I stay abreast of developments relating to my type of job.	Fugate & Kinicki (2008)
	I adapt to developments within my organization.	van der Heijde & van der Heijden (2006)
	I adapt to developments within the labor market.	
OTE	I mobilize support for innovative ideas.	Janssen (2000)
	I introduce innovative ideas into the work environment in a systematic way.	
	I consider myself competent to engage in in-depth, specialist discussions in my job domain.	van der Heijde & van der Heijden (2006)
	How much confidence do you have in your capacities within your area of expertise?	
	During the past year, I was, in general, competent to perform my work accurately and with few mistakes.	
	I am always on the lookout for ways to improve my occupational knowledge and skills and develop myself as a person.	Coetzee (2014)
	I make sure that I keep myself up to date on technical knowledge and new developments in my field	
	I make use of developmental or training opportunities to enhance my technological competences, knowledge and skills.	
	If necessary, I can make a rational judgment from analyzing information and data.	
	If necessary, I can give accurate explanations of information and data presented to me.	
	I can use technology effectively to communicate with others.	
	If necessary, I am able, to use a range of software that is relevant for my work.	Knight and Yorke (2003)

	I am able to search out new technologies, processes, techniques, and/or product ideas.	Zhang & Bartol (2010)
SELF	I use time efficiently.	Coetzee (2014)
	I find it easy to meet deadlines.	
	I suffer from work-related stress.	van der Heijde & van der Heijden (2006)
	I am able to identify alternative ways of solving a problem.	Collier (2000)
	I postpone decision making whenever possible.	(Bruine de Bruin et al., 2007)
	I generally make decisions that feel right to me.	
	I often need the assistance of other people when making important decisions.	
	I follow organizational rules and policies without questioning them.	Tyler & Blader (2005)
	I have enabled myself to be optimistic about my future career opportunities	Fugate & Kinicki (2008)
	I have control over my career opportunities	
	I am constantly on the lookout for new ways to improve my life.	Seibert et al. (1999)
	I excel at identifying opportunities.	
	I am always looking for better ways to do things.	
	I will be able to achieve most of the goals that I have set for myself.	Chen et al. (2001)
SOCS	I find it easy to communicate effectively with people from different cultures, backgrounds and authority levels.	Coetzee (2014)
	I encourage responsible behavior towards the community and the environment.	
	I uphold the ethics and values of my profession, community or workplace in all I do.	
	I am sensitive to others' emotions and the effects that they can have.	
	I find it easy to get cooperation and support from others when working in a team.	
	I find it easy to confront people's problems to resolve conflicts.	
	I consult others and share my expertise and information.	
	I am able to build wide and effective networks of contacts to achieve my goals.	
	I can communicate my viewpoints with clarity and fluency (in English)	
	I find it easy to persuade, convince or influence others.	

4.2.2 Inhaltsvalidität (Schritt 6)

Nach dem C-OAR-SE Ansatz stellt die Inhaltsvalidität das zentrale Gütekriterium bei der Entwicklung neuer Messinstrumente dar. Zur Ermittlung der inhaltlichen Relevanz der einzelnen Items auf die ihnen zugewiesene Dimension wurde das Item-Sorting-Verfahren herangezogen. Nach Anderson & Gerbing (1991) ist die Methode besonders als Pre-Test vor einer CFA (confirmatory factor analysis, dt. konfirmatorische Faktorenanalyse) und einer Strukturgleichungsmodellierung (SGM) geeignet. Um möglichst fundiere Ergebnisse zu erhalten, wurden für den Test Experten aus dem Forschungsumfeld Kompetenzmanagement/ Produktionstechnik oder Experten aus der Praxis im Personalbereich bzw. in Positionen mit Personalverantwortung konsultiert.

Das Vorgehen war wie folgt (siehe Anderson & Gerbing, 1991):
Den 15 Experten wurden die definierten Dimensionen der IB und der Pool an unsortierten Items vorgelegt. Die Befragten wurden gebeten, jedes Item zu lesen und es derjenigen Dimension zuzuordnen, auf das das Item ihrer Meinung nach am besten referenziert. Richtige Item-Zuordnungen weisen darauf hin, dass die Items die angegebene Dimension erfassen, während falsche Zuordnungen auf die Messung fremder Inhalte oder die Messung mehrerer zugrundeliegender Dimensionen hindeuten.
Insgesamt wurden zwei Sorting-Runden durchgeführt. In der ersten Runde notierten die Experten als qualitatives Feedback, ob sie bei der Zuordnung der Items Mehrdeutigkeit empfanden oder ob die Formulierung des Items generell unklar war. Die Zuordnungen für jedes Item, die von allen Pretest-Tellnehmern vorgenommen werden, bilden die die Daten für die Bewertung der inhaltlichen Validität (Anderson & Gerbing, 1991).

Anderson & Gerbing (1991) empfehlen zwei Verhältnismaße zur Bewertung. Die Eindeutigkeit der Zuordnung erfolgt über die Kennzahl p_{sa} (engl. proportion-of-substantive-agreement). Diese drückt die relative Häufigkeit korrekter Zuordnungen aus und kann Werte zwischen 0 und +1 annehmen. Dabei entspricht +1 einer vollständig richtigen Zuordnung.

Übereinstimmungsmaß $$p_{sa} = \frac{n_c}{N}$$

p_{sa} Proportion of Substantive Agreement

n_c Anzahl der Zuordnungen entsprechend theoretischer Fundierung

N Gesamtzahl der befragten Personen

Als zweite Kennzahl wird der c_{sv}-Index (engl. substantive-validity-coefficient) zur Beurteilung der inhaltlichen Relevanz herangezogen. Dieser berücksichtigt zusätzlich die Variable n_o als Anzahl der am häufigsten genannten Zuordnungen, die nicht mit der theoretischen Fundierung übereinstimmen. Dieses Maß kann Werte zwischen -1 und +1 annehmen. Hier gilt, je größer die positiven Werte sind, desto höher erscheint die inhaltliche Relevanz.

Maß der inhaltlichen Relevanz $$c_{sv} = \frac{n_c - n_o}{N}$$

c_{sv} Substantive Validity Coefficient

n_c Anzahl der Zuordnungen entsprechend theoretischer Fundierung

n_o Anzahl der am häufigsten genannten Zuordnungen, die nicht der theoretischen Fundierung entsprechen

N Anzahl der befragten Personen

Es existieren keine strikten Grenzwerte für die beiden Kennzahlen. Nach Anderson & Gerbing (1991) sollten die c_{sv}-Indizes > 0,5 sein, mindestens moderate Ergebnisse liegen ab einem p_{sa}–Index > 0,7 vor.

In der ersten Sorting-Runde erreichten 30 Items einen p_{sa} > 0,73 und einen c_{sv} > 0,5. Das qualitative Feedback ergab, dass einige der übrigen 16 Items häufig missverstanden wurden. Daher wurden diese entsprechend dem Feedback der Experten konsolidierten Regeln angepasst:[6]

Bei insgesamt vier Items ergaben sowohl die Indizes mit Werten gegen 0 als auch das qualitative Feedback, das auf starke Mehrdeutigkeit und keine maßgebliche Relevanz schließen ließ, dass diese zur Erhöhung der Trennschärfe der Dimensionen entfernt werden sollten.

In der zweiten Sorting-Runde wurden die verbliebenen 42, z. T. angepassten, Items ohne Rückmeldemöglichkeit sortiert. Darüber hinaus wurde die zufallsbereinigte Interrater-Reliabilität durch die Messung von Fleiss' Kappa-Werten (vgl. Fleiss et al., 2004) geprüft, um ein weiteres Kriterium zur Einigkeit der Experten in deren Bewertung zu betrachten. Im Ergebnis erreichen 38 Items p_{sa} > 0,7 und c_{sv} >= 0,6. Die restlichen vier Items erzielen Werte für p_{sa} > 0,6 und c_{sv} > 0,3 und werden somit ebenfalls im Pool belassen, da in den folgenden empirischen Studien weitere Güteprüfungen erfolgen.

Die Fleiss-Kappa-Werte liegen zwischen 0,72 und 0,92, was auf eine moderate bis hohe Messgenauigkeit hinweist und für die Zielstellung als ausreichend angesehen wird (vgl. Todd & Benbasat, 1991). Die detaillierten Ergebnisse der beiden Sortings befinden sich im Anhang.

Tabelle 4-2 fasst die Ergebnisse auf Dimensionsebene zusammen. Insgesamt sind die durchschnittlichen Werte mit p_{sa} >= 0,85 und c_{sv} > 75 als gut bis sehr gut zu bezeichnen. Durch das Sorting-Verfahren zur Ermittlung der Inhaltsvalidität wurden die Items von 46 auf 42 reduziert. Dabei bleibt die Dimension SOCS mit insgesamt 10 Items vollständig, ADAP wird um ein Item auf 7, SELF ebenfalls um ein Item auf 13 und OTE wird um zwei Items auf 12 reduziert.

Tabelle 4-2 Ergebnisse der zweiten Sorting-Runde zur Überprüfung der Inhaltsvalidität

Konstrukt	# Items	øp_{sa}	øc_{sv}
ADAP	7	0.95	0.92
OTE	12	0.94	0.89
SELF	13	0.85	0.75
SOCS	10	0.89	0.80

In Abbildung 4-5 bis Abbildung 4-8 sind die Items der IB-Dimensionen vor Überprüfung weiterer Gütekriterien dargestellt.

[6] Wenn Items Hinweise auf „Proaktivität" enthielten, deutete dies auf eine Zuordnung zu SELF hin, während „Interaktion mit anderen" auf SOCS und „alternative Handlungen" für die Experten auf ADAP hindeuteten. Folglich wurden Items abgeändert, die durch diese Formulierungen auf andere Dimensionen schließen ließen. So wurde z. B. „Ich kann meine Ansichten klar und flüssig vermitteln" in „Ich kann anderen meine Ansichten klar und flüssig vermitteln" angepasst.

Anpassungsfähigkeit (ADAP)		
Code	**Item**	**Quelle**
ADAP1	Ich passe mich den Entwicklungen auf dem Arbeitsmarkt an.	Angepasst nach van der Heijde & van der Heijden (2006)
ADAP2	Variationen in meinen Aufgabenbereichen stellen für mich keine Schwierigkeit dar.	Angepasst nach van der Heijde & van der Heijden (2006)
ADAP3	Ich passe mich generell Veränderungen in meinem Arbeitsumfeld schnell an und nutze deren Vorteile.	Angepasst nach van der Heijde & van der Heijden (2006)
ADAP4	Ich habe eine sehr positive Einstellung zu Veränderungen in meiner Funktion.	Angepasst nach van der Heijde & van der Heijden (2006)
ADAP5	Ich passe mich an die Entwicklungen in meiner Organisation an.	Angepasst nach van der Heijde & van der Heijden (2006)
ADAP6	Ich passe mich einfach Veränderungen an meinem Arbeitsplatz an.	Angepasst nach van der Heijde & van der Heijden (2006)
ADAP7	Bei Bedarf kann ich einfach die Organisation wechseln.	Angepasst nach van der Heijde & van der Heijden (2006)

Abbildung 4-5 Items der IB-Dimension ADAP (eigene Darstellung)

Berufs- und technologische Fachkenntnisse (OTE)		
Code	**Item**	**Quelle**
OTE1	Ich betrachte mich als kompetent, um in meinem Arbeitsbereich tiefgreifende Fachgespräche zu führen.	Angepasst nach van der Heijde & van der Heijden (2006)
OTE2	Wenn möglich, nutze ich neue Ansätze und Technologien in meinem Arbeitsumfeld.	Angepasst nach Knight & Yorke (2003)
OTE3	Bei Bedarf kann ich genaue Erklärungen zu Informationen und Daten geben, die mir präsentiert wurden.	Angepasst nach Coetzee (2014)
OTE4	Bei Bedarf kann ich unterschiedliche Software verwenden, die für meine Arbeit relevant ist.	Angepasst nach Knight & Yorke (2003)
OTE5	Ich kann Technologien effektiv nutzen, um mit anderen zu kommunizieren.	Angepasst nach Coetzee (2014)
OTE6	Bei Bedarf kann ich anhand der Analyse von fachspezifischen Informationen und Daten rationale Schlüsse ziehen.	Angepasst nach Coetzee (2014)
OTE7	Im letzten Jahr war ich im Allgemeinen kompetent, sodass ich meine Arbeit genau und mit wenigen Fehlern ausführen konnte.	Angepasst nach van der Heijde & van der Heijden (2006)
OTE8	Ich bleibe auf dem Laufenden über Entwicklungen in Bezug auf meinen Beruf.	Angepasst nach Coetzee (2014)
OTE9	Ich sorge dafür, dass meine Fachkenntnisse auf dem neuesten Stand bleiben und ich über neue Entwicklungen in meinem Beruf informiert bin.	Angepasst nach Coetzee (2014)
OTE10	Ich nutze Entwicklungs- und Ausbildungsmöglichkeiten, um meine technologischen Kompetenzen, mein Wissen und meine Fähigkeiten in meinem Beruf zu verbessern.	Angepasst nach Coetzee (2014)
OTE11	Ich stufe meine Fähigkeiten in meinem Fachgebiet als gut ein.	Angepasst nach van der Heijde & van der Heijden (2006)
OTE12	Ich bin fähig, neue Technologien, Prozesse, Techniken und / oder Produktideen zu entwickeln.	Angepasst nach Janssen (2000)

Abbildung 4-6 Items der IB-Dimension OTE (eigene Darstellung)

Selbstmanagement (SELF)		
Code	**Item**	**Quelle**
SELF1	Ich kann die meisten meiner Ziele erreichen, die ich mir selbst gesetzt habe.	Angepasst nach Chen et al. (2001)
SELF2	Ich habe die Kontrolle über meine Karrierechancen.	Angepasst nach Fugate & Kinicki (2008)
SELF3	Ich treffe meine eigenen Entscheidungen.	Angepasst nach Bruine de Bruin et al. (2007)
SELF4	Ich finde es einfach, Deadlines einzuhalten.	Angepasst nach Coetzee (2014)
SELF5	Ich kann alternative Wege zur Lösung eines Problems finden.	Angepasst nach Collier (2000)
SELF6	Ich suche ständig nach besseren Vorgehensweisen, um Dinge zu tun.	Angepasst nach Seibert et al. (1999)
SELF7	Ich bin sehr geschickt darin, günstige Gelegenheiten zu erkennen, um meine Ziele zu erreichen.	Angepasst nach Seibert et al. (1999)
SELF8	Ich bin ständig auf der Suche nach neuen Wegen, um mein Leben zu verbessern.	Angepasst nach Seibert et al. (1999)
SELF9	Ich treffe im Allgemeinen Entscheidungen, die sich für mich richtig anfühlen.	Angepasst nach Bruine de Bruin et al. (2007)
SELF10	Hinsichtlich meiner zukünftigen Karrieremöglichkeiten bin ich optimistisch.	Angepasst nach Fugate & Kinicki (2008)
SELF11	Ich leide unter arbeitsbedingtem Stress.	Angepasst nach van der Heijde und van der Heijden (2006)
SELF12	Ich nutze meine Zeit effizient.	Angepasst nach Coetzee (2014)
SELF13	Ich verschiebe die Entscheidungsfindung, wann immer dies möglich ist.	Angepasst nach Bruine de Bruin et al. (2007)

Abbildung 4-7 Items der IB-Dimension SELF (eigene Darstellung)

Soziale Fähigkeiten (SOCS)		
Code	**Item**	**Quelle**
SOCS1	Ich bin wahrnehmungsfähig für die Emotionen anderer und die Auswirkungen, die diese haben können.	Angepasst nach Coetzee (2014)
SOCS2	Ich konsultiere andere und teile mein Wissen und meine Informationen.	Angepasst nach Coetzee (2014)
SOCS3	Ich bin in der Lage, ein breites und effektives Netzwerk von Kontakten aufzubauen, um meine Ziele zu erreichen.	Angepasst nach Coetzee (2014)
SOCS4	Ich fördere verantwortungsvolles Verhalten gegenüber der Gemeinschaft und der Umwelt.	Angepasst nach Coetzee (2014)
SOCS5	Bei allem, was ich tue, halte ich die Ethik und Werte meines Berufes, meiner Gemeinschaft und meines Arbeitsplatzes aufrecht.	Angepasst nach Coetzee (2014)
SOCS6	Ich finde es einfach, Kooperation und Unterstützung von anderen zu erhalten, wenn in einem Team gearbeitet wird.	Angepasst nach Coetzee (2014)
SOCS7	Ich kann anderen meine Ansichten klar und fließend kommunizieren.	Angepasst nach Coetzee (2014)
SOCS8	Ich finde es einfach, effektiv mit Menschen aus verschiedenen Kulturen, mit verschiedenen Hintergründen und auf verschiedenen Autoritätsebenen zu kommunizieren.	Angepasst nach Coetzee (2014)
SOCS9	Ich finde es einfach, andere Menschen mit ihren Problemen zu konfrontieren, um Konflikte zu lösen.	Angepasst nach Coetzee (2014)
SOCS10	Ich finde es einfach, andere zu überzeugen oder zu beeinflussen.	Angepasst nach Coetzee (2014)

Abbildung 4-8 Items der IB-Dimension SOCS (eigene Darstellung)

Die empirische Vorstudie zur Untersuchung weiterer Gütekriterien wird im Rahmen der Deskriptiven Studie II in Kapitel 6.1 vorgestellt.

4.3 Faktoren auf Individualebene

Wie in den vorangegangenen Kapiteln sowohl aus praktischer als auch aus theoretischer Perspektive erläutert, befinden sich auf der Individualebene Faktoren, die potenziellen Einfluss auf die IB haben. Zur Operationalisierung der Faktoren werden ein oder mehrere Items herangezogen, die den Faktor messen. Analog zu den Dimensionen der IB werden die Faktoren auf Individualebene im Fragebogen mit Items bzw. Fragen zur eigenen Person oder zu persönlichen Einstellungen gemessen.

Bei Items, die im Original in englischer Sprache verfasst sind, wurde die Methode der Rückübersetzung mit anschließender Diskussion durch einen professionellen Übersetzer angewandt. Diese Vorgehensweise wurde auch bei den Faktoren auf Unternehmensebene (Kapitel 4.4) und den Faktoren des Karriereerfolgs (Kapitel 4.5) angewendet.

Nachfolgend werden die in das Modell der IB inkludierten und in der Deskriptiven Studie II untersuchten Faktoren vorgestellt.

4.3.1 Ganzheitliche Lebensperspektive (LP)

Im Rahmen der Fokusgruppenworkshops zur Szenarioentwicklung wurde festgestellt, dass eine gute Work-Life-Balance von zunehmender Bedeutung für Beschäftigte ist. Im Sinne verschiedener Theorien, z. B. Social Exchange Theorie (SET) oder Humankapitaltheorie (HKT), ist eine gute Work-Life-Balance auch von hohem Interesse für die Unternehmen, da eine negative Work-Life-Balance nach Expertenmeinung Mitarbeitendenunzufriedenheit und verminderte Arbeitsleistung zur Folge haben.

In der wissenschaftlichen Literatur werden diese Annahmen bestätigt. Auf Grundlage des Modells der Arbeitsanforderungen und Ressourcen (JD-R) sind die Ressourcen für das Erreichen eines Gleichgewichts von wesentlicher Bedeutung, da sie es den Beschäftigten ermöglichen, den Anforderungen der Arbeit und der Familie gerecht zu werden und in beiden Bereichen effektiv zu arbeiten (Voydanoff, 2005, in Direnzo et al., 2015). Weiter lässt sich gemäß Direnzo et al. (2015) zusammenfassen: Die Work-Life-Balance wird für viele Beschäftigte zunehmend wichtiger (Newman, 2011); sie beeinflusst die Ergebnisse bei der Arbeit, aber auch die Situation im Privaten, z. B. hinsichtlich familiärer Konflikte (Carlson, Grzywacz, & Zivnuska, 2009) und spielt eine wichtige Rolle bei der subjektiven Einschätzung des beruflichen Erfolgs (Greenhaus & Kossek, 2014).

Neben der Work-Life-Balance wird im Zusammenhang mit neuen Karrieremodellen, z. B. der Protean Career, deren Grundzüge darin bestehen, dass die Verantwortung über den Erfolg der eigenen Karriere beim Individuum liegt, (vgl. Briscoe et al., 2006), auch die ganzheitliche Lebensperspektive (engl. Whole-Life Perspective) betrachtet. Im Gegensatz zur Work-Life-Balance spiegelt die ganzheitliche Lebensperspektive „die Suche nach Effektivität und Zufriedenheit in mehreren Lebensrollen, d. h. nicht nur in der Arbeitsrolle, wider und ist davon geprägt, dass Karriereentscheidungen im Bewusstsein ihrer Auswirkungen auf andere Aspekte des eigenen Lebens getroffen werden" (aus dem Englischen; Direnzo et al., 2015, S. 540). Die ganzheitliche Lebensperspektive berücksichtigt demzufolge mehr Aspekte als das Konzept der Work-Life-Balance. Nach dieser Auffassung strebt eine Person, die eine ganzheitliche Lebensperspektive einnimmt, ein Gleichgewicht zwischen den verschiedenen Lebensbereichen an und ist sich der Konsequenzen bewusst, die ihre Karriereentscheidungen für das Erreichen dieses Gleichgewichts haben (Direnzo et al., 2015). Dies muss nicht bedeuten, dass der Fokus auf die verschiedenen Bereiche gleich stark ist und eine Balance herrscht, wie es beim Konzept der Work-Life-Balance suggeriert wird.

Auch im Kontext der IB wird angenommen, dass je nach subjektivem Empfinden, aktueller Lebensphase etc. eine Balance zwischen Arbeit und den restlichen Bereichen des Lebens nicht zwangsläufig zu einer höheren IB führt. Es ist wichtiger, sich bei Entscheidungen über die Konsequenzen in den verschiedenen Bereichen bewusst zu werden. Demnach verfügen Personen, die sich bei ihren Entscheidungen über mögliche negative Konsequenzen in den verschiedenen Lebensbereichen bewusst sind, über eine hohe Beschäftigungsfähigkeit, da die ganzheitliche Lebensperspektive nachweislich auch mit einer generellen Karriereorientierung korreliert (vgl. Direnzo et al., 2015). Aufgrund der prognostizierten Veränderungen im Gesellschaftlichen Wertesystem in der Szenarioentwicklung erscheint die ganzheitliche Lebensperspektive ein relevanter Einflussfaktor für die IB.

Für diese Arbeit wird die o. g. Definition von Direnzo et al. (2015) verwendet, die die ganzheitliche Lebensperspektive als das Ausmaß, in dem ein Individuum (i) Effektivität und Zufriedenheit in mehreren Lebensrollen sucht und (ii) Karriereentscheidungen im Bewusstsein ihrer Auswirkungen auf andere Aspekte des eigenen Lebens trifft.

Zur Operationalisierung wird auf die validierte Skala von Direnzo et al. (2015) zurückgegriffen. Diese besteht aus 6 Items und erzielte in der Longitudinalstudie eine Konstruktvalidität von Cronbach's Alpha = 0,8 bzw. 0,83. Die Items des reflektiven Konstrukts sind in Abbildung 4-9 dargestellt.

Ganzheitliche Lebensperspektive (LP)		
Code	**Item**	**Quelle**
LP1	Es ist mir wichtig, dass ich in vielen verschiedenen Bereichen meines Lebens aktiv bin (z. B. Familie, Freunde, Gemeinschaft, Freizeitaktivitäten und Karriere).	Angepasst nach Direnzo et al. (2015)
LP2	Bevor ich eine berufsbezogene Entscheidung treffe, denke ich darüber nach, wie sich die Entscheidung auf andere Teile meines Lebens auswirken würde.	Angepasst nach Direnzo et al. (2015)
LP3	Ich strebe danach, in vielen verschiedenen Bereichen meines Lebens erfolgreich zu sein.	Angepasst nach Direnzo et al. (2015)
LP4	Es ist mir wichtig, dass ich mit meinen Erfahrungen in vielen verschiedenen Bereichen meines Lebens zufrieden bin.	Angepasst nach Direnzo et al. (2015)
LP5	Ich treffe arbeitsbezogene Entscheidungen auf der Grundlage der Auswirkungen, die die Entscheidungen auf andere Teile meines Lebens haben.	Angepasst nach Direnzo et al. (2015)
LP6	Ich nehme an Aktivitäten außerhalb der Arbeit teil, weil sie mir helfen, mich im Leben erfüllter zu fühlen.	Angepasst nach Direnzo et al. (2015)

Abbildung 4-9 Items des Faktors Ganzheitliche Lebensperspektive (LP) (eigene Darstellung)

4.3.2 Wahrgenommene Mobilität (MOB)

Wie in Kapitel 2.3 beschrieben, ist der Faktor der (wahrgenommenen) Mobilität[7] eine wichtige Einflussgröße bei der Betrachtung von Beschäftigungsfähigkeit. In Bezug auf die IB stellt die Wahrgenommene Mobilität einen Faktor dar, der unter verschiedenen Aspekten betrachtet werden muss, da die beiden Forschungsfelder „Beschäftigungsfähigkeit“ und „Arbeit 4.0“ Einfluss nehmen. Sie stehen zum Teil für konträre Ansichten hinsichtlich der zukünftigen Beschäftigungsfähigkeit in Industrie 4.0 (vgl. auch Kapitel 2.2).

Vorangegangene wissenschaftliche Arbeiten im Bereich der Beschäftigungsfähigkeit messen der wahrgenommenen Mobilität, d. h. der Möglichkeit eines berufsbedingten Ortswechsels, auf theoretischer Ebene (z. B. McQuaid & Lindsay, 2005; Vanhercke et al., 2014) einen hohen Einfluss auf die Beschäftigungsfähigkeit bei. Nach Wittekind et al. (2010) stellt die Bereitschaft, den Arbeitsplatz zu wechseln, eine Grundvoraussetzung für die Beschäftigungsfähigkeit dar, da diejenigen, die bereit sind, den Arbeitsplatz zu wechseln, ein breiteres Spektrum an Möglichkeiten der eigenen Karriere haben.
Neben situativen Faktoren, wie der familiären Situation, steht die Mobilität in enger Verbindung

[7] In Abgrenzung zur IB-Dimension ADAP bezieht sich Mobilität in dieser Arbeit ausschließlich auf die Bereitschaft eines berufsbedingten Ortswechsels.

mit individuellen Charakterzügen oder Neigungen, z. B. der Anpassungsfähigkeit. Demnach kann angenommen werden, dass Personen, die offen für Veränderungen sind, eher den Arbeitsplatz wechseln. Auf Basis der SET kann dieser Effekt abgeschwächt werden, wenn in Unternehmen die Länge der Betriebszugehörigkeit in die Berechnung der Gehälter eingeht (Kirves et al., 2014).

Für die vorliegende Arbeit werden sowohl Definition als auch das operationalisierte Konstrukt von Griffeth et al. (2005; angepasst in Kirves et al., 2014) verwendet. Nach den Autoren wird unter der wahrgenommenen Mobilität die Wahrnehmung der Befragten hinsichtlich ihrer beruflichen Mobilität unter Berücksichtigung situativer Umstände und individueller Neigungen verstanden. Situative Umstände sind etwa familiäre, z. B. Kinder, fest angestellter Ehepartner, oder finanzielle Faktoren, z. B. Hypotheken. Hinsichtlich individueller Neigungen können z. B. Personen mit einer offenen Einstellung oder Personen, die sehr ehrgeizig sind, ihre wahrgenommene Mobilität trotz der situativen Hindernisse als hoch empfinden.
Kirves et al. (2014) hat das Konstrukt von Griffeth et al. (2005) um ein Item reduziert, da sich dies explizit auf Personen in Paarbeziehungen bezog und somit unpassend für einen Großteil der Befragten war. Für diese Arbeit wird ebenfalls das auf zwei Items reduzierte Konstrukt verwendet. Die beiden Items sind in Abbildung 4-10 dargestellt. Cronbach's Alpha wurde mit 0,73 angegeben (Kirves et al., 2014).

Wahrgenommene Mobilität (MOB)		
Code	**Item**	**Quelle**
MOB1	Ich kann jederzeit an einen anderen Wohnort ziehen, um einer anderen / neuen Beschäftigung nachzugehen.	Angepasst nach Griffeth et al. (2005), in: Kirves et al. (2014)
MOB2	Es gibt Faktoren in meinem Privatleben (z. B. Kinder im Schulalter, Verwandte etc.), die es mir sehr schwer machen, in naher Zukunft umzuziehen.	Angepasst nach Griffeth et al. (2005), in: Kirves et al. (2014)

Abbildung 4-10 Items des Faktors wahrgenommene Mobilität (MOB) (eigene Darstellung)

4.3.3 Berufsspezifische Weiterentwicklung (CARDEV)

Unter berufsspezifischen Weiterentwicklungsmaßnahmen werden in dieser Arbeit sowohl informelle, z. B. regelmäßiges Feedback oder Coaching zur eigenen Arbeitsleistung, als auch formelle Maßnahmen, z. B. Teilnahme an Trainings und Zertifikatskursen, verstanden.
Nach Meinung der Experten der Deskriptiven Studie I spielen beide Formen der berufsspezifischen Weiterentwicklung eine ausschlaggebende Rolle bei der Betrachtung der IB. Insbesondere im Kontext von Industrie 4.0 und der Arbeit auf dem Shopfloor prognostizieren sowohl die Forschung (siehe Kapitel 2.1 und 2.2) als auch die Experten aus der unternehmerischen Praxis, dass im Zuge der immer schneller werdenden technologischen Entwicklungen formale Schul- und Berufsausbildung an Wichtigkeit verlieren wird.

Unabhängig des Stellengrads der Schul- und Berufsausbildung betont die Forschung zur Beschäftigungsfähigkeit die Notwendigkeit einer kontinuierlichen berufsspezifischen Weiterentwicklung (vgl. Scholarios et al., 2008) und begründet dies mittels einiger der in Kapitel 2.3.1 vorgestellten Theorien. Nach der Humankapitaltheorie (HKT) kann die Relevanz der berufsspezifischen Weiterentwicklung als Mittel zur Erhöhung des (beruflichen) Kapitals, das in diesem Zusammenhang als ein Bündel an KSAOs definiert wird, erklärt werden. Die Notwendigkeit der berufsspezifischen Weiterentwicklung als kontinuierlichen Prozess kann über die Theorie der Ressourcenerhaltung (COR) i. S. der Erhaltung der persönlichen Ressourcen bzw. des beruflichen Kapitals, um der eigenen Beschäftigung weiterhin erfolgreich nachzugehen, hergeleitet werden.

Die berufsspezifische Weiterentwicklung von Arbeitnehmern steht in engem Zusammenhang mit dem Arbeitgeber. Auf Basis der Sozialen Austauschtheorie (SET) haben beide Parteien Interesse an der berufsspezifischen Weiterentwicklung, welche als Bestandteil des Psychologischen Vertrags gilt (siehe Kapitel 2.3.2): Beschäftigte, die seitens des Unternehmens die Möglichkeit zur berufsspezifischen Weiterentwicklung erhalten, profitieren von der Erhöhung ihrer Beschäftigungsfähigkeit und somit Erhöhung ihrer Attraktivität auf dem Arbeitsmarkt. Im Gegenzug erwartet der Arbeitgeber, Loyalität seiner Beschäftigten, generelle Bereitschaft zum kontinuierlichen Lernen und den Einsatz der neu erlangten KSAOs i. S. des Unternehmens (Sok et al., 2013). Veld et al. (2015) heben ergänzend hervor, dass bei positiver Entwicklung des Arbeitnehmers bezogen auf die Erwartungen des Arbeitgebers, die Investitionen in den Arbeitnehmer weiter erhöht werden, wodurch sich der Psychologische Vertrag langfristig weiter stärkt.
Die Grundprinzipien des Psychologischen Vertrags hinsichtlich der positiven Effekte von berufsspezifischen Weiterentwicklungsmaßnahmen auf die Beschäftigungsfähigkeit wurde in mehreren Studien belegt, z. B. van der Heijden, B. et al. (2009), Wittekind et al. (2010), de Vos et al. (2011). Aufgrund der in Industrie 4.0 steigenden Relevanz an persönlicher und berufsspezifischer Weiterentwicklung lassen sich die Grundprinzipien des Psychologischen Vertrags auch auf zukünftige Arbeitgeber-Arbeitnehmer-Beziehungen und die Zusammenhänge mit IB überragen.

Berufsspezifische Weiterbildung wird in dieser Arbeit definiert als die von den Beschäftigten wahrgenommenen formellen und informellen HR-Aktivitäten innerhalb der Organisation, die zur karriereseitigen Weiterentwicklung der Beschäftigten beitragen.

Zur Operationalisierung der berufsspezifischen Weiterentwicklung wird auf die validierte Skala von Sturges et al. (2000) zurückgegriffen, da diese sowohl informelle als auch formelle Maßnahmen der berufsspezifischen Weiterentwicklung umfasst. Die interne Konsistenz des reflektiven Konstrukts betrug in der Studie α = 0,80.

Die Items zum Konstrukt Berufsspezifische Weiterentwicklung (engl. Career Development, CARDEV) sind in Abbildung 4-11 dargestellt.

Berufsspezifische Weiterentwicklung (CARDEV)		
Code	**Item**	**Quelle**
CARDEV1	Mein Vorgesetzter sorgt dafür, dass ich die für meine Karriere notwendige Aus- und Weiterbildung erhalte.	Angepasst nach Sturges et al. (2000)
CARDEV2	Ich erhalte eine ausreichende Aus- bzw. Weiterbildung, um meine Karriere weiterzuentwickeln.	Angepasst nach Sturges et al. (2000)
CARDEV3	Mir werden Dinge beigebracht, die ich wissen muss, um mich im Unternehmen karriereseitig weiterzuentwickeln.	Angepasst nach Sturges et al. (2000)
CARDEV4	Ich kann während meiner Arbeit meine berufsbezogenen Kompetenzen für die Zukunft weiterentwickeln.	Angepasst nach Sturges et al. (2000)
CARDEV5	Ich habe einen persönlichen Entwicklungsplan erhalten.	Angepasst nach Sturges et al. (2000)
CARDEV6	Mein Vorgesetzter gibt mir klares Feedback zu meiner Leistung.	Angepasst nach Sturges et al. (2000)

Abbildung 4-11 Items des Faktors Berufsspezifische Weiterentwicklung (CARDEV) (eigene Darstellung)

4.3.4 Wahrgenommener Reifegrad von Industrie 4.0-Technologien (I40P)

Zur Untersuchung der IB von Personen, die bereits im Arbeitsmarkt sind, ist es nach Meinung der Experten, wie auch basierend auf vielen Theorien wie der Ressourcenbasierten Perspektive (RBV) oder der SET, relevant, in welchen Organisationen sie zuvor gearbeitet haben oder aktuell arbeiten. Wie im vorigen Abschnitt erläutert, hängt davon z. B. maßgeblich die innerbetriebliche berufsspezifische Weiterbildung ab.

Im Hinblick auf Industrie 4.0 wird davon ausgegangen, dass die individuelle IB von den im Unternehmen angewandten Industrie 4.0-Technologien, z. B. AR-Technologie oder Nutzung von Data Analytics (siehe Kapitel 2.1 und 2.2), beeinflusst wird, da nach Definition der Grad an Technologieverständnis und -umgang wesentliche Faktoren der IB bzw. der OTE-Dimension sind. Die Studie von Nam (2019) (siehe Kapitel 2.3.3) belegt, dass die Nutzung neuer Technologien am Arbeitsplatz und der daraus resultierende Kompetenzerwerb die Arbeitsplatzsicherheit erhöht. Nach der HKT kann aufgrund der Erhöhung des beruflichen Kapitals über den Zuwachs an technologiespezifischen KSAOs, z. B. Erfahrung im Umgang mit Robotergesteuerten Maschinen und vollständig digitalisierten Prozessen in der Produktion, von einem positiven Zusammenhang mit der Beschäftigungsfähigkeit geschlossen werden.

Bei der Einführung von Industrie 4.0-Technologien wird insbesondere bei den Technologien, die unmittelbar auf die Produktion Einfluss nehmen bzw. den Produktionsablauf verändern, i. d. R. schrittweise vorgegangen. Ein Beispiel stellen automatisierte und robotergesteuerte Anlagen dar. Sofern keine gänzlich neue Produktionslinie aufgebaut wird, werden meist einzelne Produktionsbereiche umgestellt. Dies hat zur Folge, dass nicht alle Beschäftigten auf dem Shopfloor gleichermaßen in Kontakt mit diesen neuen Technologien kommen. Beschäftigte, die an den alten Anlagen arbeiten, bewerten demnach den Industrie 4.0-Reifegrad niedriger als die Beschäftigten in den neuen Bereichen („Wahrgenommener Industrie 4.0-Reifegrad") und die Unternehmensführung aus der Gesamtperspektive (für das gesamte Unternehmen geltender „Industrie 4.0-Reifegrad"). Um potentielle Unterschiede in den Einflüssen auf die individuelle IB zu untersuchen, wird in dieser Arbeit zwischen dem „Wahrgenommenen Industrie 4.0-Reifegrad" auf Individualebene und dem „Industrie 4.0-Reifegrad" auf Unternehmensebene unterschieden.

Wie in Kapitel 2.1 dargelegt, gibt es eine Vielzahl von Industrie 4.0-Technologien, die in einem Reifegradmodell für Industrie 4.0 erfasst werden müssen. Zur Ermittlung des Reifegrads der Industrie 4.0-Technologien wird die Technologie-Dimension des Industrie 4.0-Reifegradmodells von Schumacher (2015) herangezogen. Das Konstrukt besteht aus insgesamt 10 Items und wurde innerhalb des Gesamtmodells bereits in mehreren Studien erprobt (siehe Schumacher et al., 2016; Schumacher et al., 2019).

Wahrgenommener Reifegrad von Industrie 4.0-Technologien ist definiert als die bei den Beschäftigten wahrgenommene Ausprägung von Industrie 4.0-Technologien im Unternehmen. Diese setzen sich zusammen aus IKT-Tools, autonome und leicht anpassbare Maschinen, mobile Endgeräte in der Produktion, Sensoren, Embedded Systems, Maschine-zu-Maschine-Kommunikation, Auto-ID-Technology, Cloud Computing und 3D-Druck (vgl. Schumacher, 2015).
Da es sich um die Ermittlung eines Reifegrads handelt, wird ein Indexwert ermittelt. Unternehmen können z. B. bereits plattformbasierte Kollaborationstools nutzen, aber keine Assistenzsysteme einsetzen. Daraus folgt, dass auch bestimmte Gütekriterien, wie Berechnungen zur internen Konsistenz, keine Aussagekraft haben bzw. nicht anwendbar sind (vgl. Kapitel 5, „Formative Konstrukte"). Um darüber hinaus die Verständlichkeit für das Shopfloor-Personal zu erhöhen, wurden einige Items um Beispiele ergänzt.

Die Items zum Konstrukt Wahrgenommener Reifegrad von Industrie 4.0-Technologien (engl. Perceived Level of Industrie 4.0-Technologies, I40P) sind in Abbildung 4-12 aufgelistet.

Wahrgenommener Reifegrad von Industrie 4.0-Technologien (I40P)		
Code	**Item**	**Quelle**
I40P1	Im Unternehmen werden moderne Informations- und Kommunikationstechnologien, z. B. Video- und Webkonferenzsysteme (Skype etc.), Kollaborationssysteme (Sharepoint, Confluence etc.), genutzt.	Angepasst nach Schumacher (2015)
I40P2	Die Produktionsmaschinen erfüllen ihre Aufgaben zum großen Teil vollautomatisiert, d. h. ohne menschliches Zutun.	Angepasst nach Schumacher (2015)
I40P3	Die Produktionsmaschinen können flexibel auf veränderte Produktionsanforderungen angepasst werden.	Angepasst nach Schumacher (2015)
I40P4	Im Unternehmen sind mobile Endgeräte, z. B. Smart Devices oder Tablets, zur Vernetzung der Unternehmensaktivitäten im Einsatz.	Angepasst nach Schumacher (2015)
I40P5	In der Produktion werden Sensorik-Systeme zur Generierung und Nutzung von Echtzeit-Daten eingesetzt.	Angepasst nach Schumacher (2015)
I40P6	In den Produktionsmaschinen sind elektronische Rechner und Computer (Embedded System) integriert.	Angepasst nach Schumacher (2015)
I40P7	Die Produktionsmaschinen können selbstständig miteinander kommunizieren bzw. Informationen austauschen (Maschine-zu-Maschine-Kommunikation).	Angepasst nach Schumacher (2015)
I40P8	In der Produktion werden ID-Technologien, z. B. RFID, Bluetooth, UWB, zur automatischen Echtzeit-Identifikation von Objekten verwendet.	Angepasst nach Schumacher (2015)
I40P9	Im Unternehmen wird Cloud-Computing (ortsunabhängige Speicherung, Verwaltung und Bereitstellung von Daten) verwendet.	Angepasst nach Schumacher (2015)
I40P10	Im Unternehmen werden generative Fertigungstechnologien (3D-Druck) eingesetzt.	Angepasst nach Schumacher (2015)

Abbildung 4-12 Items des Faktors Wahrgenommener Reifegrad von Industrie 4.0-Technologien (I40P) (eigene Darstellung)

4.4 Faktoren auf Unternehmensebene

Neben den Faktoren auf Individualebene sind für die IB Faktoren auf Unternehmensebene einzubeziehen. Bezugspunkt dieser Arbeit sind Unternehmen, in denen Personen aktuell beschäftigt sind oder waren. Die in das Modell inkludierten Faktoren und Items zur Operationalisierung werden im Folgenden vorgestellt.

4.4.1 Digitalisierungs-/ Industrie 4.0-Strategie (DIGI)

Die wissenschaftlichen Arbeiten zur Arbeit 4.0 in Kapitel 2.2 haben verdeutlicht, dass Industrie 4.0 großen Einfluss auf die Shopfloorarbeit hat. Je weiter fortgeschritten der technologische Reifegrad in der Produktion, desto mehr wirkt sich dies in der täglichen Arbeit der Beschäftigten, z. B. durch die Nutzung von Assistenzsystemen, kollaborativer Arbeit mit Robotern oder neuen Fertigungstechnologien, aus.
Aus organisationstheoretischer Perspektive nach dem RBV stellt eine Investition in die Digitalisierung/ Industrie 4.0 eine Erhöhung der unternehmenseigenen Ressourcen dar. Im Falle des Faktors Digitalisierungs-/ Industrie 4.0-Strategie (kurz: Industrie 4.0-Strategie)sind dies nach Barney (1991) insbesondere Investitionen der zweiten Kategorie. Diese umfasst das organisationale Kapital und berücksichtigt u. a. Strukturen und Systeme zur Planung, Kontrolle und Koordination. Da sich Investitionen in eine Kategorie jedoch in der Regel auch auf die beiden anderen Kategorien, das physische Kapital, z. B. Maschinen, und das Humankapital auswirken, ist es aus organisationstheoretischer Sicht wahrscheinlich, dass Investitionen in die erste Kategorie auch auf die IB als ein Bestandteil des Humankapitals auswirkt.
Bestätigt werden diese theoretischen Annahmen durch die Erkenntnisse der Deskriptiven Studie I. Es wird deutlich, dass je weiter fortgeschritten die Unternehmen in ihrer selbst festgelegten Industrie 4.0-Strategie vorangeschritten sind, desto größer ist auch die Durchdringung in allen Unternehmensebenen. Somit kann angenommen werden, dass Beschäftigte in Unternehmen mit fortgeschrittener Industrie 4.0-Strategie über eine höhere IB verfügen als Beschäftigte in weniger fortgeschrittenen Unternehmen. Dies lässt sich damit erklären, dass die Beschäftigten in der Nutzung von Industrie 4.0-Technologien und bei fortgeschrittener Industrie 4.0-Strategie, die z. B. eine Mehrmaschinenbedienung mit Unterstützung mobiler Endgeräte vorsieht, KSAOs wie Technologieverständnis, Flexibilität und Entscheidungskompetenz benötigen, die auch in den IB-Dimensionen inkludiert sind.

Digitalisierungs-/ Industrie 4.0-Strategie (DIGI) ist definiert als die Maßnahmen, die ein Unternehmen unternimmt, um verschiedene Organisationsebenen zur Industrie 4.0 zu transformieren.
Zur Operationalisierung der Digitalisierungs-/ Industrie 4.0-Strategie (DIGI) werden Items der Reifegradmodelle von Schumacher (2015) und Berghaus & Back (2016) verwendet, die jeweils den Reifegrad von Industrie 4.0 sowohl auf strategischer (Planungs-) Ebene als auch auf operativer (Umsetzungs-) Ebene inkludieren. Die Items 1-6 stammen von Schumacher (2015), die restlichen von Berghaus & Back (2016). Wie die Ermittlung des Faktors Wahrgenommener Reifegrad der Industrie 4.0-Technologien (I40P) handelt es sich auch hier um einen Reifegrad

für den ein Indexwert ermittelt wird und bei dem Berechnungen zur internen Konsistenz nicht anwendbar sind.

In Abbildung 4-13 sind die Items des Faktors Digitalisierungs-/ Industrie 4.0-Strategie (DIGI) gelistet.

Digitalisierungs- / Industrie 4.0-Strategie (DIGI)		
Code	**Item**	**Quelle**
DIGI1	Im Unternehmen ist eine Road-Map (klarer festgelegter Vorgehensplan) zur Realisierung von Industrie 4.0 implementiert.	Angepasst nach Schumacher (2015)
DIGI2	Im Unternehmen sind finanzielle und personelle Ressourcen für die Realisierung von Industrie 4.0 vorhanden.	Angepasst nach Schumacher (2015)
DIGI3	Aktivitäten im Bereich Industrie 4.0 werden bewusst an die Mitarbeitenden kommuniziert.	Angepasst nach Schumacher (2015)
DIGI4	Ich halte unser Geschäftsmodell für geeignet, um die zukünftigen Herausforderungen der Geschäftswelt in der Industrie 4.0 zu bewältigen.	Angepasst nach Schumacher (2015)
DIGI5	Es wird eine Strategie verfolgt, um den Digitalisierungsgrad im Unternehmen zu erhöhen.	Angepasst nach Schumacher (2015)
DIGI6	Unsere Geschäftsstrategie zielt darauf ab, neue Fähigkeiten aufzubauen, um in vielen denkbaren digitalen Szenarien erfolgreich zu sein.	Angepasst nach Schumacher (2015)
DIGI7	Kernprozesse werden regelmäßig auf Optimierungspotenziale durch digitale Technologien überprüft.	Angepasst nach Berghaus & Back (2016)
DIGI8	Wir schaffen Strukturen und Verfahren, die unsere Mitarbeitenden dazu ermutigen, Initiative zur Verbesserung der Unternehmensleistung zu ergreifen.	Angepasst nach Berghaus & Back (2016)
DIGI9	Unsere Mitarbeitenden wenden für ihre Aufgaben nützliche digitale Lösungen an.	Angepasst nach Berghaus & Back (2016)
DIGI10	Mitarbeitende, für die es sinnvoll ist, haben die Möglichkeit, zuhause mobil mit vollem Datenzugriff zu arbeiten.	Angepasst nach Berghaus & Back (2016)

Abbildung 4-13 Items des Faktors Digitalisierungs-/ Industrie 4.0-Strategie auf Unternehmensebene (eigene Darstellung)

4.4.2 Reifegrad von Industrie 4.0-Technologien (I40)

Basierend auf den Ergebnissen der Deskriptiven Studie I wird angenommen, dass nicht nur der Wahrgenommene Reifegrad von Industrie 4.0-Technologien auf Individualebene in Zusammenhang mit der IB der Mitarbeitenden auf dem Shopfloor steht, sondern auch der Technologie-Reifegrad auf Unternehmensebene, d. h. aus Perspektive der Unternehmensführung die IB beeinflusst.

Die Erklärung kann ähnlich zur Digitalisierungs-/ Industrie 4.0-Strategie (4.4.1) über die Res-

sourcenbasierte Perspektive (RBV) hergeleitet werden: Der Industrie 4.0-Technologie-Reifegrad repräsentiert die unternehmerischen Investitionen in physische Ressourcen (vgl. Barney, 1991), z. B. Maschinen und Technologien wie die additive Fertigung oder Kommunikation über AR. Zur erfolgreichen Umsetzung sind zusätzlich Investitionen in das organisationale Kapital sowie in das Humankapital und somit in die Beschäftigten erforderlich.
Auch wenn die Investitionen, in diesem Fall z. B. die Ausstattung der Maschinen mit Robotern, in den Arbeitsbereichen der einzelnen Beschäftigten noch nicht umgesetzt worden sind, so könnte dennoch ein Einfluss auf die IB auch dieser Mitarbeitenden erkennbar sein. In diesem Fall kann das Konstrukt des Reifegrads von Industrie 4.0-Technologien" (I40) auf Unternehmensebene diesen Effekt aufzeigen, da sich die Ergebnisse vom „Wahrgenommenen Reifegrad von Industrie 4.0-Technologien" (I40P) auf Individualebene unterscheiden müsste.

Zur Ermittlung dieses Effekts ist die Definition des Konstrukts „Reifegrad von Industrie 4.0-Technologien" (I40) beinahe identisch zur Definition des Konstrukts „Wahrgenommener Reifegrad von Industrie 4.0-Technologien" (I40P): Der Reifegrad von Industrie 4.0-Technologien ist definiert als die Ausprägung von Industrie 4.0-Technologien im Unternehmen. Diese setzen sich zusammen aus IKT-Tools, autonome und leicht anpassbare Maschinen, mobile Endgeräte in der Produktion, Sensoren, Embedded Systems, Maschine-zu-Maschine-Kommunikation, Auto-ID-Technology, Cloud-Computing und 3D-Druck (vgl. Schumacher, 2015).

Die Skala zum Konstrukt „Reifegrad von Industrie 4.0-Technologien" (I40) ist identisch zum Konstrukt I40P und unterscheidet sich nur in der Codierung.

Reifegrad von Industrie 4.0-Technologien (I40)		
Code	**Item**	**Quelle**
I401	Im Unternehmen werden moderne Informations- und Kommunikationstechnologien, z. B. Video- und Webkonferenzsysteme (Skype etc.), Kollaborationssysteme (Sharepoint, Confluence etc.), genutzt.	Angepasst nach Schumacher (2015)
I402	Die Produktionsmaschinen erfüllen ihre Aufgaben zum großen Teil vollautomatisiert, d. h. ohne menschliches Zutun.	Angepasst nach Schumacher (2015)
I403	Die Produktionsmaschinen können flexibel auf veränderte Produktionsanforderungen angepasst werden.	Angepasst nach Schumacher (2015)
I404	Im Unternehmen sind mobile Endgeräte, z. B. Smart Devices oder Tablets, zur Vernetzung der Unternehmensaktivitäten im Einsatz.	Angepasst nach Schumacher (2015)
I405	In der Produktion werden Sensorik-Systeme zur Generierung und Nutzung von Echtzeit-Daten eingesetzt.	Angepasst nach Schumacher (2015)
I406	In den Produktionsmaschinen sind elektronische Rechner und Computer (Embedded System) integriert.	Angepasst nach Schumacher (2015)
I407	Die Produktionsmaschinen können selbstständig miteinander kommunizieren bzw. Informationen austauschen (Maschine-zu-Maschine-Kommunikation).	Angepasst nach Schumacher (2015)
I408	In der Produktion werden ID-Technologien, z. B. RFID, Bluetooth, UWB, zur automatischen Echtzeit-Identifikation von Objekten verwendet.	Angepasst nach Schumacher (2015)
I409	Im Unternehmen wird Cloud-Computing (ortsunabhängige Speicherung, Verwaltung und Bereitstellung von Daten) verwendet.	Angepasst nach Schumacher (2015)
I4010	Im Unternehmen werden generative Fertigungstechnologien (3D-Druck) eingesetzt.	Angepasst nach Schumacher (2015)

Abbildung 4-14 Items des Faktors Reifegrad von Industrie 4.0-Technologien (I40) (eigene Darstellung)

4.4.3 HR-Aktivitäten (HR)

Ein für die allgemeine Beschäftigungsfähigkeitsforschung typischer Faktor sind Aktivitäten im Personalmanagement oder kurz HR-Praktiken oder -Aktivitäten. Im Wesentlichen lassen sich HR-Aktivitäten unterscheiden in (1) Erhaltungs-, (2) Nutzungs-, (3) Anpassungs- und (4) Entwicklungsorientierte HR-Aktivitäten (Kooij et al., 2014). Davon sind (1) bis (3) insbesondere bei älteren Beschäftigten oder Personen mit Handicap relevant, da die HR-Aktivitäten z. B. aus Maßnahmen bestehen, die die ergonomische Anpassung des Arbeitsplatzes oder die Einführung von Teilzeit umfassen (Pak et al., 2019). Im Fokus dieser Arbeit stehen die entwicklungsorientierten HR-Aktivitäten (4). Diese unterstützen Arbeitnehmende darin, ihr Funktionsniveau, z. B. mittels spezifischer Schulungen, interner Beförderung und kontinuierlicher Entwicklung, zu erhöhen (Pak et al., 2019). Somit dienen diese Art der HR-Aktivitäten der Ressourcenerhaltung- bzw. im Speziellen die entwicklungsorientierten HR-Aktivitäten der Ressourcenerweiterung, sodass eine Verbindung zur Ressourcenbasierter Perspektive (RBV) und zur Theorie der Ressourcenerhaltung (COR) hergestellt werden kann.

Auf den entwicklungsorientierten HR-Aktivitäten basiert das Konzept der „High Performance"-HR-Aktivitäten. Diese umfassen nach Sun et al. (2007) zusätzlich zur Sicherung des Arbeitsplatzes umfassende Qualifizierungsmaßnahmen und die Beförderung innerhalb der Organisation. Darüber hinaus steht die Absicht des Unternehmens im Vordergrund, eine langfristige Beziehung zu den eigenen Mitarbeitenden aufzubauen und zu stärken, indem ergebnisorientierte Beurteilungen und breit angelegte Karrierewege Teil der HR-Aktivitäten sind. Demnach fokussieren die „High-Performance"-HR-Aktivitäten auf die Stärkung des Psychologischen Vertrags aus der Arbeitgeberperspektive und haben so ihre theoretische Grundlage in der Sozialen Austauschtheorie (SET).

Die Ergebnisse der Szenarioentwicklung und Erkenntnisse einschlägiger Literatur zur Prognose zukünftiger Arbeitgeber-Arbeitnehmer-Beziehungen (z. B.Chinyamurindi, 2021; Felder, 2018) haben gezeigt, dass für die zukünftige Arbeit in Industrie 4.0 der Psychologische Vertrag von hoher Relevanz ist:
Aufgrund des steigenden Fachkräftemangels sind Unternehmen sehr abhängig von gut qualifizierten Beschäftigten. Die Beschäftigten auf dem Shopfloor sind wiederum abhängig von ihrem Arbeitgeber, da dieser für die technologische Ausstattung des Arbeitsplatzes und die kontinuierliche Weiterbildung verantwortlich ist und somit Einfluss auf das (berufliche) Kapital der Beschäftigten hat.

In dieser Arbeit werden die HR-Aktivitäten definiert als die von der Unternehmensebene initiierten formellen und informellen Aktivitäten, die Arbeitnehmende unterstützen, ihr Funktionsniveau zu optimieren. Dazu zählen formelle Schulungen, kontinuierliches Feedback der Vorgesetzten, die Möglichkeit zur internen Beförderung und im Unternehmen angelegte Karrierewege für die verschiedenen Beschäftigtengruppen.

Zur Operationalisierung des Konstrukts wird auf Items der Skala von Sun et al. (2007) zurückgegriffen. Die Skala wurde u. a. in Sun & Pan (2011) validiert und erreichte dort einen Cronbach's Alpha Wert von 0,76. In Abbildung 4-15 sind die ausgewählten Items dargestellt.

HR-Aktivtäten (HR)		
Code	**Item**	**Quelle**
HR1	Es werden große Anstrengungen unternommen, um die richtige Person für einen Job auszuwählen.	Angepasst nach Sun et al. (2007)
HR2	Es wird großen Wert auf langfristiges Mitarbeiterpotenzial gelegt.	Angepasst nach Sun et al. (2007)
HR3	Dem Personalbesetzungsprozess wird eine große Bedeutung beigemessen.	Angepasst nach Sun et al. (2007)
HR4	Bei der Personalauswahl werden sehr umfangreiche Anstrengungen unternommen.	Angepasst nach Sun et al. (2007)
HR5	Die Mitarbeitenden haben einige Möglichkeiten innerhalb des Unternehmens aufzusteigen.	Angepasst nach Sun et al. (2007)
HR6	Mitarbeitende haben klare Karrierewege in unserem Unternehmen.	Angepasst nach Sun et al. (2007)
HR7	Es gibt formale Ausbildungsprogramme, um neuen Mitarbeitenden die Fähigkeiten zu vermitteln, die sie für ihre Arbeit benötigen.	Angepasst nach Sun et al. (2007)
HR8	Den Mitarbeitenden werden formale Weiterbildungs-programme angeboten, um ihre Förderungsfähigkeit im Unternehmen zu erhöhen.	Angepasst nach Sun et al. (2007)

Abbildung 4-15 Items des Faktors HR-Aktivitäten (HR) (eigene Darstellung)

4.5 Faktoren des individuellen Karriereerfolgs

Nach einer Reihe vorangegangener Forschungsarbeiten (z. B. Hogan et al., 2013; Lo Presti & Pluviano, 2016; Olson & Shultz, 2013) ist der individuelle Karriereerfolg eng mit der Beschäftigungsfähigkeit verbunden und dient häufiger als Größe zur Validierung der Beschäftigungsfähigkeit. Auch in dieser Arbeit wird beobachtet, inwiefern die IB und der Karriereerfolg bereits heute korrelieren. Der Abgleich dient der Validierung des Messmodells der IB.

Zur Messung des Karriereerfolgs lassen sich sowohl objektive als auch subjektive Indikatoren heranziehen (vgl. van der Heijde & van der Heijden, 2006). Ng et al. (2005) haben in ihrem Review festgestellt, dass für die objektiven oder extrinsischen Indikatoren, die beruflichen Erfolg für andere nach außen sichtbar und so objektiv bewertbar machen, in den meisten Fällen Gehalt, Beförderungen und Unternehmenszugehörigkeit zählen. Zur Gruppe der subjektiven oder intrinsischen Indikatoren gehören meist Variablen, die die subjektiven Einschätzungen der Einzelnen über ihre beruflichen Leistungen, z. B. Arbeits- und Karrierezufriedenheit, erfassen (Ng et al., 2005). In Anlehnung an van der Heijde & van der Heijden (2006) werden für die Validierung der IB eine Kombination aus objektiven und subjektiven Komponenten des Karriereerfolgs herangezogen. In dieser Arbeit wird der Karriereerfolg definiert als das Zusammenspiel von objektiv messbaren und subjektiv wahrnehmbaren Faktoren, die den individuellen beruflichen Erfolg widerspiegeln.

Zur Operationalisierung des Karriereerfolgs werden Single-Item Faktoren verwendet. Der objektive Karriereerfolg wird über vergangene Perioden der Arbeitslosigkeit (UNEMP), Gehalt (WAGE) und das Bestehen einer Leitungsposition (POSLEAD) ermittelt (Item 1-3). Der subjektive Karriereerfolg wird über die persönliche Einschätzung der Karriereaussichten (CAREER) gemessen (Item 4). In Abbildung 4-16 sind die Items des Karriereerfolgs dargestellt.

Faktoren des Karriereerfolgs	
Code	**Item**
UNEMP	Wie viele Monate waren Sie in den letzten 10 Jahren ohne Beschäftigung?
WAGE	Bitte geben Sie Ihr jährliches Bruttoeinkommen an.
POSLEAD	Bitte geben Sie an, ob Sie eine leitende Position innehaben.
CAREER	Wie schätzen Sie aktuell Ihre Karrieremöglichkeiten ein?

Abbildung 4-16 Items des Karriereerfolgs (eigene Darstellung)

4.6 Herleitung der Hypothesen und des Hypothesenmodells

Die im vorangegangenen Unterkapitel vorgestellten Konstrukte stellen die Basis zur Entwicklung der Hypothesen dar, die die Konstrukte in angenommene Zusammenhänge setzen. Nachfolgend werden die Hypothesen zu den Zusammenhängen zwischen den IB-Dimensionen vorgelagerten Faktoren und den IB-Dimensionen selbst vorgestellt. Ebenfalls erfolgt die Herleitung der Hypothesen zum Zusammenhang mit den Faktoren des Karriereerfolgs und den IB-Dimensionen zur Validierung des Messmodells.

Da vorangegangene Studien Unterschiede in thematisch und strukturell ähnlichen Modellen aufgezeigt haben (vgl. Guilbert et al., 2018; van der Heijde & van der Heijden, 2006), werden die vermuteten Zusammenhänge mit jeder der IB-Dimensionen ADAP, OTE, SOCS und SELF separat untersucht. Dies gilt sowohl für die auf die IB gerichteten Hypothesen von den Faktoren auf Individual- und Unternehmensebene als auch für die von der IB auf die Faktoren des Karriereerfolgs gerichteten Hypothesen.

Die aufgestellten Hypothesen werden abschließend in einem Hypothesenmodell zusammengefasst.

4.6.1 Hypothesen zu Berufsspezifische Weiterentwicklung (CARDEV) auf Individualebene

Das Konstrukt Berufsspezifische Weiterentwicklung (CARDEV) auf Individualebene basiert vordergründig auf der Theorie der Ressourcenerhaltung (COR). Der Grundgedanke der Theorie besagt, dass Menschen motiviert sind, ihre aktuellen Ressourcen zu schützen und neue Ressourcen zu erwerben (Halbesleben et al., 2014). Im Falle individueller Weiterentwicklungsmaßnahmen dienen diese unmittelbar der Erweiterung oder Erhaltung der persönlichen beruflichen Ressourcen (hier: KSAOs) der Beschäftigten, die somit ihre Beschäftigungsfähigkeit sicherstellen.

Zahlreiche empirische Untersuchungen (Bernstrøm et al., 2019; de Vos et al., 2011; Guilbert et al., 2018; Veld et al., 2015; Wittekind et al., 2010) haben belegt, dass ein positiver Zusammenhang mit formellen, z. B. Kurse zur Weiterentwicklung bestimmter Kompetenzbereiche, und informellen Weiterentwicklungsmaßnahmen, z. B. konstruktive Feedbackgespräche durch Vorgesetzte, auf die (wahrgenommene) Beschäftigungsfähigkeit besteht.

Es wird angenommen, dass der Faktor CARDEV mindestens in vergleichbarem Maß Einfluss auf die IB-Dimensionen nimmt wie vergleichbare Konstrukte auf allgemeine Beschäftigungsfähigkeit.

Aufgrund der Erkenntnisse aus der Literatur zur Arbeit 4.0, z. B. Flores et al. (2020) und Bokrantz et al. (2017) (siehe Kapitel 2.2), und aus den Experteninterviews in der Deskriptiven Studie I wird erwartet, dass die Relevanz des Faktors im Kontext der IB steigt: Zukünftige Shopfloorarbeit in Industrie 4.0 erfordert von den Beschäftigten kontinuierliche Weiterentwicklung der eigenen KSAOs, die maßgeblich durch selbst erfahrene/ wahrgenommene Weiterentwicklungsmaßnahmen beeinflusst wird.

Aufgrund der in vorherigen Studien nachgewiesenen Zusammenhänge, wird ein positiver Einfluss der Berufsspezifischen Weiterentwicklung (CARDEV) auf die IB-Dimensionen angenommen.
Es ergeben sich folgende Hypothesen:

H1a: CARDEV (Individualebene) steht in einem positiven Zusammenhang zu den IB-Dimensionen.

H1a-1: CARDEV steht in einem positiven Zusammenhang mit ADAP.

H1a-2: CARDEV steht in einem positiven Zusammenhang mit OTE.

H1a-3: CARDEV steht in einem positiven Zusammenhang mit SOCS.

H1a-4: CARDEV steht in einem positiven Zusammenhang mit SELF.

4.6.2 Hypothesen zu HR-Aktivitäten (HR) auf Unternehmensebene

Das Konstrukt HR-Aktivitäten auf Unternehmensebene ist eng verwandt mit dem Konstrukt Berufsspezifische Weiterentwicklung (CARDEV) auf Individualebene, basiert aber primär auf der Humankapitaltheorie (HKT) und der Theorie der Ressourcenbasierten Perspektive (RBV). Die Investitionen in die Weiterentwicklung der Mitarbeitenden steigern das Humankapital der Unternehmen – nach Barney (1991) die dritte Kategorie des unternehmerischen Kapitals – und können dem Unternehmen, z. B. aufgrund spezieller KSAOs der eigenen Beschäftigten im Bereich spezieller Fertigungsverfahren, einen Wettbewerbsvorteil schaffen (vgl. Bonfiglioli et al., 2006).
Basierend auf der Annahme, dass eine Förderung der eigenen KSAOs für das Individuum immer einen Vorteil verspricht, ergeben sich für beide Parteien positive Effekte, die wiederum den Psychologischen Vertrag (basierend auf der Sozialen Austauschtheorie; SET) zwischen Arbeitgeber und Arbeitnehmer stärken. Somit haben Unternehmen grundsätzlich ein Interesse, die IB über formelle und informelle HR-Aktivitäten zu fördern.

Wie in der Definition des Konstrukts HR-Aktivitäten (siehe Kapitel 4.4.3) beschrieben, haben die Ergebnisse der Szenarioentwicklung und Erkenntnisse einschlägiger Literatur zur Prognose zukünftiger Arbeitgeber-Arbeitnehmer-Beziehungen (z. B.Chinyamurindi, 2021; Felder, 2018) u. a. aufgrund des zunehmenden Fachkräftemangels, gezeigt, dass für die zukünftige Arbeit in Industrie 4.0 der Psychologische Vertrag an Relevanz gewinnt. Zur Untersuchung des Zusammenhangs des Faktors HR mit den IB-Dimensionen wird daher davon ausgegangen, dass bereits ein Angebot von Weiterentwicklungsmaßnahmen durch das Unternehmen auch einen positiven Effekt auf die individuelle IB der Beschäftigten hat, auch wenn sie diese (noch) nicht wahrgenommen haben.

Gestützt wird diese Annahme u. a. von de Vos et al. (2011), die neben den Effekt von tatsächlich absolvierten Maßnahmen zur Kompetenzentwicklung auf die wahrgenommene Beschäftigungsfähigkeit auch die wahrgenommene Unterstützung zur Kompetenzentwicklung durch das Unternehmen untersucht haben. In der empirischen Studie mit 561 Beschäftigten konnten

für beide Faktoren positive Effekte auf die wahrgenommene Beschäftigungsfähigkeit nachgewiesen werden. Auch in der Longitudinalstudie von Wittekind et al. (2010) konnte aufgezeigt werden, dass die wahrgenommene Unterstützung der eigenen Kompetenz- und Karriereentwicklung durch das Unternehmen im positiven Zusammenhang mit der wahrgenommenen Beschäftigungsfähigkeit steht.
Entgegen der bestehenden Studien wird in dieser Arbeit mittels des Konstrukts HR jedoch die tatsächliche Unterstützung durch das Unternehmen untersucht. Die individuell wahrgenommenen und tatsächlich absolvierten informellen und formellen Weiterentwicklungsmaßnahmen werden über das Konstrukt CARDEV abgebildet.

Es wird angenommen, dass sich die Ergebnisse bestehender Studien über positive Zusammenhänge mit der subjektiven Wahrnehmung des unternehmerischen Supports zur karriereseitigen Weiterentwicklung sowie die theoretischen Annahmen eines positiven Zusammenhangs mit den tatsächlichen HR-/Weiterbildungsaktivitäten und Beschäftigungsfähigkeit deckt. Demnach ergeben sich folgende Hypothesen:

H1b: HR (Unternehmensebene) steht in einem positiven Zusammenhang zu den IB-Dimensionen.

H1b-1: HR steht in einem positiven Zusammenhang mit ADAP.

H1b-2: HR steht in einem positiven Zusammenhang mit OTE.

H1b-3: HR steht in einem positiven Zusammenhang mit SELF.

H1b-4: HR steht in einem positiven Zusammenhang mit SOCS.

4.6.3 Hypothesen zu Ganzheitliche Perspektive (LP)

Im Rahmen der Experteninterviews und -workshops zur Szenarien- und Personaentwicklung der Deskriptiven Studie I haben die Experten betont, dass es für Beschäftigte zunehmend wichtig ist, eine ausgewogene Einstellung zu den verschiedenen Lebensbereichen zu haben. Als Hauptgrund gaben sie die zunehmende Digitalisierung und die Möglichkeit einer durchgehenden Erreichbarkeit an. Diese verlangt von Mitarbeitern, aktiv auf eine für sie annehmbare Aufteilung von Berufs- und Privatleben zu achten, sodass diese in der Lage sind, ihrer Tätigkeit nachzugehen. Somit schlossen die Experten, dass bei einer ausgewogenen Ganzheitlichen Perspektive ein positiver Einfluss auf die IB-Dimensionen festzustellen ist.
Die theoretische Erklärung zu diesen Zusammenhängen liefert das (Stress-)Modell der Arbeitsanforderungen und Ressourcen (JD-R), welches auf der Annahme basiert, dass die Arbeitsanforderungen und Arbeitsressourcen für die Risikofaktoren von Stress verantwortlich sind (Demerouti et al., 2001). Im Falle einer negativen Bilanz der Ganzheitlichen Perspektive, d. h. wenn die Konsequenzen arbeitsbezogener Handlungen auf das Privatleben nicht adäquat berücksichtigt werden, erhöht die zusätzliche mentale Belastung der Beschäftigten die

bestehenden Anforderungen an die Tätigkeit. Dies kann schließlich dazu führen, dass die persönlichen Ressourcen, z. B. KSAOs, die negativen Effekte der Arbeitsanforderungen nicht mehr kompensieren können (van den Broeck et al., 2012), sodass sich langfristig die Beschäftigungsfähigkeit reduziert.

Die theoretischen Grundlagen und Annahmen der Experten wurden in empirische Untersuchungen zur allgemeinen Beschäftigungsfähigkeit sowie Untersuchungen zum allgemeinen Wohlbefinden und der Work-Life-Balance untermauert:
In der Studie von Direnzo et al. (2015) wurde ein positiver Zusammenhang zwischen (wahrgenommener) Beschäftigungsfähigkeit und einer ausgeprägten Ganzheitlichen Perspektive belegt. Weitere empirische Belege für die Theorie des JD-R in diesem Untersuchungskontext liefern die empirischen Studien von de Cuyper et al. (2008) und Haar et al. (2014). Sie konnten einerseits einen positiven Zusammenhang zwischen Zufriedenheit im Job und Zufriedenheit im Leben sowie einen negativen Zusammenhang zwischen Ängsten/Depression und einer ausgeprägten Work-Life-Balance aufzeigen (Haar et al., 2014). Anderseits einen positiven Zusammenhang zwischen dem allgemeinen Wohlbefinden (engl. Well-being) und Beschäftigungsfähigkeit nachweisen (de Cuyper et al., 2008).
Im Kontext der IB-Dimensionen kann davon ausgegangen werden, dass sich ähnliche Zusammenhänge zeigen, da durch die Auswirkungen der Digitalisierung auf alle Lebensbereiche und die Veränderungen der Shopfloorarbeit durch Industrie 4.0 eine ausgewogene Ganzheitliche Perspektive an Relevanz zunehmen wird.

Basierend auf den theoretischen Grundlagen, den empirisch belegten Zusammenhängen mit verwandten Konstrukten und den von den Experten prognostizierten Zusammenhängen ergeben sich folgende Hypothesen:

H2: LP steht in einem positiven Zusammenhang zu den IB-Dimensionen.

H2-1: LP steht in einem positiven Zusammenhang mit ADAP.

H2-2: LP steht in einem positiven Zusammenhang mit OTE.

H2-1: LP steht in einem positiven Zusammenhang mit SELF.

H2-1: LP steht in einem positiven Zusammenhang mit SOCS.

4.6.4 Hypothesen zu Wahrgenommene Mobilität (MOB)

Der hohe Stellenwert von wahrgenommener Mobilität für die Beschäftigungsfähigkeit wurde von einigen wissenschaftlichen Arbeiten empirisch belegt (z. B. Kirves et al., 2014; Veld et al., 2015). Veld et al. (2015) erklären den positiven Zusammenhang mit der Sozialen Austauschtheorie (SET): Wenn die Beschäftigten eine hohe Bereitschaft zur Mobilität zeigen, werden Unternehmen voraussichtlich mehr in diese Mitarbeitenden investieren, z. B. in Weiterbildungen oder höheres Gehalt, um diese zu halten. Unklar ist jedoch, in welcher Weise sich Organisationen und Arbeitnehmer gegenseitig beeinflussen, da sich Wechselbeziehungen mit der Zeit entwickeln. Grundsätzlich kann davon ausgegangen werden, dass die von beiden Parteien getätigten Investitionen in die Beziehung sich gegenseitig beeinflussen und verstärken (Veld et al., 2015) (siehe „Psychologischer Vertrag" Kapitel 2.3).

Die Ergebnisse der Szenario- und der Personaentwicklung der Deskriptiven Studie I haben gezeigt, dass nach Ansicht der Experten der Großteil der Shopfloorarbeit in Industrie 4.0 weiterhin in den produzierenden Unternehmen vor Ort stattfinden wird. Untermauert von den obigen Zusammenhängen wird erwartet, dass auch ein positiver Zusammenhang zwischen der Wahrgenommenen Mobilität und den IB-Dimensionen besteht.

Demnach werden folgende Hypothesen formuliert:

H3: MOB steht in einem positiven Zusammenhang zu den IB-Dimensionen.

H3-1: MOB steht in einem positiven Zusammenhang mit ADAP.

H3-2: MOB steht in einem positiven Zusammenhang mit OTE.

H3-3: MOB steht in einem positiven Zusammenhang mit SELF.

H3-4: MOB steht in einem positiven Zusammenhang mit SOCS.

4.6.5 Hypothesen zu Industrie 4.0

Da es sich bei der IB nicht um die allgemeine Beschäftigungsfähigkeit handelt, die weitestgehend unabhängig vom tatsächlichen Arbeitsplatz ist, unterscheiden sich die in Kapitel 2.3.2.2 vorgestellten Modelle der Beschäftigungsfähigkeit an dieser Stelle mit dem Modell der IB. In den schon bestehenden Modellen, z. B. Fugate & Kinicki (2008), van der Heijde & van der Heijden (2006), Vanhercke et al. (2014), fließen keine unternehmensspezifischen Größen zu Technologien und Unternehmensstrategie ein. Die Ergebnisse der Szenario- und Personaentwicklung der Deskriptiven Studie I zeigen jedoch, dass es stark von den technologischen Gegebenheiten des eigenen Arbeitsplatzes und der Industrie 4.0-Strategie des Unternehmens abhängt, welche KSAOs gefordert und gefördert werden. Die in Kapitel 2.2 dargestellten Erkenntnisse zur Arbeit 4.0 stützen diese Annahme.

Die Zusammenhänge lassen sich durch ein Beispiel erläutern.
Unternehmen X fertigt Schaltschränke. Dort ist Mitarbeiter 1 in der Montage beschäftigt. An seinem Arbeitsplatz befindet sich eine analoge Arbeitskarte mit den komplexen Montageschritten für das Produkt. Da er schon lange in dieser Position tätig ist, schaut er nur nach Bedarf nach. Am Ende des Montageprozesses ist der Mitarbeiter für die Qualitätsprüfung des Endprodukts verantwortlich. Dafür misst und notiert er die Werte für die Kriterien auf eine dafür vorgesehene ausgedruckte Checkliste, die später archiviert wird.
In Unternehmen Y, das als Konkurrent von Unternehmen X ebenfalls Schaltschränke fertigt, arbeitet Mitarbeiter 2 ebenfalls in der Endmontage. Die komplexen Montageschritte beherrscht er gut. Das Unternehmen verfolgt seit einigen Jahren seine Industrie 4.0-Strategie und setzt sukzessive Veränderungen hin zur digitalen Produktion um. Mitarbeiter 2 erfährt diese technologischen Neuerungen durch das kamerabasierte Assistenzsystem, welches mittels KI die Handgriffe überprüft und nach korrekter Ausführung jeweils den nächsten Montageschritt vorgibt bzw. meldet, wenn ein Fehler aufgetreten ist. Somit ist er in der Lage, die Montage noch zügiger korrekt durchzuführen. Die abschließende Qualitätsprüfung erfolgt über ein vollautomatisiertes, optisches Messsystem. Der Mitarbeiter misst also nicht mehr selbst, ist aber für die korrekte Einstellung des Systems verantwortlich.

Beide Mitarbeiter sind in der Lage, ihre Tätigkeit korrekt auszuführen, sodass man ihnen unter diesem Aspekt eine hohe Beschäftigungsfähigkeit unterstellen kann. Es wird angenommen, dass bei Mitarbeiter 2 im Vergleich zu Mitarbeiter 1 die IB jedoch höher ausfällt. Aufgrund der beschrieben Fälle basiert der Unterschied auf verschiedenen Anforderungen in einzelnen IB-Dimensionen. Bei der Dimension OTE ist es wahrscheinlich, dass die Unterschiede z. T. durch den höheren Technologiegrad und der Industrie 4.0-Strategie in Unternehmen B erklärt werden können. Der tägliche Umgang mit den Technologien führt zu einer hohen Technologieakzeptanz und einem sicheren Umgang mit Technologien. Die Dimension ADAP kann bei höherem Technologiegrad und einer weiter fortgeschrittenen Industrie 4.0-Strategie stärker ausgeprägt sein, da die Umstellung zur Arbeit mit neuen Technologien oder die Übernahme weiterer Aufgaben ein hohes Maß an Anpassungsfähigkeit erfordern. Ähnlich verhält es sich bei der Dimension SELF. Auch hier liegt die Vermutung nahe, dass bei höherem Technologiereifegrad und einer implementierten Industrie 4.0-Strategie die Dimension SELF stärker ausgeprägt ist, sofern diese mit einem größeren Aufgabenspektrum und größerem Verantwortungsbereich einhergehen, da dies z. B. ein gutes Zeitmanagement und Entscheidungskompetenz erfordert. Da beide Mitarbeiter keine verstärkte Interaktion mit Kollegen haben, sind Unterschiede in der Dimension SOCS wahrscheinlich nicht durch die Tätigkeit bedingt.

Die Zusammenhänge lassen sich je nach betrachtetem Faktor bzw. dessen Ebene über verschiedene Theorien erklären und daraus Hypothesen für die nachfolgenden empirischen Untersuchungen ableiten.

Hypothesen zu Wahrgenommener Reifegrad von Industrie 4.0-Technologien (I40P) auf Individualebene

Beginnend mit dem Wahrgenommenen Reifegrad von Industrie 4.0-Technologien (I40P) auf Individualebene lässt sich argumentieren, dass ein hoher Technologiereifegrad auf Basis der JD-R zu mehr verfügbaren Ressourcen führt, die den Beschäftigten zur Verfügung stehen. Diese wirken sich gemäß der JD-R-Prinzipien positiv auf das Verhältnis der persönlichen Ressourcen zu den Anforderungen der Tätigkeiten aus, sofern die Anforderungen nicht überproportional z. B. durch ein größeres Aufgabenspektrum steigen (Demerouti et al., 2001). Vergleichbare Effekte ließen sich in Studien nachweisen, die den Einfluss von organisationalen Support, z. B. über zur Verfügung gestellte Infrastruktur, auf die Beschäftigungsfähigkeit untersucht haben (z. B. Guilbert et al., 2018).

Im Rahmen der IB wird angenommen, dass sich die positiven Zusammenhänge von organisationalem Support auf das Angebot von verfügbaren Technologien im Unternehmen übertragen lasst. Folglich ergeben sich folgende Hypothesen:

H4a: I40P steht in einem positiven Zusammenhang mit den IB-Dimensionen.

H4a-1: I40P steht in einem positiven Zusammenhang mit ADAP.

H4a2: I40P steht in einem positiven Zusammenhang mit OTE.

H4a-3: I40P steht in einem positiven Zusammenhang mit SELF.

H4a-4: I40P steht in einem positiven Zusammenhang mit SOCS.

Hypothesen zu Reifegrad von Industrie 4.0-Technologien (I40) auf Unternehmensebene

Im Gegensatz zu den Zusammenhängen der IB-Dimensionen mit dem Faktor I40P auf Individualebene sind die Zusammenhänge des Reifegrads von Industrie 4.0-Technologien (I40) auf Unternehmensebene mit den ressourcenbasierten Theorien zu erklären. Gemäß der Ressourcenbasierten Perspektive (RBV) gilt, dass erfolgreiche Unternehmen in verschiedene Ressourcen investieren, um sich so einen Wettbewerbsvorteil zu verschaffen (vgl. Barney, 1991).

Die Investitionen in Industrie 4.0-Technologien sind nach Barney (1991) der ersten Kategorie des unternehmerischen Kapitals zuzuordnen. Im Kontext von I40-Technologien ist es erforderlich, dass die Beschäftigten auf dem Shopfloor zur Nutzung dieser Technologien, z. B. AR-Kommunikation, über die notwendigen KSAOs verfügen. Gemäß des RBV und des Prinzips der Aufteilung von Investitionen in verschiedene Ressourcen müssten Unternehmen, die in Industrie 4.0-Technologien investieren, auch in das Humankapital – nach Barney (1991) die dritte Kategorie des unternehmerischen Kapitals – investieren. Bezüglich der IB-Dimensionen wird somit davon ausgegangen, dass Unternehmen mit einem hohen I40-Reifergrad auch über Beschäftigte mit einer hohen Ausprägung der IB-Dimensionen verfügen.

Einen weiteren Erklärungsansatz zu Zusammenhängen zwischen dem Faktor I40 und den IB-Dimensionen gibt die Soziale Austauschtheorie (SET). Der Theorie folgend kann argumentiert werden, dass sich durch die bestehenden Investitionen ein positiver Effekt bei den Beschäftigten einstellt. Einerseits ist es – wie oben erläutert – wahrscheinlich, dass die Beschäftigten durch einen hohen Technologiereifegrad zwangsläufig stärker ausgeprägte KSAOs in den IB-Dimensionen nachweisen können. Andererseits bedeuten zukunftsorientierte Investitionen von Unternehmen häufig Investitionen in sichere Arbeitsplätze für viele Beschäftigte. Ein positiver Zusammenhang von Arbeitsplatzsicherheit und (wahrgenommener) Beschäftigungsfähigkeit konnte bereits in mehreren empirischen Studien nachgewiesen werden (z. B. Bernstrøm et al., 2019; de Cuyper et al., 2008).
Im Kontext der IB kann der Faktor I40 als Indikator für Arbeitsplatzsicherheit verstanden werden. Es somit wird angenommen, dass sich der Faktor I40, analog zu den in vorangegangenen Studien nachgewiesenen positiven Zusammenhängen von Arbeitsplatzsicherheit mit Beschäftigungsfähigkeit, wiederum positiv auf die IB-Dimensionen auswirkt.

Gestützt auf den obigen Erläuterungen lassen sich folgende Hypothesen aufstellen:

H4b: I40 steht in einem positiven Zusammenhang mit den IB Dimensionen.

> *H4b-1: I40 steht in einem positiven Zusammenhang mit ADAP.*
>
> *H4b-2: I40 steht in einem positiven Zusammenhang mit OTE.*
>
> *H4b-3: I40 steht in einem positiven Zusammenhang mit SELF.*
>
> *H4b-4: I40 steht in einem positiven Zusammenhang mit SOCS.*

Hypothesen zu Digitalisierungs-/ Industrie 4.0-Strategie (DIGI) auf Unternehmensebene

Der Faktor DIGI ist eng verbunden mit dem Faktor I40, da sie beide Bezug auf Industrie 4.0 auf Unternehmensebene nehmen. DIGI ist I40 per Definition übergeordnet, da DIGI die langfristige, strategische Planung bezüglich Industrie 4.0 untersucht und I40 den Status der technologischen Umsetzung, die meist durch die Digitalisierungs-/ I4.0-Strategie bestimmt wird. Demnach lassen sich die Zusammenhänge mit den IB-Dimensionen sowohl über den RBV als auch über die SET erklären.

Eine hohe Ausprägung des Faktors DIGI müsste gemäß der Prinzipien einer mehrschichtigen Investition in alle drei Kategorien des unternehmerischen Kapitals (Barney, 1991) ebenfalls mit höheren Ausprägungen der IB-Dimensionen einhergehen.
Darüber hinaus kann auch der Faktor DIGI äquivalent zum Faktor I40 als Indikator für Arbeitsplatzsicherheit verstanden werden. Demzufolge wird auch für den Faktor DIGI angenommen, dass dieser sich analog zu den in vorangegangenen Studien nachgewiesenen positiven Zusammenhängen von Arbeitsplatzsicherheit mit Beschäftigungsfähigkeit, in positivem Zusammenhang mit den IB-Dimensionen steht.

Es ergeben sich folgende Hypothesen:

H4c: DIGI steht in einem positiven Zusammenhang mit den IB-Dimensionen.

> *H4c-1: DIGI steht in einem positiven Zusammenhang mit ADAP.*
>
> *H4c-2: DIGI steht in einem positiven Zusammenhang mit OTE.*
>
> *H4c-3: DIGI steht in einem positiven Zusammenhang mit SELF.*
>
> *H4c-4: DIGI steht in einem positiven Zusammenhang mit SOCS.*

4.6.6 Hypothesen zu Karriereerfolg

Zusammenhänge zwischen Beschäftigungsfähigkeit und Karriereerfolg wurden in mehreren empirischen Studien belegt. Nach Fugate et al. (2021) betrifft dies sowohl Zusammenhänge mit dem objektiv messbaren als auch mit dem subjektiv wahrgenommenen Karriereerfolg. So haben z. B. van der Heijden, B. I.J.M. et al. (2009) einen positiven Zusammenhang der wahrgenommenen Beschäftigungsfähigkeit sowohl auf die objektiven als auch auf die subjektiven Faktoren des Karriereerfolgs nachgewiesen. Ebenfalls haben de Vos et al. (2011) eine positive Beziehung zwischen weiteren subjektiven Faktoren des Karriereerfolgs, Zufriedenheit mit der eigenen Karriere und Eigenvermarktbarkeit empirisch nachgewiesen.

Hypothesen zum objektiven Karriereerfolg

Die Zusammenhänge lassen sich bei den objektiven Faktoren durch die HKT erklären. Faktoren des Humankapitals, die beruflichen Erfolg für andere nach außen sichtbar und so objektiv bewertbar machen und somit das Ergebnis einer hohen Beschäftigungsfähigkeit darstellen, sind u. a. Beförderungen in leitende Positionen (POSLEAD), Gehalt (WAGE) und wenige Phasen der Arbeitslosigkeit (UNEMP) (vgl. Berntson et al., 2006).

Es wird angenommen, dass äquivalent zu den in vorangegangenen Studien nachgewiesenen Zusammenhängen mit Beschäftigungsfähigkeit und objektiven Karrierefaktoren auch die IB-Dimensionen in einem positiven Zusammenhang mit den Faktoren des Karriereerfolgs stehen. Da die Phasen der Arbeitslosigkeit (UNEMP) als numerischer Wert (in Monaten) ermittelt wird, gilt hier ein negativer Zusammenhang, d. h. je höher die IB-Dimensionen desto niedriger UNEMP. Zur vereinfachten Darstellung wird dieser Zusammenhang in der Formulierung der übergreifenden Hypothese ebenfalls als positiv gewertet.

Folgende Hypothesen lassen sich auf Basis der oben beschriebenen Ausführungen formulieren:

Faktoren des objektiven Karriereerfolgs:

H5a-1: ADAP steht in einem positiven Zusammenhang mit POSLEAD.

H5a-2: OTE steht in einem positiven Zusammenhang mit POSLEAD.

H5a-3: SELF steht in einem positiven Zusammenhang mit POSLEAD.

H5a-4: SOCS steht in einem positiven Zusammenhang mit POSLEAD.

H5a-5: ADAP steht in einem positiven Zusammenhang mit UNEMP.

H5a-6: OTE steht in einem positiven Zusammenhang mit UNEMP.

H5a-7: SELF steht in einem positiven Zusammenhang mit UNEMP.

H5a-8: SOCS steht in einem positiven Zusammenhang mit UNEMP.

H5a-9: ADAP steht in einem positiven Zusammenhang mit WAGE.

H5a-10: OTE steht in einem positiven Zusammenhang mit WAGE.

H5a-11: SELF steht in einem positiven Zusammenhang mit WAGE.

H5a-12: SOCS steht in einem positiven Zusammenhang mit WAGE.

Hypothesen zum subjektiven Karriereerfolg

Die Zusammenhänge der subjektiven Einschätzungen zum Karriereerfolg mit der Beschäftigungsfähigkeit können über die JD-R erklärt werden. Die Bewertung der eigenen Karriere steht in starkem Zusammenhang mit der Karrierezufriedenheit (Ng et al., 2005). Diese wird erreicht, wenn Anforderungen und Ressourcen in Balance zueinanderstehen. Folglich gilt, je ausgeprägter die eigenen Ressourcen in Form der IB-Dimensionen sind, desto wahrscheinlicher kann den Anforderungen der Tätigkeit nachgekommen werden. Diese Balance führt zu einer positiven Bewertung der eigenen Karriere.

Es wird angenommen, dass die positiven Zusammenhänge des wahrgenommenen eigenen Karriereerfolgs mit Beschäftigungsfähigkeit, die z. B. de Vos et al. (2011) und van der Heijde & van der Heijden (2006) empirisch nachweisen konnten, äquivalent für die IB-Dimensionen gelten. Folglich ergeben sich folgende Hypothesen:

Faktoren des subjektiven Karriereerfolgs:

H5b-1: ADAP steht in einem positiven Zusammenhang mit CAREER.

H5b-2: OTE steht in einem positiven Zusammenhang mit CAREER.

H5b-3: SELF steht in einem positiven Zusammenhang mit CAREER.

H5b-4: SOCS steht in einem positiven Zusammenhang mit CAREER.

Insgesamt lassen sich die Hypothesen zum Karriereerfolg zur übergeordneten Hypothese H5 zusammenfassen:

H5: Die IB-Dimensionen stehen in einem positiven Zusammenhang mit den Karrierefaktoren.

4.6.7 Hypothesenmodell

Die aufgestellten Hypothesen werden zusammengefasst in einem Hypothesenmodell visualisiert. Dieses ist in Abbildung 4-17 dargestellt. Das Forschungsmodell setzt sich aus den vier IB-Dimensionen, den IB-Dimensionen vorgelagerten Faktoren auf Individual- und Unternehmensebene und den IB-Dimensionen nachgelagerten Faktoren des Karriereerfolgs zusammen. Somit ergeben sich insgesamt 12 Konstrukte. Die aufgestellten Hypothesen sind jeweils positiv gerichtet.

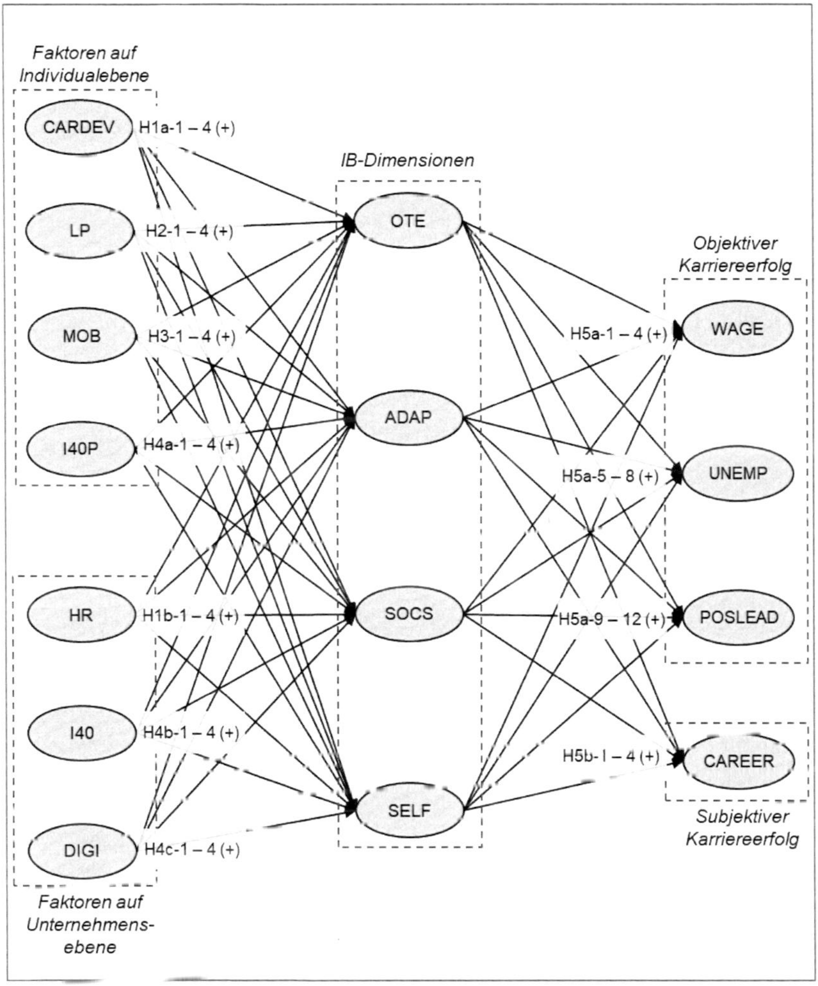

Abbildung 4-17 Hypothesenmodell der IB (eigene Darstellung)

4.7 Kontrollvariablen

Um etwaige Einflüsse bestimmter Faktoren zu kontrollieren bzw. deren Einfluss auf die abhängigen Variablen der IB und der Dimension des Karriereerfolgs herauszurechnen, werden Kontrollvariablen definiert, deren Einfluss auf Beschäftigungsfähigkeit und auf den beruflichen Erfolg hinreichend bewiesen ist. Die Kontrollvariablen lassen sich in sozio-demografische Variablen und in unternehmensspezifische Variablen unterteilen.

Bei den eingesetzten sozio-demografischen Kontrollvariablen handelt es sich um „Alter", „Geschlecht" und „Ausbildungsniveau". Diese sind häufige Kontrollvariablen in zahlreichen sozialwissenschaftlichen Studien mit verschiedenen Schwerpunkten.
Einflüsse der Variablen „Alter" und „Geschlecht" auf die Beschäftigungsfähigkeit und auf Faktoren des objektiven Karriereerfolgs (insbesondere WAGE und POSLEAD) konnten z. B. in Ng et al. (2005) und van der Heijden, B. I.J.M. et al. (2009) belegt werden. Eine Beeinflussung des „Ausbildungsniveaus" auf die Beschäftigungsfähigkeit und die objektiven Faktoren des Karriereerfolgs (WAGE, POSLEAD, UNEMP) haben z. B. van der Heijde & van der Heijden (2006), de Cuyper et al. (2011) und Veld et al. (2015) empirisch aufgezeigt.

Als unternehmensspezifische Kontrollvariable wird in dieser Arbeit die „Unternehmensgröße" inkludiert. Nach Wittekind et al. (2010) kann die Varianz im Aufgabengebiet bedingt durch die Unternehmensgröße so groß ausfallen, dass dieser Faktor einen signifikanten Einfluss auf die Beschäftigungsfähigkeit hat. Zudem wird angenommen, dass auch die im Modell integrierten Faktoren DIGI, I40(P) und HR von der Unternehmensgröße beeinflusst werden, da große Unternehmen in der Regel über mehr Ressourcen für die Anschaffung neuer Anlagen und für formalisierte Personalentwicklung verfügen.

Nachfolgend sind zusammenfassend die Kontrollvariablen des Forschungsmodells aufgelistet. Sie werden als Single-Item-Variablen operationalisiert (siehe Abbildung 4-18).

Als sozio-demografischen Variablen werden Alter (AGE), Geschlecht (SEX) und Ausbildungsniveau (EDLEVEL) und als unternehmensspezifische Variable wird Unternehmensgröße (SIZE) im Modell kontrolliert.

Kontrollvariablen	
Code	**Item**
AGE	Bitte geben Sie Ihr Alter in ganzen Zahlen an.
SEX	Bitte geben Sie Ihr Geschlecht an.
EDLEVEL	Bitte geben Sie Ihren höchsten Bildungsabschluss an.
SIZE	Bitte geben Sie die Unternehmensgröße Ihrer aktuellen Beschäftigung an.

Abbildung 4-18 Items der Kontrollvariablen (eigene Darstellung)

4.8 Zwischenfazit

In den ersten Unterkapiteln des vorliegenden Kapitels 4 wurden zunächst die Konstrukte des Forschungsmodells zur Messung der IB definiert und operationalisiert. Die Operationalisierung der IB-Dimensionen ADAP, OTE, SELF und SOCS erfolgte über die Skalenentwicklung nach dem C-OAR-SE-Ansatz (Rossiter, 2011). Für die Konstrukte der IB vorgelagerten Faktoren auf Individual- und Unternehmensebene sowie für die den IB-Dimensionen nachgelagerten Faktoren des Karriereerfolgs wurden zur Operationalisierung etablierte Skalen hinzugezogen. Auf Basis theoretischer Grundlagen, bestehender wissenschaftlicher Literatur und der Ergebnisse der Deskriptiven Studie I wurden Hypothesen hergeleitet. Die Herleitung der Hypothesen erlaubt es, die Konstrukte in einem Hypothesenmodell in Zusammenhang zu setzen. Um bekannte Einflüsse auf die Konstrukte im Hypothesenmodell herauszurechnen, wurden im letzten Schritt Kontrollvariablen definiert.

Das Hypothesenmodell wird in der Deskriptiven Studie II in zwei empirischen Fragebogenstudien untersucht. Ziel der Fragebögen ist es, das Forschungsmodell empirisch zu testen und die aufgestellten Hypothesen zu bestätigen oder zu verwerfen.
In den folgenden Unterkapiteln des vorliegenden Kapitels 4 werden die operationalisierten Konstrukte, die Kontrollvariablen sowie weitere deskriptive sozio-demografische Variablen zur Beschreibung der Stichproben in Fragebögen (Fragebogen 1 zur Ermittlung der Faktoren auf Individualebene, der IB-Dimensionen und der Faktoren des Karriereerfolgs; Fragebogen 2 zur Ermittlung der Faktoren auf Unternehmensebene) überführt.

4.9 Fragebogengestaltung

Die beschriebene Operationalisierung der Konstrukte und die abgeleiteten Hypothesen werden nachfolgend in der Deskriptiven Studie II untersucht. Die Datenerhebung erfolgt im Rahmen zweier empirischer Fragebogenstudien. Für die Datenerhebung werden zwei Teilfragebögen zur Ermittlung der Faktoren auf Individualebene, der IB-Dimensionen und der Faktoren des Karriereerfolgs (Fragebogen1) und zur Ermittlung der Faktoren auf Unternehmensebene (Fragebogen 2) verwendet.

Fragebogen 1 wird von den Einzelpersonen, deren IB untersucht wird, beantwortet. Fragebogen 2 wird von mindestens 2 Personen der Management- und Personalebene der jeweiligen Unternehmen beantwortet. Einerseits wird angenommen, dass die Beschäftigten auf Shopfloorebene i. d. R. nicht über ausreichend Informationen auf strategischer Ebene hinsichtlich Industrie 4.0 und Digitalisierung sowie über die Personalentwicklungspolitik verfügen. Andererseits werden dieselben Items zur Ermittlung des Industrie 4.0-Reifegrads sowohl für die Unternehmens- als auch für Individualebene verwendet, da wie in 4.3.4 (Wahrgenommener Reifegrad von Industrie 4.0) erläutert, die Antworten unterschiedlich ausfallen können. Darüber hinaus bietet der Ansatz der getrennten Fragebögen eine Möglichkeit, um die Effekte der Methodenverzerrung zu reduzieren (vgl. Podsakoff et al., 2003).

4.9.1 Aufbau und Struktur

Das Modell der IB wird im ersten Teil der Deskriptiven Studie II – der empirischen Studie I – mit Beschäftigten ausgewählter produzierender Unternehmen über die zwei Fragebögen getestet. Fragebogen 1 ist an die Beschäftigten gerichtet und bildet den zentralen Teil des Modells dar. Fragebogen 2 adressiert die obere Management- und die Personalebene der teilnehmenden Unternehmen und dient der Ermittlung der Faktoren auf Unternehmensebene.

Im zweiten Teil der Deskriptiven Studie II (empirische Studie II) wird das Modell der IB mit Arbeitssuchenden, die zuvor in produzierenden Unternehmen tätig waren, getestet. In der empirischen Studie II entfällt der zweite Fragebogen für das obere Management und die Personalabteilung, da die Teilnahme der Arbeitssuchenden unabhängig von ihren (ehemaligen) Arbeitgebern erfolgt.
Die Kombination der beiden Studien verfolgt das Ziel, die Zielgruppe aller arbeitsfähiger Personen im produzierenden Sektor – aktuell Beschäftigte (Studie I) und aktuell Arbeitssuchende (Studie II) – abzudecken.

Die Grundlage des Fragebogens 1 für Beschäftigte und Arbeitssuchende sind die in den vorigen Unterkapiteln operationalisierten Konstrukte. Zur Beantwortung der aus der Literatur stammenden Skalen wird eine 5-stufige Likertskala („*1 = stimme gar nicht zu*" bis „*5 = stimme voll und ganz zu*") verwendet. Die Kontrollvariablen sowie die Faktoren des objektiven Karriereerfolgs werden über vorgegebene Intervalle (SIZE, EDLEVEL, WAGE), numerische Werte (AGE, UNEMP) und als binäre Variable (SEX, POSLEAD) ermittelt. Zur Beantwortung der Items werden die jeweiligen Skalenpunkte auf der Likertskala, die den Grad der Zustimmung zur betreffenden Aussage angibt, bzw. die passende Kategorie oder das passende Intervall angekreuzt. Bis auf die Items, die mit der Angabe von Zahlen beantwortet werden, finden ausschließlich gebundene Antwortformate Anwendung (vgl. Raab-Steiner & Benesch, 2018, 57 f.).

Fragebogen 1 für Beschäftigte und Arbeitssuchende enthält initial[8] 42 Items für die IB-Dimensionen. Diese gliedern sich auf in 12 Items bzgl. OTE, 7 Items bzgl. ADAP, 10 Items bzgl. SOCS und 13 Items bzgl. SELF. Die Faktoren auf Individualebene und die Faktoren des Karriereerfolgs werden anhand von weiteren 26 Items gemessen. Zusätzlich werden 4 Items zur Messung der Kontrollvariablen erhoben.
Fragebogen 2 für das obere Management/ Personal enthält die Konstrukte der Faktoren auf Unternehmensebene, die über insgesamt 28 Items ermittelt werden.

Die Fragebögen sind ähnlich aufgebaut und folgen wissenschaftlichen Empfehlungen (vgl. Raab-Steiner & Benesch, 2018, 55 ff.): In einer Einleitung erfolgt die Vorstellung der befragenden Institution und des Forschungsprojekts, das Ziel der Studie und die Erklärung über die Weiterverwendung der gewonnenen Daten unter Wahrung der Anonymität. Weiterhin wird erläutert, wie die Fragen beantwortet werden sollten (alle Fragen; ehrlich; keine „richtigen" oder „falschen" Antworten). Abschließend wird den Teilnehmenden vorab gedankt. Der eigentliche

---

[8] Um die Items der IB auf weitere Gütekriterien zu untersuchen, wurde vor der eigentlichen Studie eine Vorstudie nur mit diesem Fragenkomplex und den deskriptiven Fragen durchgeführt. Die Ergebnisse sind in Kapitel 6.1 beschrieben.

Fragenteil startet mit deskriptiven Fragen zum Unternehmen und zur eigenen Person. Im weiteren Verlauf sind die Items zur Abfrage der Konstruktausprägung eingegliedert. Zum Ende folgen weitere Fragen zur Demographie. Aufgrund der verschiedenen Zielgruppen (Beschäftigte vs. Arbeitssuchende) unterscheiden sich einige Items leicht in der Formulierung[9].

Da bis auf die Konstrukte auf Unternehmensebene (HR, DIGI, I40) die Datenquelle zur Bestimmung der abhängigen/ endogenen Variablen (ADAP, OTE, SELF, SOCS, WAGE, POSLEAD, UNEMP, CAREER) und unabhängigen/ exogenen Variablen (LP, MOB, CARDEV, I40P) jeweils identisch ist, wurden weitere Maßnahmen zur Vermeidung negativer Effekte der Methodenverzerrung ergriffen (vgl. Podsakoff et al., 2003). Eine häufig verwendete Maßnahme ist die Förderung der psychologischen Trennung der endogenen und der exogenen Variablen. Demnach sollten den Teilnehmenden keine Hinweise für zusammenhängende Untersuchungen der Variablen vorliegen.
Kommuniziertes Ziel der Studie ist die Ermittlung des Status quos der Kompetenzen 4.0, folglich können die Teilnehmenden nicht unmittelbar auf die Rolle der einzelnen Konstrukte schließen, z. B. die Validierung der IB durch Faktoren des Karriereerfolgs oder die Rolle der Weiterbildungsmaßnahmen im Gesamtmodell. Zur Verstärkung des Effekts der psychologischen Trennung werden die jeweiligen Konstrukte nicht entsprechend der Wirkrichtung der aufgestellten Hypothesen aufgestellt, sodass weder Rückschlüsse auf vermutete Hypothesen noch potenzielle Richtungen von Kausalität möglich sind. Eine weitere Möglichkeit zur Reduzierung der Effekte der Methodenverzerrung ist die Nutzung manifester Variablen, die unbeeinflusst von psychologischen Effekten sind. Dies werden bei einem Teil der Faktoren des objektiven Karriereerfolgs angewandt: UNEMP und WAGE sind manifeste Größen.

Die Fragebögen wurden in der Software Unipark erstellt und in der Onlineversion gehostet. Die erstellten Fragebögen wurden mit identischem Layout ergänzend in einer PDF- bzw. Papierversion exportiert. Da auf dem Shopfloor meist nur wenige PC-Arbeitsplätze zur Verfügung stehen, war jedem Unternehmen die Form der Teilnahme freigestellt.

4.9.2 Pretest

Vor der Datenerhebung erfolgte ein Pretest der Fragebögen, um möglichst zuverlässige Daten zu erhalten. Als Kriterien wurden die von Raab-Steiner & Benesch (2018, S. 64) beschriebenen und nachfolgenden gelisteten Merkmale verwendet:

- Verständlichkeit der Fragen
- Eindeutige Zuordenbarkeit der Fragen zu den Antwortkategorien
- Übersichtlichkeit und generelle Optik des Layouts

[9] Beispiel zu Unterschieden in der Formulierung. „Wie lange sind Sie in Ihrer aktuellen Position tätig?“ (Beschäftigte) vs. „Wie lange waren Sie in Ihrer letzten Position tätig?“ (Arbeitssuchende“).

- Angemessene Länge des Fragbogens
- Ausreichender Platz zur Beantwortung der Fragen
- Keine unbewusste Vorgabe der Beantwortung der Fragen in eine bestimmte Richtung
- Bestätigung der geschätzten Bearbeitungsdauer
- Sprachliche Verständlichkeit bezogen auf die Zielgruppe
- Beantwortbarkeit der zugrundeliegenden Hypothesen
- Abstimmung der Antwortformate auf die angestrebte Auswertung

Der Pretest erfolgte zunächst innerhalb des Projektteams des Forschungsprojekts PreModIE; im zweiten Teil innerhalb eines erweiterten Kreises. Die Fragebögen wurden hintereinander untersucht. Zur Überprüfung der Fragebögen wurden die Testpersonen angewiesen, i. S. eines „Cognitive Walkthrough", den Fragebogen wie die späteren Probanden zu bearbeiten und alle Auffälligkeiten zu markieren bzw. zu kommentieren.

In der ersten Testrunde wurden die Fragebögen von fünf Personen des Forschungsteams, die nicht an der initialen Erstellung beteiligt waren, überprüft. Neben der o. g. Kriterien wurden die Bearbeitungsdauer geschätzt sowie Rechtschreibung und Grammatik kontrolliert. Anhand der Rückmeldungen wurde der Fragebogen überarbeitet und in einem zweiten Durchgang von unabhängigen Personen überprüft. Insgesamt waren am zweiten Durchgang neun weitere Personen, davon vier Forschende in der Produktionstechnik und fünf aus der Praxis im Bereich Maschinenbau, davon zwei Führungskräfte und drei Auszubildende, beteiligt. Die Altersspanne lag zwischen 19 und 68 Jahren. Die Diversität, sowohl bezüglich des Ausbildungsgrades als auch hinsichtlich des Alters stellen die spätere Anwendbarkeit in der ebenfalls diversen Zielgruppe der Mitarbeitenden auf Shopfloorebene sicher. Alle Anmerkungen wurden diskutiert und die Fragebögen entsprechend angepasst.

Die finalen Fragebögen befinden sich im Anhang.

4.10 Fazit zur Präskriptiven Studie

In dem vorliegenden Kapitel 4 wurden das Forschungs- und Hypothesenmodell zur Messung und Vorhersage der IB aufgestellt (Präskriptive Studie), mit dessen Hilfe die zentrale Forschungsfrage beantwortet wird. Nach Beantwortung der ersten beiden Unterforschungsfragen in Kapitel 3 erlaubt die Operationalisierung der Konstrukte die Beantwortung der dritten Unterforschungsfrage (3) „Wie lassen sich die Kompetenzen und Faktoren operationalisieren?". Die Beantwortung der Unterforschungsfrage erfolgt über die operationalisierten IB-Dimensionen sowie die operationalisierten Faktoren auf Individual- und Unternehmensebene und deren Überführung in die Fragebögen.

Das aufgestellte Hypothesen-Modell wird in der Deskriptiven Studie II mittels zweier empirischer Studien getestet und validiert. Die Kombination dieser beiden Studien, die einerseits auf aktuell Beschäftigte und andererseits auf Arbeitssuchende fokussieren, verfolgen das Ziel, die Zielgruppe aller arbeitsfähiger Personen im produzierenden Sektor abzudecken.

Im folgenden Kapitel 5 werden die methodischen Grundlagen zur Analyse empirischen Daten der Deskriptiven Studie II vorgestellt. Die Beschreibung der Durchführung und Analyse der Ergebnisse der Studien erfolgen in Kapitel 6.

5 Methodische Grundlagen der quantitativen Untersuchung

Im vorliegenden Kapitel 5 werden die methodischen Grundlagen zur Analyse der empirischen Daten vorgestellt. Die Datenerhebung mittels der in Kapitel 4 entwickelten Fragebögen zur Testung des Hypothesenmodells der IB erfolgt in der Deskriptiven Studie II (Kapitel 6).

Die methodischen Grundlagen und zu wählenden Analyseverfahren werden maßgeblich von den aufgestellten Forschungsfragen (siehe Kapitel 1.2) und dem abgeleiteten Forschungsmodell (siehe Kapitel 4) bestimmt. Diese Arbeit verfolgt das Ziel, den Einfluss von verschiedenen Faktoren auf die Dimensionen der IB und deren Vorhersagekraft auf den individuellen Karriereerfolg mittels empirischer Studien zu untersuchen.

Nachfolgend werden die in dieser Arbeit verwendeten statistischen Analyseverfahren vorgestellt, um das im vorangegangenen Kapitel aufgestellte Hypothesenmodell mittels bestimmter Gütekriterien zu testen und zu validieren. Der Fokus liegt dabei im Besonderen auf die Partial-Least-Square (PLS)-Pfadmodellierung und den zugehörigen Beurteilungskriterien zur Beurteilung der Güte von PLS-Pfadmodellen, die hier Anwendung finden.

5.1 Analyseverfahren

Grundsätzlich lässt sich zwischen zwei Formen von Analyseverfahren unterscheiden: struktur-prüfende und struktur-entdeckende Verfahren. Nach Backhaus et al. (2021) werden struktur-entdeckende Verfahren verwendet, um Zusammenhänge zwischen Variablen aufzudecken. Dies impliziert, dass vor der Analyse keine Vorstellungen über etwaige Beziehungen bestehen, also keine Hypothesen bzgl. möglicher Zusammenhänge existieren. Typische Vertreter sind die Korrespondenzanalyse, das Fuzzy Clustering, die Multidimensionale Skalierung und Neuronale Netze (Albers et al., 2009, Backhaus et al., 2021).

Die vorliegende Arbeit beschäftigt sich mit der Überprüfung von Wirkbeziehungen zwischen verschiedenen Variablen, zu denen Hypothesen aufgestellt worden sind. Folglich empfiehlt sich zur Analyse ein Verfahren aus der struktur-prüfenden Gruppe. Vertreter dieser Gruppe sind z. B. die Regressionsanalyse, die Varianzanalyse, die nicht-lineare Regressionsanalyse, die Strukturgleichungsanalyse und (auswahlbasierte) Conjoint-Analyse (Backhaus et al., 2021).

Insbesondere die grundlegenden Verfahren dieser Gruppe, z. B. die Regressions- oder Varianzanalyse erfordern manifeste, also direkt zu beobachtende bzw. messbare Variablen. Wie bei der überwiegenden Mehrheit sozialwissenschaftlicher Modelle, besteht auch das Modell der IB primär aus latenten Variablen, die sich nicht unmittelbar messen lassen. Zudem zielt die Untersuchung darauf ab, eine Reihe verschiedener Zusammenhänge unterschiedlicher Variablen zu analysieren.

Nach Backhaus et al. (2021) kommen Strukturgleichungsmodelle (SGM) besonders bei latenten Variablen und mehrdimensionalen Zusammenhängen zwischen abhängigen und unabhängigen Variablen zum Einsatz. Demnach erscheinen Strukturgleichungsmodelle bzw. die Strukturgleichungsanalyse für die vorliegende Zielstellung als geeignet und werden im Folgenden detaillierter vorgestellt.

5.2 Strukturgleichungsmodelle

5.2.1 Grundlagen zu SGM

Strukturgleichungsmodelle (SGM) bestehen aus einem Strukturmodell und einem Messmodell. Das Strukturmodell definiert die Beziehungen der latenten Variablen und ggf. weiterer manifester Variablen (Bühner, 2004, S. 210). Die abhängigen Variablen werden als endogene und die unabhängigen Variablen als exogene Variablen bezeichnet (Backhaus et al., 2021, S. 68).
Das Messmodell gibt die Beziehungen zwischen den latenten Variablen und geeigneten manifesten Indikatoren vor, die die latente Variable messbar machen (Backhaus et al., 2021). Es existieren zwei Arten von Messmodellen: Reflektive und formative Messmodelle. Der wesentliche Unterschied zwischen reflektiven und formativen Messungen lässt sich anhand der kausalen Zusammenhänge, in graphischen Darstellungen (siehe Abbildung 5-1) an der Pfeilrichtung zu erkennen, zwischen den Indikatoren und ihrem Konstrukt ausmachen (Herrmann et al., 2006).
Reflektive Indikatoren spiegeln den Konstruktwert wider; eine Änderung des Konstruktwerts hat gleichsam eine Änderung der Indikatoren zur Folge. Formative Indikatoren sind dagegen (ein Teil) der Ursache des Konstruktes, d. h. Änderungen des Konstruktwerts müssen sich nicht zwangsläufig in Veränderungen der Indikatoren zeigen, da nicht angenommen wird, dass alle Indikatoren das Konstrukt in seiner Gänze abbilden (Herrmann et al., 2006).

Neben der Kausalrichtung werden häufig noch drei weitere Entscheidungshilfen zur Differenzierung von Messmodellen genannt (Podsakoff et al., 2006). Die Kriterien sind in Tabelle 5-1 dargestellt.

Tabelle 5-1 Differenzierung von Messmodellen (i. A. an Podsakoff et al., 2006)

Kriterium	Formative Messmodelle	Reflektive Messmodelle
Kausalrichtung	Kausalität von den Indikatoren zum Konstrukt	Kausalität vom Konstrukt zu den Indikatoren
Austauschbarkeit	Indikatoren können nicht entfernt werden	Indikatoren sind austauschbar und können entfernt werden
Kovarianz	Keine Kovarianz erforderlich	Hohe Kovarianz zwischen den Indikatoren
Nomologische Netzwerke	Abweichende Nomologische Netzwerke der Indikatoren zulässig	Ähnliche Nomologische Netzwerke der Indikatoren

Abbildung 5-1 stellt die beiden Typen von Messmodellen graphisch dar. Die latenten Variablen werden jeweils durch ein ξ notiert, die zugehörigen Indikatoren mit einem x. Die Pfeilrichtungen von den Indikatoren zur latenten Variable zeigen die Kausalrichtungen an. Beim formativen Messmodell (links) werden die Gewichte mit π, beim reflektiven Messmodell (rechts) mit λ angegeben. Die Angaben des Messfehlers erfolgt beim formativen Messmodell auf Konstruktebene (ζ), beim reflektiven Messmodell auf Indikatorebene (ε).

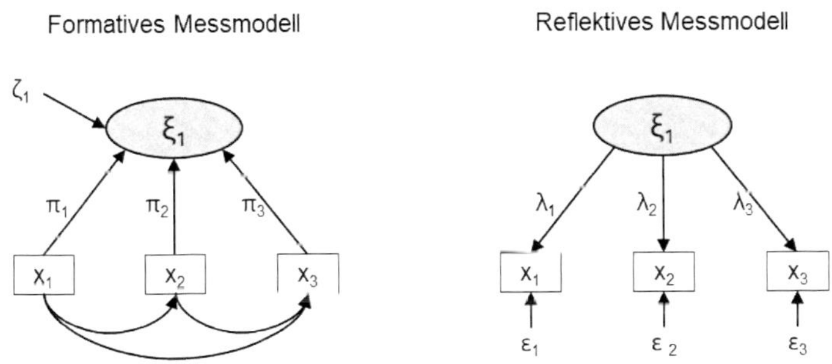

Abbildung 5-1 Graphische Darstellung von formativen und reflektiven Messmodellen (i. A. an Herrmann et al., 2006)

Im SGM können beide Formen von Messmodellen genutzt werden. Abbildung 5-2 visualisiert ein SGM mit zwei latenten exogenen Variablen (ξ_1 und ξ_2) und einer latenten endogenen Variable (η_3). Die jeweiligen Messmodelle sind reflektiv. Die Pfade innerhalb des Strukturmodells (γ_{13} und γ_{23}) stellen die Wirkzusammenhänge der latenten exogenen auf die latenten endogenen Variablen dar. Die so dargestellten Wirkzusammenhänge sind i. d. R. die Hypothesen des SGM. ζ_3 beschreibt die Störgröße der latenten endogenen Variable (Backhaus et al., 2021, 73 f.).

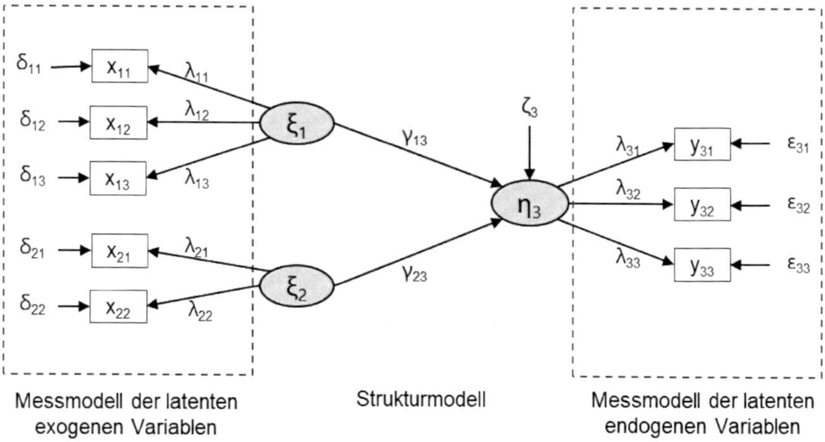

Abbildung 5-2 Graphische Darstellung eines SGM (i. A. an Backhaus et al., 2021, S. 79)

Das in dieser Arbeit aufgestellte Modell der IB stellt vor dem Hintergrund der beschriebenen theoretischen Ausführungen ein Strukturmodell mit mehreren latenten exogenen wie auch endogenen latenten Variablen dar.

In Abbildung 5-3 ist das Modell der IB als SGM abgebildet. Links befinden sich die Faktoren auf Individual- und Unternehmensebene als latent exogene Variablen dargestellt. Die Reifegradfaktoren I40P, I40 und DIGI sind als formative Konstrukte dargestellt. Die IB-Dimensionen und die Faktoren sind dagegen latent endogene Variablen.

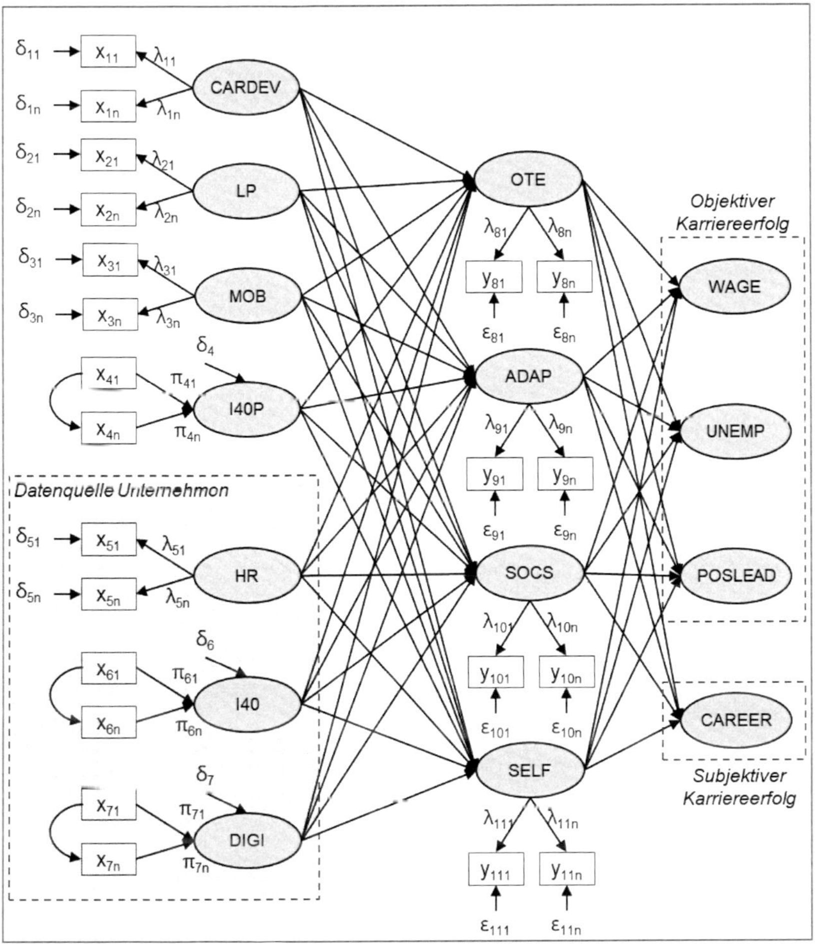

Abbildung 5-3 Forschungsmodell der IB als SGM (eigene Darstellung)

5.2.2 Methodenvergleich zur Schätzung der Parameter des SGM

Zur konfirmatorischen Schätzung der Parameter und zur Überprüfung der Hypothesen innerhalb des SGM existieren zwei Kategorien von Verfahren: Kovarianzbasierte Verfahren und varianzbasierte Verfahren.

Nach Herrmann et al. (2000) schätzen die kovarianzbasierten Verfahren die Modellparameter, indem sie die empirische Kovarianzmatrix der Indikatoren bestmöglich reproduzieren. Im Gegensatz dazu ist das Ziel der varianzbasierten Verfahren, die Datenstruktur, d. h. die Indikatorwerte, über die Minimierung der Varianz der Fehlerterme im formativen und reflektiven Messmodell sowie im Strukturmodell mittels der Methode der kleinsten Quadrate bestmöglich zu reproduzieren (Herrmann et al., 2006).

Die Wahl des geeigneten Ansatzes hängt neben der primären Zielstellung der Untersuchung von einer Reihe weiterer Kriterien ab, z. B. von den verwendeten Messmodellen, vom Stichprobenumfang, der Verteilungsform.
Tabelle 5-2 stellt eine Zusammenfassung der Kriterien und den jeweiligen Ausprägungen in den beiden Ansätzen dar.

Tabelle 5-2 Methodenvergleich Kovarianzbasierter und Varianzbasierter Ansatz (Chin & Newsted, 1999, S. 314; Herrmann et al., 2006; Weiber & Sarstedt, 2021, S. 79)

Kriterium	Kovarianzbasierter Ansatz	Varianzbasierter Ansatz
Zielsetzung	Bestmögliche Reproduktion der empirischen Varianz-Kovarianzmatrix	Bestmögliche Vorhersage der Datenmatrix bzgl. der Zielvariablen
Theoriebezug	Theorie-testender Ansatz → Optimal für Parametergenauigkeit	Daten- und prognoseorientierter Ansatz → Optimal für Prognosegenauigkeit
Zielfunktion	Minimierung der Differenz zwischen empirischen und modelltheoretischen Kovarianzen	Minimierung der Differenz zwischen beobachteten und geschätzten Falldaten
Methodik	Faktoranalytischer Ansatz mit simultaner Schätzung aller Parameter des Kausalmodells	Regressionsanalytischer Ansatz bei zweistufiger Schätzung von Messmodellen und Strukturmodell
Datenbasis	Varianz-Kovarianz-Matrix	Ausgangsdatenmatrix
Latente Variable	Faktoren im Sinne der Faktorenanalyse und Isolierung der Fehlervarianz der Messvariablen bei der Schätzung des Strukturmodells	Komponenten im Sinne der Hauptkomponentenanalyse und Konfundierung von Faktor- und Fehlervarianz bei der Schätzung der Konstruktwerte
Strukturmodell	Rekursive und nicht-rekursive Modelle	Nur rekursive Modelle
Messmodelle	Primär reflektiv	Reflektiv und formativ
Modellkomplexität	Hohe Komplexität (z. B. 100 latente Variablen, 1.000 Indikatoren)	Geringe bis moderate Komplexität (z. B. < 100 Indikatoren)

Verteilungsannahmen	Multinormalverteilungen	Keine (nicht-parametrisch)
Gütekriterien	Globale und lokale inferenzstatistische Gütemaße	partielle Gütekriterien bzgl. Vorhersage der Datenmatrix
Stichprobenumfang	Große Stichproben, mind. 200 – 800	Kleine Stichproben ausreichend, mind. 30 – 100
Softwareprogramme	AMOS, EQS, LISREL, Mplus sowie diverse Programmpakete für Programmiersprachen	Adanco, PLS-Graph, SmartPLS sowie diverse Programmpakete für Programmiersprachen

Nach Weiber & Sarstedt (2021, S. 84) und Hair et al. (2019) ist der PLS-Ansatz bei folgenden Rahmenbedingungen zu bevorzugen:

- Relativ neuartige zu erforschende Phänomene mit keinen oder wenigen fundierten Mess- und Konstrukttheorien bzw. Ziel der Theorieerweiterung
- komplexe Modelle mit einer hohen Anzahl von Messvariablen,
- formative Messmodelle,
- Nutzung von (Finanz-)Kennzahlen oder ähnlichen Datenartefakten,
- die Prognose der abhängigen Variablen im Rahmen eines theoretisch spezifizierten Modells steht im Vordergrund,
- relativ kleine Stichproben, z. B. durch die Einschränkung der Zielgruppe

Ein Ziel dieser Arbeit und primäres Ziel der quantitativen Untersuchung ist es, Kenntnisse über die Ausprägung der IB-Dimensionen bei Beschäftigten in produzierenden Unternehmen und potenziell bestehender Wirkzusammenhänge mit weiteren Faktoren zu erhalten. Im Kontext von Industrie 4.0 sind die Untersuchungen zur Beschäftigungsfähigkeit der Mitarbeitenden auf Shopfloorebene als neuartig einzuordnen. Zudem ist die Zielgruppe beschränkt auf Beschäftigte in produzierenden Unternehmen im operativen Bereich (Studie I und Studie II) sowie Personen in Leitender Funktion oder im Personalbereich desselben Unternehmens (Studie I), sodass ein maximal moderat großer Stichprobenumfang anzunehmen ist.

Ausschlaggebend bei der Wahl des Analyseverfahrens ist im vorliegenden Fall insbesondere die hohe Komplexität des Modells, die durch die hohe Anzahl zu untersuchender Wirkzusammenhänge mehrerer latenter endogener und exogener Variablen bedingt ist. Basierend auf den gelisteten Merkmalen wird für die quantitative Untersuchung der varianzbasierte Ansatz gewählt und im Folgenden detaillierter vorgestellt.

5.3 Partial-Least-Squares (PLS)-Pfadmodellierung als varianzbasierter Ansatz

Die PLS-Pfadmodellierung als varianzbasiertes Verfahren zur Modellierung von SGM geht auf die Arbeiten von Herman Wold zurück, der in den 1960er Jahren einen varianzbasierten Algorithmus (PLS), der die einfache Einbindung von formativen sowie reflektiven Konstrukten in einen Modellzusammenhang erlaubt, entwickelte (Herrmann et al., 2006). Nachfolgend werden die Grundlagen des Algorithmus sowie die Gütekriterien zur Beurteilung von PLS-Pfadmodellen, die in dieser Arbeit Anwendung finden, erläutert.

5.3.1 Schätzverfahren für PLS-Modelle

Grundsätzlich basiert der Algorithmus darauf, dass partielle Modellstrukturen durch Kombination der Hauptkomponentenanalyse (bei reflektiven Modellen) bzw. multiplen Regression (bei formativen Modellen) mit gewöhnlichen Kleinstquadratregressionen geschätzt werden (Hair et al., 2019). Dabei erfolgt die Schätzung des Modells in drei Stufen (Weiber & Sarstedt, 2021, 70 f.):

In Stufe I werden die Konstruktwerte für jede latente Variable ermittelt. Zur Ermittlung möglichst valider Konstruktwerte für die latenten Variablen pro Erhebungsfall werden sowohl Informationen aus dem Mess- als auch aus dem Strukturmodell genutzt. Die Schätzung des Messmodells wird auch als innere Schätzung, die Schätzung des Strukturmodells als äußere Schätzung bezeichnet. Beide Schätzungen bestehen aus jeweils zwei Schritten und folgen einem Regressionsansatz.

Es wird mit der inneren Schätzung begonnen. Im ersten Schritt werden auf Basis der Rohdatenmatrix zuerst die inneren Gewichte geschätzt. Infrage kommen dazu drei Gewichtungsmethoden: Zentroid-Methode, Faktorgewichtungs-Methode oder Pfadgewichtungs-Methode (Henseler, 2005; Weiber & Sarstedt, 2021, 72 f.). Die Ergebnisse werden im zweiten Schritt zur Berechnung der Konstruktwerte herangezogen. Diese Ergebnisse fließen wiederum in die äußere Schätzung ein. Die Gewichtungsmethode hängt von der Art des Messmodells ab.

Bei reflektiven Messmodellen wird meist die Zentroid-Methode unter Anwendung der Hauptkomponentenanalyse angewandt: Dabei entspricht das äußere Gewicht dem Regressionskoeffizienten der einfachen Regression mit der manifesten Variable als abhängiger und der zuvor ermittelten inneren Schätzgröße als unabhängiger Variable. Aufgrund der Standardisierung der Schätzgrößen entspricht die Kovarianz dem Regressionskoeffizienten, sodass gilt, dass diejenigen manifesten Variablen, die sich einen größeren Teil der Varianz mit der inneren Schätzgröße der latenten Variable teilen, über ein größeres Gewicht verfügen.

Bei formativen Messmodelle ergibt sich der Vektor der Gewichte als Regressionskoeffizientenvektor aus der multiplen Regression mit der ermittelten inneren Schätzgröße als abhängiger Variable und den zur latenten Variablen gehörenden manifesten Variablen als unabhängigen Variablen (Henseler, 2005). Sind die Konstruktwerte für die latente Variable im Rahmen der äußeren Schätzung bestimmt, so werden diese mit den Konstruktwerten aus der inneren Schätzung verglichen und die vorangegangenen Schritte so lange wiederholt, bis ein festgelegtes Konvergenzkriterium erreicht ist oder, sofern festgelegt, die maximale Anzahl von Iterationen, z. B. 300, erreicht ist (Weiber & Sarstedt, 2021, S. 75).

In Stufe II erfolgt die Schätzung der Pfadkoeffizienten und in Stufe III die Schätzung der Mittelwerte und Konstanten für die Regressionsbeziehungen des SGM. Für die mathematische Herleitung und tiefgehende Informationen sei an z. B. an Henseler (2005), Chin & Newsted (1999) oder Hair (2017) verwiesen.

Das Vorgehen verdeutlicht, dass PLS-Schätzungen ausschließlich auf dem Regressionsprinzip basieren, sodass keine Verteilungsannahmen erforderlich sind und die Methode auch bereits bei relativ kleinem Stichprobenumfang angewandt werden kann (Weiber & Sarstedt, 2021, S. 77). Als Richtwert für die minimale Stichprobengröße gibt Chin (1998b, S. 311) das 10-fache des Maximums aus (a) der Anzahl an Indikatoren innerhalb des, ebenfalls gemessen an der Anzahl an Indikatoren, größten formativen Konstrukts und (b) der maximalen Anzahl an Regressionspfaden auf eines der endogenen Konstrukte an. Nach Weiber & Sarstedt (2021, S. 77) kann diese Regel zur groben Orientierung genutzt werden, genauere Berechnungen und weitere Informationen geben Aguirre-Urreta & Rönkkö (2015) und Hair (2017).

Zur Beurteilung der mit dem PLS-Algorithmus berechneten Schätzwerte werden Resampling-Techniken eingesetzt. Diese ermöglichen zudem die Bewertung über die Stabilität der Modellparameter (Henseler, 2005). Henseler (2005) beschreibt das generelle Verfahren wie folgt: Aus der Rohdatenmatrix wird n mal eine Anzahl k von Beobachtungen (mit oder ohne Zurücklegen) gezogen, die jeweils zu einer modifizierten Rohdatenmatrix umgeformt werden. Für jede modifizierte Rohdatenmatrix werden die Modellparameter neu berechnet. Über alle n geschätzten Modelle hinweg wird für jeden Modellparameter Mittelwert und Standardfehler ermittelt. Der Quotient aus Mittelwert und Standardfehler entspricht dem t-Wert, aus dem sich Signifikanzen bzw. Konfidenzintervalle für die Modellparameter ableiten lassen.
Eine gängige Methode ist das Bootstrapping, die auch in dieser Arbeit Anwendung findet. Bei dieser Methode werden aus einem Datensatz wiederholt Stichproben im Umfang der vorliegenden Stichprobe mit Zurücklegen gezogen und mit deren Hilfe weitere Teststatistiken berechnet (Weiber & Sarstedt, 2021, S. 352). Bei der Durchführung eines Bootstrappings sollten mindestens N = 100 Zufallsstichproben gezogen werden, um 100 Schätzungen für jeden Parameter des Modells zu erhalten (Boßow-Thies & Panten, 2009, S. 377). Über die dabei generierten Standardfehler können die t-Werte und Signifikanzen der geschätzten Parameter berechnet werden (Efron & Gong, 1983, in Boßow-Thies & Panten, 2009, S. 377).

Die Kriterien zur Gütebewertung des SGM lassen sich ebenfalls in Kriterien zur Bewertung des Mess- und des Strukturmodells unterscheiden (Herrmann et al., 2006). Die Reihenfolge sieht dabei vor, zunächst die Ergebnisse der Messmodelle hinsichtlich ihrer Reliabilität und Validität zu untersuchen. Anschließend werden die Erklärungs- und Prognosekraft des Strukturmodells sowie die Signifikanz und Relevanz der Pfadkoeffizienten bewertet. Die Analyse der Prognosekraft des auf theoretischen Überlegungen spezifizierten Modells fokussiert demnach gezielt auf den kausal-prädiktiven Charakter des PLS-Ansatzes (Weiber & Sarstedt, 2021, S. 348).
Im nachfolgenden Unterkapitel werden die jeweiligen Kriterien sowie festgelegte Grenzwerte vorgestellt.

5.3.2 Gütekriterien zur Beurteilung von PLS-Modellen

Das in dieser Arbeit aufgestellte Modell enthält für die endogenen Variablen ausschließlich reflektive Messmodelle, sodass der Fokus auf die Vorstellung von Gütekriterien zur Bewertung dieser Gruppe gelegt wird. Darüber hinaus gilt, dass sich die Gütekriterien für formative Konstrukte zum großen Teil überschneiden und die Anzahl an Kriterien für diese Gruppe wesentlich geringer ist. Grundsätzlich werden bei der Bewertung von Modellen Kriterien zur Reliabilität, d. h. zur Zuverlässigkeit der Messung, und zur Validität, d. h. zur Gültigkeit der Messung, betrachtet.

Gütekriterien zur Beurteilung von reflektiven Messmodellen

Zur Beurteilung der Messmodelle werden die aus der Faktoranalyse bekannten Gütekriterien herangezogen (Schloderer et al., 2011, S. 590). Insbesondere umfasst die Prüfung reflektiver Messmodelle die Evaluation der Indikatorreliabilität, der Konstruktreliabilität, der Konvergenzvalidität und der Diskriminanzvalidität (Weiber & Sarstedt, 2021, S. 349).

Zunächst wird die **Indikatorreliabilität** überprüft. Diese gibt an, inwieweit jede einzelne Indikatorvariable als Maß für die latente Variable geeignet ist. Wenigstens die Hälfte der Varianz eines Indikators sollte üblicherweise durch das zugehörige Konstrukt erklärt werden. Bei standardisierten Daten ergibt sich die Reliabilität auf Indikatorebene als Quadrat der jeweiligen Faktorladung. Diesem Grenzwert von 0,5 entspricht somit eine Faktorladung in Höhe von mindestens 0,7 (Schloderer et al., 2011, S. 590). Als Schwellenwert gilt eine Faktorladung von 0,5 (Himme, 2009, S. 490). Darüber hinaus gilt bei neuen Skalen die Regel, reflektive Indikatoren mit Ladungen < 0,4 aus dem Gesamtmodell zu entfernen (Hulland, 1999). Zur Beurteilung der Signifikanz wird die Resampling-Methode Bootstrapping angewandt. Die t-Werte sollten über dem Schwellenwert von 1,965 liegen (Schloderer et al., 2011, S. 583).

Die **Konstruktreliabilität** wird über die Maße für die interne Konsistenz bestimmt. Dazu kann einerseits Cronbach's Alpha herangezogen werden. Dies geht allerdings davon aus, dass alle Indikatoren des Konstruktes gleich reliabel sind, d. h. alle Indikatoren haben die gleiche Indikatorladung auf das Konstrukt.
In der PLS-Schätzung werden die Indikatoren hingegen auf Basis ihrer individuellen Reliabilität priorisiert. Daher empfiehlt es sich, ergänzend die Composite-Reliabilität (IC-Maß) zu analysieren. Die Kennzahl berücksichtigt unterschiedliche Ladungen der Indikatorvariablen. In beiden Fällen werden Werte ≥ 0,7 als gut interpretiert (Weiber & Sarstedt, 2021, 349 ff.).

Die **Konvergenzvalidität** ist das Ausmaß, in dem das Konstrukt konvergiert, um die Varianz seiner Indikatoren zu erklären. Die Kennzahl für die Bewertung der Konvergenzvalidität ist die durchschnittliche erfasste Varianz (engl. Average Variance Extracted, AVE) für alle Items eines jeden Konstrukts. Zur Berechnung wird die Ladung jedes Indikators auf einem Konstrukt quadriert und der Mittelwert errechnet. Ein akzeptabler AVE liegt bei > 0,50 und zeigt an, dass das Konstrukt mindestens 50 % der Varianz seiner Items erklärt (Hair et al., 2019).

Die **Diskriminanzvalidität** gibt an, ob und wie weit sich ein Konstrukt empirisch von anderen Konstrukten des SGM unterscheidet. Ein bekanntes Maß ist das Fornell Larcker Kriterium, das ebenfalls die AVE nutzt. Zur Ermittlung der Kennzahl soll die AVE jedes Konstrukts mit der

quadrierten Inter-Konstrukt-Korrelation (als Maß für die gemeinsame Varianz) desselben Konstrukts und aller anderen reflektiv gemessenen Konstrukte im SGM verglichen werden. Die gemeinsame Varianz für alle Konstrukte des Modells soll dabei nicht größer sein als ihre AVEs (Hair et al., 2019).
Da sich in der jüngeren Forschung gezeigt hat, dass das Kriterium weniger verlässliche Rückschlüsse zulässt, kann ergänzend das Heterotrait-Monotrait-Verhältnis der Korrelation (HTMT) als weiteres Gütemaß hinzugezogen werden. Das HTMT-Kriterium ist definiert als Mittelwert aller Indikatorkorrelationen, die jeweils unterschiedliche Konstrukte messen, in Relation zu dem (geometrischen) Mittel der durchschnittlichen Indikatorrelationen, die jeweils ihr eigenes Konstrukt messen (Weiber & Sarstedt, 2021, S. 177). HTMT-Werte < 0,90 bzw. 0,85 gelten als zufriedenstellend. Über Resampling lassen sich mittels der sich ergebenden t-Werte Signifikanztests durchführen (Weiber & Sarstedt, 2021, 351 f.).
Ein weiteres Verfahren zur Beurteilung der Diskriminanzvalidität ist die Berechnung von Kreuzladungen. Diese ergeben sich aus den Korrelationen zwischen manifesten Variablen und den Faktorwerten anderer im Modell enthaltener latenter Variablen. Dabei sollte jede manifeste Variable die höchste Ladung bzw. Korrelation mit dem ihr zugeordneten Konstrukt aufweisen. Dies stellt jedoch einen stark datengeleiteten Ansatz dar und genügt daher, wie das Fornell Larcker Kriterium, als alleiniges Gütekriterium nicht den Anforderungen der theoriegeleiteten Modellierung latenter Untersuchungsobjekte (Schloderer et al., 2011, S. 592).

Gütekriterien zur Beurteilung des Strukturmodells

Ziel der Evaluation des SGM ist die Beurteilung der Erklärungs- und Prognosekraft des Modells sowie die Interpretation der statistischen Signifikanz und Relevanz der Pfadkoeffizienten. Voraussetzung aller Güteprüfungen ist, dass kein kritisches Maß an Kollinearität zwischen den Konstrukten vorliegt (Weiber & Sarstedt, 2021, S. 355). Folglich ist dies der erste Schritt in der Güteprüfung und Beurteilung der SGM.

Die **Kollinearität** wird über die Varianzinflationsfaktor (VIF)-Werte berechnet. Zur Berechnung werden die latenten Variablenwerte der Prädiktorenkonstrukte in einer partiellen Regression verwendet. VIF-Werte > 5 sind ein Hinweis auf wahrscheinliche Kollinearitätsprobleme zwischen den Prädiktorenkonstrukten. Idealerweise sollten die VIF-Werte < 3 liegen (Hair et al., 2019). Der Ausschluss von Kollinearität gilt sowohl für die äußeren Modelle als auch für die inneren Modelle. Zu diesem Zweck werden für die endogenen Variablen die VIF der jeweiligen Prädiktorvariablen bestimmt. Bei beiden gilt ein Wert > 5 als kritisch.

Zur Beurteilung der **Erklärungskraft** wird je endogener latenter Variable das Bestimmtheitsmaß R^2 berechnet. Es gibt an, wie viel Prozent der Varianz einer endogenen latenten Variablen durch die unmittelbaren, direkt verbundenen Vorgängerkonstrukte erklärt wird. Für Grenzwerte sollte immer der Kontext betrachtet werden, da in einigen Fällen Werte von 0,1 als akzeptabel gelten (Weiber & Sarstedt, 2021, S. 356). Es empfiehlt sich zudem, das korrigierte R^2_{korr} zu betrachten, da das R^2 durch die Anzahl der unabhängigen Variablen beeinflusst wird (Boßow-Thies & Panten, 2009, S. 377).

Ein weiteres Maß zur Beurteilung des Einflusses einer latenten Variable auf eine abhängige latente Variable, d. h. im Falle eines Hypothesenmodells zur Überprüfung der aufgestellten

Hypothese, werden zusätzlich die **Effektstärken** f^2 untersucht. Diese beurteilen die Änderung des R^2-Wertes der abhängigen Größe bei Berücksichtigung und Ausschluss einzelner unabhängiger latenter Variablen (Boßow-Thies & Panten, 2009, S. 377). Als Richtwerte gelten 0,02, 0,15 und 0,35 als kleine, mittlere und große Effekte (Chin, 1998b, S. 317).

Die **Prognosekraft** des Modells kann schließlich über mehrere Statistiken, die die Höhe des Prognosefehlers quantifizieren, ermittelt werden. Der Fokus liegt dabei auf den Indikatoren der endogenen latenten Variablen (Weiber & Sarstedt, 2021, S. 359). Das Stone-Geisser-Kriterium Q wird mit Hilfe des Blindfolding-Verfahrens ermittelt, bei dem ein Teil der Datenmatrix ausgelassen wird, die Modellparameter geschätzt werden und der ausgelassene Teil mit Hilfe der zuvor berechneten Schätzungen vorhergesagt und schließlich mit den tatsächlichen Werten verglichen wird (Ringle et al., 2018). Positive Werte zeigen an, dass das Modell eine größerer Prognosekraft besitzt als die Indikatormittelwerte der Teststichprobe, welche jegliche Art von Modellstruktur ignoriert. Werte ≤ 0 zeigen einen Mangel an Prognosekraft an (Weiber & Sarstedt, 2021, S. 359).

Die Gütekriterien für Mess- und Strukturmodelle innerhalb von PLS-Modellen sind inklusive der jeweiligen Grenzwerte in Tabelle 5-3 dargestellt.

Tabelle 5-3 Gütekriterien von PLS-Modellen (i. A. an Weiber & Sarstedt, 2021, S. 350; S. 357)

Messmodellebene		
Gütekriterium		Grenzwerte
Indikatorreliabilität	Faktorladungen	> 0,4
Konstruktreliabilität	Cronbach's Alpha	≥ 0,70
	Composite-Reliabilität	≥ 0,70
Konvergenzvalidität	AVE	≥ 0,50
Diskriminanzvalidität	Fornell-Larcker-Kriterium	Die Quadratwurzel der AVE des Konstrukts ist größer als die Korrelation mit den jeweils anderen Konstrukten
	HTMT-Kriterium	≥ 0,85 oder ≥ 0,90;
	Kreuzladungen	Indikator hat die höchste Korrelation mit dem zugeordneten Konstrukt
Strukturmodellebene		
Gütekriterium		Grenzwerte
Kollinearität VIF-Werte		< 5
Erklärungskraft Bestimmtheitsmaß R^2		≥ 0,25 schwache, ≥ 0,5 moderate, ≥ 0,75 substanzielle Erklärungskraft; Interpretation sollte im Modellkontext erfolgen
Effektstärken f^2		≥ 0,02 kleine Effekte, ≥ 0,15 mittlere Effekte, ≥ 0,35 große Effekte
Prognosekraft Stone-Geisser-Kriterium Q		≤ 0

6 Deskriptive Studie II – Ergebnisse der empirischen Untersuchungen

Zur empirischen Prüfung und Beurteilung des entwickelten Forschungsmodells werden innerhalb der Deskriptiven Studie II die beiden empirischen Studien I und II durchgeführt. Das Ziel der Studien ist die Untersuchung der Wirkzusammenhänge zwischen den Dimensionen der IB, der vorgelagerten Faktoren auf Individual- und Unternehmensebene sowie der Faktoren des Karriereerfolgs zur Untersuchung der Vorhersagekraft der IB-Dimensionen.
Studie I fokussiert auf Beschäftigte in produzierenden Unternehmen und wurde von Februar 2020 bis Januar 2021 durchgeführt. Studie II fokussiert auf Arbeitssuchende, die zuvor in produzierenden Unternehmen beschäftigt waren, und wurde von Februar bis Juni 2021 durchgeführt. In Summe ergibt dies die zum Zeitpunkt der Studiendurchführung relevante Personengruppe, die potenziell in Industrie 4.0-geprägten Arbeitsumgebungen beschäftigt sein könnte. Aufgrund konkreter Fragen zum aktuellen oder vorigen Unternehmen wurden nach Empfehlung des Instituts für Arbeitsmarkt- und Berufsforschung (IAB) Langzeitarbeitslose, d. h. Personen, die länger als ein Jahr ohne Beschäftigung sind (Bundesagentur für Arbeit, 2022), sowie Schul- oder Hochschulabsolventen von der Untersuchung ausgenommen. Die beiden Studien wurden hintereinander durchgeführt, da ein weiteres Ziel von Studie II die Validierung der Ergebnisse aus Studie I ist.

Vor Durchführung der beiden Studien I und II wird in der Deskriptiven Studie II eine Vorstudie durchgeführt. Deren Zweck ist die Überprüfung der neuen Konstrukte der IB-Dimensionen hinsichtlich weiterer Gütekriterien in Ergänzung zu den im Rahmen der Skalenentwicklung nach der C-OAR-SE-Systematik überprüften Kriterien. Folglich wurden hier nur die Items der IB-Dimensionen und ausgewählte deskriptive Fragen in einen Fragebogen überführt. Auf Basis der Ergebnisse wurden die Konstrukte final angepasst.

In den folgenden Kapiteln werden die Vorgehensweise zur Datenakquise, die generierten Stichproben und die Ergebnisse der empirischen Studien I und II beschrieben. Dabei erfolgt die erneute Gütebeurteilung der Messmodelle und des Strukturmodells auf Basis der in Kapitel 5 hergeleiteten Gütekriterien. Ebenso werden die aufgestellten Hypothesen hinsichtlich ihrer Gültigkeit überprüft.
In Kapitel 6.4 erfolgt ein Vergleich der zentralen Erkenntnisse der empirischen Studien I und II und eine Zusammenfassung der Ergebnisse zum IB-Modell und den aufgestellten Hypothesen.

6.1 Vorstudie zur weiteren Güteprüfung der IB-Dimensionen

Um neben der Inhaltsvalidität weitere Gütekriterien für die Konstrukte der IB-Dimensionen zu ermitteln, wurde für die neu entwickelten Skalen vor Durchführung der eigentlichen empirischen Studien I und II zur Überprüfung des Hypothesenmodells eine Vorstudie durchgeführt. Diese ist im Detail in Beierle, Heine, Letmathe, Metzmacher, Meyer & Schmitt (2020) beschrieben. Nachfolgend werden die für die vorliegende Arbeit relevanten Erkenntnisse sinngemäß zusammengefasst.

Ziel der Vorstudie war es, die vier IB-Dimensionen zusätzlich zur bereits im Kontext der C-OAR-SE-Skalenentwicklung überprüften Inhaltsvalidität empirisch hinsichtlich weiterer Gütekriterien zu untersuchen. Zu diesem Zweck wurde eine CFA durchgeführt (Gäde et al., 2020, 617 f.). Das Ziel der Untersuchung bestand nicht darin, möglichst realitätsgetreue Ergebnisse zum Stand der IB in produzierenden Betrieben zu erhalten, sondern alleine in der Sicherstellung der Güte des Messinstruments. Aus diesem Grund, wurden die Teilnehmenden zur Beantwortung des Fragebogens über die Plattform *Clickworker* rekrutiert.

Insgesamt haben 296 Teilnehmende den Fragebogen komplett ausgefüllt. Das Durchschnittsalter betrug 36 Jahre. 62 % der Teilnehmenden waren männlich, 85 % waren zum Zeitpunkt der Befragung erwerbstätig und 37 % hatten einen Hochschulabschluss. Außerdem arbeiteten 23 % im Sekundärsektor und 49 % Tertiärsektor (Beierle, Heine, Letmathe, Metzmacher, Meyer & Schmitt, 2020).

Wie auch die Analysen innerhalb der empirischen Studien I und II, wurde die CFA für die vorliegende Arbeit in SmartPLS3.3® durchgeführt.
Aufgrund der PLS-Schätzungen auf Basis des Regressionsprinzips ist keine Überprüfung der Verteilungsform erforderlich (vgl. Weiber & Sarstedt, 2021, S. 77). Zu Beginn der Analyse erfolgte eine Rekodierung der inversen Variablen. Es wurde ein Bootstrapping mit 1.000 Iterationen und ein zweiseitiger t-Test ($\alpha = 0,05$) durchgeführt. Zur Beurteilung der Reliabilität wurde zwischen Indikator- und Konstruktreliabilität unterschieden. Die Validität wurde in Form der Konvergenz- und Diskriminanzvalidität untersucht.

Indikatorreliabilität

Zuerst wurden die Faktorladungen zur Beurteilung der Indikatorreliabilität untersucht. In Tabelle 6-1 sind die Werte der IB-Dimensionen und der zugeordneten Items dargestellt. Die Faktorladungen liegen in der Vorstudie zwischen 0,207 (SOCS9) und 0,74 (ADAP3). Nach der Literatur gilt als Schwellenwert eine Faktorladung von 0,5 (Himme, 2009, S. 490). Bei neuen Skalen sollten mindestens die Indikatoren mit Ladungen < 0,4 aus dem Gesamtmodell entfernt werden (Hulland, 1999). Nach vorangegangener inhaltlicher Prüfung, wurden somit folgende Indikatoren entfernt: ADAP7, OTE12, SELF11, SELF12, SELF13, SOCS9, SOCS10 (in Tabelle 6-1 fett-gedruckt).

Tabelle 6-1 Faktorladungen der IB-Dimensionen in der Vorstudie

	Ladungen	T-Statistik	P-Werte
ADAP1 <- ADAP	0.533	9.065	0.000
ADAP2 <- ADAP	0.729	23.224	0.000
ADAP3 <- ADAP	0.740	26.788	0.000
ADAP4 <- ADAP	0.673	16.552	0.000
ADAP5 <- ADAP	0.645	14.709	0.000
ADAP6 <- ADAP	0.553	9.025	0.000
ADAP7 <- ADAP	**0.430**	6.258	0.000
OTE1 <- OTE	0.638	15.474	0.000
OTE2 <- OTE	0.674	20.820	0.000
OTE3 <- OTE	0.636	18.905	0.000
OTE4 <- OTE	0.702	19.116	0.000
OTE5 <- OTE	0.639	15.912	0.000
OTE6 <- OTE	0.623	14.873	0.000
OTE7 <- OTE	0.623	13.805	0.000
OTE8 <- OTE	0.565	11.141	0.000
OTE9 <- OTE	0.689	17.477	0.000
OTE10 <- OTE	0.583	12.264	0.000
OTE11 <- OTE	0.588	11.182	0.000
OTE12 <- OTE	**0.417**	6.604	0.000
SELF1 <- SELF	0.581	11.591	0.000
SELF2 <- SELF	0.667	17.776	0.000
SELF3 <- SELF	0.688	22.596	0.000
SELF4 <- SELF	0.597	12.770	0.000
SELF5 <- SELF	0.647	18.054	0.000
SELF6 <- SELF	0.492	8.569	0.000
SELF7 <- SELF	0.556	11.325	0.000
SELF8 <- SELF	0.604	13.808	0.000
SELF9 <- SELF	0.609	14.901	0.000
SELF10 <- SELF	0.453	7.404	0.000
SELF11 <- SELF	**0.213**	3.007	0.003
SELF12 <- SELF	**0.447**	7.344	0.000
SELF13 <- SELF	**0.303**	4.024	0.000
SOCS1 <- SOCS	0.582	11.981	0.000
SOCS2 <- SOCS	0.652	17.800	0.000
SOCS3 <- SOCS	0.621	13.970	0.000
SOCS4 <- SOCS	0.536	10.188	0.000
SOCS5 <- SOCS	0.561	10.530	0.000
SOCS6 <- SOCS	0.671	18.115	0.000
SOCS7 <- SOCS	0.667	16.205	0.000
SOCS8 <- SOCS	0.491	7.937	0.000
SOCS9 <- SOCS	**0.207**	2.236	0.026
SOCS10 <- SOCS	**0.420**	6.208	0.000

Konstruktreliabilität

Ohne Berücksichtigung der entfernten Indikatoren werden zur Beurteilung der Konstruktreliabilität Cronbach's Alpha und das IC-Maß analysiert. Die Ergebnisse sind in Tabelle 6-2 bzw. in Tabelle 6-3 dargestellt. Die Cronbach's Alpha-Werte für die Konstruktreliabilität sind alle > 0,7, sodass angenommen werden kann, dass die Konstrukte über die Items gut bis sehr gut abgebildet werden. Auch die Ergebnisse der Composite-Reliabilität lassen auf eine hohe interne Konsistenz und somit reliable Konstrukte schließen.

Tabelle 6-2 Cronbach's Alpha der IB-Dimensionen in der Vorstudie

	Cronbach's Alpha	T-Statistik	P-Werte
ADAP	0.732	28.725	0.000
OTE	0.853	77.503	0.000
SELF	0.800	46.768	0.000
SOCS	0.751	32.830	0.000

Tabelle 6-3 IC-Maß der IB-Dimensionen in der Vorstudie

	IC-Maß	T-Statistik	P-Werte
ADAP	0.816	55.182	0.000
OTE	0.882	112.589	0.000
SELF	0.847	75.422	0.000
SOCS	0.821	60.395	0.000

Konvergenzvalidität

Zur Beurteilung der Konvergenzvalidität wurde die AVE untersucht (siehe Tabelle 6-4). Für alle vier IB-Dimensionen gilt, dass die AVE unterhalb dem geforderten Maß von 0,5 liegt. Demnach gilt für die Datenbasis der Vorstudie, dass die IB-Dimensionen jeweils weniger als 50 % der Varianz ihrer Indikatoren erklären. Aufgrund der neuen Skalen und den folgenden Untersuchungen in den empirischen Studien I und II mit weiteren Datensätzen wurden keine Konsequenzen aus dem Nicht-Erreichen der Schwellenwerte gezogen.

Tabelle 6-4 AVE der IB-Dimensionen in der Vorstudie

	AVE	T-Statistik	P-Werte
ADAP	0.430	19.007	0.000
OTE	0.405	22.814	0.000
SELF	0.360	18.912	0.000
SOCS	0.366	17.897	0.000

Diskriminanzvalidität

Als Kriterien zur Beurteilung der Diskriminanzvalidität wurden die Kreuzladungen der Indikatoren sowie das Fornell-Larcker- und das HTMT-Kriterium herangezogen.
Die Kreuzladungen in Tabelle 6-5 zeigen, dass die Indikatoren die höchste Ladung bzw. Korrelation mit der ihr zugeordneten IB-Dimension aufweisen. Demnach kann auf dieser Basis von einer ausreichenden Separierung der Dimensionen ausgegangen werden kann.

Tabelle 6-5 Kreuzladungen der IB-Dimensionen in der Vorstudie

	ADAP	OTE	SELF	SOCS
ADAP1	**0.522**	0,366	0,410	0,316
ADAP2	**0.730**	0,633	0,607	0,535
ADAP3	**0.763**	0,631	0,573	0,549
ADAP4	**0.671**	0,412	0,497	0,402
ADAP5	**0.658**	0,452	0,430	0,416
ADAP6	**0.556**	0,355	0,345	0,326
OTE1	0,440	**0,640**	0,523	0,617
OTE2	0,589	**0,666**	0,606	0,638
OTE3	0,524	**0,642**	0,553	0,602
OTE4	0,505	**0,697**	0,513	0,580
OTE5	0,459	**0,651**	0,509	0,590
OTE6	0,485	**0,630**	0,502	0,556
OTE7	0,441	**0,634**	0,522	0,614
OTE8	0,366	**0,565**	0,407	0,487
OTE9	0,534	**0,692**	0,494	0,533
OTE10	0,398	**0,575**	0,458	0,537
OTE11	0,443	**0,596**	0,495	0,563
SELF1	0,418	0,440	**0,571**	0,407
SELF2	0,507	0,516	**0,662**	0,454
SELF3	0,506	0,598	**0,704**	0,553
SELF4	0,450	0,553	**0,596**	0,414
SELF5	0,523	0,549	**0,659**	0,523
SELF6	0,385	0,441	**0,499**	0,356
SELF7	0,445	0,380	**0,560**	0,430
SELF8	0,454	0,460	**0,626**	0,435
SELF9	0,426	0,493	**0,620**	0,495
SELF10	0,300	0,310	**0,403**	0,244
SOCS1	0,388	0,461	0,430	**0,611**
SOCS2	0,425	0,506	0,482	**0,671**
SOCS3	0,447	0,401	0,463	**0,603**
SOCS4	0,360	0,387	0,362	**0,544**
SOCS5	0,372	0,435	0,420	**0,571**
SOCS6	0,423	0,403	0,508	**0,674**
SOCS7	0,482	0,476	0,518	**0,659**
SOCS8	0,298	0,299	0,325	**0,482**

Die weiteren Kriterien zur Überprüfung der Diskriminanzvalidität, das Fornell-Larcker-Kriterium (siehe Tabelle 6-6) und HTMT (siehe Tabelle 6-7) zeigen jedoch, dass sich die vier Konstrukte mit den vorliegenden Daten nicht optimal voneinander separieren lassen. Hinsichtlich des Fornell-Larcker-Kriteriums sind die Werte sogar bei den jeweils anderen Dimensionen höher, sodass die Diskriminanzvalidität hier als nicht ausreichend zu bewerten ist. Selbiges gilt für das HTMT-Kriterium, da die Werte jeweils > 0,85 sind.
Folglich sind auch zur finalen Bewertung der Diskriminanzvalidität weitere Untersuchungen in den empirischen Studien I und II erforderlich.

Tabelle 6-6 Fornell-Larcker-Kriterium der IB-Dimensionen in der Vorstudie

	ADAP	OTE	SELF	SOCS
ADAP	0.656			
OTE	0.748	0.637		
SELF	0.744	0.802	0.600	
SOCS	0.664	0.720	0.732	0.605

Tabelle 6-7 HTMT-Kriterium der IB-Dimensionen in der Vorstudie

	ADAP	OTE	SELF	SOCS
ADAP				
OTE	0.911			
SELF	0.949	0.960		
SOCS	0.872	0.886	0.925	

Zusammengefasst kann festgehalten werden, dass die Vorstudie weitere Erkenntnisse zur Güte des Messinstruments geliefert hat. Aufgrund der Datenquelle *Clickworker*, die hinsichtlich der genauen Passung für Beschäftigte in produzierenden Unternehmen als nicht optimal einzustufen ist, wurden im Zuge der Überprüfung der Indikatorreliabilität nur einige Indikatoren der reflektiven IB-Dimensionen entfernet, die nach inhaltlicher Prüfung als nicht notwendig eingestuft worden sind sowie Ladungen von deutlich < 0,45 erzielten. Zwar zeigten sich bei den Prüfungen auf Konvergenz- und Diskriminanzvalidität ebenfalls nicht optimale Werte, auf weitere Anpassungen wurde aber verzichtet, um erneute Prüfungen auf Basis der inhaltlich besser passenden Datensätze der empirischen Studien I und II durchzuführen.

6.2 Empirische Studie I – Beschäftigte in produzierenden Unternehmen

6.2.1 Quantitative und qualitative Darstellung zu Datenbasis I

Zur Untersuchung des entwickelten Modells und der aufgestellten Hypothesen wurden zwei Studien durchgeführt. Studie I untersucht die industrielle Beschäftigungsfähigkeit und potenziell relevanten Faktoren von Beschäftigten aus produzierenden Unternehmen. Im Fokus stehen Beschäftigte in Unternehmen der Automobilindustrie und des Maschinen- und Anlagenbaus. Diese Branchen wurden ausgewählt, da sie einen großen Anteil der deutschen Industrie ausmachen und die umsatzstärksten Branchen darstellen (Statista, 2022). Weitere Branchen, z. B. Elektronik und Gebrauchsgüter, wurden jedoch nicht ausgeschlossen, sofern es sich um produzierende Unternehmen handelte.

Die Unternehmensakquise erfolgte über verschiedene Kanäle und startete im Januar 2020. Neben persönlichen Kontakten wurden Aufrufe zur Teilnahme an der Studie über die Social Media Kanäle bei *LinkedIn* und *XING* des WZL der RWTH Aachen und über den Newsletter der *Deutschen Gesellschaft für Qualität* (DGQ) geschaltet.
Außerdem wurden über eine Datenbank mit mehreren Tausend Industriepartnern des WZL der RWTH Aachen Unternehmenskontakte gezielt angeschrieben. Aufgrund des produktionstechnischen Hintergrunds des Instituts sind die in der Datenbank gelisteten Kontakte primär in produzierenden Unternehmen tätig, sodass lediglich Unternehmen des nicht-deutschsprachigen Raums herausgefiltert wurden. Hauptbranchen waren in der Ansprache maßgeblich folgende: Maschinen- und Anlagenbau, Automobil, Gebrauchsgüter, Elektronik, Pharma und Medizinprodukte. Insgesamt wurden über die Datenbank im Februar 2020 5.300 Kontakte, bei Konzernen auch mehrere Kontakte pro Unternehmen, per E-Mail kontaktiert, um eine Teilnahme an der Studie anzufragen. Bei positiver Rückmeldung erfolgte der Versand weiterführender Informationen zum Studienhintergrund und zur Durchführung sowie in einigen Fällen eine persönliche Vorstellung per Videokonferenz. Von den über die Datenbank angeschriebenen Unternehmen hatten sich zunächst 37 zur Teilnahme bereiterklärt, über den DGQ-Newsletter konnten zwei, über Social Media eine und über die persönlichen Kontakte neun positive Rückmeldungen verzeichnet werden.

Da die Studie auf Beschäftigte in der Produktion fokussierte, war es in einigen Unternehmen erforderlich, das Einverständnis des Betriebsrates und weiterer Verantwortlichen einzuholen. Trotz der bereits vorab kommunizierten Zusicherung der anonymen, nicht-personenbezogenen Datensammlung und -verarbeitung führte dies in einigen Fällen zu Absagen. Als Gründe wurden insbesondere Bedenken bezüglich der Wirkung der Thematik auf die Beschäftigten angegeben, da aufgrund der COVID-19-bedingten Krisensituation und in einigen Fällen bestehender Kurzarbeit die Sorge eines Stellenabbaus sehr groß war. Pandemiebedingt konnten zudem einige Befragungen erst Monate später durchgeführt werden, sodass der Befragungszeitraum deutlich länger als initial geplant und kommuniziert andauerte.

Die Befragung erfolgte überwiegend über die Online-Version der Fragebögen. Es konnten ca. 600 Aufrufe verzeichnet werden. Ein Unternehmen hat die Fragebögen während der Betriebsversammlung als Papierformat ausgeteilt und ein weiteres Unternehmen hatte es den Beschäftigten freigestellt, ob sie den Fragebogen für die Mitarbeitenden in der Produktion online oder analog ausfüllen. In Tabelle 6-8 sind die Kennwerte zur Stichprobe dargestellt.

Um in die Analyse aufgenommen zu werden, mussten die Frageböge mindestens für die Konstrukte des Modells im jeweiligen Fragebogen vollständig sein und mindestens den Unternehmensnamen enthalten. Insgesamt gingen 413 Antworten von Beschäftigten und Führungskräften ein, von denen 335 vollständig und für die Datenanalyse geeignet waren. Eine weitere Voraussetzung für die Datenanalyse bestand darin, dass für jedes Unternehmen mindestens ein vollständiger Fragebogen für die Beschäftigten und zwei vollständige Fragebögen für die Führungsebene vorliegen, da die Antworten der Führungsebene gemittelt in die Analyse eingehen. Darüber hinaus wurden Datensätze mit auffälligen Antworten, z. B. sich nur in den Extremen oder sich ausschließlich der Mitte der Likert-Skala befindlichen Datenpunkten (vgl. Raab-Steiner & Benesch, 2018, 64 ff.), ausgeschlossen. Aufgrund dieser Restriktionen wurden 12 Datensätze und 8 Unternehmen ausgeschlossen. Es verbleiben 14 Unternehmen in der Stichprobe.
Die in Kapitel 5.3.1 beschriebene Faustformel zur Berechnung der Mindeststichprobengröße für PLS-Pfadmodelle besagt, dass diese das 10-fache der Anzahl an Regressionspfaden betragen sollte, die auf ein endogenes Konstrukt wirken. Demnach ergibt sich für das Modell eine Mindeststichprobengröße von 60. Diese wird mit 279 erreicht.

Tabelle 6-8 Quantitative Darstellung der Größe und Vollständigkeit der Stichprobe der empirischen Studie I

	Summe
Besucher des Online-Fragebogens	594
Ausgeteilte Papierfragebögen	130
Vollständig ausgefüllte Fragebögen	413
Ausgeschlossene Fragebögen	12
Verwendete Fragebögen	323
– davon Beschäftigte	279
– davon Führungskräfte	44

Zur qualitativen Bewertung der Stichprobe lässt sich diese in Bezug auf Branche und Unternehmensgröße als repräsentativ für die produzierenden Unternehmen in Deutschland einordnen (Statistisches Bundesamt Deutschland, 2022). Tabelle 6-9 gibt eine Übersicht über die qualitative Zusammensetzung der Stichprobe bezogen auf die teilnehmenden Unternehmen und befragten Mitarbeitenden.
Die Branchenübersicht zeigt, dass über 85 % der teilnehmenden Unternehmen bzw. über 93 % der teilnehmenden Personen entweder dem Maschinen- und Anlagenbau oder der Au-

tomobilindustrie zuzuordnen sind. Hinsichtlich der Unternehmensgröße sind 50 % der Unternehmen den kleinen und mittleren Unternehmen (KMU) und über 30 % Großunternehmen zuzuordnen. Bezogen auf die teilnehmenden Personen sind ebenfalls über die Hälfte der Befragten in Unternehmen mit weniger als 500 Mitarbeitenden und knapp 30 % in Unternehmen mit über 10.000 Mitarbeitenden beschäftigt. Die meisten Unternehmen und auch die Mehrheit der Befragten sind in Nordrhein-Westfalen ansässig. Die restlichen Unternehmen sind in Bayern und Baden-Württemberg lokalisiert. Von den teilnehmenden Unternehmen haben zudem die meisten ihren Hauptsitz in Deutschland. Nur eines der Unternehmen hat seinen Hauptsitz im innereuropäischen Ausland.

Tabelle 6-9 Übersicht über qualitative Zusammensetzung der Stichprobe der empirischen Studie I bezogen auf Unternehmen und Mitarbeitende

		Unternehmen		Mitarbeitende	
		N	Häufigkeit	N	Häufigkeit
Bundesland	Bayern	2	14.29%	87	26.93%
	Baden-Württemberg	4	28.57%	40	12.38%
	Nordrhein-Westfalen	8	57.14%	196	60.68%
Unternehmens-sitz	D	13	92.86%	315	97.52%
	EU (ohne D)	1	7.14%	8	2.48%
Branche	Maschinen-/ Anlagenbau	7	50.00%	186	57.59%
	Automobilindustrie	5	35.71%	117	36.22%
	Elektroindustrie	1	7.14%	9	2.79%
	Metallindustrie	1	7.14%	11	3.41%
Unternehmens-größe	< 250 Mitarbeitende	7	50.00%	112	34.67%
	250 bis 499 Mitarbeitende	1	7.14%	75	23.22%
	500 bis 999 Mitarbeitende	1	7.14%	20	6.19%
	1.000 bis 10.000 Mitarbeitende	2	14.29%	22	6.81%
	> 10.000 Mitarbeitende	3	21.43%	94	29.10%

Die demografischen Daten der Teilnehmenden sind in Tabelle 6-10 dargestellt. Hinsichtlich des Geschlechterverhältnisses sind die Daten der Beschäftigten auf Shopfloor-Ebene und die Daten der Führungskräfte und Personal mit jeweils über 90 % männlichen Teilnehmenden sehr ähnlich. Die Altersstruktur zeigt dagegen deutliche Unterschiede: die befragten Führungskräfte im Management/ Personalbereich sind im Schnitt 43 Jahre alt (Mittelwert = 42,84; Median = 42,00), die befragten Beschäftigten auf dem Shopfloor sind ca. 38 Jahre alt (Mittelwert = 38,66; Median = 38,00).

Hinsichtlich des Ausbildungsniveaus verfügen die meisten Beschäftigten auf Shopfloorebene über eine abgeschlossene Berufsausbildung. Das niedrigste Ausbildungsniveau ist ein Grund-/ Hauptschulabschluss; das höchste ein Master-/ Diplomabschluss. Die Befragten im höheren Management und im Personalbereich verfügen mindestens über eine mittlere Reife; der häufigste ist ein akademischer Abschluss mit Diplom oder Master.

Obwohl die Teilnehmenden aus den Bereichen Management/ Personal im Schnitt ca. vier

Jahre älter sind, so sind die Median-Werte der Unternehmenszugehörigkeiten deutlich geringer. Die Mittelwerte der Unternehmenszugehörigkeit insgesamt liegen zwar bei beiden Gruppen bei etwa 12 Jahren, die Mediane unterscheiden sich jedoch mit 9 Jahren bei den Beschäftigten und mit 5,3 Jahren bei den höheren Führungskräften. In der aktuellen Position gibt der Mittelwert der höheren Führungskräfte mit 10 Jahren einen deutlich höheren Wert an als bei den Beschäftigten, der bei 7,61 Jahren liegt. Dagegen geben auch hier die Mediane ein deutlich anderes Bild ab: mit 5 Jahren ist der Wert für die Beschäftigten um 2 Jahre höher als der des oberen Managements und des Personalbereichs. Die Unterschiede zwischen den Mittelwerten und Medianen lässt sich damit erklären, dass in der Stichprobe ein relativ viele inhabergeführte KMU vertreten sind. Die Inhaber haben meist den Fragebogen der Führungskräfte selbst mit beantwortet. Somit ergaben sich in einigen Fällen identische Werte von über 20 Jahren für die Unternehmenszugehörigkeit insgesamt und in der aktuellen Position. Die Mediane geben dagegen ein realistisches Bild der Gesamtsituation wieder, da Akademiker, die meist Positionen im oberen Management und im Personalbereich bekleiden, eine höhere Wahrscheinlichkeit des Arbeitgeberwechsels aufweisen (Boockmann & Steffes, 2011). Insgesamt kann die Stichprobe auch hinsichtlich der demografischen Daten als repräsentativ eingeordnet werden.

Tabelle 6-10 Übersicht über demografische Daten der Teilnehmenden in der empirischen Studie I

		Beschäftigte		Führungskräfte/Personal	
		N	Häufigkeit	N	Häufigkeit
Geschlecht	Männlich	255	91.40%	40	90.91%
	Weiblich	24	8.60%	4	9.09%
Alter	< 20	3	1.08%	0	0.00%
	20-29	74	26.52%	2	4.55%
	30-39	75	26.88%	17	38.64%
	40-49	61	21.86%	9	20.45%
	50-59	60	21.51%	15	34.09%
	> 60	6	2.15%	1	2.27%
Ausbildung	Grund-/Hauptschulabschluss	18	6.45%	0	0.00%
	Mittlere Reife	46	16.49%	2	4.55%
	Fachabitur	24	8.60%	2	4.55%
	Abitur	10	3.58%	0	0.00%
	Abgeschlossene Berufsausbildung	126	45.16%	9	20.45%
	Bachelor/Meister	26	9.32%	5	11.36%
	Master/Diplom	29	10.39%	22	50.00%
	Promotion	0	0.00%	4	9.09%
Unternehmenszugehörigkeit [Jahre]		Mittelwert	Median	Mittelwert	Median
	Insgesamt	12.24	9.00	12.08	5.30
	Aktuelle Position	7.61	5.00	10.00	3.00

6.2.2 Ergebnisse der empirischen Studie I

Zu Beginn der Überprüfung des in der Präskriptiven Studie aufgestellten Hypothesenmodells gilt es, die Güte des Messmodells zu überprüfen. Eine ausreichende Güte des Messmodells ist die Voraussetzung zur Beurteilung des Strukturmodells und zur Ableitung weiterer Erkenntnisse und Handlungsempfehlungen.

Die Analyse erfolgt wie die Analyse der Vorstudie in Kapitel 6.1 in der Software SmartPLS3.3® unter Anwendung des PLS-Algorithmus, der Resampling-Methode Bootstrapping mit 1.000 Iterationen und dem 7-fachen Blindfolding-Algorithmus zur Ermittlung der Effektstärken. Die Analyse und Bewertung der Gütemaße folgt der in Kapitel 5.3.2 (Gütekriterien zur Beurteilung von PLS-Modellen) vorgestellten theoretischen Vorgehensweise und den beschriebenen Grenzwerten.
In der Umsetzung wird dem Vorgehen von Butschan et al. (2019) gefolgt. Die Verknüpfung der Konstrukte erfolgte analog zum in Kapitel 5.2 abgebildeten SGM (Abbildung 5 3). Die Kontrollvariablen wurden mit den endogen Konstrukten der IB-Dimensionen und den Faktoren des Karriereerfolgs verbunden (vgl. Benitez et al., 2020; Butschan et al., 2019). Für die Konstrukte auf Unternehmensebene, HR, DIGI und I40, wurden die Antworten der Führungskräfte pro Unternehmen gemittelt und als Indexwerte den Beschäftigten des jeweiligen Unternehmens zugeordnet.

6.2.2.1 Gütebeurteilung des Messmodells

Die Gütebeurteilung des Messmodells erfolgt sowohl auf Indikator- als auch auf Konstruktebene. Äquivalent zur Gütebewertungen der IB-Dimensionen in der Vorstudie (siehe Kapitel 6.1) werden nachfolgend die Indikatorreliabilität, die Konstruktreliabilität, die Konvergenzvalidität und die Diskriminanzvalidität untersucht.

Indikatorreliabilität

Die Indikatorreliabilität der einzelnen Indikatoren der latenten reflektiv gemessenen Variablen wird anhand der Faktorladungen überprüft. Die Ergebnisse sind in Tabelle 6-11 dargestellt. Die Ladungen liegen alle über dem Grenzwert von > 0,4 (vgl. Hulland, 1999); bis auf SELF4 und OTE10 liegen alle Indikatoren liegen über 0,5. Die darüber liegend geringste Ladung auf das zugeordnete Konstrukt verzeichnet ADAP1 mit 0,526, die höchste verzeichnet MOB1 mit 0,931. Insgesamt liegen die meisten Werte zwischen 0,6 und 0,8, sodass die Indikatorreliabilität insgesamt als gut bis sehr gut bewertet werden kann. Auf Basis der t-Werte > 1,96 (Schloderer et al., 2011, S. 583) gelten die Ergebnisse als signifikant.

Tabelle 6-11 Faktorladungen der latenten, reflektiv gemessenen Variablen der empirischen Studie I

	Ladung	T-Statistik	P Werte
ADAP1 <- ADAP	0,528	8,612	0,000
ADAP2 <- ADAP	0,666	11,447	0,000
ADAP3 <- ADAP	0,773	20,441	0,000
ADAP4 <- ADAP	0,784	20,795	0,000

ADAP5 <- ADAP	0,788	26,075	0,000
ADAP6 <- ADAP	0,821	30,964	0,000
LP1 <- LP	0,666	12,445	0,000
LP2 <- LP	0,583	9,020	0,000
LP3 <- LP	0,778	24,206	0,000
LP4 <- LP	0,738	18,330	0,000
LP5 <- LP	0,641	12,969	0,000
LP6 <- LP	0,544	6,722	0,000
MOB1 <- MOB	0,931	18,380	0,000
MOB2_inv <- MOB	0,779	6,796	0,000
OTE1 <- OTE	0,673	11,952	0,000
OTE2 <- OTE	0,645	13,736	0.000
OTE3 <- OTE	0,706	17,303	0.000
OTE4 <- OTE	0,586	7,626	0.000
OTE5 <- OTE	0,633	8,825	0.000
OTE6 <- OTE	0,709	12,048	0.000
OTE7 <- OTE	0,615	8,335	0.000
OTE8 <- OTE	0,729	16,381	0.000
OTE9 <- OTE	0,714	14,579	0.000
OTE10 <- OTE	0,458	5,216	0.000
OTE11 <- OTE	0,604	9,371	0.000
SELF1 <- SELF	0,719	20,721	0,000
SELF2 <- SELF	0,717	18,873	0,000
SELF3 <- SELF	0,654	15,489	0,000
SELF4 <- SELF	0,424	6,682	0,000
SELF5 <- SELF	0,620	11,031	0,000
SELF6 <- SELF	0,688	12,742	0,000
SELF7 <- SELF	0,694	14,415	0,000
SELF8 <- SELF	0,626	13,692	0,000
SELF9 <- SELF	0,630	12,547	0,000
SELF10 <- SELF	0,736	22,578	0,000
SOCS1 <- SOCS	0,581	5,680	0,000
SOCS2 <- SOCS	0,717	18,182	0,000
SOCS3 <- SOCS	0,679	15,426	0,000
SOCS4 <- SOCS	0,651	13,340	0,000
SOCS5 <- SOCS	0,683	14,685	0,000
SOCS6 <- SOCS	0,632	12,422	0,000
SOCS7 <- SOCS	0,623	11,779	0,000
SOCS8 <- SOCS	0,608	11,800	0,000
CARDEV1 <- CARDEV	0,801	13,424	0,000
CARDEV2 <- CARDEV	0,840	15,444	0,000
CARDEV3 <- CARDEV	0,857	18,010	0,000
CARDEV4 <- CARDEV	0,774	8,291	0,000
CARDEV5 <- CARDEV	0,598	6,537	0,000
CARDEV6 <- CARDEV	0,670	11,298	0,000

Konstruktreliabilität

Als Maße der Konstruktreliabilität werden Cronbach's Alpha (Tabelle 6-12) und die Composite-Reliabilität/ das IC-Maß (Tabelle 6-13) betrachtet. Für beide Maße gelten Werte ≥ 0,7 als gut (Weiber & Sarstedt, 2021, 349 ff.). Alle betrachteten Variablen erreichen diesen Wert. Die niedrigsten Werte erzielt MOB mit 0,696 bei Cronbach's Alpha und LP mit einem IC-Maß von 0,826. Insgesamt lassen sich die Werte als gut bis sehr gut einstufen, sodass von einer guten bis sehr guten Konstruktreliabilität ausgegangen werden kann.

Tabelle 6-12 Cronbach's Alpha der latenten, reflektiven Variablen der empirischen Studie I

	Cronbach's Alpha	T-Statistik	P-Werte
ADAP	0,825	45,204	0,000
CARDEV	0,863	65,545	0,000
LP	0,755	31,448	0,000
MOB	0,696	14,244	0,000
OTE	0,858	61,720	0,000
SELF	0,854	56,823	0,000
SOCS	0,804	34,207	0,000

Tabelle 6-13 IC-Maße der latenten, reflektiven Variablen der empirischen Studie I

	IC-Maß	T-Statistik	P-Werte
ADAP	0,873	71,954	0,000
CARDEV	0,890	20,645	0,000
LP	0,826	48,370	0,000
MOB	0,849	15,690	0,000
OTE	0,884	75,303	0,000
SELF	0,881	72,951	0,000
SOCS	0,852	54,271	0,000

Konvergenzvalidität

Zur Bewertung der Konvergenzvalidität wird die durchschnittliche erfasste Varianz (engl. Average Variance Extracted, AVE) als Gütemaß herangezogen. Ein akzeptabler AVE liegt bei > 0,50 und zeigt an, dass das Konstrukt mindestens 50 % der Varianz seiner Items erklärt (Hair et al., 2019). Alle untersuchten Konstrukte erreichen Werte > 0,4. ADAP, CARDEV und MOB liegen über dem Schwellwert 0,5 (siehe Tabelle 6-4). Die übrigen Konstrukte liegen darunter. Im Vergleich zur Vorstudie erzielen die IB-Dimensionen OTE, SELF und SOCS mit Werten von 0,417 bis 0,433 und ADAP mit 0,540 deutlich bessere Werte als die zuvor erzielten AVE-Werte von 0,360 bis 0,430. Bei AVE < 0,5, aber hohen Werten des IC-Maßes fasst Lam (2012) basierend auf den Ausführungen von Fornell & Larcker (1981, S. 46) zusammen, dass das Messmodells insgesamt als konvergent valide eingeordnet werden kann. Da die IC-Werte der Konstrukte in der empirischen Studie I alle deutlich > 0,8 sind, wird der Empfehlung von Lam (2012) gefolgt und alle Konstrukte bezogen auf die Konvergenz als valide eingestuft.

Tabelle 6-14 AVE der latenten, reflektiven Variablen der empirischen Studie I

	AVE	T-Statistik	P-Werte
ADAP	0,540	20,506	0,000
CARDEV	0,586	13,947	0,000
LP	0,443	16,843	0,000
MOB	0,745	13,472	0,000
OTE	0,417	16,434	0,000
SELF	0,433	17,924	0,000
SOCS	0,424	14,579	0,000

Diskriminanzvalidität

Zur Bewertung der Diskriminanzvalidität werden das Fornell-Larcker-Kriterium, das HTMT-Verhältnis und die Kreuzladungen betrachtet. Wie in Tabelle 6-15 dargestellt, ist das Fornell-Larcker-Kriterium bei den meisten Konstrukten erfüllt, da der Wert bei den jeweils betrachteten Konstrukten selbst am höchsten ist. Dies trifft jedoch nicht auf OTE zu – hier ist der Wert bei ADAP höher. Demnach lassen sich die beiden Konstrukte auf Basis des Kriteriums nicht eindeutig voneinander separieren.

Tabelle 6-15 Fornell-Larcker-Kriterium der latenten, reflektiven Variablen der empirischen Studie I

	ADAP	CARDEV	LP	MOB	OTE	SELF	SOCS
ADAP	0,735						
CARDEV	0,127	0,769					
LP	0,372	-0,054	0,667				
MOB	0,165	0,158	-0,058	0,871			
OTE	0,667	0,090	0,275	0,085	0,647		
SELF	0,589	0,263	0,366	0,211	0,545	0,658	
SOCS	0,544	-0,044	0,452	0,084	0,605	0,573	0,650

Als weiteres Kriterium für die Diskriminanzvalidität wird das HTMT-Kriterium betrachtet. Im Gegensatz zu den Ergebnissen des Fornell-Larcker-Kriteriums lassen sich die latenten Variablen auf Basis des HTMT-Kriteriums alle voneinander separieren. Wie Tabelle 6-16 zu entnehmen ist, erfüllen alle Konstrukte die Maßgabe des HTMT-Kriteriums ≤ 0,85.

Tabelle 6-16 HTMT-Kriterium der latenten, reflektiven Variablen der empirischen Studie I

	ADAP	CARDEV	LP	MOB	OTE	SELF	SOCS
ADAP							
CARDEV	0,200						
LP	0,434	0,129					
MOB	0,208	0,193	0,126				
OTE	0,796	0,191	0,317	0,137			
SELF	0,717	0,272	0,468	0,271	0,664		
SOCS	0,670	0,143	0,542	0,137	0,702	0,722	

Als letztes Kriterium zur Beurteilung der Diskriminanzvalidität sind in Tabelle 6-17 die Kreuzladungen der latenten Variablen dargestellt. Auch hier zeigt sich, dass auf Basis dieses Kriteriums von einer ausreichenden Diskriminanzvalidität ausgegangen werden kann. Zwar lassen sich teilweise deutliche Unterschiede in der Höhe der Korrelationen erkennen, bei allen Indikatoren gilt jedoch, dass die Korrelation mit dem zugeordneten Konstrukt mit einer Differenz von mindestens > 0,1 jeweils am größten ist. Insgesamt lässt sich demnach eine ausreichende Diskriminanz der einzelnen Konstrukte festhalten.

Tabelle 6-17 Kreuzladungen der latenten, reflektiven Variablen der empirischen Studie I

	ADAP	CARDEV	LP	MOB	OTE	SELF	SOCS
ADAP1	**0,530**	0,143	0,155	0,133	0,394	0,340	0,280
ADAP2	**0,662**	-0,053	0,286	0,126	0,514	0,367	0,383
ADAP3	**0,770**	-0,023	0,310	0,057	0,525	0,413	0,465
ADAP4	**0,786**	0,080	0,231	0,123	0,475	0,467	0,430
ADAP5	**0,796**	0,183	0,344	0,142	0,476	0,504	0,385
ADAP6	**0,824**	0,153	0,291	0,136	0,570	0,464	0,459
CARDEV1	0,058	**0,804**	0,031	0,085	0,065	0,192	-0,069
CARDEV2	0,055	**0,843**	-0,056	0,144	0,023	0,219	-0,057
CARDEV3	0,094	**0,866**	-0,032	0,137	0,049	0,237	-0,027
CARDEV4	0,164	**0,793**	-0,058	0,140	0,150	0,270	0,017
CARDEV5	-0,001	**0,596**	-0,089	0,085	0,009	0,107	-0,062
CARDEV6	0,155	**0,680**	-0,072	0,124	0,051	0,106	-0,057
LP1	0,200	0,010	**0,071**	0,017	0,157	0,220	0,229
LP2	0,136	-0,098	**0,585**	-0,149	0,099	0,132	0,190
LP3	0,345	0,010	**0,780**	-0,035	0,278	0,336	0,384
LP4	0,296	-0,089	**0,742**	-0,017	0,238	0,306	0,412
LP5	0,186	0,006	**0,644**	-0,133	0,163	0,169	0,257
LP6	0,148	-0,099	**0,551**	0,029	0,068	0,207	0,240
MOB1	0,162	0,155	-0,073	**0,936**	0,109	0,223	0,082
MOB2_inv	0,120	0,116	-0,016	**0,801**	0,017	0,126	0,061
OTE1	0,385	-0,030	0,168	0,055	**0,675**	0,255	0,429
OTE2	0,426	0,061	0,250	0,120	**0,645**	0,418	0,425
OTE3	0,473	-0,010	0,175	0,051	**0,706**	0,348	0,437

OTE4	0,362	0,037	0,058	0,052	**0,586**	0,303	0,261
OTE5	0,423	0,112	0,041	0,132	**0,633**	0,406	0,336
OTE6	0,476	0,006	0,220	-0,019	**0,709**	0,406	0,499
OTE7	0,412	-0,097	0,199	-0,035	**0,615**	0,214	0,377
OTE8	0,518	0,166	0,229	0,119	**0,729**	0,471	0,475
OTE9	0,497	0,211	0,241	0,025	**0,714**	0,434	0,436
OTE10	0,376	0,224	0,136	0,101	**0,457**	0,345	0,242
OTE11	0,365	-0,073	0,208	0,013	**0,602**	0,213	0,285
SELF1	0,421	0,116	0,357	0,090	0,359	**0,718**	0,444
SELF2	0,369	0,404	0,158	0,115	0,357	**0,718**	0,314
SELF3	0,440	0,139	0,350	0,164	0,436	**0,649**	0,397
SELF4	0,331	0,034	0,250	0,173	0,387	**0,419**	0,369
SELF5	0,478	-0,022	0,253	0,152	0,513	**0,624**	0,528
SELF6	0,467	0,048	0,309	0,142	0,429	**0,694**	0,472
SELF7	0,456	0,105	0,267	0,136	0,410	**0,698**	0,425
SELF8	0,284	0,121	0,299	0,165	0,293	**0,629**	0,339
SELF9	0,423	0,029	0,323	0,156	0,353	**0,629**	0,406
SELF10	0,338	0,415	0,081	0,158	0,260	**0,738**	0,285
SOCS1	0,217	-0,193	0,234	0,032	0,321	0,221	**0,587**
SOCS2	0,424	-0,064	0,286	-0,018	0,529	0,363	**0,719**
SOCS3	0,331	0,017	0,355	0,046	0,483	0,445	**0,683**
SOCS4	0,343	-0,081	0,290	0,066	0,346	0,293	**0,659**
SOCS5	0,411	0,056	0,292	0,059	0,380	0,437	**0,689**
SOCS6	0,391	-0,008	0,312	-0,026	0,294	0,383	**0,627**
SOCS7	0,352	-0,005	0,367	0,123	0,341	0,399	**0,620**
SOCS8	0,356	0,010	0,189	0,162	0,407	0,421	**0,609**

6.2.2.2 Gütebeurteilung des Strukturmodells

Ziel der Evaluation des SGM ist die Beurteilung der Erklärungs- und Prognosekraft des Modells und in der Interpretation der statistischen Signifikanz und Relevanz der Pfadkoeffizienten.

Kollinearität

Das Maß der Kollinearität ist der Varianzinflationsfaktor (VIF). Die Werte sollten < 5, idealerweise < 3 sein (Hair et al., 2019). Im Gegensatz zu den vorangegangenen Gütemaßen werden auch die latenten, nicht-reflektiven Konstrukte in die Bewertung miteinbezogen. Es werden sowohl die äußeren als auch die inneren VIF-Werte (siehe Kapitel 5.3.2) betrachtet. Tabelle 6-18 ist zu entnehmen, dass alle äußeren VIF-Werte < 3 sind. Tabelle 6-19 zeigt, dass bis auf I40-UN mit 3,141 alle inneren VIF < 3 sind. Demnach lässt sich auf Basis dieser Kriterien Kollinearität ausschließen und die Voraussetzung für die weiteren Untersuchungen ist erfüllt (vgl. Weiber & Sarstedt, 2021, S. 355).

Tabelle 6-18 Äußere VIF-Werte der latenten Variablen der empirischen Studie I

	VIF
ADAP1	1,196
ADAP2	1,626
ADAP3	2,012
ADAP4	1,872
ADAP5	1,865
ADAP6	2,094
I40P1	1,137
I40P2	1,371
I40P3	1,197
I40P4	1,261
I40P5	1,980
I40P6	1,497
I40P7	2,015
I40P8	2,067
I40P9	1,573
I40P10	1,280
LP1	1,443
LP2	1,384
LP3	1,530
LP4	1,435
LP5	1,427
LP6	1,295
MOB1	1,409
MOB2_inv	1,409
OTE1	1,832
OTE2	1,560
OTE3	1,755
OTE4	1,897
OTE5	1,915
OTE6	1,964
OTE7	1,645
OTE8	2,668
OTE9	2,674
OTE10	1,404
OTE11	1,778
SELF1	1,792
SELF2	2,249
SELF3	1,045
SELF4	1,317
SELF5	2,245
SELF6	2,442
SELF7	1,737
SELF8	1,501
SELF9	1,676
SELF10	2,073
SOCS1	1,299

SOCS2	1,601
SOCS3	1,490
SOCS4	1,452
SOCS5	1,603
SOCS6	1,545
SOCS7	1,500
SOCS8	1,351
CARDEV1	2,652
CARDEV2	2,984
CARDEV3	2,552
CARDEV4	1,719
CARDEV5	1,514
CARDEV6	1,511

Tabelle 6-19 Innere VIF-Werte der Variablen der empirischen Studie I

	ADAP	CAREER	OTE	POS-LEAD	SELF	SOCS	UNEMP	WAGE
ADAP		2,142		2,142			2,142	2,139
AGE	1,107	1,122	1,107	1,122	1,107	1,107	1,122	1,118
CARDEV	1,248		1,248		1,248	1,248		
DIGI	1,508		1,508		1,508	1,508		
EDLEVEL	1,077	1,048	1,077	1,048	1,077	1,077	1,048	
HR	1,612		1,612		1,612	1,612		
I40P	1,114		1,114		1,114	1,114		
I40	2,251		2,251		2,251	2,251		
LP	1,053		1,053		1,053	1,053		
MOB	1,167		1,167		1,167	1,167		
OTE		2,291		2,291			2,291	2,259
SELF		1,999		1,999			1,999	1,991
SEX	1,107	1,022	1,107	1,022	1,107	1,107	1,022	1,017
SOCS		1,905		1,905			1,905	1,904
Size	1,363	1,078	1,363	1,078	1,363	1,363	1,078	1,075

Erklärungskraft

Zur Beurteilung der Erklärungskraft wird je endogener latenter Variable das Bestimmtheitsmaß R^2 berechnet. Es wird der Empfehlung einschlägiger Literatur Folge geleistet, indem die korrigierten R^2 betrachten werden (vgl. Boßow-Thies & Panten, 2009, S. 377). In Tabelle 6-20 sind die korrigierten R^2 Werte dargestellt.

Bis auf das korrigierte R^2 für UNEMP und POSLEAD sind alle Ergebnisse signifikant und erzielen mindestens akzeptable Werte > 0,1 (Weiber & Sarstedt, 2021, S. 356). Im Vergleich schneiden die IB-Dimensionen mit Werten zwischen 0,246 (OTE) und 0,340 (SELF) besser ab. Nur die Variable CAREER erzielt mit 36,5 % der erklärten Varianz einen besseren Wert, demnach wird Sie von den auf sie einwirkenden Variablen im Modell am besten erklärt.

Tabelle 6-20 R^2 der endogenen Konstrukte der empirischen Studie I

	R^2 korr	T-Statistik	P-Werte
ADAP	0,249	3,725	0,000
CAREER	0,360	6,929	0,000
OTE	0,246	3,222	0,001
POSLEAD	0,067	1,384	0,167
SELF	0,340	5,725	0,000
SOCS	0,320	5,149	0,000
UNEMP	0,087	1,559	0,119
WAGE	0,210	4,142	0,000

Prognosekraft

Die Prognosekraft des aufgestellten Modells wird über das Stone-Geisser-Kriterium Q in Smart-PLS mittels des Blindfolding-Verfahrens ermittelt. Positive Werte zeigen an, dass das Modell eine größerer Prognosekraft besitzt als die Indikatormittelwerte der Teststichprobe, welche jegliche Art von Modellstruktur ignoriert. Werte ≤ 0 zeigen einen Mangel an Prognosekraft an (Weiber & Sarstedt, 2021, S. 359). Tabelle 2-1 stellt das Stone-Geisser-Kriterium der endogenen latenten Variablen dar. Die ausschließlich positiven Werte bestätigen die Prognosekraft der verwendeten Konstrukte.

Tabelle 6-21 Stone-Geisser-Kriterium der endogenen latenten Variablen der empirischen Studie I

	Q^2
ADAP	0,109
CAREER	0,318
OTE	0,080
POSLEAD	0,037
SELF	0,128
SOCS	0,112
UNEMP	0,027
WAGE	0,174

6.2.2.3 Beurteilung der Hypothesengültigkeit

Zur Beurteilung der Hypothesengültigkeit werden Pfadkoeffizienten zwischen den exogenen und endogenen Variablen für die aufgestellten Hypothesen analysiert. Die Hypothesen werden bestätigt, wenn der Richtwert der Pfadkoeffizienten den Wert 0,1 bzw. -0,1 über- bzw. unterschreitet sowie ein Signifikanzniveau von 5 % (p ≤ 0,05*) bzw. in Ausnahmefällen 10 % (p ≤ 0,1**) gegeben ist (Hair, 2017, S. 168). Eine Hypothese wird dann verworfen, wenn die definierten Grenzwerte nicht erreicht werden. Bei gerichteten Hypothesen muss zur Bestätigung zusätzlich die Richtung der Wirkung in die aufgestellte Wirkungsrichtung erfolgen.

Pfadkoeffizienten

In Tabelle 6-22 sind die Pfadkoeffizienten der aufgestellten Hypothesen inklusive der Kontrollvariablen dargestellt. Wie von Benitez et al. (2020) vorgeschlagen, erfolgt die Analyse des potenziellen Einflusses der Kontrollvariablen auf die endogenen Variablen ebenfalls anhand der Pfadkoeffizienten. Signifikante Werte sind fett hervorgehoben. Es wird zwischen einem Signifikanzniveau von 5 %* bzw. 10 %** unterschieden.

Insgesamt lässt sich feststellen, dass bei den als signifikant zu bewertenden Pfadkoeffizienten die Werte zwischen 0,1 und 0,5 liegen. Nach den in Kapitel 5.3.2 vorgestellten Grenzwerten, die losgelöst des Untersuchungskontextes bewertet werden, sind die Zusammenhänge somit als schwach zu bewerten. In der Literatur wird jedoch darauf hingewiesen, dass die Bewertung jeweils unter Berücksichtigung des Untersuchungskontextes erfolgen sollte. In vergleichbaren Studien (z. B. Butschan et al., 2019; van der Heijden et al., 2018), die sich aufgrund ihres sozialwissenschaftlichen Untersuchungsraums mit einer Vielzahl meist nicht messbarer Einflussgrößen konfrontiert sehen, befindet sich der Großteil der Werte ebenfalls in einem Bereich zwischen 0,1 bis 0,3. Somit kann auch bei Ergebnissen < 0,25 von einem mindestens als schwach einzuordnenden Effekt ausgegangen werden.

Signifikante Zusammenhänge zwischen den IB-Dimensionen und dem Karrierefaktor CAREER sind bei SELF und SOCS vorzufinden. Die Beziehung zwischen SOCS und CAREER ist jedoch negativ, sodass die aufgestellte Hypothese (H1b), welche von einer positiven Beziehung ausgeht, nicht bestätigt werden kann. Neben dem starken Zusammenhang von > 0,5 auf CAREER besteht von SELF noch eine weitere positive Beziehung auf den objektiven Karrierefaktor POSLEAD.
Bei den exogenen Variablen auf Unternehmensebene ist nur eine negative Beziehung zwischen HR und SOCS festzustellen. Aufgrund der Wirkrichtung lässt sich daher auch die Hypothese (H5b) nicht bestätigten.
Bei den exogenen Variablen auf Individualebene können auf Basis der Pfadkoeffizienten dagegen ein Großteil der Hypothesen bestätigt werden. Alle Zusammenhänge von I40P, LP und MOB auf die IB-Dimensionen sind signifikant. Zudem erreichen alle Zusammenhänge Werte von > 0,1 bzw. > 0,2, sodass von schwachen bis moderaten Zusammenhängen ausgegangen werden kann. Die Variable CARDEV zeigt nur einen signifikanten Zusammenhang auf die IB-Dimension SELF.
Bei den Pfadkoeffizienten der Kontrollvariablen zeigen sich Zusammenhänge von SIZE auf die Karrierefaktoren UNEMP und WAGE sowie auf die IB-Dimension SELF. EDLEVEL hat eine signifikante Beziehung zu CAREER und UNEMP und die IB-Dimensionen ADAP und OTE. AGE hat ebenfalls Einfluss auf WAGE, POSLEAD und CAREER sowie auf SOCS.

Tabelle 6-22 Pfadkoeffizienten der aufgestellten Hypothesen

	Pfadkoeffizient	T-Statistik	P-Werte
ADAP -> CAREER	-0,008	0,164	0,870
ADAP -> POSLEAD	-0,007	0,102	0,919
ADAP -> UNEMP	0,076	0,900	0,368
ADAP -> WAGE	-0,003	0,009	0,993
AGE -> ADAP	-0,042	0,787	0,432
AGE -> CAREER	**-0,236***	4,624	0,000
AGE -> OTE	0,071	1,243	0,214
AGE -> POSLEAD	**0,204***	3,233	0,001
AGE -> SELF	-0,085	1,606	0,109
AGE -> SOCS	**0,127***	2,440	0,015
AGE -> UNEMP	0,036	0,500	0,617
AGE -> WAGE	**0,347***	6,591	0,000
CARDEV -> ADAP	0,104	1,454	0,140
CARDEV -> OTE	0,077	0,964	0,335
CARDEV -> SELF	**0,225***	3,343	0,001
CARDEV -> SOCS	-0,043	0,837	0,403
DIGI -> ADAP	-0,018	0,276	0,782
DIGI -> OTE	0,054	0,972	0,331
DIGI -> SELF	-0,038	0,649	0,516
DIGI -> SOCS	-0,012	0,203	0,839
EDLEVEL -> ADAP	**0,098****	1,879	0,060
EDLEVEL -> CAREER	**0,131***	2,607	0,009
EDLEVEL -> OTE	**0,161***	2,687	0,007
EDLEVEL -> POSLEAD	0,061	0,966	0,334
EDLEVEL -> SELF	0,040	0,842	0,400
EDLEVEL -> SOCS	0,055	1,110	0,267
EDLEVEL -> UNEMP	**-0,140***	2,355	0,019
HR -> ADAP	-0,031	0,479	0,632
HR -> OTE	-0,058	0,988	0,324
HR -> SELF	-0,107	1,460	0,145
HR -> SOCS	**-0,110****	1,770	0,077
I40P -> ADAP	**0,199***	2,555	0,011
I40P -> OTE	**0,291***	3,232	0,001
I40P -> SELF	**0,232***	3,201	0,001
I40P -> SOCS	**0,250***	3,481	0,001
I40 -> ADAP	-0,018	0,295	0,768
I40 -> OTE	0,045	0,638	0,524
I40 -> SELF	0,065	0,914	0,381
I40 -> SOCS	0,061	0,848	0,397
LP -> ADAP	**0,361***	5,542	0,000
LP -> OTE	**0,256***	3,703	0,000
LP -> SELF	**0,357***	5,768	0,000
LP -> SOCS	**0,445***	7,205	0,000
MOB -> ADAP	**0,171***	3,096	0,002
MOB -> OTE	**0,112****	1,941	0,052
MOB -> SELF	**0,184***	3,613	0,000

MOB -> SOCS	**0,155***	2,777	0,006
OTE -> CAREER	-0,062	0,793	0,428
OTE -> POSLEAD	-0,042	0,394	0,693
OTE -> UNEMP	-0,124	1,100	0,271
OTE -> WAGE	0,066	0,747	0,455
SELF -> CAREER	**0,577***	9,615	0,000
SELF -> POSLEAD	**0,189***	2,480	0,013
SELF -> UNEMP	0,102	1,342	0,180
SELF -> WAGE	0,086	1,017	0,310
SEX -> ADAP	0,042	0,770	0,442
SEX -> CAREER	0,021	0,510	0,610
SEX -> OTE	0,012	0,250	0,803
SEX -> POSLEAD	0,047	1,002	0,317
SEX -> SELF	0,037	0,684	0,494
SEX -> SOCS	0,002	0,011	0,991
SEX -> UNEMP	-0,069	1,003	0,316
SEX -> WAGE	0,013	0,309	0,757
SOCS -> CAREER	**-0,208***	3,062	0,002
SOCS -> POSLEAD	0,017	0,208	0,835
SOCS -> UNEMP	-0,088	0,921	0,357
SOCS -> WAGE	-0,062	0,827	0,408
Size -> ADAP	-0,021	0,339	0,735
Size -> CAREER	-0,074	1,354	0,176
Size -> OTE	0,053	0,738	0,461
Size -> POSLEAD	-0,031	0,461	0,645
Size -> SELF	**-0,144***	2,262	0,024
Size -> SOCS	-0,048	0,902	0,367
Size -> UNEMP	**-0,173***	4,940	0,000
Size -> WAGE	**0,301***	6,222	0,000

Effektstärke

Zur Überprüfung der aufgestellten Hypothesen werden zuletzt die Effektstärken f^2 untersucht. Diese beurteilen die Änderung des R^2-Wertes der abhängigen Größe bei Berücksichtigung und Ausschluss einzelner unabhängiger latenter Variablen (Boßow-Thies & Panten, 2009, S. 377). Als Richtwerte gelten 0,02, 0,15 und 0,35 als kleine, mittlere und große Effekte (Chin, 1998a; Chin, 1998b, S. 317).

Bei der Betrachtung der Effektstärken (Tabelle 6-23) zeigt sich, dass in der empirischen Studie I viele der aufgestellten Hypothesen und potenzieller Wirkzusammenhänge der Kontrollvariablen auf die endogenen Variablen nicht bestätigt werden können. Als Richtwerte zur Beurteilung der Hypothesen gelten dieselben wie für die Pfadkoeffizienten: Die Hypothesen werden bestätigt, wenn der Richtwert der Pfadkoeffizienten den Wert 0,1 bzw. -0,1 über- bzw. unterschreitet sowie ein Signifikanzniveau von 5 % ($p \leq 0{,}05$*) bzw. in Ausnahmefällen 10 % ($p \leq 0{,}1$**) gegeben ist (Hair, 2017, S. 168). Die signifikant zu bewertenden Größen sind fett dargestellt.

In der Übersicht zeigt sich, dass statistisch z. B. kein Zusammenhang mit ADAP und OTE und den Faktoren des Karriereerfolgs nachweisen lässt. Von den IB-Dimensionen zeigt sich lediglich ein starker signifikanter Effekt von SELF auf CAREER (0,577*), ein mittlerer Effekt von SELF auf POSLEAD (0,189*) sowie in mittlerer negativer Effekt von SOCS auf CAREER (-0,208*).

Von den exogenen Variablen lassen sich einige signifikante Effekte auf die IB-Dimensionen feststellen. Besonders die Effekte zwischen LP und den IB-Dimensionen sind signifikant und im mittleren bis starken Bereich einzuordnen. Auch die Effekte zwischen I40P und MOB und den IB-Dimensionen sind signifikant und im mittleren Bereich. Bei CARDEV lässt sich dagegen nur ein signifikanter Effekt auf SELF (0,225) sowie ein indirekter Effekt auf CAREER (0,138) feststellen. Weitere sehr schwach (< 0,1) ausgeprägte, aber signifikant zu bewertenden indirekte Effekte sind bei LP und MOB jeweils auf POSLEAD und CAREER vorzufinden. Die Effekte der Faktoren auf Unternehmensebene sind bis auf eine Ausnahme nicht signifikant. Ein geringer negativer Effekt ist auf einem Signifikanzniveau von 10 % zwischen HR und SOCS zu verzeichnen.

Bei Analyse der Kontrollvariablen fällt auf, dass besonders AGE, EDLEVEL und SIZE einen Effekt auf die abhängigen Variablen haben. Size hat jeweils negative Effektstärken im mittleren Bereich auf SELF, CAREER und UNEMP. Die Effektstäke auf WAGE ist dagegen positiv und im mittleren bis starken Bereich. Auch EDLEVEL hat eine Effektstäke auf UNEMP und geringe bis mittlere Effektstärken auf ADAP, OTE und CAREER. AGE hat eine starke Effektstärke auf WAGE. Die Effektstärken auf SOCS und POSLEAD sind im mittleren Bereich und eine mittlere bis stark negative Effektstärke ist auf CAREER zu verzeichnen. Für das Geschlecht (SEX) können in dieser Stichprobe keine signifikanten Effektstärken nachgewiesen werden.

Tabelle 6-23 Effektstärken der aufgestellten Hypothesen

	f^2	T-Statistik	P-Werte
ADAP -> CAREER	-0,008	0,164	0,870
ADAP -> POSLEAD	-0,007	0,102	0,919
ADAP -> UNEMP	0,076	0,900	0,368
ADAP -> WAGE	-0,003	0,009	0,993
AGE -> ADAP	-0,042	0,787	0,432
AGE -> CAREER	**-0,317***	6,008	0,000
AGE -> OTE	0,071	1,243	0,214
AGE -> POSLEAD	**0,187***	3,156	0,002
AGE -> SELF	-0,085	1,606	0,109
AGE -> SOCS	**0,127***	2,440	0,015
AGE -> UNEMP	0,004	0,099	0,921
AGE -> WAGE	**0,337***	6,578	0,000
CARDEV -> ADAP	0,104	1,454	0,146
CARDEV -> CAREER	**0,138***	3,486	0,001
CARDEV -> OTE	0,077	0,964	0,335
CARDEV -> POSLEAD	0,039	1,000	0,006
CARDEV -> SELF	**0,225***	3,343	0,001
CARDEV -> SOCS	-0,043	0,837	0,403
CARDEV -> UNEMP	0,027	0,911	0,363

CARDEV -> WAGE	0,023	1,279	0,201
DIGI -> ADAP	-0,018	0,276	0,782
DIGI -> CAREER	-0,025	0,760	0,448
DIGI -> OTE	0,054	0,972	0,331
DIGI -> POSLEAD	-0,008	0,668	0,505
DIGI -> SELF	-0,038	0,649	0,516
DIGI -> SOCS	-0,012	0,203	0,839
DIGI -> UNEMP	-0,012	0,770	0,442
DIGI -> WAGE	0,000	0,115	0,909
EDLEVEL -> ADAP	**0,098****	1,879	0,060
EDLEVEL -> CAREER	**0,133***	2,562	0,011
EDLEVEL -> OTE	**0,161***	2,687	0,007
EDLEVEL -> POSLEAD	0,063	1,051	0,293
EDLEVEL -> SELF	0,040	0,842	0,400
EDLEVEL -> SOCS	0,055	1,110	0,267
EDLEVEL -> UNEMP	**-0,153***	2,686	0,007
EDLEVEL -> WAGE	0,015	0,838	0,402
HR -> ADAP	-0,031	0,479	0,632
HR -> CAREER	-0,034	0,968	0,333
HR -> OTE	-0,058	0,988	0,324
HR -> POSLEAD	-0,019	1,111	0,267
HR -> SELF	-0,107	1,460	0,145
HR -> SOCS	**-0,110****	1,770	0,077
HR -> UNEMP	0,002	0,346	0,729
HR -> WAGE	-0,003	0,516	0,606
I40P -> ADAP	**0,199***	2,555	0,011
I40P -> CAREER	0,062	1,528	0,127
I40P -> OTE	**0,291***	3,232	0,001
I40P -> POSLEAD	0,034	1,462	0,144
I40P -> SELF	**0,232***	3,201	0,001
I40P -> SOCS	**0,259***	3,481	0,001
I40P -> UNEMP	-0,020	0,820	0,413
I40P -> WAGE	0,024	1,104	0,270
I40 -> ADAP	-0,018	0,295	0,768
I40 -> CAREER	0,024	0,631	0,528
I40 -> OTE	0,045	0,638	0,524
I40 -> POSLEAD	0,010	0,710	0,478
I40 -> SELF	0,065	0,914	0,361
I40 -> SOCS	0,061	0,848	0,397
I40 -> UNEMP	-0,003	0,375	0,707
I40 -> WAGE	0,002	0,372	0,710
LP -> ADAP	**0,361***	5,542	0,000
LP -> CAREER	**0,092***	2,507	0,012
LP -> OTE	**0,256***	3,703	0,000
LP -> POSLEAD	**0,061***	2,154	0,031
LP -> SELF	**0,357***	5,768	0,000
LP -> SOCS	**0,445***	7,205	0,000
LP -> UNEMP	-0,008	0,312	0,755
LP -> WAGE	0,017	0,723	0,470

MOB -> ADAP	**0,171***	3,096	0,002
MOB -> CAREER	**0,065***	2,317	0,021
MOB -> OTE	**0,112****	1,941	0,052
MOB -> POSLEAD	**0,032****	1,844	0,066
MOB -> SELF	**0,184***	3,613	0,000
MOB -> SOCS	**0,155***	2,777	0,006
MOB -> UNEMP	0,006	0,165	0,869
MOB -> WAGE	0,012	0,940	0,347
OTE -> CAREER	-0,062	0,793	0,428
OTE -> POSLEAD	-0,042	0,394	0,693
OTE -> UNEMP	-0,124	1,100	0,271
OTE -> WAGE	0,066	0,747	0,455
SELF -> CAREER	**0,577***	9,615	0,000
SELF -> POSLEAD	**0,189***	2,480	0,013
SELF -> UNEMP	0,102	1,342	0,180
SELF -> WAGE	0,086	1,017	0,310
SEX -> ADAP	0,042	0,770	0,442
SEX -> CAREER	0,042	0,849	0,396
SEX -> OTE	0,012	0,250	0,803
SEX -> POSLEAD	0,054	1,107	0,269
SEX -> SELF	0,037	0,684	0,494
SEX -> SOCS	0,002	0,011	0,991
SEX -> UNEMP	-0,063	0,924	0,356
SEX -> WAGE	0,017	0,399	0,690
SOCS -> CAREER	**-0,208***	3,062	0,002
SOCS -> POSLEAD	0,017	0,208	0,835
SOCS -> UNEMP	-0,088	0,921	0,357
SOCS -> WAGE	-0,062	0,827	0,408
Size -> ADAP	-0,021	0,339	0,735
Size -> CAREER	**-0,151***	2,737	0,006
Size -> OTE	0,053	0,738	0,461
Size -> POSLEAD	-0,061	0,991	0,322
Size -> SELF	**-0,144***	2,262	0,024
Size -> SOCS	-0,048	0,902	0,367
Size -> UNEMP	**-0,193***	5,461	0,000
Size -> WAGE	**0,296***	6,138	0,000

Die Zusammenfassung der Ergebnisse der empirischen Studie I hinsichtlich der aufgestellten Hypothesen und Effektstärken ist in Tabelle 6-24 dargestellt.

Tabelle 6-24 Beurteilung der Hypothesengültigkeit auf Basis der empirischen Studie I

Hypothese		Bewertung nach Pfadkoeffizien-	Effektstärke
H1a	CARDEV (Individualebene) steht in einem positiven Zusammenhang zu den IB-Dimensionen.		
H1a-1	CARDEV (+) → ADAP	Nicht bestätigt	-
H1a-2	CARDEV (+) → OTE	Nicht bestätigt	-
H1a-3	CARDEV (+) → SELF	Bestätigt	Mittel
H1a-4	CARDEV (+) → SOCS	Nicht bestätigt	-
H1b	HR (Unternehmensebene) steht in einem positiven Zusammenhang zu den IB-Dimensionen.		
H1b-1	HR (+) → ADAP	Nicht bestätigt	-
H1b-2	HR (+) → OTE	Nicht bestätigt	-
H1b-3	HR (+) → SELF	Nicht bestätigt	-
H1b-4	HR (+) → SOCS	Nicht bestätigt	-
H2	LP steht in einem positiven Zusammenhang zu den IB-Dimensionen.		
H2-1	LP (+) → ADAP	Bestätigt	Stark
H2-2	LP (+) → OTE	Bestätigt	Mittel
H2-3	LP (+) → SELF	Bestätigt	Stark
H2-4	LP (+) → SOCS	Bestätigt	Stark
H3	MOB steht in einem positiven Zusammenhang zu den IB-Dimensionen.		
H3-1	MOB (+) → ADAP	Bestätigt	Mittel
H3-2	MOB (+) → OTE	Bestätigt	Gering
H3-3	MOB (+) → SELF	Bestätigt	Mittel
H3-4	MOB (+) → SOCS	Bestätigt	Mittel
H4a	I40P steht in einem positiven Zusammenhang mit den IB-Dimensionen.		
H4a-1	I40P (+) → ADAP	Bestätigt	Mittel
H4a-2	I40P (+) → OTE	Bestätigt	Mittel
H4a-3	I40P (+) → SELF	Bestätigt	Mittel
H4a-4	I40P (+) → SOCS	Bestätigt	Mittel
H4b	I40 steht in einem positiven Zusammenhang mit den IB-Dimensionen.		
H4b-1	I40 (+) → ADAP	Nicht bestätigt	-
H4b-2	I40 (+) → OTE	Nicht bestätigt	-

H4b-3	I40 (+) → SELF	Nicht bestätigt	-
H4b-4	I40 (+) → SOCS	Nicht bestätigt	-
H4c	DIGI steht in einem positiven Zusammenhang mit den IB-Dimensionen.		
H4c-1	DIGI (+) → ADAP	Nicht bestätigt	-
H4c-2	DIGI (+) → OTE	Nicht bestätigt	-
H4c-3	DIGI (+) → SELF	Nicht bestätigt	-
H4c-4	DIGI (+) → SOCS	Nicht bestätigt	-
H5	Die IB-Dimensionen stehen in einem positiven Zusammenhang mit Faktoren des Karriereerfolgs.		
H5a-1	ADAP (+) → POSLEAD	Nicht bestätigt	-
H5a-2	OTE(+) → POSLEAD	Nicht bestätigt	-
H5a-3	SELF (+) → POSLEAD	Bestätigt	Mittel
H5a-4	SOCS (+) → POSLEAD	Nicht bestätigt	-
H5a-5	ADAP (+) → UNEMP	Nicht bestätigt	-
H5a-6	OTE(+) → UNEMP	Nicht bestätigt	-
H5a-7	SELF (+) → UNEMP	Nicht bestätigt	-
H5a-8	SOCS (+) → UNEMP	Nicht bestätigt	-
H5a-9	ADAP (+) → WAGE	Nicht bestätigt	-
H5a-10	OTE(+) → WAGE	Nicht bestätigt	-
H5a-11	SELF (+) → WAGE	Nicht bestätigt	-
H5a-12	SOCS (+) → WAGE	Nicht bestätigt	-
H5b-1	ADAP (+) → CAREER	Nicht bestätigt	-
H5b-2	OTE(+) → CAREER	Nicht bestätigt	-
H5b-3	SELF (+) → CAREER	Bestätigt	Stark
H5b-4	SOCS (+) → CAREER	Nicht bestätigt	-

Die weiteren Interpretationen der Ergebnisse erfolgen nach Vorstellung und Analyse der Ergebnisse der empirischen Studie II. In Kapitel 6.4 werden die Ergebnisse der beiden Studien gegenübergestellt und interpretiert, um darauf basierend in Kapitel 8 Strategien zur Förderung der IB in der betrieblichen Praxis abzuleiten.

6.3 Empirische Studie II – Arbeitssuchende mit vorangegangener Tätigkeit in produzierenden Unternehmen

6.3.1 Quantitative und qualitative Darstellung zu Datenbasis II

In Anschluss an Studie I wurde Studie II mit Arbeitssuchenden, die zuvor in produzierenden Unternehmen tätig waren, durchgeführt. Die Ziele bestanden (1) in der Vervollständigung der Gesamtübersicht der Zielgruppe der potenziell in Industrie 4.0 beschäftigungsfähigen Personen sowie (2) in der Validierung der Ergebnisse der Untersuchungen von Datenbasis I.

Die Akquise erfolgte mit Unterstützung der Bundesagentur für Arbeit in Nürnberg, die den Kontakt zu den regionalen Vertretungen der Agentur für Arbeit herstellte. Die regionalen Vertretungen wurden per E-Mail kontaktiert.
Insgesamt sieben Agenturen für Arbeit unterstützten in der Akquise von Teilnehmenden der empirischen Studie II. Dazu wurde überregional von der Agentur für Arbeit in Köln ein Pressetext verfasst sowie ein Werbetext für die Internetpräsenzen erstellt. Neben der Werbung über die Medien wurden in einzelnen Niederlassungen Arbeitssuchende im Rahmen der Beratung auf die Studie mit der Möglichkeit einer freiwilligen und anonymen Teilnahme hingewiesen. Die Bewerbung der Studie erfolgte äquivalent zum Teilnahezeitraum zwischen Februar bis Juni 2021.

Aufgrund von behördlichen Restriktionen im Zuge der COVID-19-Pandemie und der daraus resultierenden kontaktlosen Beratung von Arbeitssuchenden, wurde ausschließlich die Online-Variante des Fragebogens für Arbeitssuchende angeboten. Es konnten knapp 1.300 Aufrufe verzeichnet werden. Insgesamt gingen 395 vollständig beantwortete Fragebögen ein. Zudem wurden Fragebögen ausgeschlossen, wenn die Befragten zuvor in als nicht-relevant eingestuften Unternehmen tätig waren, z. B. im Einzelhandel. Insgesamt wurden 321 Fragebögen für die Analyse verwendet. In Tabelle 6-25 sind die Werte zur quantitativen Bewertung der Stichprobe der empirischen Studie II dargestellt.

Tabelle 6-25 Quantitative Darstellung der Größe und Vollständigkeit der Stichprobe der empirischen Studie II

	Summe
Besucher des Online-Fragebogens	1.300
Vollständig ausgefüllte Fragebögen	395
Ausgeschlossene Fragebögen	74
Verwendete Fragebögen	321

Auch die Stichprobe der empirischen Studie II kann hinsichtlich der Branchen und Unternehmensgröße als nahezu repräsentativ für die produzierenden Unternehmen in Deutschland eingeordnet werde (Statistisches Bundesamt Deutschland, 2022). Insgesamt haben Arbeitssuchende teilgenommen, die in 241 verschiedenen Unternehmen tätig waren oder sind.

In Tabelle 6-26 sind die qualitativen Kenngrößen dargestellt. Ungefähr die Hälfte der Befragten war im Maschinen- und Anlagenbau oder der Automobilindustrie tätig. Knapp 50 % der Arbeitssuchenden waren in KMU beschäftigt. Das ist ähnlich zur Stichprobe der empirischen Studie I. Abweichend ist jedoch, dass die Klassen 1.000 bis 10.000 Mitarbeitende und > 10.000 Mitarbeitende mit jeweils ca. 20 % insgesamt größer ist. Die meisten Unternehmen befinden sich mit mehr als 50 % auch in dieser Stichprobe in Nordrhein-Westfalen, gefolgt von Baden-Württemberg mit über 35 % und Bayern mit knapp 5 %. Der Rest ist jeweils im einstelligen Bereich auf die anderen Bundesländer verteilt. Von den Unternehmen, in denen die Befragten tätig waren, haben die meisten mit ca. 85 % ihren Hauptsitz in Deutschland, ca. 5 % haben ihren Hauptsitz im innereuropäischen Ausland und ca. 5 % im außereuropäischen Ausland.

Tabelle 6-26 Übersicht über qualitative Zusammensetzung der Stichprobe der empirischen Studie II

		Arbeitssuchende	
		N	Häufigkeit
Bundesland	Bayern	15	4.67%
	Baden-Württemberg	121	37.69%
	Bremen	1	0.31%
	Hamburg	2	0.62%
	Hessen	5	1.56%
	Niedersachsen	4	1.25%
	Nordrhein-Westfalen	168	52.34%
	Rheinland-Pfalz	2	0.62%
	Sachsen	2	0.62%
	Thüringen	1	0.31%
Unternehmenssitz	D	275	85.67%
	EU (ohne D)	16	4.98%
	Nicht-EU	30	9.35%
Branche	Maschinen-/ Anlagenbau	62	19.31%
	Automobilindustrie (OEM)	41	12.77%
	Automobilindustrie (Zulieferer)	56	17.45%
	Elektroindustrie	37	11.53%
	Gebrauchsgüter	22	6.85%
	Energiewirtschaft	5	1.56%
	Medizintechnik	4	1.25%
	Pharmazie	14	4.30%
	Sonstige	33	10.28%
Unternehmensgröße	< 250 Mitarbeitende	109	33.96%
	250 bis 499 Mitarbeitende	40	11.33%
	500 bis 999 Mitarbeitende	38	11.84%
	1.000 bis 10.000 Mitarbeitende	62	19.31%
	> 10.000 Mitarbeitende	66	20.56%

Die demografischen Daten der befragten Arbeitssuchenden sind in Tabelle 6-27 dargestellt. Im Vergleich zur empirischen Studie I sind in der Stichprobe von Studie II etwas mehr Frauen. Etwa 20 % der Befragten sind Frauen. Bezogen auf das Alter sind die Arbeitssuchenden im

Schnitt ca. 10 Jahre älter als die befragten Beschäftigten in Studie I (Mittelwert = 47,23; Median = 49,50). Auch in Bezug auf das Ausbildungsniveau unterscheiden sich die beiden Stichproben, da in der Studie II alle Ausbildungsniveaus abgebildet sind. Den größten Anteil nimmt, wie für die Gruppe von Mitarbeitenden auf dem Shopfloor zu erwarten, die Arbeitssuchenden mit einer Berufsausbildung als höchsten Bildungsabschluss ein. Insgesamt waren die Arbeitssuchenden über 13,5 Jahre (Median = 8,00) im letzten Unternehmen, davon waren sie ca. 9 Jahre Median = 5,00) in der letzten Position beschäftigt. Damit liegen die Werte der Unternehmenszugehörigkeit etwas über der Unternehmenszugehörigkeit der Beschäftigten in Stichprobe II.

Tabelle 6-27 Übersicht über demografische Daten der Teilnehmenden in der empirischen Studie II

		Arbeitssuchende	
		N	Häufigkeit
Geschlecht	Männlich	259	80.69%
	Weiblich	60	18.69%
Alter	< 20	4	1.73%
	20-29	34	14.72%
	30-39	60	25.97%
	40-49	62	26.84%
	50-59	89	38.53%
	> 60	72	31.17%
Ausbildung	Kein Schulabschluss	5	2.16%
	Grund-/Hauptschulabschluss	35	15.15%
	Mittlere Reife	39	16.88%
	Fachabitur	30	12.99%
	Abitur	16	6.93%
	Abgeschlossene Berufsausbildung	87	37.66%
	Bachelor/Meister	56	24.24%
	Master/Diplom	49	21.21%
	Promotion	4	1.73%
Unternehmenszugehörigkeit [Jahre]		Mittelwert	Median
	Insgesamt	13.61	8.00
	Aktuelle Position	9.06	5.00

6.3.2 Ergebnisse der empirischen Studie II

Die Analyse der Ergebnisse der empirischen Studie II erfolgte äquivalent zu den Analyseschritten der empirischen Studie I in der Software SmartPLS3.3®. Aus diesem Grund wird an dieser Stelle darauf verzichtet, weitere Details zum Analyseverfahren und bestehenden Grenzwerten zur Gütebeurteilung vorzustellen. Diese sind detailliert in Kapitel 5.3 (PLS-Pfadmodellierung) und dem vorangegangenen Unterkapitel zu den Ergebnissen der empirischen Studie I (Kapitel 6.2.2) beschrieben.

Wie beschrieben wurde das Studiendesign in der empirischen Studie II verändert, da keine zusätzliche Befragung relevanter Führungskräfte der Unternehmen, in denen die Arbeitssuchenden beschäftigt waren, realisierbar war. Daher ist es nicht möglich, die von der Unternehmensebene bestimmten Faktoren (I40, HR, DIGI) in der empirischen Studie II zu betrachten.

6.3.2.1 Gütebeurteilung des Messmodells

Zur Gütebeurteilung des Messmodells werden nachfolgend die Indikatorreliabilität, die Konstruktreliabilität, die Konvergenzvalidität und die Diskriminanzvalidität untersucht.

Indikatorreliabilität

Die Bewertung der Indikatorreliabilität der latenten reflektiv gemessenen Variablen anhand der Faktorladungen ist in Tabelle 6-28 dargestellt. Die Werte sind vergleichbar mit den Ergebnissen der empirischen Studie I. Die geringsten Ladungen erzielen weiterhin SELF4 und OTE10. Beide sind < 0,46 und somit größer als in der empirischen Studie I. Den höchsten Wert erzielt MOB1 mit 0,933. Der Großteil der weiteren Indikatoren liegt zwischen 0,6 und 0,8. Alle Werte sind signifikant.

Tabelle 6-28 Faktorladungen der latenten, reflektiv gemessenen Variablen der empirischen Studie II

	Ladung	T-Statistik	P-Werte
ADAP1 <- ADAP	0.548	8.995	0.000
ADAP2 <- ADAP	0.662	11.124	0.000
ADAP3 <- ADAP	0.775	21.672	0.000
ADAP4 <- ADAP	0.785	20.294	0.000
ADAP5 <- ADAP	0.787	24.998	0.000
ADAP6 <- ADAP	0.817	31.062	0.000
LP1 <- LP	0.672	13.531	0.000
LP2 <- LP	0.586	8.458	0.000
LP3 <- LP	0.779	24.321	0.000
LP4 <- LP	0.741	18.799	0.000
LP5 <- LP	0.643	12.197	0.000
LP6 <- LP	0.553	7.046	0.000
MOB1 <- MOB	0.933	10.443	0.000
MOB2_inv <- MOB	0.805	6.744	0.000
OTE1 <- OTE	0.675	11.205	0.000
OTE2 <- OTE	0.647	13.310	0.000
OTE3 <- OTE	0.704	18.514	0.000
OTE4 <- OTE	0.580	7.172	0.000
OTE5 <- OTE	0.633	8.123	0.000
OTE6 <- OTE	0.702	11.856	0.000

OTE7 <- OTE	0.613	8.350	0.000
OTE8 <- OTE	0.731	13.797	0.000
OTE9 <- OTE	0.719	13.265	0.000
OTE10 <- OTE	0.467	4.756	0,000
OTE11 <- OTE	0.604	8.871	0.000
SELF1 <- SELF	0.726	22.711	0.000
SELF2 <- SELF	0.631	11.845	0.000
SELF3 <- SELF	0.683	18.703	0.000
SELF4 <- SELF	0.461	7.643	0.000
SELF5 <- SELF	0.683	15.149	0.000
SELF6 <- SELF	0.724	15.369	0.000
SELF7 <- SELF	0.719	16.418	0.000
SELF8 <- SELF	0.634	12.976	0.000
SELF9 <- SELF	0.678	17.366	0.000
SELF10 <- SELF	0.638	12.245	0.000
SOCS1 <- SOCS	0.590	6.307	0.000
SOCS2 <- SOCS	0.721	19.566	0.000
SOCS3 <- SOCS	0.680	15.504	0.000
SOCS4 <- SOCS	0.658	12.862	0.000
SOCS5 <- SOCS	0.683	13.774	0.000
SOCS6 <- SOCS	0.628	11.845	0.000
SOCS7 <- SOCS	0.622	11.747	0.000
SOCS8 <- SOCS	0.613	11.940	0.000
CARDEV1 <- CARDEV	0.794	6.482	0.000
CARDEV2 <- CARDEV	0.831	7.223	0.000
CARDEV3 <- CARDEV	0.863	9.157	0.000
CARDEV4 <- CARDEV	0.810	6.738	0.000
CARDEV5 <- CARDEV	0.574	4.116	0.000
CARDEV6 <- CARDEV	0.687	6.914	0.000

Konstruktreliabilität

Als Maße der Konstruktreliabilität werden Cronbach's Alpha (Tabelle 6-29) und die Composite-Reliabilität/ das IC-Maß (Tabelle 6-30) untersucht. Alle Werte erreichen den Schwellenwert von 0,7 und sind somit etwas besser als in der empirischen Studie I. Die niedrigsten Werte erzielt das Konstrukt LP mit einem IC-Maß von 0,84 Cronbach's Alpha mit 0,79 nahe 0,8. Demnach lässt sich auf Basis der Daten der empirischen Studie II eine sehr gute Konstruktreliabilität feststellen.

Tabelle 6-29 Cronbach's Alpha der latenten, reflektiven Variablen der empirischen Studie II

	Cronbach's Alpha	T-Statistik	P-Werte
ADAP	0,882	53,716	0,000
CARDEV	0,877	73,617	0,000
LP	0,793	32,463	0,000
MOB	0,901	55,888	0,000
OTE	0,917	85,215	0,000
SELF	0,858	44,696	0,000
SOCS	0,881	79,781	0,000

Tabelle 6-30 IC-Maße der latenten, reflektiven Variablen der empirischen Studie II

	IC-Maß	T-Statistik	P-Werte
ADAP	0,911	80,792	0,000
CARDEV	0,901	47,121	0,000
LP	0,849	50,742	0,000
MOB	0,923	9,178	0,000
OTE	0,930	109,906	0,000
SELF	0,886	63,161	0,000
SOCS	0,906	70,877	0,000

Konvergenzvalidität

Die AVE-Werte zur Bewertung der Konvergenzvalidität sind in Tabelle 6-31 dargestellt. Im Vergleich zur empirischen Studie I sind die Werte für die latenten, reflektiv gemessenen Konstrukte höher. Die meisten Konstrukte erzielen nun Werte > 0,5. LP liegt mit 0,49 sehr nahe am Schwellenwert. Nur SELF ist mit 0,443, also 44,3 % der erklärten Varianz niedriger. Aufgrund des hohen IC-Maßes wird dies jedoch als ausreichend betrachtet.

Tabelle 6-31 AVE der latenten, reflektiven Variablen der empirischen Studie II

	AVE	T-Statistik	P-Werte
ADAP	0,633	19,872	0,000
CARDEV	0,609	17,872	0,000
LP	0,490	15,672	0,000
MOB	0,870	8,348	0,000
OTE	0,550	17,445	0,000
SELF	0,443	13,328	0,000
SOCS	0,540	15,132	0,000

Diskriminanzvalidität

Zur Bewertung der Diskriminanzvalidität werden das Fornell-Larcker-Kriterium, das HTMT-Verhältnis und die Kreuzladungen betrachtet. Die Werte des Fornell-Larcker-Kriteriums der empirischen Studie II sind in Tabelle 6-32 dargestellt. Wie in der empirischen Studie I ist das Fornell-Larcker-Kriterium bei den meisten Konstrukten erfüllt, da der Wert bei den jeweils betrachteten Konstrukten selbst am höchsten ist. Auf SELF trifft dies nicht zu. Eine eindeutige Separierung auf Basis des Kriteriums ist somit nicht möglich.

Tabelle 6-32 Fornell-Larcker-Kriterium der latenten, reflektiven Variablen der empirischen Studie II

	ADAP	CARDEV	LP	MOB	OTE	SELF	SOCS
ADAP	0,797						
CARDEV	0,165	0,786					
LP	0,548	0,083	0,701				
MOB	-0,106	0,034	-0,139	0,949			
OTE	0,675	0,217	0,569	-0,130	0,742		
SELF	0,673	0,227	0,595	-0,091	0,726	0,667	
SOCS	0,639	0,194	0,669	-0,109	0,700	0,703	0,743

Als weiteres Kriterium für die Diskriminanzvalidität wird das HTMT-Kriterium betrachtet. Im Gegensatz zu den Ergebnissen des Fornell-Larcker-Kriteriums lassen sich die latenten Variablen auf Basis des HTMT-Kriteriums alle voneinander separieren. Wie Tabelle 6-16 zu entnehmen ist, erfüllen alle Konstrukte die Maßgabe des HTMT-Kriteriums ≤ 0,85.

Tabelle 6-33 HTMT-Kriterium der latenten, reflektiven Variablen der empirischen Studie II

	ADAP	CARDEV	LP	MOB	OTE	SELF	SOCS
ADAP							
CARDEV	0,168						
LP	0,616	0,103					
MOB	0,123	0,055	0,194				
OTE	0,752	0,216	0,629	0,137			
SELF	0,773	0,238	0,685	0,138	0,815		
SOCS	0,721	0,201	0,765	0,124	0,702	0,805	

Die Kreuzladungen der latenten Variablen stellen das dritte Kriterium zur Überprüfung der Diskriminanzvalidität dar. Die Ergebnisse sind Tabelle 6-34 zu entnehmen. Auf Basis der Kreuzladungen lassen sich die Konstrukte eindeutig voneinander separieren, da die Indikatoren mit dem zugewiesenen Konstrukt am höchsten korrelieren. In Summe lässt sich folglich eine ausreichende Diskriminanzvalidität feststellen.

Tabelle 6-34 Kreuzladungen der latenten, reflektiven Variablen der empirischen Studie II

	ADAP	CARDEV	LP	MOB	OTE	SELF	SOCS
ADAP1	**0,698**	0,157	0,413	-0,008	0,536	0,545	0,449
ADAP2	**0,759**	0,161	0,476	-0,106	0,603	0,521	0,523
ADAP3	**0,867**	0,124	0,445	-0,103	0,568	0,611	0,559
ADAP4	**0,803**	0,125	0,401	-0,069	0,503	0,511	0,500
ADAP5	**0,836**	0,147	0,446	-0,108	0,510	0,555	0,554
ADAP6	**0,808**	0,070	0,431	-0,109	0,500	0,473	0,461
CARDEV1	0,105	**0,843**	0,034	0,002	0,151	0,138	0,099
CARDEV2	0,098	**0,875**	0,035	0,064	0,185	0,179	0,146
CARDEV3	0,127	**0,820**	0,095	0,056	0,119	0,198	0,131
CARDEV4	0,212	**0,855**	0,141	0,032	0,265	0,271	0,251
CARDEV5	0,086	**0,646**	-0,023	-0,030	0,095	0,079	0,066
CARDEV6	0,068	**0,641**	0,001	-0,004	0,108	0,081	0,119
LP1	0,377	0,098	**0,720**	-0,083	0,423	0,425	0,498
LP2	0,177	0,026	**0,589**	-0,254	0,197	0,225	0,308
LP3	0,475	0,036	**0,721**	-0,060	0,523	0,457	0,504
LP4	0,474	0,042	**0,823**	-0,124	0,482	0,524	0,561
LP5	0,275	0,004	**0,649**	-0,187	0,255	0,299	0,353
LP6	0,406	0,121	**0,680**	0,008	0,383	0,461	0,505
MOB1	-0,066	0,053	-0,078	**0,915**	-0,053	-0,065	-0,062
MOB2_inv	-0,119	0,024	-0,161	**0,982**	-0,159	-0,098	-0,125
OTE1	0,483	0,143	0,438	-0,134	**0,795**	0,544	0,554
OTE2	0,619	0,160	0,477	-0,132	**0,766**	0,597	0,607
OTE3	0,576	0,120	0,473	-0,126	**0,782**	0,572	0,584
OTE4	0,425	0,202	0,422	-0,097	**0,696**	0,487	0,482
OTE5	0,516	0,163	0,419	-0,036	**0,712**	0,527	0,487
OTE6	0,519	0,147	0,460	-0,115	**0,785**	0,530	0,585
OTE7	0,497	0,053	0,420	-0,165	**0,646**	0,441	0,434
OTE8	0,467	0,159	0,387	-0,013	**0,758**	0,548	0,508
OTE9	0,449	0,201	0,372	-0,041	**0,754**	0,547	0,473
OTE10	0,442	0,272	0,327	-0,019	**0,698**	0,524	0,441
OTE11	0,531	0,135	0,458	-0,186	**0,761**	0,601	0,540
SELF1	0,417	0,202	0,357	0,090	0,359	**0,690**	0,438
SELF2	0,425	0,271	0,329	-0,052	0,429	**0,698**	0,404
SELF3	0,406	0,104	0,428	-0,105	0,420	**0,701**	0,463
SELF4	0,437	0,132	0,257	-0,047	0,434	**0,519**	0,435
SELF5	0,551	0,160	0,462	-0,116	0,645	**0,703**	0,593
SELF6	0,528	0,102	0,507	-0,087	0,626	**0,723**	0,588
SELF7	0,442	0,132	0,379	-0,078	0,449	**0,687**	0,470
SELF8	0,428	-0,002	0,430	0,025	0,518	**0,650**	0,404
SELF9	0,453	0,138	0,401	-0,207	0,471	**0,666**	0,500
SELF10	0,399	0,226	0,304	0,077	0,373	**0,605**	0,328
SOCS1	0,373	0,003	0,519	-0,147	0,416	0,444	**0,681**
SOCS2	0,511	0,211	0,596	-0,100	0,588	0,557	**0,819**
SOCS3	0,492	0,200	0,482	-0,046	0,549	0,610	**0,730**
SOCS4	0,463	0,127	0,500	-0,102	0,549	0,541	**0,783**

SOCS5	0,531	0,136	0,532	-0,123	0,551	0,517	**0,778**
SOCS6	0,437	0,199	0,402	-0,065	0,437	0,502	**0,705**
SOCS7	0,549	0,159	0,494	-0,078	0,611	0,586	**0,766**
SOCS8	0,434	0,101	0,419	0,040	0,423	0,393	**0,669**

6.3.2.2 Gütebeurteilung des Strukturmodells

Zur Gütebeurteilung des Strukturmodells wird zunächst überprüft, ob Kollinearität vorliegt. Nachfolgend werden die Gütemaße für die Erklärungs- und die Prognosekraft untersucht.

Kollinearität

Das Maß der Kollinearität ist der Varianzinflationsfaktor (VIF). Die Werte der äußeren VIF-Werte empirischen Studie II sind in Tabelle 6-35, die der inneren VIF-Werte sind in Tabelle 6-36 dargestellt. Alle Werte sind < 5, der Großteil < 3, sodass Kollinearität ausgeschlossen werden kann.

Tabelle 6-35 Äußere VIF-Werte der latenten Variablen der empirischen Studie II

	VIF
ADAP1	1,507
ADAP2	1,881
ADAP3	2,882
ADAP4	2,077
ADAP5	2,565
ADAP6	2,381
I40P1	1,726
I40P2	1,654
I40P3	1,977
I40P4	1,619
I40P5	2,083
I40P6	2,799
I40P7	2,033
I40P8	2,905
I40P9	2,939
I40P10	1,801
LP1	1,479
LP2	1,691
LP3	1,492
LP4	1,940
LP5	1,653
LP6	1,367
MOB1	3,065
MOB2_inv	3,065
OTE1	2,753
OTE2	2,079

OTE3	2,443
OTE4	2,304
OTE5	2,479
OTE6	2,705
OTE7	1,658
OTE8	3,713
OTE9	4,271
OTE10	2,273
OTE11	2,438
SELF1	1,694
SELF2	1,948
SELF3	1,955
SELF4	1,283
SELF5	2,077
SELF6	2,379
SELF7	1,672
SELF8	1,696
SELF9	1,845
SELF10	1,805
SOCS1	1,628
SOCS2	2,174
SOCS3	1,839
SOCS4	2,146
SOCS5	2,125
SOCS6	1,692
SOCS7	1,936
SOCS8	1,568
CARDEV1	3,128
CARDEV2	3,548
CARDEV3	2,187
CARDEV4	1,918
CARDEV5	1,490
CARDEV6	1,471

Tabelle 6-36 Innere VIF-Werte der Variablen der empirischen Studie II

	ADAP	CAREER	OTE	POS-LEAD	SELF	SOCS	UNEMP	WAGE
ADAP		2,300		2,300			2,300	2,281
AGE	1,128	1,066	1,128	1,066	1,128	1,128	1,066	1,066
CARDEV	1,138		1,138		1,138	1,138		
EDLE-VEL	1,119	1,186	1,119	1,186	1,119	1,119	1,186	
I40P	1,272		1,272		1,272	1,272		
LP	1,197		1,197		1,197	1,197		
MOB	1,112		1,112		1,112	1,112		
OTE		3,146		3,146			3,146	2,953
SELF		2,800		2,800			2,800	2,797
SEX	1,039	1,101	1,039	1,101	1,039	1,039	1,101	1,101
SOCS		2,492		2,492			2,492	2,479
Size	1,173	1,059	1,173	1,059	1,173	1,173	1,059	1,047

Erklärungskraft

Zur Beurteilung der Erklärungskraft der endogenen, latenten Variablen wird das korrigierte Bestimmtheitsmaß R^2 betrachtet. Die Ergebnisse für die empirische Studie II sind in Tabelle 6-37 dargestellt.

Bis auf das korrigierte R^2 für UNEMP sind alle Ergebnisse signifikant und erzielen mindestens akzeptable Werte > 0,1 (Weiber & Sarstedt, 2021, S. 356). Im Vergleich zur empirischen Studie I ist die Erklärungskraft im Schnitt deutlich höher. Die IB-Dimensionen erzielen jeweils eine Erklärungskraft > 0,3 mit Werten zwischen 0,363 (ADAP) und 0,503 (SOCS). Werte ab 0,5 gelten als moderat (Weiber & Sarstedt, 2021, 356 f.). Insgesamt lässt sich festhalten, dass, verglichen mit der Datenbasis aus Studie I, auf Basis der Daten der empirischen Studie II die Variablen besser erklärt werden.

Tabelle 6-37 R^2 der endogenen Konstrukte der empirischen Studie II

	R^2 korr	T-Statistik	P-Werte
ADAP	0,363	5,509	0,000
CAREER	0,287	6,342	0,000
OTE	0,455	8,357	0,000
POSLEAD	0,119	2,760	0,006
SELF	0,417	7,009	0,000
SOCS	0,503	9,246	0,000
UNEMP	0,038	0,705	0,481
WAGE	0,425	10,316	0,000

Prognosekraft

Das Stone-Geisser-Kriterium Q als Indikator für die Prognosekraft ist in Tabelle 6-38 dargestellt. Es werden ausschließlich Werte > 0 erzielt, sodass auch in der empirischen Studie II die Prognosekraft der Konstrukte bestätigt werden kann. Im Vergleich zu den Ergebnissen aus der empirischen Studie I sind die Werte der IB-Dimensionen höher, sodass von einer größeren Prognosekraft ausgegangen werden kann. Bei den Faktoren des Karriereerfolgs zeigt sich dagegen ein anderes Bild. Die Prognosekraft für den Faktor UNEMP ist geringer, während die Prognosekraft für den Faktor WAGE deutlich höher ausfällt.

Tabelle 6-38 Stone-Geisser-Kriterium der endogenen latenten Variablen der empirischen Studie II

	Q^2
ADAP	0,214
CAREER	0,249
OTE	0,239
POSLEAD	0,075
SELF	0,169
SOCS	0,259
UNEMP	0,016
WAGE	0,405

6.3.2.3 Beurteilung der Hypothesengültigkeit

Die Hypothesengültigkeit wird über die Pfadkooffizienten und Effektstärken ermittelt. Die über das Bootstrappingverfahren generierte T-Statistik gibt Aufschluss über die Signifikanz der Gütekriterien.

Pfadkoeffizienten

Tabelle 6-39 gibt eine Übersicht über die Pfadkoeffizienten der aufgestellten Hypothesen inklusive der Kontrollvariablen. Die signifikanten Werte mit Signifikanzniveau von 5 %* bzw. 10 %** sind fett hervorgehoben

Die als signifikant zu bewertenden Pfadkoeffizienten liegen zwischen 0,08 und 0,6. Im Vergleich zu den Ergebnissen der empirischen Studie I sind die Werte etwas höher. Darüber hinaus ist eine größere Anzahl an Pfadkoeffizienten signifikant.
Im Besonderen ist die Anzahl der signifikanten Zusammenhänge zwischen den IB-Dimensionen und den Karrierefaktoren gestiegen. Zwischen ADAP und POSLEAD besteht eine signifikante, aber negative Wirkbeziehung, sodass die Hypothese (H5a) für ADAP nicht bestätigt werden kann. Mit den weiteren Faktoren des Karriereerfolgs besteht für ADAP keine signifikante Wirkbeziehung. Für die IB-Dimension OTE bestehen signifikante Wirkbeziehungen mit

den drei objektiven Karriereerfolgsfaktoren POSLEAD, UNEMP und WAGE. Diese sind zwischen 0,15 und 0,23 moderat ausgeprägt. Bei SOCS lässt sich eine schwach ausgeprägte positive Wirkbeziehung mit WAGE feststellen. Für SELF besteht eine signifikante Beziehung mit dem subjektiven Karriereerfolgsfaktor CAREER. Diese ist mit einem Pfadkoeffizienten von 0,35 verhältnismäßig stark ausgeprägt. In Summe ergeben sich somit signifikante Wirkbeziehungen zwischen den IB-Dimensionen und jeweils mindestens einem Faktor des Karriereerfolgs.

Bei den exogenen Variablen auf Mikro-/ Individualebene können auf Basis der Pfadkoeffizienten wiederholt ein Großteil der Hypothesen bestätigt werden. Alle Zusammenhänge von CARDEV, I40P und LP auf die IB-Dimensionen sind auch in der empirischen Studie II signifikant, sodass H1a, H2 und H4a bestätigt werden können. Besonders bei LP sind die Zusammenhänge mit allen IB-Dimensionen > 0,45 vergleichsweise stark ausgeprägt. Im Gegensatz zur empirischen Studie I besteht kein signifikanter Zusammenhang zwischen den IB-Dimensionen und MOB.

Bei den Pfadkoeffizienten der Kontrollvariablen zeigen sich Zusammenhänge von AGE mit allen Faktoren des Karriereerfolgs. Diese sind z. T. negativ wie der Zusammenhang mit SELF. EDLEVEL hat eine signifikant schwache Beziehungen mit OTE und SOCS. Beziehungen zwischen SIZE lassen sich mit ADAP, CAREER und POSLEAD feststellen. Diese sind negativ und mit < 0,12 ebenfalls als relativ schwach einzuordnen. Wie in der empirischen Studie I fällt der Zusammenhang zwischen SIZE und WAGE dagegen mit > 0,34 ähnlich stark aus. Im Vergleich zur empirischen Studie I lassen sich Zusammenhänge zwischen SEX und der IB-Dimension OTE und den Karrierefaktoren POSLEAD und WAGE feststellen.

Tabelle 6-39 Pfadkoeffizienten der aufgestellten Hypothesen in der empirischen Studie II

	Pfadkoeffizient	**T-Statistik**	**P-Werte**
ADAP -> CAREER	0,032	0,327	0,744
ADAP -> POSLEAD	**-0,152****	1,746	0,081
ADAP -> UNEMP	0,068	0,911	0,363
ADAP -> WAGE	-0,090	1,359	0,174
AGE -> ADAP	0,002	0,037	0,970
AGE -> CAREER	**-0,307***	6,368	0,000
AGE -> OTE	-0,051	1,143	0,253
AGE -> POSLEAD	**0,168***	3,251	0,001
AGE -> SELF	**-0,103***	2,178	0,030
AGE -> SOCS	0,025	0,543	0,587
AGE -> UNEMP	**0,169***	3,002	0,003
AGE -> WAGE	**0,392***	9,704	0,000
CARDEV -> ADAP	**0,094****	1,851	0,064
CARDEV -> OTE	**0,104***	2,411	0,016
CARDEV -> SELF	**0,154***	3,099	0,002
CARDEV -> SOCS	**0,089***	2,111	0,035
EDLEVEL -> ADAP	0,024	0,548	0,584

EDLEVEL -> CAREER	0,031	0,599	0,550
EDLEVEL -> OTE	**0,195***	4,384	0,000
EDLEVEL -> POS-LEAD	0,044	0,781	0,435
EDLEVEL -> SELF	0,058	1,280	0,201
EDLEVEL -> SOCS	**0,089***	2,112	0,035
EDLEVEL -> UNEMP	0,050	0,863	0,388
I40P -> ADAP	**0,217***	3,258	0,001
I40P -> OTE	**0,195***	3,398	0,001
I40P -> SELF	**0,134***	2,003	0,045
I40P -> SOCS	**0,165***	2,858	0,004
LP -> ADAP	**0,475***	9,836	0,000
LP -> OTE	**0,448***	10,126	0,000
LP -> SELF	**0,515***	10,364	0,000
LP -> SOCS	**0,601***	13,820	0,000
MOB -> ADAP	-0,006	0,068	0,946
MOB -> OTE	-0,064	1,329	0,184
MOB -> SELF	-0,023	0,511	0,609
MOB -> SOCS	0,005	0,070	0,944
OTE -> CAREER	0,110	1,401	0,162
OTE -> POSLEAD	**0,225***	2,417	0,016
OTE -> UNEMP	**-0,155****	1,711	0,087
OTE -> WAGE	**0,229***	3,073	0,002
SELF -> CAREER	**0,354***	4,606	0,000
SELF -> POSLEAD	0,109	1,163	0,245
SELF -> UNEMP	0,039	0,464	0,643
SELF -> WAGE	0,036	0,573	0,567
SEX -> ADAP	-0,020	0,379	0,705
SEX -> CAREER	0,056	1,239	0,216
SEX -> OTE	**0,149***	3,402	0,001
SEX -> POSLEAD	**0,125***	2,822	0,005
SEX -> SELF	0,030	0,693	0,489
SEX -> SOCS	-0,026	0,789	0,430
SEX -> UNEMP	0,031	0,559	0,576
SEX -> WAGE	**0,112***	2,503	0,012
SOCS -> CAREER	-0,130	1,434	0,152
SOCS -> POSLEAD	0,039	0,639	0,523
SOCS -> UNEMP	0,023	0,200	0,841
SOCS -> WAGE	**0,126***	2,415	0,016
Size -> ADAP	**-0,124***	2,350	0,019
Size -> CAREER	**-0,086****	1,729	0,084
Size -> OTE	-0,003	0,087	0,930
Size -> POSLEAD	**-0,100****	1,687	0,092
Size -> SELF	-0,054	0,992	0,321
Size -> SOCS	-0,022	0,587	0,557
Size -> UNEMP	-0,058	1,163	0,245
Size -> WAGE	**0,345***	7,905	0,000

Effektstärke

Tabelle 6-40 gibt eine Übersicht über die Effektstärken f^2 in der empirischen Studie II. Bei der Bewertung der Ergebnisse gelten dieselben Rahmenbedingungen wie bei der empirischen Studie I (vgl. 6.2.2.3).

Wie auch bei den Pfadkoeffizienten lässt sich feststellen, dass die Effektstärken in der empirischen Studie II im Vergleich zur empirischen Studie I stärker sind. In der empirischen Studie II sind insgesamt 8 als stark ($f^2 \geq 0,35$) einzuordnende Effekte enthalten. In der empirischen Studie I sind es dagegen 4 starke Effekte. Bei den schwachen bis moderaten Effekten ($0,02 \geq f^2 < 0,35$) sind es 29 in Studie I und 34 in Studie II, sodass auch die Anzahl der signifikanten Effektstärken in der empirischen Studie II etwas größer ist.

Neben den direkten Effekten, die bereits im Rahmen der als signifikant eingeordneten Pfadkoeffizienten beschrieben worden sind, lassen sich auch einige indirekte Effekte feststellen. CARDEV hat sehr schwache indirekte Effekte auf die Karrierefaktoren CAREER (0,058) und WAGE (0,033). Weitere schwache Effekte auf dieselben Faktoren lassen sich bei I40P (0,055 bei CAREER und 0,05 bei WAGE) feststellen. LP hat schwache bis leicht moderate Effekte auf CAREER (0,169), POSLEAD (0,109) und WAGE (0,153).

Tabelle 6-40 Effektstärken der aufgestellten Hypothesen in der empirischen Studie II

	f^2	T-Statistik	P-Werte
ADAP -> CAREER	0,032	0,327	0,744
ADAP -> POSLEAD	**-0,152****	1,746	0,081
ADAP -> UNEMP	0,068	0,911	0,363
ADAP -> WAGE	-0,090	1,359	0,174
AGE -> ADAP	0,002	0,037	0,970
AGE -> CAREER	**-0,352***	7,036	0,000
AGE -> OTE	-0,051	1,143	0,253
AGE -> POSLEAD	**0,145***	2,849	0,004
AGE -> SELF	**-0,103***	2,178	0,030
AGE -> SOCS	0,025	0,543	0,587
AGE -> UNEMP	**0,174***	3,117	0,002
AGE -> WAGE	**0,378***	9,209	0,000
CARDEV -> ADAP	**0,094****	1,851	0,064
CARDEV -> CAREER	**0,058***	2,492	0,013
CARDEV -> OTE	**0,104***	2,411	0,016
CARDEV -> POS-LEAD	**0,031****	1,764	0,078
CARDEV -> SELF	**0,154***	3,099	0,002
CARDEV -> SOCS	**0,089***	2,111	0,035
CARDEV -> UNEMP	-0,002	0,152	0,880
CARDEV -> WAGE	**0,033***	2,152	0,032
EDLEVEL -> ADAP	0,024	0,548	0,584
EDLEVEL -> CAREER	0,062	1,242	0,215
EDLEVEL -> OTE	**0,195***	4,384	0,000
EDLEVEL -> POS-LEAD	**0,093****	1,691	0,091

EDLEVEL -> SELF	0,058	1,280	0,201
EDLEVEL -> SOCS	**0,089***	2,112	0,035
EDLEVEL -> UNEMP	0,026	0,519	0,604
EDLEVEL -> WAGE	**0,059***	2,951	0,003
I40P -> ADAP	**0,217***	3,258	0,001
I40P -> CAREER	**0,055****	1,695	0,090
I40P -> OTE	**0,195***	3,398	0,001
I40P -> POSLEAD	0,030	1,324	0,186
I40P -> SELF	**0,134***	2,003	0,045
I40P -> SOCS	**0,165***	2,858	0,004
I40P -> UNEMP	-0,006	0,404	0,686
I40P -> WAGE	**0,050***	2,374	0,018
LP -> ADAP	**0,475***	9,836	0,000
LP -> CAREER	**0,169***	5,076	0,000
LP -> OTE	**0,448***	10,126	0,000
LP -> POSLEAD	**0,107***	3,163	0,002
LP -> SELF	**0,515***	10,364	0,000
LP -> SOCS	**0,601***	13,820	0,000
LP -> UNEMP	-0,003	0,159	0,873
LP -> WAGE	**0,153***	5,869	0,000
MOB -> ADAP	-0,006	0,068	0,946
MOB -> CAREER	-0,016	0,807	0,420
MOB -> OTE	-0,064	1,329	0,184
MOB -> POSLEAD	-0,016	1,052	0,293
MOB -> SELF	-0,023	0,511	0,609
MOB -> SOCS	0,005	0,070	0,944
MOB -> UNEMP	0,009	0,797	0,426
MOB -> WAGE	-0,015	0,970	0,332
OTE -> CAREER	0,110	1,401	0,162
OTE -> POSLEAD	**0,225***	2,417	0,016
OTE -> UNEMP	**-0,155****	1,711	0,087
OTE -> WAGE	**0,229***	3,073	0,002
SELF -> CAREER	**0,354***	4,606	0,000
SELF -> POSLEAD	0,109	1,163	0,245
SELF -> UNEMP	0,039	0,464	0,643
SELF -> WAGE	0,036	0,573	0,567
SEX -> ADAP	-0,020	0,379	0,705
SEX -> CAREER	**0,085****	1,873	0,061
SEX -> OTE	**0,149***	3,402	0,001
SEX -> POSLEAD	**0,163***	3,800	0,000
SEX -> SELF	0,030	0,693	0,489
SEX -> SOCS	-0,026	0,789	0,430
SEX -> UNEMP	0,006	0,144	0,886
SEX -> WAGE	**0,146***	3,402	0,001
SOCS -> CAREER	-0,130	1,434	0,152
SOCS -> POSLEAD	0,039	0,639	0,523
SOCS -> UNEMP	0,023	0,200	0,841
SOCS -> WAGE	**0,126***	2,415	0,016
Size -> ADAP	**-0,124***	2,356	0,019

Size -> CAREER	**-0,106****	1,937	0,053
Size -> OTE	-0,003	0,087	0,930
Size -> POSLEAD	-0,087	1,473	0,141
Size -> SELF	-0,054	0,992	0,321
Size -> SOCS	-0,022	0,587	0,557
Size -> UNEMP	-0,069	1,383	0,167
Size -> WAGE	**0,350***	8,329	0,000

Abschließend sind die Zusammenfassung der Ergebnisse der empirischen Studie II hinsichtlich der aufgestellten Hypothesen auf Individualebene und Effektstärken in Tabelle 6-41 dargestellt.

Tabelle 6-41 Beurteilung der Hypothesengültigkeit auf Basis der empirischen Studie II

Hypothese		**Bewertung nach Pfadkoeffizien-**	**Effektstärke**
H1a	CARDEV (Individualebene) steht in einem positiven Zusammenhang zu den IB-Dimensionen.		
H1a-1	CARDEV (+) → ADAP	Bestätigt	Schwach
H1a-2	CARDEV (+) → OTE	Bestätigt	Schwach
H1a-3	CARDEV (+) → SELF	Bestätigt	Mittel
H1a-4	CARDEV (+) → SOCS	Bestätigt	Schwach
H1b	HR (Unternehmensebene) steht in einem positiven Zusammenhang zu den IB-Dimensionen.		
H1b-1	HR (+) → ADAP	*n/a*	*n/a*
H1b-2	HR (+) → OTE	*n/a*	*n/a*
H1b-3	HR (+) → SELF	*n/a*	*n/a*
H1b-4	HR (+) → SOCS	*n/a*	*n/a*
H2	LP steht in einem positiven Zusammenhang zu den IB-Dimensionen.		
H2-1	LP (+) → ADAP	Bestätigt	Stark
H2-2	LP (+) → OTE	Bestätigt	Stark
H2-3	LP (+) → SELF	Bestätigt	Stark
H2-4	LP (+) → SOCS	Bestätigt	Stark
H3	MOB steht in einem positiven Zusammenhang zu den IB-Dimensionen.		
H3-1	MOB (+) → ADAP	Nicht bestätigt	-
H3-2	MOB (+) → OTE	Nicht bestätigt	-
H3-3	MOB (+) → SELF	Nicht bestätigt	-

H3-4	MOB (+) → SOCS	Nicht bestätigt	-
H4a	I40P steht in einem positiven Zusammenhang mit den IB-Dimensionen.		
H4a-1	I40P (+) → ADAP	Bestätigt	Mittel
H4a-2	I40P (+) → OTE	Bestätigt	Mittel
H4a-3	I40P (+) → SELF	Bestätigt	Mittel
H4a-4	I40P (+) → SOCS	Bestätigt	Mittel
H4b	I40 steht in einem positiven Zusammenhang mit den IB-Dimensionen.		
H4b-1	I40 (+) → ADAP	*n/a*	*n/a*
H4b-2	I40 (+) → OTE	*n/a*	*n/a*
H4b-3	I40 (+) → SELF	*n/a*	*n/a*
H4b-4	I40 (+) → SOCS	*n/a*	*n/a*
H4c	DIGI steht in einem positiven Zusammenhang mit den IB-Dimensionen.		
H4c-1	DIGI (+) → ADAP	*n/a*	*n/a*
H4c-2	DIGI (+) → OTE	*n/a*	*n/a*
H4c-3	DIGI (+) → SELF	*n/a*	*n/a*
H4c-4	DIGI (+) → SOCS	*n/a*	*n/a*
H5	Die IB-Dimensionen stehen in einem positiven Zusammenhang mit Faktoren des Karriereerfolgs.		
H5a-1	ADAP (+) → POSLEAD	Nicht bestätigt	-
H5a-2	OTE(+) → POSLEAD	Bestätigt	Mittel
H5a-3	SELF (+) → POSLEAD	Bestätigt	Mittel
H5a-4	SOCS (+) → POSLEAD	Nicht bestätigt	-
H5a-5	ADAP (+) → UNEMP	Nicht bestätigt	-
H5a-6	OTE(+) → UNEMP	Bestätigt	Mittel
H5a-7	SELF (+) → UNEMP	Nicht bestätigt	-
H5a-8	SOCS (+) → UNEMP	Nicht bestätigt	-
H5a-9	ADAP (+) → WAGE	Nicht bestätigt	-
H5a-10	OTE(+) → WAGE	Bestätigt	Mittel
H5a-11	SELF (+) → WAGE	Nicht bestätigt	-
H5a-12	SOCS (+) → WAGE	Bestätigt	Schwach
H5b-1	ADAP (+) → CAREER	Nicht bestätigt	-
H5b-2	OTE(+) → CAREER	Nicht bestätigt	-
H5b-3	SELF (+) → CAREER	Bestätigt	Stark
H5b-4	SOCS (+) → CAREER	Nicht bestätigt	-

Im Vergleich zur empirischen Studie I können demnach mehr Hypothesen bestätigt werden. Die Hypothese H3 muss allerdings vollständig abgelehnt werden.
Im nachfolgenden Kapitel erfolgt der Vergleich und die Zusammenfassung der Ergebnisse der empirischen Studien I und II.

6.4 Vergleich und zusammenfassende Ergebnisse der empirischen Studien I und II

Im vorliegenden Unterkapitel erfolgt eine zusammenfassende Darstellung der Ergebnisse des aufgestellten Hypothesenmodells. Dazu werden die Ergebnisse der Stichproben der beiden empirischen Studien I und II, kurz: Stichprobe I und Stichprobe II, gegenübergestellt und analysiert. Ziel ist es zu untersuchen, inwieweit die Erkenntnisse für die gesamte Zielgruppe in Industrie 4.0 beschäftigungsfähiger Personen gelten oder, ohne weitere Untersuchungen, zunächst nur Aussagen für Stichprobe I, aktuell Beschäftigte, bzw. Stichprobe II, Arbeitssuchende, zulässig sind. Das Unterkapitel endet mit der Gesamtbewertung des Hypothesenmodells, welches in Abbildung 6-5 dargestellt ist.

6.4.1 Vergleich der Stichproben

Zum Vergleich der Stichproben der empirischen Studie I und II werden zunächst die demografischen Daten analysiert. Nachfolgend werden die Ergebnisse der IB-Dimensionen und der Faktoren auf Individualebene miteinander verglichen. Da die meisten Variablen nicht als metrische Werte gemessen werden und meist keine Normalverteilung vorliegt, erfolgen die Stichprobenvergleiche mittels des nicht-parametrischen Wilcoxon-Mann-Whitney-Test.

In Abbildung 6-1 sind die Boxplots der Variable „Alter" für die beiden Stichproben dargestellt. „Alter I" gibt das Ergebnis für die empirische Studie I an, „Alter II" das Ergebnis für die empirische Studie II. In der Grafik ist zu erkennen, dass die Spannweiten zwar vergleichbar sind, aber das Alter der Beschäftigten in der empirischen Studie I im Schnitt deutlich niedriger ist. Die Ergebnisse des Wilcoxon-Mann-Whitney-Test ($W = 27269$, $p < 2.2e\text{-}16$) bestätigen, dass die beiden Stichproben hinsichtlich der Variable Alter tatsächlich verschieden sind. Dasselbe gilt für die Zusammensetzung der Geschlechter: Anhand der Teststatistik ($W = 49298$, $p = 0.0003865$) lässt sich feststellen, dass die Stichproben verschieden sind.

Beim Vergleich der weiteren Kontrollvariablen, Ausbildungsniveau und Unternehmensgröße, lassen sich statistisch keine Unterschiede in den beiden Stichproben nachweisen, da die p-Werte bei beiden Tests deutlich > 0,05 sind.

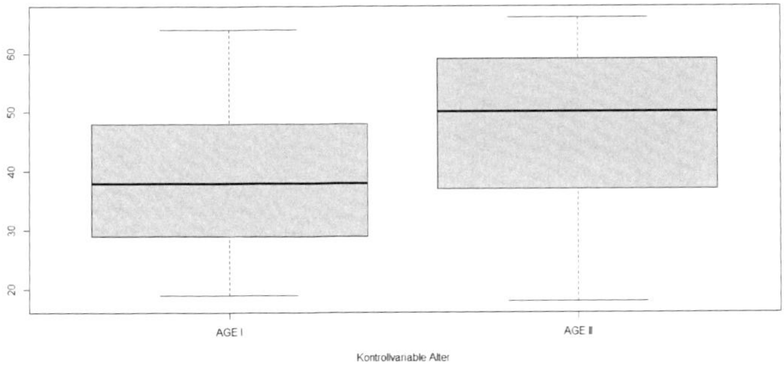

Abbildung 6-1 Boxplots der Kontrollvariable AGE der empirischen Studien I und II (eigene Darstellung)

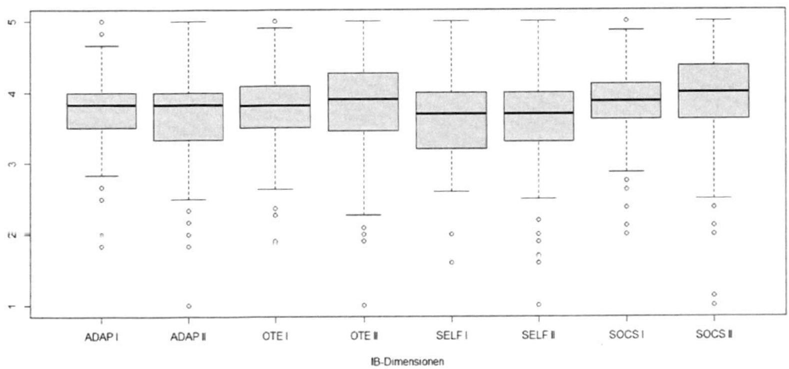

Abbildung 6-2 Boxplots der IB-Dimensionen der empirischen Studien I und II (eigene Darstellung)

Zum Vergleich der Ergebnisse der IB-Dimensionen sind in die Boxplots der Ausprägungen der IB-Dimensionen in den beiden Studien dargestellt. Die Ergebnisse der beiden Studien sind jeweils pro Variable nebeneinander angeordnet und mit „I" und „II" eindeutig zugeordnet. Die graphischen Darstellungen der beiden Stichproben lassen keine großen Unterschiede erkennen, da die Mediane sehr ähnlich sind.

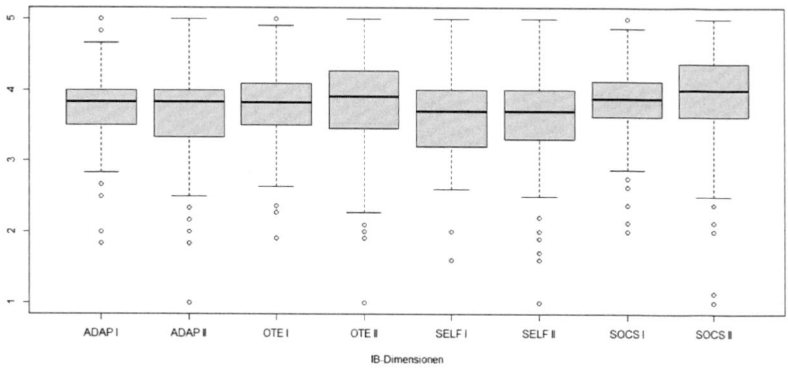

Abbildung 6-2 Boxplots der IB-Dimensionen der empirischen Studien I und II (eigene Darstellung)

Anhand des Wilcoxon-Mann-Whitney-Tests lassen sich bei den IB-Dimensionen ADAP, OTE und SELF auch statistisch keine signifikanten Unterschiede nachweisen. Auf Basis der Teststatistik (W = 39421, p = 0.01115) sind die Stichproben bei der IB-Dimension SOCS als verschieden zu bezeichnen. Allerdings liegen die Mittelwerte und Mediane mit jeweils 3,875 in Stichprobe I und 3,954 bzw. 4,0 in Stichprobe II nicht stark auseinander, sodass die Unterschiede hier auch eher gering sind.

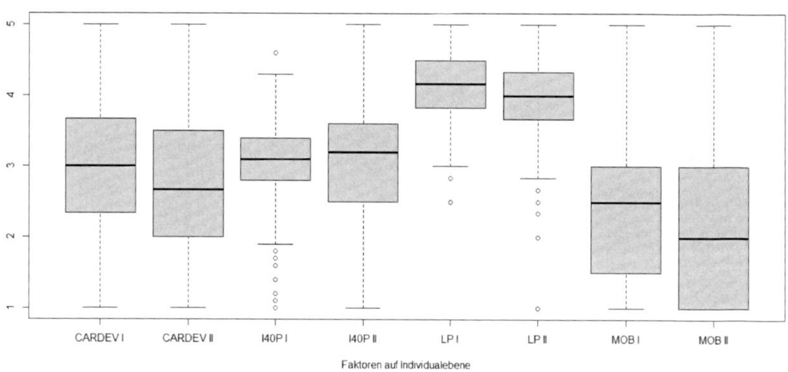

Abbildung 6-3 Boxplots der Faktoren auf Individualebene der empirischen Studien I und II (eigene Darstellung)

Bei den Faktoren auf Individualebene unterscheiden sich die beiden Stichproben je nach betrachteter Variable. Wie in Abbildung 6-3 graphisch zu erkennen ist, bestätigt der Hypothesentest die statistische Verschiedenheit für die Faktoren CARDEV (W = 51913, p = 0.0007442) und LP (W = 50755, p = 0.00456). Bei I40P und MOB kann dagegen statistisch keine Verschiedenheit nachgewiesen werden.

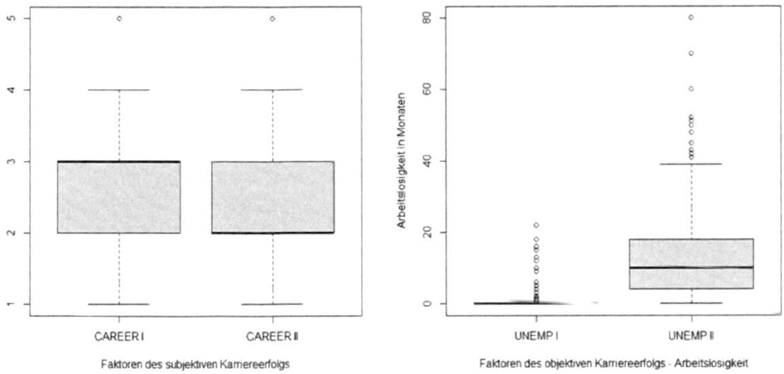

Abbildung 6-4 Boxplots der einer Auswahl der Faktoren des Karriereerfolgs (eigene Darstellung)

Der Vergleich der Faktoren des Karriereerfolgs zeigt, dass die beiden Stichproben auf Basis des Wilcoxon-Mann-Whitney-Tests verschieden sind. Dies gilt sowohl für den Faktor des subjektiven Karriereerfolgs CAREER (W = 52381, p = 0.0001667) als auch für die Faktoren des objektiven Karriereerfolgs UNEMP (W = 10332, p < 2.2e-16), POSLEAD (W = 40961, p = 0.0097) und WAGE (W = 24101, p < 2.2e-16). Beispielhaft sind die Boxplots der Faktoren CAREER und UNEMP in Abbildung 6-4 dargestellt.

Die Unterschiede in den Stichproben bestätigen, dass die untersuchten Gruppen nicht zu 100 % identisch sind. Dies bezieht sich in erster Linie auf die demografischen Daten und die Faktoren auf Individualebene sowie des Karriereerfolgs. Im Gegensatz zu den Probanden der empirischen Studie I sind die Arbeitssuchenden im Schnitt älter. Dies lässt sich damit begründen, dass die Arbeitssuchenden zuvor bereits mehrere Jahre bis Jahrzehnte in den Betrieben beschäftigt waren.
Auch hinsichtlich des Geschlechts unterscheiden sich die Stichproben signifikant: Stichprobe II enthält mehr Daten von weiblichen Teilnehmenden; mit ca. 18,5 % mehr als doppelt so viel als in Stichprobe I (ca. 8,5 %). Im Vergleich zu den Zahlen zum bundesdeutschen Durchschnitt ist somit die Stichprobe II eher repräsentativ für die Beschäftigtenstruktur im produzierenden Gewerbe (vgl. Bundeszentrale für politische Bildung, 2022).
Zusammengenommen bilden die beiden Stichproben eine gute Datengrundlage, um das IB-

Modell zu testen und im ersten Schritt zu validieren sowie erste Handlungsempfehlungen abzuleiten, da die Stichproben insgesamt repräsentativ für arbeitsfähige Personen in produzierenden Unternehmen sind.

6.4.2 Zusammenfassende Darstellung und Diskussion der Ergebnisse

In Abbildung 6-5 sind die Ergebnisse der beiden Studien zusammengefasst graphisch dargestellt. Es wird deutlich, dass die Hypothesen der Faktoren auf Unternehmensebene, die ausschließlich in der empirischen Studie I betrachtet worden sind, auf Basis von Stichprobe I nicht bestätigt werden können.
Dagegen können die Zusammenhänge der Faktoren auf Individualebene mit den IB-Dimensionen und die Zusammenhänge der IB-Dimensionen mit den Faktoren des Karriereerfolgs mindestens in einer der beiden Studien bestätigt werden. Die dabei erzielten Ergebnisse werden im Folgenden detaillierter betrachtet.

Aufgrund der besseren Übersichtlichkeit werden nur die Zusammenhänge der mindestens in einer der beiden Studien bestätigten Hypothesen dargestellt. In der Übersicht ist das IB-Modell als SGM dargestellt. Es werden die Ergebnisse der Pfadkoeffizienten in Abhängigkeit des Signifikanzniveaus dargestellt. Nicht signifikante Ergebnisse sind mit „n.s." gekennzeichnet. Zusätzlich sind die Bestimmtheitsmaße als R^2_{korr} für die endogenen Variablen, d. h. für die IB-Dimensionen und die Faktoren des Karriereerfolgs, dargestellt. Da sich die beiden Stichproben hinsichtlich der betrachteten demografischen Kennwerte leicht voneinander unterscheiden, sind jeweils die Werte der empirischen Studie I und der empirischen Studie II angegeben.

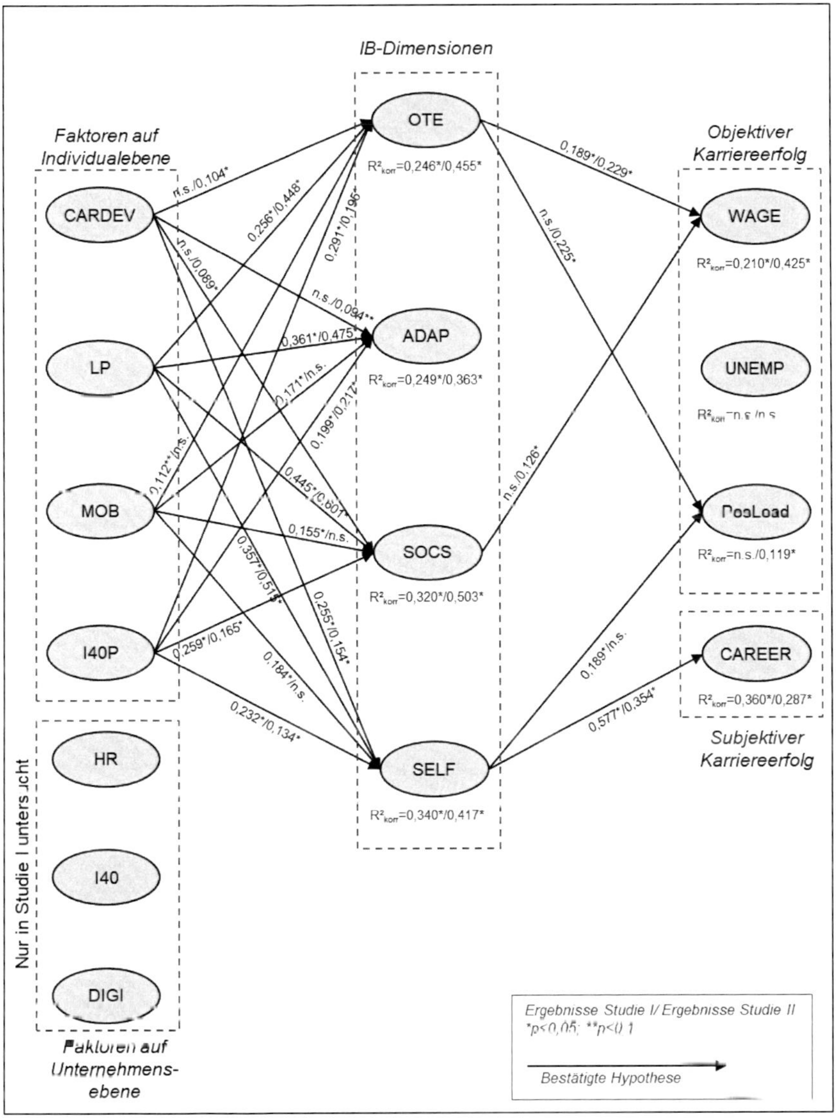

Abbildung 6-5 Detailansicht der bestätigten Hypothesen des IB-Modells (eigene Darstellung)

Vergleich und Diskussion der Ergebnisse von Studien I und II

Der Vergleich der Ergebnisse der beiden Studien zeigt, dass ein großer Teil der Ergebnisse von Studie I in Studie II validiert werden können. Demzufolge können diese Hypothesen auf Basis der beiden Studien für die gesamte Zielgruppe der Personen im beschäftigungsfähigen Alter bestätigt werden.

Bei den in beiden Studien bestätigten Hypothesen handelt es sich um die positive Beziehung von „Wahrgenommener Reifegrad von Industrie 4.0-Technologien" (I40P), H2-1 bis H2-4, und „Ganzheitliche Lebensperspektive" (LP), H4a-1 bis H4a-4, und auf alle IB-Dimensionen. Bei beiden Studien kann eine positive Beziehung eindeutig belegt werden, sodass die Hypothesen H2-1 bis H2-4 und H4a-1 bis H4a-4 bestätigt werden können.

Ein für diese Arbeit zentrales Ergebnis liefern die Ergebnisse zu I40P. Aufgrund der positiven Zusammenhänge mit dem Faktor I40P auf die vier IB-Dimensionen können die Hypothesen H4a-1 bis H4a-4 bestätigt werden. Demnach kann durch die Ergebnisse der Studien I und II nachgewiesen werden, dass ein signifikanter Zusammenhang aller IB-Dimensionen mit der erfolgreichen Ausübung von Tätigkeiten in Industrie 4.0-gepägten Arbeitsumgebungen auf dem Shopfloor besteht. Da diese für das IB-Modell zentrale Größe bislang in keiner vergleichbaren Studie untersucht worden ist, stellen die Erkenntnisse aus den beiden Studien entscheidende Beiträge in der Querschnittsforschung zu Industrie 4.0 und Beschäftigungsfähigkeit dar.

Besonders hoch sind die Pfadkoeffizienten bei LP auf die IB-Dimensionen (H2). Dies deckt sich mit vorangegangenen Forschungsergebnissen, z. B. von Direnzo et al. (2015), die zu ähnlichen Ergebnissen kommen. Neben der allgemein aufgestellten positiv gerichteten Wirkbeziehung von LP auf die IB-Dimensionen ist der Zusammenhang mit der IB-Dimension SOCS verhältnismäßig hoch. Im Vergleich sind die Pfadkoeffizienten von LP auf SOCS in beiden Studien gegenüber den drei anderen IB-Dimensionen am höchsten. Auch der Zusammenhang mit der IB-Dimension SELF ist insbesondere in Studie II mit dem zweithöchsten Ergebnis sehr deutlich. Eine Erklärung liefern die bei diesen Dimensionen erforderlichen Charaktereigenschaften und Fähigkeiten, z. B. proaktives, selbstbestimmtes Verhalten und Kompetenzen zur Entscheidungsfindung und Zukunftsplanung; KASOs die auch bei LP relevant sind.

Hinsichtlich der weiteren Faktoren auf Individualebene sind die Ergebnisse der beiden Studien zum Teil verschieden. So lässt sich in Studie I beim Faktor CARDEV (H1) ein schwacher Zusammenhang mit SELF (H1-4) messen. Dagegen lassen sich bei Studie II auch Zusammenhänge mit den anderen drei IB-Dimensionen nachweisen und bestätigt somit die Erkenntnisse bestehender empirischer Studien zur (wahrgenommenen) Beschäftigungsfähigkeit (u. a.Bernstrøm et al., 2019; de Vos et al., 2011; Guilbert et al., 2018; Veld et al., 2015). Der Faktor CARDEV hängt unmittelbar vom Arbeitgeber ab. Daher könnte ein Grund für die signifikanten Zusammenhänge in Studie II darin liegen, dass die Befragten in Studie II in wesentlich mehr bzw. verschiedenen Unternehmen beschäftigt waren – 1,22 Personen pro Unternehmen in Studie II im Gegensatz zu 21,46 Personen pro Unternehmen in Studie 1 –, sodass eine höhere Varianz in den Ausprägungen eher Hinweise auf Wirkbeziehungen aufzeigen.
Da die innerbetriebliche Karriereentwicklung häufig fachspezifische Trainings umfasst, könnte

angenommen werden, dass der Zusammenhang mit OTE (H1-1) besonders stark ausgeprägt ist. Ebenso könnte ein stärkerer Zusammenhang mit ADAP (H1-2) vermutet werden, da Trainings und Feedback neue Impulse setzen, was wiederum nur bei bestehender Änderungsbereitschaft umgesetzt werden kann. Diese Annahmen können in keiner der beiden Studien bestätigt werden. Zwar sind in Studie II die Beziehungen zwischen CARDEV und OTE sowie ADAP signifikant, jedoch sind die Werte der Pfadkoeffizienten nicht höher als die zwischen CARDEV und den beiden anderen IB-Dimensionen.

Bei der Wahrgenommenen Mobilität (MOB) zeigt sich ein schwacher, aber signifikanter Zusammenhang mit den IB-Dimensionen (H3) in Studie I, in Studie II kann dagegen kein signifikanter Zusammenhang nachgewiesen werden. Das Ergebnis aus Studie II weicht somit von vorangegangenen Studien ab, in denen ein positiver Zusammenhang mit Beschäftigungsfähigkeit nachgewiesen wurde (z. B. Veld et al., 2015). Weiterhin ist zwar eine Prämisse der Arbeit 4.0, dass Arbeit ortsunabhängig und flexibler wird; es demnach nicht unbedingt erforderlich, örtlich mobil zu sein, um zukünftig beschäftigungsfähig zu sein, jedoch haben die Ergebnisse der Deskriptiven Studie I gezeigt, dass für das Shopfloorpersonal größtenteils keine Remote-Arbeit vorstellbar ist. Die Ergebnisse aus Studie II könnten daher eher mit der aktuellen Situation des Arbeitsmarktes zusammenhängen. Der zunehmende Fachkräftemangel im produzierenden Gewerbe führt zu einem Überangebot an verfügbaren Stellen in allen Organisationsebenen, die Shopfloorebene eingeschlossen. Aus diesem Grund ist es für Arbeitnehmer aktuell meist nicht notwendig ist, den Wohnort zu wechseln, um einer Beschäftigung nachgehen zu können. Dies trifft besonders dann zu, wenn die Personen bereits in Ballungsräumen wohnen. Dies trifft auf den Großteil der Befragten beider Studien zu.
Neben dieser Erklärung auf Basis aktueller Entwicklungen, kann ein weiterer Grund für die ambivalenten Ergebnisse im Konstrukt selbst liegen. Einerseits gibt MOB Auskunft über den prinzipiellen Willen zur Mobilität (MOB1). Andererseits wird die aktuelle Situation erfasst (MOB2). Somit kann theoretisch eine hohe Bereitschaft zur Mobilität bestehen, diese wird aber unter Umständen durch persönliche Rahmenbedingungen, z. B. schulpflichtige Kinder, berufstätige Partner oder zu pflegende Angehörige, nivelliert. In diesem Fall scheint das Konstrukt für das IB-Modell eher ungeeignet zu sein.

Insgesamt lässt sich für die Hypothesen mit Wirkrichtung von den Faktoren auf Individualebene hin zu den IB-Dimensionen feststellen, dass sowohl von der Anzahl als auch von der Effektstärke größere Zusammenhänge in Studie II nachgewiesen werden können. Die Ergebnisse aus Studie I können somit, bis auf die Zusammenhänge im Konstrukt MOB, validiert werden.

Die größeren Effektstärken zeigen sich zudem in den höheren Bestimmtheitsmaßen der IB-Dimensionen. In Studie I sind die korrigierten R^2-Werte zwischen 0,246 (OTE) bis 0,340 (SELF) niedrig. In Studie II werden dagegen Werte von 0,363 (ADAP) bis 0,503 (SOCS) erreicht. Mit über 35 % erklärter Varianz sind die Ergebnisse für sozialwissenschaftlich Studien, die es kaum zulassen, alle relevanten Einflussfaktoren zu erfassen, als zufriedenstellend bis gut einzuordnen.

Zur Vorhersage bzw. Validierung der IB-Dimensionen werden schließlich die Karrierefaktoren betrachtet. Sie sollen Auskunft darüber geben, ob die IB-Dimensionen tatsächlich einen Hinweis auf die langfristige Beschäftigungsfähigkeit geben. Für beide Studien lässt sich feststellen, dass die Hypothesen H5a und H5b nicht vollumfänglich bestätigt werden können. Dies ist ähnlich zu den Ergebnissen, die van der Heijde & van der Heijden (2006) in ihrer empirischen Untersuchung erzielen konnten. Auch hier waren nicht mit allen Dimensionen signifikante Zusammenhänge nachweisbar.
Für die beiden Datensätze der vorliegenden Arbeit gilt: Der objektive Karrierefaktor UNEMP steht mit keiner IB-Dimension in einem signifikanten Zusammenhang und die Dimension ADAP trägt statistisch nicht zur Erklärung der betrachteten Karrierefaktoren bei. Ein leichter Zusammenhang besteht bei Studie II von SOCS auf WAGE, bei Studie I ist der Zusammenhang nicht signifikant. Ebenfalls nur in Studie II signifikant ist die Verbindung von OTE auf POSLEAD. Dabei besteht nur in Studie I ein leichter Zusammenhang zwischen SELF und POSLEAD. In beiden Studien signifikant sind dagegen die Verbindungen von OTE auf WAGE und von SELF auf CAREER. Bei OTE werden besonders klassische Fachkompetenzen untersucht, die meist auch dazu führen, dass Personen höher bezahlt werden. Daher ist der Zusammenhang nachvollziehbar. Als weitere Konsequenz für eine hohe Fachkompetenz galt zudem lange auch das Innehaben einer Führungsposition, sodass auch die positive Beziehung in Studie II erklärt werden kann. Die IB-Dimension SELF umfasst u. a. Kompetenzen im Bereich Entscheidungsfindung und Planungskompetenz. Diese werden auch benötigt, um Mitarbeitende zu führen, wodurch der Zusammenhang mit POSLEAD in Studie I erklärt werden kann. Diese Kompetenzen wie auch ein hohes Selbstvertrauen in die eigenen Fähigkeiten erklären weiterhin den verhältnismäßig starken Zusammenhang von SELF mit dem subjektiven Karrierefaktor CAREER.
Trotz dieser erklärbaren Zusammenhänge und akzeptablen Bestimmtheitsmaße für WAGE und CAREER in beiden Studien stellt sich abschließend die Frage, inwieweit sich die untersuchten Karrierefaktoren zum aktuellen Zeitpunkt als Prädiktoren für die IB eignen. Da per Definition die IB als Beschäftigungsfähigkeit in Industrie 4.0-geprägten Arbeitsbereichen in produzierenden Unternehmen gesehen wird, dürften zumindest die KSAOs, die auf Basis der vorangegangenen Untersuchungen speziell für die Arbeit in Industrie 4.0 notwendig sind, den Befragten in der Vergangenheit keinen signifikant großen Vorteil in ihrer persönlichen Karriere verschafft haben. Insbesondere Fähigkeiten im Bereich der IB-Dimensionen ADAP, SOCS und SELF waren für Beschäftigte auf dem Shopfloor in der Vergangenheit weniger wichtig.

Insbesondere die positiven Zusammenhänge von I40P und den IB-Dimensionen könnten jedoch Indizien sein, dass die fehlenden Zusammenhänge mit den objektiven Karrierefaktoren, die als Indikatoren für eine langfristige IB gelten, durch den Zeitpunkt der Befragung erklärt werden kann. Zum Zeitpunkt der beiden Studien I und II kann davon ausgegangen werden, dass bei der Mehrzahl der teilnehmenden Unternehmen das Konzept des Shopfloors 4.0 entweder noch gar nicht oder noch nicht lange bestand, sodass die Ausprägung der IB-Dimensionen zu diesem Zeitpunkt als Indikator für die Beschäftigungsfähigkeit ungeeignet war. Um diese Hypothesen zu belegen, müssten die Befragungen zu einem späteren Zeitpunkt durchgeführt werden, sodass davon ausgegangen werden kann, dass die Befragten auch schon über einen längeren Zeitpunkt in einer von Industrie 4.0-geprägten Arbeitsumgebung tätig waren. Idealerweise würde dies über eine Longitudinalstudie erfolgen, sodass auch die Entwicklungen hinsichtlich des Industrie 4.0-Reifegrads untersucht werden können.

Zusammenfassung der Ergebnisse

Insgesamt lässt sich festhalten, dass mithilfe der Studien I und II viele angenommene Zusammenhänge – mindestens in einer der beiden Studien – bestätigt werden können.
So lassen sich bestehende Erkenntnisse aus der Literatur zu einem positiven Zusammenhang mit der persönlichen berufsspezifischen formellen und informellen Weiterentwicklung (Bernstrøm et al., 2019; de Vos et al., 2011; Guilbert et al., 2018; Veld et al., 2015; Wittekind et al., 2010) mit der Beschäftigungsfähigkeit über das Konstrukt CARDEV auch für die IB-Dimensionen nachweisen. Dies bestätigt auch die Erkenntnisse aus der Literatur zur Arbeit 4.0, z. B. Flores et al. (2020) und Bokrantz et al. (2017), sowie die Ansicht der Experten in der Deskriptiven Studie I, die diesem Faktor im Kontext von Industrie 4.0 zunehmende Relevanz beimessen.

Auch die Ergebnisse der Ganzheitlichen Perspektive (LP) decken sich mit der Annahme der Experten der Deskriptiven Studie I, dass es für Beschäftigte zunehmend wichtig sein wird, eine ausgewogene Einstellung zu den verschiedenen Lebensbereichen zu haben. Dies ermöglicht Arbeitnehmenden einen Ausgleich zur zunehmenden mentalen (und abnehmenden physischen) Belastung bei Tätigkeiten in Industrie 4.0. Die Ergebnisse bestätigen weiterhin die in der Literatur empirisch nachgewiesenen Zusammenhänge zum selben Konstrukt (Direnzo et al., 2015) sowie zu themenverwandten Untersuchungen zu Work-Life-Balance und Well-Being (z. B.de Cuyper et al., 2008; Haar et al., 2014).

Für die wahrgenommene Mobilität (MOB) der Befragten können die Erkenntnisse aus vorangegangenen Untersuchungen (z. B. Kirves et al., 2014; Veld et al., 2015) und die Annahme der Experten der Deskriptiven Studie I, dass auch in Industrie 4.0 vor-Ort-Arbeit auf dem Shopfloor das vorherrschende Modell und daher Mobilität weiter relevant sein wird, nur über den Datensatz in Studie I belegt werden. Die Diskrepanz zwischen Expertenmeinung und Literatur zu den Ergebnissen aus Studie II könnte, wie oben beschrieben, ein Resultat des aktuellen Überangebots an freien Stellen für Facharbeiter sowie vorwiegende Anzahl der Befragten mit Wohnorten in Ballungsräumen sein.

Für den Untersuchungsrahmen „Zukunft der Produktionsarbeit in Industrie 4.0“ von besonderer Relevanz ist der Wahrgenommenen Reifegrad von Industrie 4.0-Technologien (I40P) auf Individualebene. Es wurde angenommen, dass I40P in positivem Zusammenhang mit allen vier IB-Dimensionen steht, da nach der JD-R ein hoher Technologiereifegrad zu mehr verfügbaren Ressourcen führt, die den Beschäftigten zur Verfügung stehen. Diese wirken sich gemäß der JD-R-Prinzipien positiv auf das Verhältnis der persönlichen Ressourcen zu den Anforderungen der Tätigkeiten aus, sofern die Anforderungen nicht überproportional z. B. durch ein größeres Aufgabenspektrum steigen (Demerouti et al., 2001). Die zur Verfügung stehenden Technologien können als organisationaler Support verstanden werden. Äquivalent zu Studien, die den positiven Zusammenhang von organisationalen Support mit Beschäftigungsfähigkeit (z. B. Guilbert et al., 2018) nachweisen konnten, lässt sich auch in beiden Studien ein signifikanter Zusammenhang von I40P und allen IB-Dimensionen belegen.

Darüber hinaus zeigen die nachgewiesenen Zusammenhänge von I40P und den IB-Dimensionen, dass die IB-Dimensionen zur Abbildungen der Beschäftigungsfähigkeit in Industrie 4.0 geeignet sind. Die hohen Bestimmtheitsmaße der IB-Dimensionen belegen, dass die Faktoren auf Individualebene einen großen Teil der IB-Dimensionen erklären. Somit kann in dieser Arbeit erstmals ein Modell zur Beschäftigungsfähigkeit für die Arbeit auf dem Shopfloor in Industrie 4.0 auf Individualebene erfolgreich getestet und größtenteils validiert werden.

Einige erste Erkenntnisse, z. B. hinsichtlich der Vorhersage des Karriereerfolgs, erfordern jedoch weitere Untersuchungen, bevor auf deren Basis z. B. politische oder betriebliche Maßnahmen ergriffen werden sollten.
Bei den subjektiven und objektiven Faktoren des Karriereerfolgs können Zusammenhänge jeweils nur mit einzelnen IB-Dimensionen nachgewiesen werden. Damit sind die Ergebnisse ähnlich zu denen von van der Heijde & van der Heijden (2006), die auch nur Zusammenhänge einzelner Faktoren des Karriereerfolgs auf einzelne Dimensionen der Beschäftigungsfähigkeit belegen konnten.
Zu den Faktoren auf Unternehmensebene (HR, DIGI, I40) können auf Basis der Ergebnisse von Studie 1 keine signifikanten Ergebnisse nachgewiesen werden. Es wird jedoch vermutet, dass bei einer anderen Form der Datenerhebung die aus Praxis und Literatur angenommenen und z. T. in empirischen Studien belegten Zusammenhänge bestätigt werden können. Empfehlungen zu weiteren Untersuchungen und zur Adressierungen bestehender Limitationen der festgestellten Erkenntnisse werden im nachfolgenden Unterkapitel vorgestellt.

6.5 Limitationen der Deskriptiven Studie II

Das Kapitel zur Deskriptiven Studie II endet mit dem Aufzeigen der Limitationen der empirischen Studien I und II. Die Diskussion umfasst sowohl die Darstellung der Limitationen als auch Vorschläge zu deren Adressierung in nachfolgenden Untersuchungen.

Limitationen der Deskriptiven Studie II, die die beiden empirischen Studien I und II umfasst, ähneln den Limitationen vergleichbarer sozialwissenschaftlicher Fragebogenstudien. Ein häufiger Kritikpunkt solcher Fragebogenstudien ist die Repräsentativität. Das IB-Modell soll für alle Personen im arbeitsfähigen Alter im produzierenden Gewerbe der Zukunft gelten. Da in dieser Arbeit zwei Studien durchgeführt worden sind, die verschiedenen Voraussetzungen unterliegen – einerseits größere Stichproben für einzelne Unternehmen, d. h. mehr Beschäftigte pro teilnehmenden Unternehmen, in Studie I und andererseits größere Stichproben mit mehr Varianz in den Unternehmen, d. h. mehr Unternehmen in der Stichprobe, aber weniger Beschäftigte pro Unternehmen in Studie II, kann von einer guten Repräsentanz ausgegangen werden. Unterstützt wird dies von der insgesamt hohen Teilnehmerzahl in beiden Studien. Der Abgleich

mit den demografischen Daten der Studien und Erhebungen zur Zusammensetzung der Beschäftigten im produzierenden Gewerbe (z. B. Bundeszentrale für politische Bildung, 2022) bestätigt diesen Eindruck.
Unter Repräsentativität der Ergebnisse sollte neben der Zusammensetzung der Stichprobe auch die Repräsentativität der Antworten bzw. deren Reliabilität stehen. Die Untersuchungen zur Beurteilung der Modellgüte haben bestätigt, dass das Modell grundsätzlich als valide und reliabel eingestuft werden kann. Dennoch bleibt offen, wie hoch der Einfluss des Befragungszeitraums ist. Besonders die Befragung der Beschäftigten (Studie I) hat sich über einen langen Zeitraum erstreckt. Die COVID-19-Pandemie hatte besonders im Frühjahr 2020 erhebliche Einflüsse auf die produzierenden Unternehmen. So waren sehr viele Betriebe in Kurzarbeit und besonders die Beschäftigten auf dem Shopfloor unmittelbar betroffen. Somit könnten einige Antworten von Befragten, die im Frühjahr teilgenommen haben, z. B. auf Items in der IB-Dimension SELF, die Informationen zum Selbstvertrauen enthalten, zu einem anderen Zeitpunkt etwas anders ausgefallen sein.
Um mögliche Einflüsse solcher Art zukünftig sicher bewerten bzw. ausschließen zu können, wäre eine erneute Erhebung in Form einer Longitudinalstudie mit mehreren Befragungszeitpunkten sinnvoll. Ein zusätzlicher positiver Effekt bestünde darin, dass die Karrierefaktoren als Prädiktoren der IB mit hoher Wahrscheinlichkeit an Aussagekraft gewännen. Somit könnten die Hypothesen H5a und H5b final bestätigt oder verworfen werden.

Eine weitere Limitation der Studie ist, dass die Methodenverzerrung nicht zu 100 % ausgeschlossen werden kann. Durch die Anordnung und Formulierung der Fragen (vgl. Kapitel 4.9.1) wurden Maßnahmen ergriffen, um die Effekte bei einer einzigen Datenquelle, die die Ausprägungen sowohl der endogenen als auch der exogenen Variablen bestimmt, möglichst gering zu halten, dennoch müssen Effekte potenzieller Methodenverzerrung als Limitation berücksichtigt werden. Zukünftige Forschungsdesigns sollten die Möglichkeiten für Mehrfachbefragungen mit getrennter Erfassung der exogenen und endogenen Variablen nutzen, um die Datenqualität der Stichprobe zu erhöhen.
Ein Ansatz in Studie I war die Befragung der Führungskräfte zur Erfassung der exogenen Faktoren auf Unternehmensebene. Da jedoch die Antworten der Führungskräfte für alle Beschäftigten des Unternehmens gelten, ist die Varianz in den Daten so gering, dass keine signifikanten Zusammenhänge identifiziert werden können. Um dies zu verbessern, wäre eine Möglichkeit, die direkten Vorgesetzten zu befragen und z. B. den I40-Reifegrad für den jeweiligen Arbeitsbereich zu bewerten. Darüber hinaus wäre eine weitere Maßnahme zur Minimierung der Methodenverzerrung, ähnlich wie bei van der Heijde & van der Heijden (2006), die Vorgesetzten die endogenen Variablen, d. h. die IB-Dimensionen und die Karrierefaktoren, zusätzlich bewerten zu lassen. Dies lässt sich jedoch nur bei der Befragung von Personen, die sich aktuell in Beschäftigung befinden, praktikabel realisieren. Im Fall der Gruppe Arbeitssuchende entfällt diese Option.

Eine weitere Limitation liegt darin, dass aufgrund des Studiendesigns keine Faktoren der Makroebene berücksichtigt werden. Die Ergebnisse der Deskriptiven Studie I haben jedoch gezeigt, dass davon ausgegangen werden kann, dass eine Reihe von Faktoren auf Makroebene,

z. B. die Arbeitslosenquote, die vorherrschenden politischen Parteien, das BIP, ebenfalls erheblichen Einfluss auf die individuelle IB haben. Diese exogenen Faktoren lassen sich gut aus Drittquellen erfassen, sodass eine etwaige Methodenverzerrung ausgeschlossen werden kann. Eine sinnvolle Auswertung lässt sich jedoch erst im Rahmen einer Longitudinalstudie mit möglichst vielen Erhebungszeitpunkten erzielen, da nur so eine Varianz in den Faktoren zu erwarten ist. Um politische Faktoren zu erfassen, empfiehlt es sich zudem, mindestens zwei Legislaturperioden zu erfassen, sodass ein minimaler Zeitraum von ca. 5 Jahren sinnvoll erscheint.

Zusammengefasst zeigt sich, dass besonders die Kombination der beiden Studien I und II maßgeblich zur Reduktion etwaiger Limitationen und somit zu reliablen Bewertungen der Modellgüte beigetragen haben. Hinsichtlich der Repräsentativität kann das IB-Modell als geeignet für Beschäftigte in produzierenden Unternehmen mit Schwerpunkt auf den Maschinen- und Anlagenbau und der Automobilindustrie bewertet werden. Die Untersuchungen haben gezeigt, dass die einzelnen Konstrukte Aufschluss über die IB geben.
Drei Limitationen, die jedoch in zukünftigen Studien adressiert werden sollten, sind potenzielle Effekte der Methodenverzerrung, die reliable Bewertung der Karrierefaktoren als Gütekriterien der Vorhersagekraft des IB-Modells und die Untersuchung exogener Faktoren auf Makroebene. Effekte der Methodenverzerrung sollten durch eine Fremdbewertung durch die direkten Vorgesetzten erfolgen, ist jedoch nur in der Gruppe von Beschäftigten realisierbar. Die zweite und dritte Limitation – die reliable Bewertung der Karrierefaktoren als Maß zur Vorhersagekraft des IB-Modells und die Erfassung der Faktoren auf Makroebene – sollte über eine über einen längeren Zeitraum und mit mehreren Erhebungszeitpunkten angesetzte Longitudinalstudie erfolgen.

6.6 Zwischenfazit

Abschließend lässt sich festhalten, dass Kapitel 6 die noch offene Unterforschungsfrage (4) „Welche Wirkzusammenhänge bestehen zwischen den Kompetenzen und den Faktoren?“ beantwortet. Die in Kapitel 4 aufgestellten Hypothesen wurden in den empirischen Studien I und II überprüft.

In beiden Studien lassen sich Zusammenhänge zwischen dem Wahrgenommenen Reifegrad der Industrie 4.0-Technologien (I40P) und allen IB-Dimensionen nachweisen. Demnach besteht ein signifikanter Zusammenhang aller IB-Dimensionen mit der erfolgreichen Ausübung von Tätigkeiten in Industrie 4.0-gepägten Arbeitsumgebungen auf dem Shopfloor. Diese für das IB-Modell zentrale Größe wurde bisher in keiner vergleichbaren Studie untersucht. Somit lässt sich einerseits feststellen, dass die IB-Dimensionen zur Abbildung der Beschäftigungsfähigkeit in Industrie 4.0 geeignet sind. Andererseits stellen die Erkenntnisse aus den beiden Studien entscheidende Beiträge in der Querschnittsforschung zu Industrie 4.0 und Beschäftigungsfähigkeit dar.
Weiterhin konnten die weiteren Hypothesen mit den Faktoren auf Individualebene in mindestens einer der beiden Studien bestätigt werden, sodass in dieser Arbeit erstmals ein Modell

zur Beschäftigungsfähigkeit für die Arbeit auf dem Shopfloor in Industrie 4.0 auf Individualebene erfolgreich getestet und größtenteils validiert werden konnte.

Die Zusammenhänge mit den Faktoren auf Unternehmensebene waren nicht signifikant, sodass auf Basis der beiden Studien kein Wirkzusammenhang festgestellt werden kann. Für valide Ergebnisse sollte wie im vorigen Unterkapitel beschrieben das Studiendesign geändert werden.
Zur Ermittlung der Vorhersagekraft bzw. zur Validierung der IB-Dimensionen als Prädiktoren des Karriereerfolgs wurden die Zusammenhänge mit subjektiven und objektiven Karrierefaktoren untersucht. Es ließen sich nur mit einigen IB-Dimensionen signifikante Zusammenhänge messen, sodass kein Zusammenhang mit allen IB-Dimensionen festgestellt werden kann. Zudem waren die Ergebnisse in Studie I und II teilweise verschieden. Um auch hier valide Aussagen tätigen zu können, bedarf es einer weiteren Untersuchung. In einer Longitudinalstudie könnte festgestellt werden, wie sich die Karrierefaktoren mit der Zeit verändern und ob die IB-Dimension damit in Verbindung stehen.

Abschließend ermöglicht die Beantwortung der letzten Unterforschungsfrage die Beantwortung der zentralen Forschungsfrage „Lässt sich die Beschäftigungsfähigkeit der Beschäftigten auf operativer Ebene im produzierenden Sektor messen und vorhersagen?“. Auch diese Frage muss differenziert beantwortet werden: Auf Basis der Studienergebnisse ist das aufgestellte Messmodell geeignet, um die IB und den Einfluss der Faktoren auf Individualebene zu messen, sodass dieser Teil mit „Ja“ beantwortet werden kann. Es bleibt jedoch unklar, inwieweit das Modell auch zur Vorhersage der IB geeignet ist, sodass dieser Teil zum jetzigen Zeitpunkt nicht positiv beantwortet wird.

Der DRM folgend geben die nachfolgenden Kapitel als letzten Teil des Forschungsprojekts Empfehlungen zur zukünftigen Verbesserung des Forschungsgegenstands. Den Implikationen für die Forschung (Kapitel 7) folgend, werden in Kapitel 8 die Implikationen für die Praxis und im Besonderen Strategien zur Förderung der IB vorgestellt.

7 Implikationen für die Forschung

Auf Basis der vorliegenden Arbeit ergeben sich verschiedene Implikationen für die Forschung, die sich in drei Bereiche unterteilen lassen: (1) Querschnittsforschung zur Beschäftigungsfähigkeit, (2) der Berücksichtigung und Kombination theoretischer Grundlagen verschiedener Forschungsdisziplinen und (3) Forschung zu Modellen der Beschäftigungsfähigkeit. Diese Bereiche werden in diesem Kapitel nachfolgend beleuchtet.

Der erste Bereich fokussiert auf die **Adressierung weiterer Fachgebiete und Nutzung neuer Forschungsmethoden** innerhalb der Beschäftigungsfähigkeitsforschung. Die vorliegende anwendungsorientierte Arbeit ist eine der ersten, die das bislang stark von der Psychologie geprägte Forschungsfeld der Beschäftigungsfähigkeit mit den Forschungsbereichen der Betriebswirtschaftslehre (BWL) und der Ingenieurwissenschaften kombiniert. Dies erfolgte einerseits über die Adressierung des Themas der Beschäftigungsfähigkeit in der Zukunft der Produktionsarbeit, andererseits über den Multimethodenansatz zur Entwicklung des IB-Modells.

Zur Entwicklung des Modells der IB wurden anwendungsorientierte Methoden unter Einbezug der Praxis wie die Szenariotechnik, die Personamethodik und Experteninterviews genutzt. Sie reiht sich demnach ein in die zunehmend wachsende Anzahl von Arbeiten, die einem Multimethodenansatz in der Beschäftigungsfähigkeitsforschung verfolgen (vgl. Sharma & Bhattarai, 2022). Insbesondere die Szenariotechnik (im Bereich Shopfloorarbeit/ Kompetenzen: Bauer & Klapper, 2018; Fokus auf Mesoebene: Bokrantz et al., 2017) als klassische Methode des strategischen Managements und die Personamethodik (im Bereich Zukunft der Arbeit: Fergnani, 2019) aus dem Bereich der Softwareentwicklung fanden in der Forschung zur Beschäftigungsfähigkeit/ Kompetenzen zur Zukunft der Arbeit selten und in der Entwicklung konkreter Modelle zur Messung der Beschäftigungsfähigkeit keine Anwendung. Zur Entwicklung des Modells selbst wurden klassische Methoden der Messtheorie verwendet, die in der Beschäftigungsfähigkeitsforschung der Psychologie zuzuordnen sind und sich in die Reihe der Forschungsarbeiten u. a. van der Heijde & van der Heijden (2006) und Rothwell & Arnold (2007) einreihen. Insgesamt ermöglichte der Multimethodenansatz einen starken Einbezug der Praxis, ohne dabei die theoretischen Grundlagen zu vernachlässigen. Die Vorgehensweise kann demzufolge als Blaupause in der Querschnittsforschung für psychologisch-geprägte Forschungsfragen in ingenieur- und betriebswissenschaftlichen Themenbereichen verwendet werden.

Der zweite Bereich der Implikationen ergibt sich aus der Berücksichtigung verschiedener **wissenschaftlicher Theorien** in der Konstrukt- und Hypothesenentwicklung. Die IB und somit die IB-Dimensionen basieren auf den Prinzipien des **Person-Job Fits (PJ-Fit)**. Die Dimensionen enthalten KSAO (engl. Knowledge, Skills, Abilities, Other Characteristics), die eine Person in die Lage versetzen, eine Beschäftigung in Industrie 4.0 zu finden und ihr langfristig nachzugehen. Die KSAOs der IB-Dimensionen stellen somit die Passung der Beschäftigten zur Arbeit auf dem Shopfloor von Industrie 4.0 dar. Demnach vergrößert die vorliegende Arbeit das Spektrum der Beschäftigungsfähigkeitsforschung unter Anwendung des PJ-Fits

(z. B. Hinchcliffe, 2001; van der Heijde & van der Heijden, 2006; van der Klink et al., 2016).
Die Ergebnisse der Deskriptiven Studie II haben statistisch signifikante Zusammenhänge mit den IB-Dimensionen und Faktoren auf Individualebene nachgewiesen. Eine weitere Implikation für die Forschung sind dabei insbesondere die belegten Zusammenhänge mit den vom Arbeitgeber abhängigen Faktoren CARDEV und I40P. Die Grundprinzipien fußen auf der **Sozialen Austauschtheorie (SET)** und dem daraus abgeleiteten Psychologischen Vertrag zwischen Arbeitgeber und Arbeitnehmer (Hiltrop, 1995). Demnach gilt, dass Unternehmen z. B. in Form von Weiterbildungsangeboten und der technologischen Ausstattung des Arbeitsplatzes in die Beschäftigten investieren. Von diesen wird im Gegenzug erwartet, dass sie die Angebote auch nutzen und durch bessere Arbeitsleistungen und lange Unternehmenszugehörigkeit dem Unternehmen „zurückzahlen". Somit konnte belegt werden, dass die Erkenntnisse aus den Studien zur generellen Beschäftigungsfähigkeit ohne Fokus auf bestimmte Branchen oder Tätigkeiten (Bernstrøm et al., 2019; de Vos et al., 2011; Guilbert et al., 2018; Veld et al., 2015; Wittekind et al., 2010) auch für die IB gelten. Zudem wird ein weiterer Beitrag zur Beschäftigungsfähigkeitsforschung unter Anwendung der SET (z. B. Sanders & de Grip, 2004) geleistet.
Weiterhin leistet die Arbeit einen Beitrag für die Beschäftigungsfähigkeitsforschung unter Anwendung des **Modells der Arbeitsanforderungen und Ressourcen (JD-R)** (z. B. de Grip et al., 2004; Rothwell & Arnold, 2007). Die Zusammenhänge mit dem Faktor LP zeigen, dass eine gute Balance zwischen Arbeit und Freizeit im positiven Zusammenhang mit den IB-Dimensionen steht. Auf der einen Seite sind das die persönlichen Ressourcen des Individuums, auf der anderen Seite die des Unternehmens, das durch das Angebot an Weiterbildung, Technologien und durch eine angemessene Gestaltung des Tätigkeitsbereichs die Anforderungen auf einem gesunden Niveau hält. Demnach konnten die Annahmen aus praxisorientierten Studien (z. B. Brown et al., 2017) und den Ergebnissen der Expertenbefragungen der Deskriptiven Studie I auf theoretischer Ebene bestätigt werden, indem aufgezeigt wurde, dass die ausgewogene Berücksichtigung auf alle Lebensbereiche einen signifikanten Einfluss auf die Beschäftigungsfähigkeit in Industrie 4.0 hat. Somit gelten die Erkenntnisse u. a. von Direnzo et al. (2015) und de Cuyper et al. (2008), die sich lediglich auf generelle Beschäftigungsfähigkeit fokussiert haben, auch für die spezifischen Anforderungen in Industrie 4.0.
Ergänzend zu den sozialwissenschaftlichen Theorien, die auch in andere Modelle und Untersuchungen zur Beschäftigungsfähigkeit eingeflossen sind, z. B. JD-R bei Fugate & Kinicki (2008) und SET bei Veld et al. (2015), nimmt das entwickelte Modell zur IB als erstes Modell Bezug auf die **Theorie der soziotechnischen Systeme (STS)**. Die vorliegende Arbeit baut auf Forschungsarbeiten auf, die das Konzept der Smart Factory als Industrie 4.0 in der Produktion als soziotechnisches System verstehen, z. B. Ittermann et al. (2015), Sony & Naik (2020), Margherita (2021). Im Zuge der Entwicklung des IB-Modells wurden diese Ansätze u. a. durch die Herleitung der Faktoren auf Individual- und Unternehmensebene über die Betrachtung der Makroebene in der Szenarioentwicklung sowie durch die Integration der Industrie 4.0-spezifischen Faktoren I40P, I40 und DIGI in das Modell transferiert. Somit wurde ein Beitrag zur Forschung innerhalb von Industrie 4.0 geleistet, die darauf fokussiert, sowohl die verschiedenen Ebenen, d. h. Makro-, Meso- und Mikroebene, als auch die beiden Teilsysteme, das technische und das soziale System, adäquat zu berücksichtigen.

Der letzte Bereich der Implikationen für die Forschung sind diejenigen, die sich konkret auf die Entwicklung der **Modelle der Beschäftigungsfähigkeit** beziehen. Die IB-Dimensionen als Kern des IB-Modells setzten sich aus KSAOs zusammen. Dieser Fokus auf KSAOs – oder Kompetenzen – ordnet die entwickelte Definition und das IB-Modell in die Kategorie der **kompetenzbasierten Ansätze der Beschäftigungsfähigkeit** ein. Demzufolge ergänzt die vorliegende Arbeit das Spektrum in diesem Forschungszweig der Beschäftigungsfähigkeit, z. B. die Arbeiten von van der Heijde & van der Heijden (2006) und Fugate & Kinicki (2008), um ein anwendungsorientiertes und, durch die Ausrichtung auf Industrie 4.0, zukunftsgerichtetes Modell für den produzierenden Sektor.
Die weiteren Implikationen in diesem Bereich decken sich in erster Linie mit den in dieser Arbeit identifizierten Forschungslücken und Kritiken an bestehenden Arbeiten: Ein Kritikpunkt der bestehenden Forschung zur Beschäftigungsfähigkeit ist die häufig einseitige Betrachtung einzelner Ebenen (vgl. de Grip et al., 2004; Thijssen, 1998). Durch die Integration der STS wurden alle Ebenen, Makro-, Meso- und Mikroebene, in der Modellentwicklung berücksichtigt.

Darüber hinaus stellen die Untersuchungen des Faktors I40P auf Individualebene sowie der Faktoren I40 und DIGI auf Unternehmensebene neue Ansätze in Forschung zu Beschäftigungsfähigkeitsmodellen dar. Das IB-Modell ist – soweit bekannt – das erste Modell der Beschäftigungsfähigkeit, das technische Komponenten mit den sonst aus der sozialen Perspektive stammenden Komponenten verbindet. In Kombination mit den Erkenntnissen aus der Deskriptiven Studie I leistet die Arbeit einen Beitrag zur Beantwortung der Fragestellung nach nachhaltiger Förderung der Beschäftigungsfähigkeit in Industrie 4.0 für Akteure der verschiedenen Ebenen (vgl. Blayone & Van Oostveen, 2021; Liboni et al., 2019; Spöttl & Windelband, 2021).
Die in der Deskriptiven Studie II empirisch nachgewiesenen Zusammenhänge mit den Industrie 4.0-Technologien und den IB-Dimensionen über den Faktor I40P bestätigen die Relevanz der Integration dieser Komponente und erweitert das Spektrum bestehender Arbeiten auf dem Gebiet der Forschung zu Kompetenzen in Arbeit 4.0 (z. B. Frey & Osborne, 2017; Hecklau et al., 2016; Letmathe & Schinner, 2018; Pejic-Bach et al., 2020). Die Ergebnisse können die Grundlagen für weitere Forschung, z. B. in Form eines optimierten Studiendesigns zur gezielten Untersuchung der Zusammenhänge mit den Faktoren auf Unternehmensebene oder zur Integration weitere Komponenten der technischen Perspektive in das IB-Modell sein.

Zusammenfassend leistet das in dieser Arbeit entwickelte Messmodell für die Beschäftigungsfähigkeit von Mitarbeitenden auf operativer Ebene im produzierenden Sektor im Kontext von Industrie 4.0 durch die Integration verschiedener Forschungsansätze und Theorien im Bereich der Forschung zur Beschäftigungsfähigkeit Beiträge in verschiedenen Bereichen. Die Implikationen lassen sich in die Bereiche der Querschnittsforschung zur Beschäftigungsfähigkeit, der Berücksichtigung und Kombination theoretischer Grundlagen verschiedener Forschungsdisziplinen und in die Forschung zu Modellen der Beschäftigungsfähigkeit einordnen. Auf Grundlage der in dieser Arbeit gewählten Forschungsansätze und erzielten Ergebnisse kann zukünftig weiter aufgebaut werden.

8 Implikationen für die Praxis

Das achte Kapitel stellt die Implikationen für die Praxis vor. Im ersten Unterkapitel werden die Implikationen für die Praxis hinsichtlich der Zukunft der Produktionsarbeit auf Basis der Ergebnisse aus Szenario- und Personaentwicklung in der Deskriptiven Studie I vorgestellt. Im Fokus steht der Handlungsbedarf, der sich insbesondere für die Akteure der Makro- und Mesoebene ergibt.
Das zweite Unterkapitel liefert auf Basis der Ergebnisse der empirischen Studien I und II (Deskriptive Studie II) konkrete Maßnahmen zur Förderung der IB und zur Adressierung der zuvor vorgestellten Bedarfe für die betriebliche Praxis.

Teile der vorgestellten Handlungsempfehlungen und konkreten Maßnahmen wurden in Metzmacher et al. (2020) und Metzmacher & Hellebrandt et al. (2021) veröffentlicht und sind an dieser Stelle z. T. wörtlich übernommen.

8.1 Handlungsbedarfe und -empfehlungen für die Praxis auf Makro- und Mesoebene

Die sich für die Praxis ergebenen Handlungsbedarfe aus dieser Arbeit leiten sich maßgeblich aus den Ergebnissen der Deskriptiven Studie I ab.
Der erste Teilbereich der Handlungsbedarfe ergibt sich aus dem **Zukunftsszenario** und den prognostizierten Entwicklungen in den acht Schlüsselfaktoren – Arbeitsmarkt, Arbeitsrecht, Arbeitsorganisation/ -bedingungen, Bildung, Gesellschaftliches Wertesystem, Gesellschaftsstruktur, Ökologische Nachhaltigkeit, Technologische Disruption. Stakeholder der Makro- und Mesoebene, in diesem Fall Verantwortliche der Arbeitsmarkt- und Bildungspolitik, Sozial- und Wirtschaftsverbände sowie Unternehmen sollten die Ergebnisse zur frühzeitigen Einleitung von Maßnahmen nutzen, um adäquat auf die prognostizierten Entwicklungen zu reagieren. Handlungsbedarf im Kontext der Beschäftigungsfähigkeit besteht insbesondere zu folgenden Punkten:

- Umgang mit der Entgrenzung zwischen Arbeit und Privatleben durch hohe Flexibilisierung der Arbeit hinsichtlich Zeit und Ort
- Soziale Absicherung der Personen, die ihre Arbeitsleistung über digitale Plattformen anbieten
- Durchdringung von KI-Anwendungen in allen Bereichen: Balance zwischen technologischem Fortschritt und Sicherung des Wirtschaftsstandorts Deutschland und rechtlichen Vorgaben zu Datenschutz, Arbeitnehmerschutz etc.
- Überprüfung und Anerkennung von Qualifikationen, die über informelle Bildungswege erlangt worden sind, z. B. Programmierkenntnisse über Online-Tutorials

Die Punkte sollten von Akteuren der Makroebene vollumfänglich adressiert werden. Nachfolgend werden einige Handlungsempfehlungen vorgestellt, wie die IB von der Makroebene gefördert werden kann.

Auf Makroebene sind insbesondere Politik und Verbände verantwortlich, die IB der erwerbsfähigen Bevölkerung über Gesetzgebungen oder Bildungsstandards sicherzustellen und gezielt zu fördern. Politik und Gesellschaft haben die gemeinsame Aufgabe, lebenslanges Lernen als eine kontinuierliche Befähigung und Weiterbildung zu ermöglichen, anstatt Bildung statisch auf die ersten Lebensphasen zu legen (Bär et al., 2018). Eine Hauptaufgabe wird die Befähigung der erwerbsfähigen Bevölkerung sein, die Potenziale der Digitalisierung souverän handzuhaben (Bär et al., 2018). Dies lässt sich unter dem Begriff „Digitalkompetenz" zusammenfassen.

Zur Förderung der Digitalkompetenz ist 2019 der DigitalPakt Schule bundesweit gestartet. Dieser stellt die rechtlichen Rahmenbedingungen und finanziellen Ressourcen zur Verfügung (Bundesministerium für Bildung und Forschung - BMBF, 2021). Die finanziellen Mittel erlauben es, Schulen technisch auszustatten und in der Erstellung eines zukunftsweisenden Medienkonzepts zu unterstützen. Um eine professionelle Vermittlung von Medien- und Digitalkompetenzen zu gewährleisten, ist es ebenso notwendig, die Lehrkräfte im Informatikbereich weiterzubilden (Vereinigung der Bayerischen Wirtschaft, 2018). Für die Umsetzung sind aktuell maßgeblich die Länder verantwortlich, z. B. Infrastrukturen zu schaffen, adaptierte Lehrinhalte und Lernziele in Lehrplänen umzusetzen und die Lehrkräfte fortzubilden (Bär et al., 2018).
Die Ausbildung der Digitalkompetenz beginnt spätestens im Grundschulalter. Bereits dann sollten Heranwachsende an den kompetenten Umgang mit digitalen Medien und den Auswirkungen auf verschiedene Lebensbereiche herangeführt werden. In der Sekundarstufe ist es notwendig, das technische Grundverständnis zu lehren (Bär et al., 2018). Wichtig sind z. B. die Vermittlung grundlegender Statistik als Basis von komplexeren Algorithmen und erster Programmierkenntnisse, sodass Mechanismen hinter vielen digitalen Angeboten nachvollzogen und kritisch hinterfragt werden können. Die Vermittlung von naturwissenschaftlichen und technischen Grundlagen wird voraussichtlich weiterhin einen hohen Stellenwert haben. Dies stellen u. a. die Grundlage zum Verständnis vieler Fertigungsprozesse dar und sind z. B. erforderlich, um komplexe Zusammenhänge und Probleme, die sich ggf. nicht mit einer KI lösen lassen, in Kombination mit Kreativität und Problemlösefahigkeit beheben.

Die Vermittlung der Digitalkompetenz setzt sich in der weiterführenden Ausbildung fort. Universitäten müssen ebenso wie Schulen die Infrastruktur zur Digitalisierung in der Lehre anpassen müssen (Vereinigung der Bayerischen Wirtschaft, 2018). Zudem ist es erforderlich, auch die Inhalte der universitären Lehre zu reformieren. Initiativen wie das Förderprogramms „Data Literacy Education.nrw" unterstützen u. a. die RWTH Aachen seit Januar 2020 darin, Studierende aller Fakultäten Datenkompetenzen, z. B. in der Analyse und Interpretation großer Datenmengen, zu vermitteln (vgl. Stifterverband, 2019).

Im Bereich der beruflichen Ausbildung ist ebenfalls eine Anpassung der Inhalte und genutzten Medien erforderlich. Insbesondere in den produktionstechnischen Ausbildungsberufen wird eine umfassende Anpassung der Inhalte aufgrund der Änderungen durch Industrie 4.0 notwendig sein. Dazu sollten die aktuell sehr starren Ausbildungsrichtlinien flexibilisiert werden. Neben notwendigen Grundlagen, die weiterhin verpflichtend für alle Auszubildenden eines Berufszweigs sein müssen, könnte eine Auswahl modularisierter Inhalte angeboten werden. Diese sollten von den Ausbildungsbetrieben ausgewählt und mit entsprechendem Praxisanteil in den Unternehmen vermittelt werden. Zugleich ist zu empfehlen, während der Ausbildung einen früheren Kontakt mit der praktischen Arbeit in der Produktion zu realisieren, um die Auszubildenden zu motivieren und das theoretisch Gelehrte durch praktische Beispiele vor Ort zu manifestieren.

Eine konkrete Maßnahme in diesem Bereich, in der die verschiedenen Institutionen zur beruflichen Aus- und Weiterbildung unterstützt werden, ist das im Oktober 2018 gestartete Projekt „NRWgoes.digital". Die landesweite Qualifizierungsoffensive zur Digitalisierung im dualen System befähigt Ausbildungspersonal aus den Unternehmen des Maschinen- und Anlagenbaus, Lehrkräfte der technisch-gewerblichen Berufskollegs und Auszubildende im Maschinenbau zur zukünftigen Arbeit in Industrie 4.0 (NRWgoes.digital, 2022). Die Inhalte orientieren sich an der Wertschöpfungskette eines Produktionsnetzwerks und bestehen z. B. aus Modulen zur Vermittlung von Fertigkeiten und Fähigkeiten im Bereich Smart Maintenance unter Anwendung von AR und VR oder zum Umgang mit Big Data und IT Security (NRWgoes.digital, 2022). Die Wissensvermittlung erfolgt sowohl über klassischen Präsenzveranstaltungen als auch über neue und innovative Lehr- und Lernformen, z. B. über eine digitale Lernplattform und (aufgezeichnete) Webinare, die orts- und zeitungebundenes Lernen ermöglicht (NRWgoes.digital, 2022).

Abschließend lässt sich weiterhin festhalten, dass es sowohl an Universitäten als auch in der beruflichen Aus- und Weiterbildung erforderlich ist, gezielt lebenslanges Lernen zu vermitteln und zu fördern, da zu erwarten ist, dass Gelerntes zukünftig noch schneller überholt sein wird (Bär et al., 2018; Erni, 2019). Dies wird besonders Unternehmen vor (monetäre) Herausforderungen stellen. Der Bund und die Länder können durch praxisnahe Forschungsförderung unterstützen, sodass erforderliche Kompetenzen identifiziert und geeignete Maßnahmen zur Vermittlung entwickelt werden können. Unmittelbar kann der Staat über Steuervorteile Unternehmen motivieren, in Weiterbildungsprogramme zu investieren. Durch eine gezielte Förderung würde der gesellschaftliche Stellenwert des lebenslangen Lernens als Maßnahme zur Erhöhung der Beschäftigungsfähigkeit der Bevölkerung hervorgehoben, was langfristig Wettbewerbsvorteile und die Innovationsfähigkeit Deutschlands sichert (Guggemos et al., 2018).

In der betrieblichen Praxis (Mesoebene) sind Umfang und Ausprägung der Maßnahmen abhängig von individuellen Unternehmensspezifika. Hier liefert der zweite Teilbereich der Implikationen Hinweise. Diese ergeben sich aus der **Persona 2030** bzw. kann das **Vorgehen der Personaentwicklung** in das eigene Unternehmen transferiert werden.
Die Entwicklung einer eigenen Persona – stellvertretend für die eigenen Beschäftigten auf dem Shopfloor der Zukunft – befähigen Unternehmen, die Auswirkungen abstrakter, strategischer Unternehmensziele, die oft am Anfang einer Transformationsstrategie stehen, auf die Ebene der Beschäftigten darzustellen und mit deren Kompetenzprofilen und persönlichen Bedürfnissen abzugleichen.

Die Darstellung der persönlichen Ebene der Persona oder ggf. auch mehrerer Personas, z. B. für Auszubildende, neue Mitarbeiter oder langjährige Beschäftigte, eignet sich um sehr konkret die Bedürfnisse der jeweiligen Zielgruppen darzustellen. Im Zuge des Fachkräftemangels sind Unternehmen gezwungen, um Talente jeglicher Beschäftigtengruppe zu werben. Neben grundsätzlich angemessener Entlohnung stellen verschiedene Personengruppen zusätzliche Anforderungen an ihren zukünftigen Arbeitsplatz. Beschäftigte Eltern in ländlicher Umgebung sind dabei eine andere Zielgruppe als junge Berufsanfänger im urbanen Raum. Für Arbeitgeber gilt, diese Zielgruppen an Beschäftigten zu identifizieren und ihre Aktivitäten hinsichtlich der Personalgewinnung, zunehmend aber auch vermehrt zur Erhaltung des Personals darauf abzustimmen.

Die Darstellung der tätigkeitsspezifischen Ebene der Persona(s) erlaubt es, anhand der eingesetzten Industrie 4.0-Technologien die erforderlichen Tätigkeits- und Kompetenzprofile ableiten. Der Vergleich mit dem Status quo der Beschäftigten zeigt Unternehmen auf, in welchen Bereichen, in Technologien und in die Personalentwicklung investiert werden muss, um das angestrebte Zielbild zu erreichen. Diese Erkenntnisse können schließlich in eine Industrie 4.0-Strategie (rück-)überführt werden.
Im Zuge der Industrie 4.0-Transformation sollten die Erkenntnisse der Deskriptiven Studie II und das darin getestete und validierte IB-Modell zum Einsatz kommen. Das **IB-Modell** selbst stellt eine weitere Implikation für die Praxis dar. Das Modell bzw. die entwickelten Fragebögen sollten zur Messung des Status quos der IB-Dimensionen genutzt werden. Dies bietet sich z. B. zu Beginn der Umsetzung einer Industrie 4.0-Transformation an. Mit Hilfe des IB-Modells lässt sich ermitteln, inwieweit das Shopfloorpersonal für die zukünftige Arbeit in Industrie 4.0 vorbereitet ist. Anhand der Ergebnisse können Maßnahmen zur Förderung der IB-Dimensionen abgeleitet werden. Im nachfolgenden Unterkapitel werden erste Strategien basierend auf den Ergebnissen der Deskriptiven Studie II bzw. auf dem IB-Modell vorgestellt.

8.2 Strategien zur Förderung der IB in der betrieblichen Praxis auf Basis des IB-Modells

Wie im vorangegangenen Kapitel 6 in der Diskussion der Ergebnisse der Deskriptiven Studie II angemerkt, sollten die Zusammenhänge mit den Faktoren auf Unternehmensebene (I40, DIGI und HR) und die Vorhersagekraft des IB-Modells zur Prädikation des Karriereerfolgs als Indikator langfristiger Beschäftigungsfähigkeit final validiert werden. Für die Ergebnisse der Faktoren auf Individualebene und die IB-Dimensionen selbst lassen sich auf Basis der Ergebnisse der beiden empirischen Studien I und II bereits Handlungsempfehlungen zur Erhöhung der IB ableiten. Wie auch im vorigen Unterkapitel wurden Teile dieser Empfehlungen in Metzmacher et al. (2020) und Metzmacher & Hellebrandt et al. (2021) veröffentlicht und sind an dieser Stelle z. T. wörtlich übernommen.

Im Rahmen der Beschäftigungsfähigkeit in Industrie 4.0 sind insbesondere Strategien zur Förderung der IB von Relevanz, die von den produzierenden Unternehmen zur Erhöhung der IB ihrer Mitarbeitenden angeboten werden können. Im Folgenden werden daher primär Strategien zur Förderung der IB in der betrieblichen Praxis vorgestellt.

Die Ergebnisse der Deskriptiven Studie II haben positive Beziehungen mit den Faktoren LP, CARDEV, I40P und, zumindest in Studie I, mit dem Faktor MOB aufgezeigt. Demzufolge lassen sich die IB-Dimensionen positiv beeinflussen, wenn diese Faktoren erhöht werden. Die vier Faktoren lassen sich unterteilen in persönliche (LP und MOB) und arbeitgeberabhängige Faktoren (CARDEV und I40P).

Die **Faktoren LP und MOB** hängen beide sehr stark von der persönlichen Lebenssituation und psychologischen Einstellungen ab. Sie lassen sich nicht durch klassische Maßnahmen zur Mitarbeiterentwicklung in der betrieblichen Praxis adressieren. Um die persönliche Einstellung zum eigenen Leben zu beeinflussen, bedarf es meist eines therapeutischen Ansatzes oder Methoden des persönlichen psychologischen Coachings. Solche Maßnahmen werden entkoppelt vom Arbeitgeber wahrgenommen, sodass sie in dieser Arbeit ausgeklammert werden.

Die Ergebnisse der empirischen Studie I haben zwar keine signifikanten Zusammenhänge mit den Faktoren auf Unternehmensebene, I40, DIGI und HR, nachweisen können, allerdings konnten signifikante Zusammenhänge mit den Faktoren auf Individualebene belegt werden. Aus Unternehmensperspektive stellt eine Adressierung der arbeitgeberabhängigen Faktoren CARDEV und I40P zur Erhöhung der IB der Mitarbeitenden eine Investition in das Humankapital dar, die sich im Sinne der Sozialen Austauschtheorie für beide Parteien lohnt.

Förderung der IB über den Faktor CARDEV

Der Faktor CARDEV umfasst die von den Beschäftigten wahrgenommenen formellen und informellen HR-Aktivitäten innerhalb der Organisation, die zur karriereseitigen Weiterentwicklung der Beschäftigten beitragen.

Um diesen Faktor zu erhöhen, sollten Unternehmen zunächst die Voraussetzungen zur kontinuierlichen Weiterentwicklung über sowohl formelle als auch informelle HR-Aktivitäten schaffen. Weiter muss festgelegt werden, wie Inhalte definiert werden sollen, welche Methoden und Formate geeignet sind und wie Unternehmen den Erfolg der Maßnahmen sicherstellen können. Nachfolgend werden die Empfehlungen für berufsspezifische Weiterentwicklungsmaßnahmen im Kontext von Industrie 4.0 vorgestellt.

Die Schaffung der generellen **Voraussetzungen der berufsspezifischen Weiterentwicklung** im Rahmen von Industrie 4.0 erfolgt über die Etablierung des Lebenslangen Lernens in der Unternehmensphilosophie. Da dies alle Ebenen einer Organisation betreffen muss, hat es sich in der Praxis bewährt, dies als Change Projekt, z. B. auch im Rahmen einer größer angelegten Industrie 4.0-Transformationsstrategie, umzusetzen (vgl. Erni, 2019). Die oberste Führungsebene muss sukzessive eine lernförderliche Unternehmenskultur und Personalführung aufbauen, die der fortlaufenden Qualifizierung einen hohen Stellenwert gibt (Rensing et al., 2016). Dies beinhaltet die Freigabe finanzieller Mittel, eine Erhöhung der Sichtbarkeit umgesetzter und geplanter Maßnahmen und besonders die Vorgabe einer grundlegenden Strategie,

die unternehmensweit kommuniziert und akzeptiert ist (Erni, 2019; Herzog et al., 2016).
Ein weiterer Aspekt bei der Integration des Lernens in die Unternehmenskultur impliziert Betriebsvereinbarungen zu Lernzeiten, um ein Lernen während der Arbeitszeit zu ermöglichen. Dies betrifft primär die formellen HR-Aktivitäten, wie klassische Weiterbildungsmaßnahmen oder auch Online-Trainings, die nicht während der eigentlichen Tätigkeit stattfinden können. Insbesondere für die Shopfloorebene müssen entsprechende Entlohnungsregelungen geschaffen werden, die einem Lernen während der Arbeitszeit nicht entgegenstehen (Rensing et al., 2016). Zur weiteren Verstetigung des kontinuierlichen Lernens im Unternehmen, hat es sich bewährt, die Lernaktivitäten in das Leistungsprofil der Beschäftigten zu integrieren und Lernen als Teil des regulären Arbeitspensums zu etablieren (Erni, 2019).

Für die **Inhalte beider Formen der HR-Aktivitäten** ist das mittlere Management und das Fachpersonal verantwortlich. Die strategischen Ziele und allgemeinen Vorgaben aus der Unternehmensstrategie müssen von dieser Ebene in spezifische Ziele für die einzelnen Fachbereiche, z. B. einzelne Produktionsbereiche wie Arbeitsvorbereitung oder Montage, heruntergebrochen, in zukünftige Tätigkeitsprofile und letztendlich erforderliche KSAOs heruntergebrochen werden. Die sich daraus ergebenden Kompetenzprofile definieren die Lerninhalte der Beschäftigten in den Fachbereichen (vgl. Erni, 2019).
Zur berufsspezifischen Weiterentwicklung der einzelne Mitarbeitenden und somit auch zur Erhöhung ihrer IB empfiehlt es sich, eine digitale Schulungsübersicht anzulegen, die es den jeweiligen Vorgesetzten ermöglicht, die Weiterbildungen nachzuvollziehen. Je nach Schulungsinhalt kann ein vorgelagerter Test die Beschäftigten einordnen, sodass die Mitarbeitenden nur die Inhalte vertiefen, in denen sie Defizite aufweisen. Somit lässt sich der Schulungsaufwand individuell anpassen und die Motivation der Mitarbeitenden erhöhen, da die Schulungsinhalte auf ihren bestehenden Kenntnisstand abgestimmt sind.

Hinsichtlich der **Weiterbildungsmethoden und -formen** eignet sich für Initiativen auf Unternehmensebene das Konzept des Lernens am Arbeitsplatz. Dies wird über Berücksichtigung in den Arbeitsprozessen und durch angepasste organisationale Strukturen, z. B. digitalisierte Geschäftsprozesse, realisiert. Eine geeignete Form für das Lernen am Arbeitsplatz ist die Bereitstellung von kleinen modularen Lerninhalten, das sogenannte Micro-Learning, in dem grundlegende Begrifflichkeiten und Zusammenhänge vermittelt werden (Guggemos et al., 2018). Im Bereich der Produktion besteht die Möglichkeit, das Micro-Learning mit dem Konzept klassischer, zunehmend digitalisierter Shopfloorboards zu koppeln. Zusätzlich zur Anzeige der für die Mitarbeitenden relevanten Kennzahlen können weiterführende Informationen mit Hintergrundinformationen angezeigt werden, um den Beschäftigten sukzessive übergreifendes Wissen zu vermitteln, das sie z. B. für eigenständige Entscheidungen benötigen. Um solch ein Lernkonzept umzusetzen, bedarf es einen höheren Industrie 4.0-Reifegrad, da viele Daten digital und vernetzt vorliegen müssen. Die Anzeige und Interaktion kann mit einem digitalen Endgerät direkt am Arbeitsplatz oder auch zentral erfolgen.
Eine weitere Form der digitalen On-the-Job-Wissensvermittlung stellt die Bereitstellung von Informationen zu einzelnen Prozessschritten durch Assistenzsysteme dar (Rensing et al.,

2016). Ergänzend zu der Funktion als Unterstützungssystem lassen sich auch AR-Anwendungen nutzen, um über Smart Glasses Beschäftigte in der Bedienung komplexer Anlagen oder neuer Montageprozesse zu trainieren.

Neben Maßnahmen, in denen die Beschäftigten individuell und vorwiegend auf sich alleine gestellt lernen, fördern Konzepte, in denen mehrere Mitarbeitende zusammenarbeiten bzw. gemeinsam lernen, zugleich die IB-Dimension SOCS. Durch die Interaktion werden im Lernprozess Kommunikationskompetenz, Teamfähigkeit und soziale Intelligenz gefördert. Ein Format, das die Interaktion zwischen Mitarbeitenden als Kernelement nutzt, ist das Tandem-Prinzip. Dabei bilden erfahrene Mitarbeitende mit weniger erfahrenen Mitarbeitenden Teams. Aufgrund der längeren Berufserfahrung sind die Teams häufig altersgemischt. Das Konzept hat sich insbesondere bei der Vermittlung von Inhalten zur Technologieakzeptanz und im späteren Umgang sowie zur Verfestigung von Prozesswissen und der Weitergabe von Expertenwissen, d. h. KSAOs der IB-Dimension OTE, bewährt (Hammermann & Stettes, 2016).
Ähnlich wie das Tandem-Prinzip funktioniert das Konzept der Job Rotation. Durch den Wechsel der Tätigkeiten, z. B. durch das Bedienen verschiedener Anlagentypen erlernen die Beschäftigten am Arbeitsplatz neue tätigkeitsspezifische Inhalte. Erfahrenere Kollegen geben ihr Wissen weiter, wodurch der Erfahrungsaustausch und die Teamfähigkeit gefördert werden (Hammermann & Stettes, 2016). Bei der Job Rotation werden durch die neuen Aufgaben und wechselnden Arbeitsplätze zusätzlich zu den IB-Dimensionen OTE und SOCS auch die Dimension ADAP gefördert.

Um den **Erfolg von Weiterbildungsmaßnahmen** sicherzustellen, gilt, dass die Mitarbeitenden in die Verantwortung genommen werden müssen. Die lässt sich über individuelle Zielvereinbarungen sowie durch die Kombination formeller und informeller HR-Aktivitäten realisieren. Der Fortschritt formeller Maßnahmen kann mittels informeller Maßnahmen, wie regelmäßige Status- und Feedbackgespräche, nachgehalten werden, um die Mitarbeitenden für den fristgerechten Kompetenzerwerb in der Verantwortung zu halten und zu motivieren. Ein zusätzliches Coaching z. B. in der Einführungsphase kann helfen, die vorhandene Ressourcen der Mitarbeitenden im Bereich Selbstorganisation und Lernmotivation zu identifizieren und zu mobilisieren (Erni, 2019).

Förderung der IB über den Faktor I40P

Der zweite Faktor über den Unternehmen die IB Dimensionen positiv beeinflussen können, ist der „Wahrgenommene Reifegrad von Industrie 4.0-Technologien" (I40P). Dieser wird in erster Linie von den tatsächlich im Unternehmen vorhandenen Technologien beeinflusst, d. h. je mehr in die Technologien auf dem Shopfloor investiert wird, desto höher wird auch der Faktor I40P ausfallen.
In erster Linie hängt der Faktor I40P von der Industrie 4.0-(Transformations-)Strategie der Unternehmen ab. Zusätzlich können die Unternehmen die Ausprägungen des Faktors positiv beeinflussen, indem die Industrie 4.0-Strategie um eine Kommunikationsstrategie ergänzt wird. Diese stellt sicher, dass Technologien und generelle Neuerungen in der Organisation allen Mitarbeitenden vorgestellt werden. Somit können auch diejenigen Mitarbeitenden über den

technologischen Fortschritt informiert werden, die in erster Instanz nicht mit den neuen Technologien, z. B. Robotergestützte Anlagen, arbeiten. Wichtig ist dabei, dass Inhalte zielgruppengerecht aufbereitet werden, um die Technologien verständlich zu erklären. Zudem sollte darauf geachtet werden, etwaigen Bedenken, z. B. hinsichtlich der Verlust des eigenen Arbeitsplatzes, gezielt entgegenzuwirken. Ist dies nicht der Fall, besteht die Möglichkeit, dass sich der Faktor I40P negativ auf die IB-Dimensionen auswirkt, z. B. da sie die Technologien nicht verstehen (OTE) und Teile ihres Selbstbewusstseins einbüßen (SELF). Umgekehrt können die Dimensionen durch gute Kommunikation schon vor der Nutzung der Technologien gefördert werden.

Aus Praxissicht lässt sich die IB am besten durch eine **Kopplung der beiden Faktoren CARDEV und I40P** fördern. So werden z. B. in den beiden Unternehmen des Expertenteams, die im Rahmen der Deskriptiven Studie I als Fallbeispiele für die Personaentwicklung dienten, die Einführung der neuen Technologien und die erforderlichen Veränderungen in der Fertigung durch gezielte Weiterentwicklungsmaßnahmen der Beschäftigten unterstützt. Um den Beschäftigten auf Shopfloorebene die Grundlagen von Industrie 4.0 nahezubringen, wird das Format des Micro-Learning in eine **digitale Lernplattform** integriert. Diese orientiert sich am Konzept offener Online Kurse (engl. Massive Open Online Courses; kurz: MOOC). Die Lerneinheiten decken Inhalte z. B. zu Industrie 4.0-Technologien, einfache Datenverarbeitung und datenbasierte Entscheidungsfindung ab, die zunächst unabhängig des eigenen Unternehmens sind. Nachdem die Grundlagen absolviert worden sind, werden Inhalte zur Umsetzung von Industrie 4.0 im eigenen Unternehmen freigeschaltet, die aufzeigen, was wie umgesetzt wird und wie sich die eigenen Tätigkeiten verändern. Der niederschwellige Einstieg in die Thematik Industrie 4.0 fördert das Verständnis und somit auch den Willen zur Anpassung des eigenen Tätigkeitsprofils.

Da die Erstellung eigener Online-Lernplattformen sehr kosten- und zeitintensiv ist, können kleinere Unternehmen sowie interessierte Einzelpersonen auch auf allgemeine MOOCs zur Thematik Industrie 4.0 zurückgreifen. Angebote bestehen u. a. von der acatech und dem Hasso-Plattner-institut (mooc.house, 2015) sowie vom Projekt ZUKIPRO, das einen MOOC speziell für die Zielgruppe der Beschäftigten auf Shopfloorebene anbietet (ZUKIPRO, 2022). Es werden kostenlos Inhalte z. B. zu zukünftigen Arbeitswelten, Industrie 4.0 in Produktion und Handwerk und Datensicherheit vermittelt.

Generell empfiehlt sich, die Kurse bereits vor der Umstellung einzelner Fertigungsbereiche anzubieten und als Teil der individuellen Personalentwicklung in die formellen HR-Aktivitäten mitaufzunehmen. Somit wird sichergestellt, dass über die Adressierung der Faktoren CARDEV und I40P die IB-Dimensionen frühzeitig gefördert werden.

8.3 Fazit

Abschließend lässt sich zusammenfassen, dass sich die aus den Ergebnissen dieser Arbeit abgeleiteten Implikationen für die Praxis in zwei Teilbereiche gliedern lassen.
Die erste Implikation bezieht sich auf die Handlungsbedarfe, die sich primär aus der Szenario- und Personaentwicklung ergeben. Es wurde aufgezeigt, wie sich die soziopolitischen Rahmenbedingungen entwickeln können und wie diese die Produktionsarbeit 2030 beeinflussen. Die zum Teil disruptiven Veränderungen bedingt durch Technologien, z. B. KI-Anwendungen, digitale Plattformen, die dezentrale Arbeitsleistung anbieten, aber auch gesellschaftliche und politische Faktoren wie der Fokus von Beschäftigten auf eine selbst-bestimmte Einteilung von Arbeit und Freizeit, erfordern von Politik, Unternehmen und weiteren Akteuren auf Meso- und Makroebene ein Umdenken hinsichtlich schulischer, universitärer sowie betrieblicher Aus- und Weiterbildung. Inhalte, Lehr- und Lernformen müssen an die neuen Gegebenheiten angepasst und Digitalkompetenz muss als zentrales Element in allen Ebenen gefördert und gefordert werden. Im Zuge des Fachkräftemangels sollten Unternehmen zudem die Erkenntnisse bezüglich der persönlichen Präferenzen zukünftiger Arbeitnehmer nutzen und ggf. über eigene Beschäftigtenpersonas ausdetaillieren, um als Arbeitgeber attraktiv zu bleiben.

Der zweite Teilbereich der Implikationen für die Praxis sind Maßnahmen zur Förderung der IB, die sich aus dem IB-Modell und den Ergebnissen der Deskriptiven Studie II ableiten lassen. Als konkrete Maßnahmen auf Basis des Modells der IB und der Ergebnisse der Deskriptiven Studie II können zwei Arten von Faktoren zur Förderung der IB und der IB-Dimensionen adressiert werden.
Einerseits können die IB-Dimensionen positiv durch die persönlichen Faktoren LP und MOB beeinflusst werden. Maßnahmen, die diese Faktoren fördern, sind jedoch nicht Teil betrieblicher Personalentwicklung, da sie sehr von persönlichen, u. a. familiären Umständen abhängen. Demzufolge sind sie nicht Teil der Strategien zur Förderung der IB in der betrieblichen Praxis und wurden für die vorliegende Arbeit nicht weiter betrachtet.
Andererseits können die IB-Dimensionen durch die arbeitgeberabhängigen Faktoren CARDEV und I40P beeinflusst werden. Es wurden zunächst Ansätze vorgestellt, um die Faktoren einzeln zu fördern, z. B. durch die Schaffung einer Lernkultur, um den Wirkungsgrad formeller und informeller HR-Aktivitäten zu optimieren oder über die Erhöhung von I40P über eine gezielte Kommunikationsstrategie. Abschließend wurden Ansätze aus der betrieblichen Praxis aufgezeigt, wie im Zuge der Einführung von Industrie 4.0 beide Faktoren kombiniert adressiert und somit die IB-Dimensionen gefördert werden können.

Zur Realisierung von Industrie 4.0 sollten Unternehmen die dargelegten Empfehlungen zur Förderung der IB-Dimensionen nutzen. Insbesondere die Maßnahmen zu den Faktoren I40P und CARDEV, z. B. zur gezielten frühzeitigen Kommunikation zur Einführung der Industrie 4.0-Technologien und informelle Formen der Karriereentwicklung wie Feedbackgespräche, sollten als konkrete Maßnahmen Teil einer Industrie 4.0-Transformationsstrategie sein. Nur so kann es gelingen, von Beginn an die technische und die soziale Perspektive des soziotechnischen Systems der Industrie 4.0 zu adressieren und produzierende Unternehmen in eine bestmöglich funktionierende Smart Factory zu entwickeln.

9 Zusammenfassung

Bereits vor den Krisen der COVID-19-Pandemie und des Russland-Ukraine-Konflikts waren Hochlohnländer wie Deutschland mit einer Vielzahl von Herausforderungen, wie z. B. dem demografischen Wandel, Migration und Globalisierung konfrontiert. In der Thematik der Beschäftigungsfähigkeit in produzierenden Unternehmen spielen im Kontext der Industrie 4.0 mehrere dieser Herausforderungen eine immanente Rolle: Sie haben großen Einfluss auf die Arbeitsanforderungen, Arbeitsformen und -inhalte in der Industrie und damit auf die Beschäftigten in produzierenden Unternehmen.

Die im Arbeitsmarkt beteiligten Parteien – Politik, Arbeitnehmer- und Arbeitgebervertreter – wie auch die jüngste Forschung sind sich einig, dass sich die Arbeitswelt in produzierenden Unternehmen durch Industrie 4.0 erheblich verändern wird. Durch Digitalisierung, Automatisierung und Vernetzung der Fertigungsprozesse wird angenommen, dass zukünftig weniger Menschen auf operativer Ebene tätig sind. Die Reduktion der benötigten, menschlichen Arbeitskraft ist verbunden mit veränderten und gesteigerten Anforderungen der zukünftigen Produktionsarbeit an Mitarbeitende auf dem Shopfloor. Bislang haben jedoch die wenigsten Unternehmen ihre Produktion zu einer Smart Factory transformiert. Für Unternehmen ist es oft noch unklar, wie die Arbeit im Detail gestaltet sein wird. Somit stellt sich die Frage, wie die Arbeitsteilung von Mensch und Technik im soziotechnischen System auf dem Shopfloor zukünftig aussieht und über welche Kompetenzen Arbeitnehmende verfügen müssen, sodass sie in Industrie 4.0 beschäftigungsfähig sind und bleiben. Erst wenn geklärt ist, welche Aufgaben von Menschen wie zu erfüllen sind, können Maßnahmen entwickelt werden, um Personen im erwerbsfähigen Alter langfristig in Beschäftigung zu halten.

Um die obigen Fragestellungen zu beantworten, bestand das übergeordnete Ziel der Arbeit in der Entwicklung eines Modells zur Messung und Vorhersage der industriellen Beschäftigungsfähigkeit (IB) von Mitarbeitenden auf operativer Ebene im produzierenden Sektor im Kontext von Industrie 4.0. Als forschungsmethodisches Vorgehen diente die Design Research Methodology (DRM) nach Blessing & Chakrabarti (2009). Die als Typ 7 „Vollständiges Projekt“ (Biedermann et al., 2013) kategorisierte Arbeit behandelt die vier Stufen der DRM umfassend. Mittels des Multimethodenansatzes wurden wissenschaftliche, literaturbasierte Erkenntnisse mit Praxiswissen, u. a. aus Experteninterviews und aus der Szenarioentwicklung, kombiniert.

Kapitel 2 adressierte die erste Stufe „Klärung des Forschungsziels“. Dazu wurden wissenschaftliche und terminologische Grundlagen erläutert und die für die Arbeit relevanten Inhalte eingegrenzt. Die kombinierte Betrachtung der Themengebiete „Industrie 4.0“, „Arbeit 4.0“ und „Beschäftigungsfähigkeit“ sowie die Untersuchung bisheriger Modelle der Beschäftigungsfähigkeit haben gezeigt, dass es an einer kombinierten Betrachtung der Aspekte: (a) Beschäftigungsfähigkeit, (b) Tätigkeiten auf dem Shopfloor im produzierenden Gewerbe und (c) erforderliche Kompetenzen/ KSAOs der Beschäftigten mangelt. Bestehende Modelle wurden zudem entweder stark theorie- oder praxisgeleitet entwickelt, sodass eine ausgewogene Einbeziehung von Forschung und Praxis ausbleibt. Folglich ergab sich die Forschungslücke dieser

Arbeit, die mittels des Modells der IB unter Zuhilfenahme des Multimethodenansatzes adressiert worden ist. Der Multimethodenansatz ermöglicht es, ein Modell zu entwickeln, das (a) Wissenschaftliche Erkenntnisse mit (b) Praxiswissen koppelt und dabei (c) alle drei Ebenen des soziotechnischen Systems Industrie 4.0 berücksichtigt.

In Stufe 2, der „Deskriptiven Studie I" erfolgte zunächst die Herleitung der Definition der IB auf Basis einer systematischen Analyse von Literatur aus den Jahren 2013 bis 2018, die um Ergebnisse aus Experteninterviews und aus weiteren aktuellen Literaturquellen ergänzt worden ist. Die Definition der IB und der darin enthaltenden Dimensionen OTE, ADAP, SOCS und SELF stellten den Kern der weiteren Untersuchungen dar. Diese fokussierten auf eine kombinierte Betrachtung der übergeordneten Themengebiete „Industrie 4.0", „Arbeit 4.0" und „Beschäftigungsfähigkeit" und auf die Ermittlung potenzieller Einflussfaktoren unter Anwendung der Szenariotechnik zur Entwicklung des Zukunftsszenarios der Produktionsarbeit 2030 und der darauf basierenden Personaentwicklung.
Die Ergebnisse dienen als Basis des Modells der IB und beantworteten die in der Arbeit aufgestellten ersten beiden Teilforschungsfragen. Die IB-Dimensionen stellen die Antwort auf die Frage nach erforderlichen KSAOs auf Shopfloorebene in Industrie 4.0 – kurz: *Kompetenzen 4.0* (Frage 1). Relevante Faktoren auf Individualebene sind die Faktoren I40P, CARDEV, LP und MOB, auf Unternehmensebene sind die Faktoren I40, DIGI und HR relevant (Frage 2).

In Stufe 3 „Präskriptive Studie" erfolgte die Synthese der theoretischen und praktischen Erkenntnisse aus den beiden ersten Stufen. Das Ergebnis dieser Synthese stellt das Forschungs- bzw. Hypothesenmodell der IB dar. Dazu wurden die Erkenntnisse der Deskriptiven Studie I in operationalisierte Konstrukte überführt, wodurch Teilforschungsfrage 3 (messbare Kompetenzen und Faktoren) adressiert worden ist.
Die aus Theorie und Praxis abgeleiteten Hypothesen wurden in ein Strukturgleichungsmodell überführt. Ziel des Modells ist es, die zentrale Forschungsfrage zu beantworten:

„Lässt sich die Beschäftigungsfähigkeit der Beschäftigten auf operativer Ebene im produzierenden Sektor im Kontext von Industrie 4.0 messen und vorhersagen?"

Zur Ermittlung der Vorhersagekraft bzw. zur Validierung der IB-Dimensionen als Prädiktoren des Karriereerfolgs wurden die Zusammenhänge mit Faktoren des subjektiven und objektiven Karriereerfolgs (CAREER, WAGE, POSLEAD, UNEMP) untersucht.

Zur Beantwortung der zentralen Forschungsfrage, wurden in Stufe 4, der „Deskriptiven Studie II", zwei empirische Fragebogenstudien durchgeführt. Beide Untersuchungen fokussierten auf Personen, die im produzierenden Gewerbe tätig sind (Studie I mit Beschäftigten) oder waren (Studie II mit Arbeitssuchenden). Ziele der Studien waren die Testung des Modells an repräsentativen Stichproben sowie die Validierung der Ergebnisse von Studie I durch Studie II.
Insgesamt wurden in den beiden Studien knapp 650 Personen befragt. In der empirischen Studie I nahmen 323 Personen, davon 279 Beschäftigte auf operativer Ebene und 44 Führungskräfte, aus 14 Unternehmen teil. In der empirischen Studie II nahmen 321 Arbeitssuchende, die zuvor in 241 verschiedene Unternehmen beschäftigt waren, teil.

Die Analyse der Ergebnisse erfolgte mittels der Partial-Least-Squares (PLS)-Pfadmodellierung im Programm SmartPLS©. Das Modell wurde hinsichtlich der gängigen Gütekriterien zur Beurteilung der Indikator- und Konstruktreliabilität, Konvergenz- und Diskriminanzvalidität auf Messmodellebene sowie hinsichtlich der Erklärungs- und Vorhersagekraft auf Strukturmodellebene bewertet. Die Ergebnisse der untersuchten Zusammenhänge zwischen den Faktoren und den IB-Dimension beantworteten Teilforschungsfrage 4.

Basierend auf den Ergebnissen der beiden Studien I und II konnten alle Zusammenhänge der Faktoren auf Individualebene mit den IB-Dimensionen in mindestens einer Studie bestätigt werden. Auf Basis der Studien konnten keine signifikanten Zusammenhänge mit den Faktoren auf Unternehmensebene nachgewiesen werden. Die Zusammenhänge mit den Faktoren des Karriereerfolgs konnten nur mit einem Teil der IB-Dimensionen und meist jeweils nur in einer der beiden Studien nachgewiesen werden.

Insbesondere die hohen Werte der Bestimmtheitsmaße der IB-Dimensionen in Studie II und die nachgewiesenen Zusammenhänge des Wahrgenommenen Reifegrads von Industrie 4.0-Technologien mit den IB Dimensionen haben jedoch gezeigt, dass die IB-Dimensionen zur Abbildungen der Beschäftigungsfähigkeit in Industrie 4.0 geeignet sind und die Faktoren auf Individualebene einen großen Teil der IB-Dimensionen erklären. Somit konnte in dieser Arbeit erstmals ein Modell zur Beschäftigungsfähigkeit für die Arbeit auf dem Shopfloor in Industrie 4.0 auf Individualebene entwickelt, erfolgreich getestet und größtenteils validiert werden. Demzufolge lässt sich der erste Teil der Hauptforschungsfrage mit „Ja“ beantworten. Zur Beantwortung des zweiten Teils, der die Vorhersagekraft des IB-Modells adressiert, sind weitere Untersuchungen im Rahmen einer Longitudinalstudie erforderlich.

Der letzte Teil eines „Vollständigen Projekts“ nach der DRM sind Handlungsempfehlungen für die Praxis. Der Darstellung der Implikationen für die Forschung in Kapitel 7 folgend, wurden in Kapitel 8 auf Basis der Forschungsergebnisse aus der Deskriptiven Studien I zunächst die Handlungsbedarfe für die betriebliche Praxis vorgestellt. Zur Adressierung der abgeleiteten Bedarfe dienten schließlich die Ergebnisse der Deskriptiven Studie II als Grundlage der konkreten Handlungsempfehlungen für die Mikro- und Mesoebene und der Strategien zur Förderung der individuellen Beschäftigungsfähigkeit in Industrie 4.0 mittels des IB-Modells.

Quellenverzeichnis

acatech (2016) *Kompetenzentwicklungsstudie Industrie 4.0: Erste Ergebnisse und Schlussfolgerungen*, München.

Aguirre-Urreta, M. & Rönkkö, M. (2015) „Sample Size Determination and Statistical Power Analysis in PLS Using R: An Annotated Tutorial“, *Communications of the Association for Information Systems*, Vol. 36.

Albers, S, Klapper, D, Konradt, U, Walter, A & Wolf, J (Hg.) (2009) *Methodik der empirischen Forschung*, 3. Aufl., Wiesbaden, Gabler Verlag.

Anderson, J. C. & Gerbing, D. W. (1991) „Predicting the performance of measures in a confirmatory factor analysis with a pretest assessment of their substantive validities“, *Journal of Applied Psychology*, Vol. 76, No. 5, S. 732–740.

Aspinwall, L. G. & Taylor, S. E. (1992) „Modeling cognitive adaptation: A longitudinal investigation of the impact of individual differences and coping on college adjustment and performance“, *Journal of Personality and Social Psychology*, Vol. 63, No. 6, S. 989–1003.

Avatar Generator (2020) *Avatar Generator - Profilbild und Avatar online erstellen* [Online]. Verfügbar unter https://bloggerpilot.com/tools/avatar-generator/ (Abgerufen am 8 Juni 2023).

Avis, J. (2018) „Socio-technical imaginary of the fourth industrial revolution and its implications for vocational education and training: a literature review“, *Journal of Vocational Education & Training*, S. 1–27.

Backhaus, K., Erichson, B., Gensler, S., Weiber, R. & Weiber, T. (2021) *Multivariate Analysemethoden: Eine anwendungsorientierte Einführung*, 16. Aufl., Wiesbaden, Springer Gabler.

Bakker, A. B. & Demerouti, E. (2007) „The Job Demands-Resources model: state of the art“, *Journal of Managerial Psychology*, Vol. 22, No. 3, S. 309–328.

Balliester, T. & Elsheikhi, A. (2018) „The future of work: a literature review“, *ILO research department working paper*, No. 29, S. 1–54.

Bär, C., Grädler, T. & Mayr, R. (2018) *Digitalisierung im Spannungsfeld von Politik, Wirtschaft, Wissenschaft und Recht: 1. Band: Politik und Wirtschaft*, Berlin, Springer Gabler.

Barney, J. (1991) „Firm Resources and Sustained Competitive Advantage“, *Journal of Management*, Vol. 17, No. 1, S. 99–120.

Bauer, W. & Klapper, J. (2018) „A Development Scenario of the Work Area "Intralogistics" Under the Influence of Industry 4.0 Technologies and Its Evaluation on the Basis of a Delphi Study“, *20th Congress of the International Ergonomics Association, IEA 2018*, S. 812–821.

Bauernhansl, T., Krüger, J., Reinhart, G. & Schuh, G. (2016) *WGP-Standpunkt Industrie 4.0* [Online]. Verfügbar unter https://wgp.de/de/wgp-standpunktpapier-fuehrt-durchs-schlues-selloch-zu-industrie-4-0/ (Abgerufen am 10 März 2022).

Beck, A. (2005) „Verwendung von Personas zur Erfassung von Anforderungen bezüglich Barrierefreiheit", *Berichtband des dritten Workshops des German Chapters der Usability Professionals Association e.V., Usability Professionals 2005, Linz, Austria, September 4-7*, S. 46–50.

Becker, G. S. (1994) *Human Capital: A Theoretical and Empirical Analysis with Special Reference to Education*, National Bureau of Economic Research.

Becker, T. & Merkel, E. (2022) „Digitale Arbeitswelten – Auswirkungen auf Wirtschaft und Bildungssystem", in *Digitalisierung in Industrie-, Handels- und Dienstleistungsunternehmen*, Springer Gabler, Wiesbaden, S. 305–331.

Beierle, S., Heine, I., Letmathe, P., Metzmacher, A. I., Meyer, C. & Schmitt, R. H. (2020) *A multidimensional measurement of Industrial Employability,* Arbeitspapier.

Beierle, S., Heine, I., Letmathe, P., Metzmacher, A. I. & Schmitt, R. H. (2020) *How to stay employable in the industrial sector: A systematic review of literature on Industrial Employability (2013 – 2018),* Arbeitspapier.

Bellace, J. R. (2018) „Back to the future: workplace relations and labour law in the 21st century in the Asia Pacific context", *Asia Pacific Journal of Human Resources*, Vol. 56, No. 4, S. 433–449.

Benešová, A. & Tupa, J. (2017) „Requirements for Education and Qualification of People in Industry 4.0", *Procedia Manufacturing*, Vol. 11, S. 2195–2202.

Benitez, J., Henseler, J., Castillo, A. & Schuberth, F. (2020) „How to perform and report an impactful analysis using partial least squares: Guidelines for confirmatory and explanatory IS research", *Information & Management*, Vol. 57, No. 2, S. 103168.

Berghaus, S. & Back, A. (2016) „Gestaltungsbereiche der Digitalen Transformation von Unternehmen: Entwicklung eines Reifegradmodells", *Die Unternehmung*, Vol. 70, No. 2, S. 98–123.

Bernstrøm, V. H., Drange, I. & Mamelund, S.-E. (2019) „Employability as an alternative to job security", *Personnel Review*, Vol. 48, No. 1, S. 234–248.

Berntson, E., Sverke, M. & Marklund, S. (2006) „Predicting Perceived Employability: Human Capital or Labour Market Opportunities?", *Economic and Industrial Democracy*, Vol. 27, No. 2, S. 223–244.

Bertalanffy, L. von (1972) „Zu einer allgemeinen Systemlehre", in Bleicher, K. (Hg.) *Organisation als System,* Wiesbaden, Gabler Verlag, S. 31–45.

Biedermann, W., Kirner, K., Kissel, M., Langer, S., Münzberg, C. & Wickel, M. (2013) *Forschungsmethodik in den Ingenieurwissenschaften,* Lehrstuhl für Produktentwicklung, Prof. Dr.-Ing. Udo Lindemann.

Blau, P. M. (1964) *Exchange and power in social life*, New York, Wiley.

Blayone, T. J. B. & Van Oostveen, R. (2021) „Prepared for work in Industry 4.0? Modelling the target activity system and five dimensions of worker readiness", *International Journal of Computer Integrated Manufacturing*, Vol. 34, No. 1, S. 1–19.

Blessing, LTM & Chakrabarti, A (Hg.) (2009) *DRM, a Design Research Methodology*, London, Springer London Limited.

Böhm, W. & Seichter, S. (2017) *Wörterbuch der Pädagogik*, 17. Aufl., Paderborn, UTB; Ferdinand Schöningh.

Bokrantz, J., Skoogh, A., Berlin, C. & Stahre, J. (2017) „Maintenance in digitalised manufacturing: Delphi-based scenarios for 2030", *International Journal of Production Economics*, Vol. 191, S. 154–169.

Bologa, R., Lupu, A.-R., Boja, C. & Georgescu, T. (2017) „Sustaining Employability: A Process for Introducing Cloud Computing, Big Data, Social Networks, Mobile Programming and Cybersecurity into Academic Curricula", *Sustainability*, Vol. 9, No. 12, S. 2235.

Bonfiglioli, E., Moir, L. & Ambrosini, V. (2006) „Developing the wider role of business in society: the experience of Microsoft in developing training and supporting employability", *Corporate Governance: The international journal of business in society*, Vol. 6, No. 4, S. 401–408.

Boockmann, B. & Steffes, S. (2011) „Heterogenität der Beschäftigungsdynamik und Segmentierungsphänomene auf dem deutschen Arbeitsmarkt", *Zeitschrift für Arbeitsmarkt-Forschung*, Vol. 44, 1-2, S. 103–109.

Borchardt, A. & Göthlich, S. E. (2009) „Erkenntnisgewinnung durch Fallstudien", in Albers, S., Klapper, D., Konradt, U., Walter, A. & Wolf, J. (Hg.) *Methodik der empirischen Forschung,* 3. Aufl., Wiesbaden, Gabler Verlag, S. 33–48.

Bortz, J. & Döring, N. (2002) *Forschungsmethoden und Evaluation*, 3. Aufl., Berlin, Heidelberg, s.l., Springer Berlin Heidelberg.

Boßow-Thies, S. & Panten, G. (2009) „Analyse kausaler Wirkungszusammenhänge mit Hilfe von Partial Least Squares (PLS)", in Albers, S., Klapper, D., Konradt, U., Walter, A. & Wolf, J. (Hg.) *Methodik der empirischen Forschung,* 3. Aufl., Wiesbaden, Gabler Verlag, S. 365–380.

Botha, J.-A., Coetzee, M. & Coetzee, M. (2015) „Exploring adult learners' self-directedness in relation to their employability attributes in open distance learning", *Journal of Psychology in Africa*, Vol. 25, No. 1, S. 65–72.

Bothfeld, S., Sesselmeier, W.:In: Mause, K., Müller, C. & Schubert, K. (Hrsg.): Politik und Wirtschaft: ein integratives Kompendium. Wiesbaden: Springer, 2016, S. 1–42. (2016) „Arbeitsmarkt- und Beschäftigungspolitik", in Mause, K., Müller, C. & Schubert, K. (Hg.) *Politik und Wirtschaft: ein integratives Kompendium,* Wiesbaden, Springer, S. 1–42.

Briscoe, J. P., Hall, D. T. & Frautschy DeMuth, R. L. (2006) „Protean and boundaryless careers: An empirical exploration“, *Journal of Vocational Behavior*, Vol. 69, No. 1, S. 30–47.

Brown, J., Gosling, T., Sethi, B., Sheppard, B., Stubbings, C., Sviokla, J., Williams, J., Zarubina, D. & Fisher, L. (2017) *Workforce of the future: The competing forces shaping 2030.* [Online]. Verfügbar unter https://www.pwc.com/hu/hu/kiadvanyok/assets/pdf/workforce-of-the-future-the-competing-forces-shaping-2030-pwc.pdf (Abgerufen am 22 April 2022).

Bruine de Bruin, W., Parker, A. M. & Fischhoff, B. (2007) „Individual differences in adult decision-making competence“, *Journal of Personality and Social Psychology*, Vol. 92, No. 5, S. 938–956.

Bühner, M. (2004) *Einführung in die Test- und Fragebogenkonstruktion*, München, Pearson Studium.

Bundesagentur für Arbeit (2022) *Glossar der Statistik der Bundesagentur für Arbeit (BA).*

Bundesministerium für Bildung und Forschung - BMBF (2021) *Was ist der DigitalPakt Schule? - BMBF DigitalPakt Schule* [Online]. Verfügbar unter https://www.digitalpakt-schule.de/de/was-ist-der-digitalpakt-schule-1701.html (Abgerufen am 24 September 2022).

Bundeszentrale für politische Bildung (2022) „Erwerbstätige nach Wirtschaftssektoren“, *Bundeszentrale für politische Bildung*, 13. Januar [Online]. Verfügbar unter https://www.bpb.de/kurz-knapp/zahlen-und-fakten/soziale-situation-in-deutschland/61698/erwerbstaetige-nach-wirtschaftssektoren/ (Abgerufen am 17 September 2022).

Butschan, J., Heidenreich, S., Weber, B. & Kraemer, T. (2019) „Tackling Hurdles to Digital Transformation-The Role of Competencies for Successful Industrial Internet of Things (IIoT) Implementation“, *International Journal of Innovation Management*, Vol. 23, No. 4, S. 1950036.

Carnap, R. (1935) „Formalwissenschaft und Realwissenschaft“, *Erkenntnis*, Vol. 5, S. 30–37.

Caruso, L. (2018) „Digital innovation and the fourth industrial revolution: epochal social changes?“, *AI & SOCIETY*, Vol. 33, No. 3, S. 379–392.

Cawood, R. (2018) *Can the universities of today lead learning for tomorrow?: the university of the future* [Online], EY. Verfügbar unter http://www.ey.com/au/en/industries/government---public-sector/ey-university-of-the-future-2030 (Abgerufen am 10 März 2022).

Chen, G., Gully, S. M. & Eden, D. (2001) „Validation of a New General Self-Efficacy Scale“, *Organizational Research Methods*, Vol. 4, No. 1, S. 62–83.

Chin, W. W. (1998a) „Commentary: Issues and opinion on structural equation modeling“, *MIS Quarterly*, S. vii–xvi.

Chin, W. W. (1998b) „The partial least squares approach for structural equation modeling“, in Marcoulides, G. A. (Hg.) *Modern methods for business research,* Lawrence Erlbaum Associates, S. 295–336.

Chin, W. W. & Newsted, P. R. (1999) „Structural equation modeling analysis with small samples using partial least squares“, *Statistical strategies for small sample research*, Vol. 1, No. 1, S. 307–341.

Chinyamurindi, W. T. (2021) „[Re] defining the Psychological Contract Within Industry 4.0: An Expert Opinion Analysis“, in Coetzee, M. & Deas, A. (Hg.) *Redefining the Psychological Contract in the Digital Era,* Springer, Cham, S. 37–53.

Christensen, C. M. (1997) *The Innovator's Dilemma: When New Technologies Cause Great Firms to Fail*, Boston, MA, Harvard Business School Press.

Christensen, C. M. (2006) „The Ongoing Process of Building a Theory of Disruption“, *Journal of Product Innovation Management*, Vol. 23, No. 1, S. 39–55.

Churchill, G. A. (1979) „A Paradigm for Developing Better Measures of Marketing Constructs“, *Journal of Marketing Research*, Vol. 16, No. 1, S. 64–73.

Cimini, C., Lagorio, A., Pirola, F. & Pinto, R. (2021) „How human factors affect operators' task evolution in Logistics 4.0“, *Human Factors and Ergonomics in Manufatcuring & Service Industries*, Vol. 31, No. 1, S. 98–117.

Coetzee, M. (2014) „Measuring student graduateness: reliability and construct validity of the Graduate Skills and Attributes Scale“, *Higher Education Research & Development*, Vol. 33, No. 5, S. 887–902.

Coetzee, M., Oosthuizen, R. M. & Stoltz, E. (2016) „Psychosocial employability attributes as predictors of staff satisfaction with retention factors“, *South African Journal of Psychology*, Vol. 46, No. 2, S. 232–243.

Collet, C., Hine, D. & Du Plessis, K. (2015) „Employability skills: perspectives from a knowledge-intensive industry“, *Education + Training*, Vol. 57, No. 5, S. 532–559.

Collier, P. J. (2000) „The Effects of Completing a Capstone Course on Student Identity“, *Sociology of Education*, Vol. 73, No. 4, S. 285.

Cook, K. S. & Rice, E. (2003) „Social exchange theory“, in *Handbook of social psychology,* New York, NY, US, Kluwer Academic/Plenum Publishers, S. 53–76.

Cooper, A. (1999) „The Inmates are Running the Asylum“, in *Software-Ergonomie '99,* Vieweg+Teubner Verlag, Wiesbaden, S. 17.

Culot, G., Orzes, G., Sartor, M. & Nassimbeni, G. (2020) „The future of manufacturing: A Delphi-based scenario analysis on Industry 4.0“, *Technological Forecasting and Social Change*, Vol. 157, S. 120092.

Daheim, C. & Wintermann, O. (2019) *Work 2050: three scenarios: new findings of an international Delphi study by the Millennium Project* [Online], Bertelsmann Stiftung. Verfügbar unter https://www.bertelsmann-stiftung.de/en/publications/publication/did/work-2050-three-scenarios/ (Abgerufen am 10 März 2022).

Dalenogare, L. S., Benitez, G. B., Ayala, N. F. & Frank, A. G. (2018) „The expected contribution of Industry 4.0 technologies for industrial performance“, *International Journal of Production Economics*, Vol. 204, S. 383–394.

Davies, R., Coole, T. & Smith, A. (2017) „Review of Socio-technical Considerations to Ensure Successful Implementation of Industry 4.0“, *Procedia Manufacturing*, Vol. 11, S. 1288–1295.

de Cuyper, N., Bernhard-Oettel, C., Berntson, E., de Witte, H. & Alarco, B. (2008) „Employability and Employees' Well-Being: Mediation by Job Insecurity“, *Applied Psychology*, Vol. 57, No. 3, S. 488–509.

de Cuyper, N., Mäkikangas, A., Kinnunen, U., Mauno, S. & Witte, H. de (2012) „Cross-lagged associations between perceived external employability, job insecurity, and exhaustion: Testing gain and loss spirals according to the Conservation of Resources Theory“, *Journal of Organizational Behavior*, Vol. 33, No. 6, S. 770–788.

de Cuyper, N., Sulea, C., Philippaers, K., Fischmann, G., Iliescu, D. & Witte, H. de (2014) „Perceived employability and performance: moderation by felt job insecurity“, *Personnel Review*, Vol. 43, No. 4, S. 536–552.

de Cuyper, N., van der Heijden, B. I.J.M. & de Witte, H. (2011) „Associations between perceived employability, employee well-being, and its contribution to organizational success: a matter of psychological contracts?“, *The International Journal of Human Resource Management*, Vol. 22, No. 7, S. 1486–1503.

de Grip, A., van Loo, J. & Sanders, J. (2004) „The industry employability index: Taking account of supply and demand characteristics“, *International Labour Review*, Vol. 143, No. 3, S. 211.

de Vos, A., de Hauw, S. & van der Heijden, B. I.J.M. (2011) „Competency development and career success: The mediating role of employability“, *Journal of Vocational Behavior*, Vol. 79, No. 2, S. 438–447.

de Vos, A., Dewettinck, K. & Buyens, D. (2009) „The professional career on the right track: A study on the interaction between career self-management and organizational career management in explaining employee outcomes“, *European Journal of Work and Organizational Psychology*, Vol. 18, No. 1, S. 55–80.

Decius, J. & Schaper, N. (2017) „The Competence Management Tool (CMT) – A New Instrument to Manage Competences in Small and Medium-sized Manufacturing Enterprises“, *Procedia Manufacturing*, Vol. 9, S. 376–383.

Dello Russo, S., Parry, E., Bosak, J., Andresen, M., Apospori, E., Bagdadli, S., Chudzikowski, K., Dickmann, M., Ferencikova, S., Gianecchini, M., Hall, D. T., Kaše, R., Lazarova, M. & Reichel, A. (2020) „Still feeling employable with growing age? Exploring the moderating effects of developmental HR practices and country-level unemployment rates in the age – employability relationship“, *The International Journal of Human Resource Management*, Vol. 31, No. 9, S. 1180–1206.

Dellot, B., Mason, R. & Wallace-Stephens, F. (2019) *The Four Futures of Work: Coping with uncertainty in an age of radical technologies*, London, RSA Action Research Centre.

Demerouti, E., Bakker, A. B., Nachreiner, F. & Schaufeli, W. B. (2001) „The job demands-resources model of burnout“, *Journal of Applied Psychology*, Vol. 86, No. 3, S. 499–512.

Destatis (2019) *Bevölkerungspyramide: Altersstruktur Deutschlands von 1950 - 2060* [Online]. Verfügbar unter https://service.destatis.de/bevoelkerungspyramide/index.html (Abgerufen am 6 August 2022).

Detsimas, N., Coffey, V., Sadiqi, Z. & Li, M. (2016) „Workplace training and generic and technical skill development in the Australian construction industry“, *Journal of Management Development*, Vol. 35, No. 4, S. 486–504.

Diamantopoulos, A. (2005) „The C-OAR-SE procedure for scale development in marketing: a comment“, *International Journal of Research in Marketing*, Vol. 22, No. 1, S. 1–9.

Direnzo, M. S., Greenhaus, J. H. & Weer, C. H. (2015) „Relationship between protean career orientation and work-life balance: A resource perspective“, *Journal of Organizational Behavior*, Vol. 36, No. 4, S. 538–560.

Döring, N. & Bortz, J. (2016) *Forschungsmethoden und Evaluation in den Sozial- und Humanwissenschaften*, 5. Aufl., Berlin, Heidelberg, Springer.

Eberhard, B., Podio, M., Alonso, A. P., Radovica, E., Avotina, L., Peiseniece, L., Caamaño Sendon, M., Gonzales Lozano, A. & Solé-Pla, J. (2017) „Smart work: The transformation of the labour market due to the fourth industrial revolution (I4.0)“, *International Journal of Business and Economic Sciences Applied Research (IJBESAR)*, Vol. 10, No. 3, S. 47–66.

Edwards, J. R. „Person-job fit: A conceptual integration, literature review, and methodological critique“, in *International review of industrial and organizational psychology*, S. 283–357.

Edwards, J. R. (2008) „Person–Environment Fit in Organizations: An Assessment of Theoretical Progress“, *Academy of Management Annals*, Vol. 2, No. 1, S. 167–230.

Efron, B. & Gong, G. (1983) „A Leisurely Look at the Bootstrap, the Jackknife, and Cross-Validation“, *The American Statistician*, Vol. 37, No. 1, S. 36.

Egan, M., Daly, M., Delaney, L., Boyce, C. J. & Wood, A. M. (2017) „Adolescent conscientiousness predicts lower lifetime unemployment“, *Journal of Applied Psychology*, Vol. 102, No. 4, S. 700–709.

Ehlers, U.-D. & Kellermann, S. A. (2019) „Future Skills - The Future of Learning and Higher education: Results of the International Future Skills Delphi Survey“ [Online]. Verfügbar unter https://www.learntechlib.org/p/208249/report_208249.pdf.

Erni, K. (2019) *Lernen 4.0: 4 Tipps, Mitarbeiter zu fordern, ohne zu überfordern* [Online], Industrial Production. Verfügbar unter https://www.industrial-production.de/ki---datenanalyse/lernen-4-0-mitarbeiterqualifizierung-in-zeiten-von-industrie-4-0.htm (Abgerufen am 25 September 2022).

Erol, S., Jaeger, A., Hold, P., Ott, K. & Sihn, W. (2016) „Tangible Industry 4.0: a scenario-based approach to learning for the future of production“, *6th CIRP Conference on Learning Factories*, S. 13–18.

Espada, M. & Chambel, M. J. (2013) „Employability and Temporary Workers' Affective Commitment: the Moderating Role of Voluntariness“, *The Spanish Journal of Psychology*, Vol. 16.

Evjemo, L. D., Gjerstad, T., Grøtli, E. I. & Sziebig, G. (2020) „Trends in Smart Manufacturing: Role of Humans and Industrial Robots in Smart Factories“, *Current Robotics Reports*, Vol. 1, No. 2, S. 35–41.

Facer, K. & Sandford, R. (2010) „The next 25 years?: future scenarios and future directions for education and technology“, *Journal of Computer Assisted Learning*, Vol. 26, No. 1, S. 74–93.

Fantini, P., Pinzone, M. & Taisch, M. (2020) „Placing the operator at the centre of Industry 4.0 design: Modelling and assessing human activities within cyber-physical systems“, *Computers & Industrial Engineering*, Vol. 139.

Feintuch, A. (1955) „Improving the employability and attitudes of "difficult-to-place" persons“, *Psychological Monographs: General and Applied*, Vol. 69, No. 7, S. 1–20.

Felder, R. (2018) „Gestaltung von Arbeitnehmerbeziehungen im Digitalen Zeitalter“, in Petry, T. & Jäger, W. (Hg.) *Digital HR: Smarte und agile Systeme, Prozesse und Strukturen im Personalmanagement,* Freiburg, Haufe-Lexware GmbH & Co. KG.

Fergnani, A. (2019) „The future persona: a futures method to let your scenarios come to life“, *foresight*, Vol. 21, No. 4, S. 445–466.

Ferreira, N. & Mujajati, E. (2017) „Career meta-capacities and retention factors of recruitment advertising agencies: An exploratory study“, *Journal of Psychology in Africa*, Vol. 27, No. 5, S. 405–411.

Fink, A. I. & Siebe, A. (2006) *Handbuch Zukunftsmanagement. Werkzeuge der strategischen Planung und Früherkennung.*, Frankfurt/Main, Campus.

Fleiss, J. L., Levin, B. & Paik, M. C. (2004) „The Measurement of Interrater Agreement“, in Fleiss, J. L., Levin, B. & Paik, M. C. (Hg.) *Statistical Methods for Rates and Proportions,* 3. Aufl., John Wiley & Sons, Ltd, S. 598–626.

Flores, E., Xu, X. & Lu, Y. (2020) „Human Capital 4.0: a workforce competence typology for Industry 4.0“, *Journal of Manufacturing Technology Management*, Vol. 31, No. 4, S. 687–703.

Fornell, C. & Larcker, D. F. (1981) „Evaluating Structural Equation Models with Unobservable Variables and Measurement Error“, *Journal of Marketing Research*, Vol. 18, No. 1, S. 39.

Forrier, A., Cuyper, N. de & Akkermans, J. (2018) „The winner takes it all, the loser has to fall: Provoking the agency perspective in employability research“, *Human Resource Management Journal*, Vol. 28, No. 4, S. 511–523.

Forrier, A. & Sels, L. (2003) „The concept employability: a complex mosaic“, *International Journal of Human Resources Development and Management*, Vol. 3, No. 2, S. 102.

Fortmann, H. R. & Kolocek, B. (2018) *Arbeitswelt der Zukunft: Trends - Arbeitsraum - Menschen - Kompetenzen*, Wiesbaden, Springer Fachmedien Wiesbaden.

Franz, W. (2006) *Arbeitsmarktökonomik*, Berlin, Springer.

Frey, C. B. & Osborne, M. A. (2017) „The future of employment: How susceptible are jobs to computerisation?“, *Technological Forecasting and Social Change*, Vol. 114, S. 254–280.

Fugate, M. (2006) „Employability“, in J. Greenhaus & G. Callanan (Hg.) *Employability,* Thousand Oaks, CA: Sage.

Fugate, M. & Kinicki, A. J. (2008) „A dispositional approach to employability: Development of a measure and test of implications for employee reactions to organizational change“, *Journal of Occupational and Organizational Psychology*, Vol. 81, No. 3, S. 503–527

Fugate, M., Kinicki, A. J. & Ashforth, B. E. (2004) „Employability: A psycho-social construct, its dimensions, and applications“, *Journal of Vocational Behavior*, Vol. 65, No. 1, S. 14–38.

Fugate, M., van der Heijden, B., Vos, A. de, Forrier, A. & Cuyper, N. de (2021) „Is What's Past Prologue? A Review and Agenda for Contemporary Employability Research“, *Academy of Management Annals*, Vol. 15, No. 1, S. 266–298.

Gäde, J. C., Schermelleh-Engel, K. & Brandt, H. (2020) „Konfirmatorische Faktorenanalyse (CFA)“, in Moosbrugger, H. & Kelava, A. (Hg.) *Testtheorie und Fragebogenkonstruktion,* Springer, Berlin, Heidelberg, S. 615–659.

Gao, P. & Yuan, L. (2015) „Soldiers' employment attitude and employability: An exploratory study“, *Journal of Industrial Engineering and Management*, Vol. 8, No. 2.

Gausemeier, J., Fink, A. & Schlake, O. (1998) „Scenario Management: An Approach to Develop Future Potentials“, *Technological Forecasting and Social Change*, Vol. 95, No. 2, S. 111–130.

Gausemeier, J. & Plass, C. (2014) *Zukunftsorientierte Unternehmensgestaltung – Strategien, Geschäftsprozesse und IT-Systeme für die Produktion von morgen.*, 2. Aufl., München, Carl Hanser.

Gausemeier, J., Stoll, K. & Wenzelmann, C. (2007) „Szenario-Technik und Wissensmanagement in der strategischen Planung“, *Vorausschau und Technologieplanung*, Vol. 3

Gehrke, L., Kühn, A. T., Rule, D., Moore, P., Bellmann, C., Siemes, S., Dawood, D., Lakshmi, S., Kulik, J. & Standley, M. (2015) „A discussion of qualifications and skills in the factory of the future: a German and American perspective“, *VDI/ASME Industry*, Vol. 4, S. 1–28.

Geißler, R. (2014) *Die Sozialstruktur Deutschlands*, Wiesbaden, Springer.

Geschka, H. & Hammer, R. (1990) „Die Szenario-Technik in der strategischen Unternehmensplanung“, in *Strategische Unternehmungsplanung / Strategische Unternehmungsführung,* Physica, Heidelberg, S. 311–336.

Ghobakhloo, M. & Azar, A. (2018) „Business excellence via advanced manufacturing technology and lean-agile manufacturing“, *Journal of Manufacturing Technology Management*, Vol. 29, No. 1, S. 2–24.

Greenhaus, J. H. & Kossek, E. E. (2014) „The Contemporary Career: A Work–Home Perspective“, *Annual Review of Organizational Psychology and Organizational Behavior*, Vol. 1, No. 1, S. 361–388.

Griffeth, R. W., Steel, R. P., Allen, D. G. & Bryan, N. (2005) „The development of a multidimensional measure of job market cognitions: the Employment Opportunity Index (EOI)“, *The Journal of applied psychology*, Vol. 90, No. 2, S. 335–349.

Griffin, M. & Annulis, H. (2013) „Employability skills in practice: the case of manufacturing education in Mississippi“, *International Journal of Training and Development*, Vol. 17, No. 3, S. 221–232.

Gudanowska, A. E., Alonso, J. P. & Törmänen, A. (2018) „What competencies are needed in the production industry? The case of the Podlaskie Region“, *Engineering Management in Production and Services*, Vol. 10, No. 1, S. 65–74.

Guggemos, M., Jacobs, J. C., Kagermann, H. & Spath, D. (2018) *Die digitale Transformation gestalten: Lebenslanges Lernen fördern.: Empfehlungen des Human-Resources-Kreises von acatech und der Jacobs Foundation sowie der Hans-Böckler-Stif.*

Guilbert, L., Carrein, C., Guénolé, N., Monfray, L., Rossier, J. & Priolo, D. (2018) „Relationship Between Perceived Organizational Support, Proactive Personality, and Perceived Employability in Workers Over 50“, *Journal of Employment Counseling*, Vol. 55, No. 2, S. 58–71.

Haar, J. M., Russo, M., Suñe, A. & Ollier-Malaterre, A. (2014) „Outcomes of work–life balance on job satisfaction, life satisfaction and mental health: A study across seven cultures“, *Journal of Vocational Behavior*, Vol. 85, No. 3, S. 361–373.

Haeffner, M. & Panuwatwanich, K. (2018) „Perceived Impacts of Industry 4.0 on Manufacturing Industry and Its Workforce: Case of Germany“, in Şahin, S. (Hg.) *8th International Conference on Engineering, Project, and Product Management (EPPM 2017): Proceedings,* Cham, Springer, S. 199–208.

Hair, J. F. (2017) *Partial Least Squares Strukturgleichungsmodellierung: Eine anwendungsorientierte Einführung*, München, Franz Vahlen.

Hair, J. F., Risher, J. J., Sarstedt, M. & Ringle, C. M. (2019) „When to use and how to report the results of PLS-SEM“, *European Business Review*, Vol. 31, No. 1, S. 2–24.

Halbesleben, J. R. B., Neveu, J.-P., Paustian-Underdahl, S. C. & Westman, M. (2014) „Getting to the "COR"“, *Journal of Management*, Vol. 40, No. 5, S. 1334–1364.

Hall, D. T. (1976) *Careers in organizations*, Santa Monica, Calif., Goodyear Publishing Company.

Hammermann, A. & Stettes, O. (2016) *Qualifikationsbedarf und Qualifizierung: Anforderungen im Zeichen der Digitalisierung* 3/2016.

Hecklau, F., Galeitzke, M., Flachs, S. & Kohl, H. (2016) „Holistic Approach for Human Resource Management in Industry 4.0“, *Procedia CIRP*, Vol. 54, S. 1–6.

Hecklau, F., Orth, R., Kidschun, F. & Kohl, H. (2017) „Human Resources Management: Meta-Study - Analysis of Future Competences in Industry 4.0“, *Proceedings of the 13th European Conference on Management, Leadership and Governance*, S. 163–175.

Heilmann, J., Raehlmann, I. & Schweres, M. (2015) „Arbeitswissenschaft und Arbeitsrecht - Gehalt und Funktion arbeitswissenschaftlicher Erkenntnisse im Arbeitsrecht“, *Zeitschrift für Arbeitswissenschaft*, Vol. 69, No. 4, S. 258–268.

Henseler, J. (2005) „Einführung in die PLS-Pfadmodellierung“, *WiSt - Wirtschaftswissenschaftliches Studium*, Vol. 34, No. 2, S. 70–75.

Hermann, M., Pentek, T. & Otto, B. (2016) „Design Principles for Industrie 4.0 Scenarios“, *49th Hawaii International Conference on System Sciences (HICSS)*, S. 3928–3937.

Herrmann, A., Huber, F. & Kressmann, F. (2006) „Varianz- und kovarianzbasierte Strukturgleichungsmodelle — Ein Leitfaden zu deren Spezifikation, Schätzung und Beurteilung“, *Schmalenbachs Zeitschrift für betriebswirtschaftliche Forschung*, Vol. 58, No. 1, S. 34–66.

Herzog, S., Sanders, A., Redlich, T. & Wulfsberg, J. (2016) „Mitarbeiterqualifikation in der Smart Factory“, *Zeitschrift für wirtschaftlichen Fabrikbetrieb*, Vol. 111, No. 10, S. 653–657.

Hillage, J. & Pollard, E. (1998) „Employability: Developing a framework for policy analysis“, *Research in Brief, Department for Education and Employment*, No. 85.

Hillebrandt, F. (1999) *Exklusionsindividualität. Moderne Gesellschaftsstruktur und die soziale Kon-struktion des Menschen.*, Wiesbaden, VS Verlag.

Hiltrop, J.-M. (1995) „The changing psychological contract: The human resource challenge of the 1990s“, *European Management Journal*, Vol. 13, No. 3, S. 286–294.

Himme, A. (2009) „Gütekriterien der Messung: Reliabilität, Validität und Generalisierbarkeit“, in Albers, S., Klapper, D., Konradt, U., Walter, A. & Wolf, J. (Hg.) *Methodik der empirischen Forschung*, 3. Aufl., Wiesbaden, Gabler Verlag, S. 485–500.

Hinchcliffe, R. (2001) *Nice work (if you can get it): graduate employability in the arts and humanities*, The Developing Learning Organisations Project.

Hirsch Kreinsen, H. (2016) „Digitization of Industrial Work: Development Paths and Prospects“, *Journal of Labour Market Research*, Vol. 49, No. 1, S. 1–14.

Hirsch-Kreinsen, H. (2018) „Das Konzept des Soziotechnischen Systems - revisited“, *AIS-Studien*, Vol. 11, No. 2, S. 11–28.

Hobfoll, S. E. (1989) „Conservation of resources: A new attempt at conceptualizing stress“, *American Psychologist*, Vol. 44, No. 3, S. 513–524.

Hobfoll, S. E. (2001) „The Influence of Culture, Community, and the Nested-Self in the Stress Process: Advancing Conservation of Resources Theory“, *Applied Psychology*, Vol. 50, No. 3, S. 337–421.

Hofmann, E. & Ruesch, M. (2017) „Industry 4.0 and the current status as well as future prospects on logistics“, *Computers in Industry*, Vol. 89, S. 23–34.

Hogan, R., Chamorro-Premuzic, T. & Kaiser, R. B. (2013) „Employability and Career Success: Bridging the Gap Between Theory and Reality“, *Industrial and Organizational Psychology*, Vol. 6, No. 1, S. 3–16.

Hollister, J. M., Spears, L. I., Mardis, M. A., Lee, J., McClure, C. R. & Liebman, E. (2017) „Employers’ perspectives on new information technology technicians’ employability in North Florida“, *Education + Training*, Vol. 59, No. 9, S. 929–945.

Horváth, D. & Szabó, R. Z. (2019) „Driving forces and barriers of Industry 4.0: Do multinational and small and medium-sized companies have equal opportunities?“, *Technological Forecasting and Social Change*, Vol. 146, S. 119–132.

Huang, M.-H. & Rust, R. T. (2018) „Artificial Intelligence in Service“, *Journal of Service Research*, Vol. 21, No. 2, S. 155–172.

Hulland, J. (1999) „Use of partial least squares (PLS) in strategic management research: a review of four recent studies“, *Strategic Management Journal*, Vol. 20, No. 2, S. 195–204.

Ittermann, P., Niehaus, J. & Hirsch-Kreinsen, H. (2015) *Arbeiten in der Industrie 4.0: Trendbestimmungen und arbeitspolitische Handlungsfelder,* Düsseldorf: Hans-Böckler-Stiftung, Study der Hans-Böckler-Stiftung 308.

Ivanov, D., Tang, C. S., Dolgui, A., Battini, D. & Das, A. (2021) „Researchers' perspectives on Industry 4.0: multi-disciplinary analysis and opportunities for operations management“, *International Journal of Production Research*, Vol. 59, No. 7, S. 2055–2078.

Janssen, O. (2000) „Job demands, perceptions of effort-reward fairness and innovative work behaviour“, *Journal of Occupational and Organizational Psychology*, Vol. 73, No. 3, S. 287–302.

Jesgarzewski, T. (2019) *Arbeitsrecht*, Wiesbaden, Springer.

Johansson, J., Abrahamsson, L., Kåreborn, B. B., Fältholm, Y., Grane, C. & Wykowska, A. (2017) „Work and Organization in a Digital Industrial Context“, *Management Revue*, Vol. 28, No. 3, S. 281–297.

Kagermann, H., Wahlster, W. & Helbig, J. (2013) *Umsetzungsempfehlungen für das Zukunftsprojekt Industrie 4.0: Abschlussbericht des Arbeitskreises Industrie 4.0* [Online]. Verfügbar unter https://www.acatech.de/publikation/umsetzungsempfehlungen-fuer-das-zukunftsprojekt-industrie-4-0-abschlussbericht-des-arbeitskreises-industrie-4-0/download-pdf?lang=de (Abgerufen am 10 März 2022).

Karafyllis, N. C. (2019) „Soziotechnisches System“, in Liggieri, K. & Müller, O. (Hg.) *Mensch-Maschine-Interaktion: Handbuch zu Geschichte – Kultur – Ethik,* Berlin, Heidelberg, J.B. Metzler Verlag, S. 300–303.

Keuper, F, Schomann, M, Sikora, LI & Wassef, R (Hg.) (2018) *Disruption und Transformation Management: Digital Leadership – Digitales Mindset – Digitale Strategie*, Wiesbaden, Springer Gabler.

Kick, H. A. & Schmitt, W. (2011) *Schuld: Bearbeitung, Bewältigung, Lösung. Strukturelle und prozessdynamische Aspekte*, Münster, Westf, LIT.

Kirves, K., Kinnunen, U. & Cuyper, N. de (2014) „Contract type, perceived mobility and optimism as antecedents of perceived employability“, *Economic and Industrial Democracy*, Vol. 35, No. 3, S. 435–453.

Klingbeil-Döring, W. (2022) „Digitalisierung und der Arbeitsmarkt“, *Bundeszentrale für politische Bildung*, 12. Januar [Online]. Verfügbar unter https://www.bpb.de/themen/arbeit/arbeitsmarktpolitik/316908/digitalisierung-und der-arbeitsmarkt/ (Abgerufen am 3 Mai 2023).

Klocke, F., Bassett, E., Bönsch, C., Gärtner, R., Holsten, S., Jamal, R., Jurke, B., Kamps, S., Kerzel, U., Mattfeld, P., Shirobokov, A., Stauder, J., Stautner, M. & Trauth, D. (2017) „Assistenzsysteme in der Produktionstechnik“, in Brecher, C., Klocke, F., Schmitt, R. H. & Schuh, G. (Hg.) *Internet of Production für agile Unternehmen,* Aachen, Apprimus.

Kooij, D. T.A.M., Jansen, P. G.W., Dikkers, J. S.E. & Lange, A. H. de (2014) „Managing aging workers: a mixed methods study on bundles of HR practices for aging workers“, *The International Journal of Human Resource Management*, Vol. 25, No. 15, S. 2192–2212.

Kristof-Brown, A. & Guay, R. P. (2011) „Person–environment fit“, in *APA handbook of industrial and organizational psychology, Vol 3: Maintaining, expanding, and contracting the organization,* Washington, American Psychological Association, S. 3–50.

Kristof-Brown, A. L., Zimmermann, R. D. & Johnson, E. C. (2005) „Consequences OF INDIVIDUALS'FIT at work: A meta-analysis OF person–job, person–organization, person–group, and person–supervisor fit“, *Personnel Psychology*, Vol. 58, No. 2, S. 281–342.

Kubicek, H. (1977) *Heuristische Bezugsrahmen und heuristisch angelegte Forschungsdesigns als Elemente einer Konstruktionsstrategie empirischer Forschung*, Empirische und handlungstheoretische Forschungskonzeption in der Betriebswirtschaftslehre, Bericht über die Tagung in Aachen, März 1976.

Lam, L. W. (2012) „Impact of competitiveness on salespeople's commitment and performance“, *Journal of Business Research*, Vol. 65, No. 9, S. 1328–1334.

Lamnek, S. (2002) „Qualitative Interviews“, in König, E. & P. Zedler (Hg.) *Qualitative Forschung*, 2. Aufl., Basel, Weinheim, S. 157–193.

Lamnek, S. (2005) *Qualitative Sozialforschung*, 4. Aufl., Weinheim, Basel, Beltz PVU.

Lee, C.-C. & Chin, S.-F. (2017) „Engineering Students' Perceptions of Graduate Attributes: Perspectives From Two Educational Paths“, *IEEE Transactions on Professional Communication*, Vol. 60, No. 1, S. 42–55.

Lee, J., Bagheri, B. & Kao, H.-A. (2015) „A Cyber-Physical Systems architecture for Industry 4.0-based manufacturing systems“, *Manufacturing Letters*, Vol. 3, S. 18–23.

Lee, M., Yun, J., Pyka, A., Won, D., Kodama, F., Schiuma, G., Park, H., Jeon, J., Park, K., Jung, K., Yan, M.-R., Lee, S. & Zhao, X. (2018) „How to Respond to the Fourth Industrial Revolution, or the Second Information Technology Revolution? Dynamic New Combinations between Technology, Market, and Society through Open Innovation“, *Journal of Open Innovation: Technology, Market, and Complexity*, Vol. 4, No. 3, S. 1–21.

Letmathe, P. & Schinner, M. (2018) „Competence Management in the Age of Cyber Physical Systems“, in Jeschke, S., Brecher, C., Song, H. & Rawat, D. B. (Hg.) *Industrial Internet of Things: Cybermanufacturing Systems,* Cham, Springer International Publishing, S. 595–614.

Liboni, L. B., Cezarino, L. O., Jabbour, C. J. C., Oliveira, B. G. & Stefanelli, N. O. (2019) „Smart industry and the pathways to HRM 4.0: implications for SCM“, *Supply Chain Management: An International Journal*, Vol. 24, No. 1, S. 124–146.

Lo Presti, A. & Pluviano, S. (2016) „Looking for a route in turbulent waters“, *Organizational Psychology Review*, Vol. 6, No. 2, S. 192–211.

Lodgaard, E., Torvatn, H. & Sørumsbrenden, J. (2022) „Future competence at shopfloor in the era of Industry 4.0 - A case study in Norwegian industry“, *Procedia CIRP*, Vol. 107, S. 961–965.

Loebe, H. & Severing, E. (2008) „Qualifikationstrends–Erkennen, Aufbereiten, Transferieren“, *Ergebnisse und Transferwege der Früherkennungsforschung am Beispiel einfacher Fachtätigkeiten. Bielefeld: Bertelsmann.*

Lorenz, M., Rüßmann, M., Strack, R., Lueth, K. & Bolle, M. (2015) *Man and Machine in Industry 4.0* [Online]. Verfügbar unter https://www.bcg.com/publications/2015/technology-business-transformation-engineered-products-infrastructure-man-machine-industry-4 (Abgerufen am 21 April 2022).

Manyika, J., Lund, S., Chui, M., Bughin, J., Woetzel, J., Batra, P., Ko, R. & Sanghvi, S. (2017) „Jobs lost, jobs gained: What the future of work will mean for jobs, skills, and wages“, *McKinsey & Company*, 28. November [Online]. Verfügbar unter https://www.mckinsey.com/featured-insights/future-of-work/jobs-lost-jobs-gained-what-the-future-of-work-will-mean-for-jobs-skills-and-wages (Abgerufen am 26 Mai 2022).

Margherita, E. G. (2021) „A sociotechnical perspective of the Operator 4.0 factory: A literature review and future directions“, *ITAIS 2021 Proceedings*.

Mayring, P. (2015) *Qualitative Inhaltsanalyse: Grundlagen und Techniken*, 12. Aufl., Bad Langensalza, Beltz.

McGonagle, A. K., Fisher, G. G., Barnes-Farrell, J. L. & Grosch, J. W. (2015) „Individual and work factors related to perceived work ability and labor force outcomes“, *Journal of Applied Psychology*, Vol. 100, No. 2, S. 376–398.

McQuaid, R. W. & Lindsay, C. (2005) „The Concept of Employability“, *Urban Studies*, Vol. 42, No. 2, S. 197–219.

Metzmacher, A. I., Beierle, S., Heine, I., Letmathe, P. & Schmitt, R. H. (2021) „The Predictive Model of Industrial Employability (PMIE) - Enabling employees to effectively perform future production work“, *4th International Conference of the Portuguese Society for Engineering Education (CISPEE), IEEE*, S. 1–6.

Metzmacher, A. I., Hellebrandt, T., Adam, T., Heine, I., Bergholz, M., Döbbeler, B., Hatfield, S., Kieper, C., Plutz, M., Varandani, R. & Schmitt, R. H. (2021) „Industrial Innovation & Employability – Sustainable Skilling of Smart Experts“, in Bergs, T., Brecher, C., Schmitt, R. H. & Schuh, G. (Hg.) *Internet of Production – Turning Data into Sustainability,* Aachen, Apprimus, S. 336–368.

Metzmacher, A. I., Hellebrandt, T., Heine, I., Bergholz, M., Döbbeler, B., Hatfield, S., Kieper, C., Plutz, M., Varandani, R. & Schmitt, R. H. (2020) „Looking 4.0-ward: Wie das Internet of Production die Beschäftigungsfähigkeit in der Zukunft der Arbeit beeinflusst“, in Bergs, T., Brecher, C., Schmitt, R. H. & Schuh, G. (Hg.) *Internet of Production - Turning Data into Value: Statusberichte aus der Produktionstechnik 2020,* Aachen, S. 302–339.

Metzmacher, A. I., Hellebrandt, T., Ruessmann, M., Heine, I. & Schmitt, R. H. (2019) „Aligning the Social Perspective with the Technical Vision of the Smart Factory“, in Schmitt, R. & Schuh, G. (Hg.) *Advances in Production Research,* Cham, Springer International Publishing, S. 715–729.

Meuser, M. & Nagel, U. (1991) „ExpertInneninterviews — vielfach erprobt, wenig bedacht“, in *Qualitativ-empirische Sozialforschung,* VS Verlag für Sozialwissenschaften, Wiesbaden, S. 441–471.

Mitchell, M. (2018) „Artificial Intelligence Hits the Barrier of Meaning“, *The New York Times*, 5. November [Online]. Verfügbar unter https://www.nytimes.com/2018/11/05/opinion/artificial-intelligence-machine-learning.html (Abgerufen am 26 Mai 2022).

mooc.house (2015) *Hands on Industrie 4.0* [Online]. Verfügbar unter https://mooc.house/courses/industrie40-2016 (Abgerufen am 2 Dezember 2022).

Morgan, J. (2014) *The Future of Work: Attract New Talent, Build Better Leaders, and Create a Competitive Organization*, New York, John Wiley & Sons Incorporated.

Münch, C., Marx, E., Benz, L., Hartmann, E. & Matzner, M. (2022) „Capabilities of digital servitization: Evidence from the socio-technical systems theory“, *Technological Forecasting and Social Change*, Vol. 176, S. 121361.

Nagendra, K. M., Radha, S. & Naidu, C. G. (2013) *Enhanced Industrial Employability Through New Vocational Training Framework with Attitude-Skill-Knowledge (ASK) Model.*

Nam, T. (2019) „Technology usage, expected job sustainability, and perceived job insecurity“, *Technological Forecasting and Social Change*, Vol. 138, S. 155–165.

Newman, K. L. (2011) „Sustainable careers“, *Organizational Dynamics*, Vol. 40, No. 2, S. 136–143.

Ng, T. W., Eby, L. T., Sorensen, K. L. & Feldman, D. C. (2005) „Predictors of objective an subjective career success - A meta-analysis“, *Personnel Psychology*, Vol. 58, No. 2, S. 367–408.

North, K., Reinhardt, K. & Sieber-Suter, B. (2018) *Kompetenzmanagement in der Praxis: Mitarbeiterkompetenzen systematisch identifizieren, nutzen und entwickeln. Mit vielen Praxisbeispielen*, 3. Aufl., Wiesbaden, Springer Gabler.

Nourbakhsh, I. R. (2015) „The Coming Robot Dystopia: All Too Inhuman“, *Foreign Affairs Magazine*, 2015.

Nowack, M., Endrikat, J. & Guenther, E. (2011) „Review of Delphi-based scenario studies: Quality and design considerations“, *Technological Forecasting and Social Change*, Vol. 78, No. 9, S. 1603–1615.

NRWgoes.digital (2022) *NRWgoes.digital – Digitalisierungsoffensive der beruflichen Bildung in NRW* [Online]. Verfügbar unter https://www.nrwgoes.digital/ (Abgerufen am 25 September 2022).

Nunnally, J. C. (1978) *Psychometric theory*, 2. Aufl., New York, McGraw-Hill.

Olson, D. A. & Shultz, K. S. (2013) „Employability and Career Success: The Need for Comprehensive Definitions of Career Success“, *Industrial and Organizational Psychology*, Vol. 6, No. 1, S. 17–20.

Oztemel, E. & Gursev, S. (2020) „Literature review of Industry 4.0 and related technologies“, *Journal of Intelligent Manufacturing*, Vol. 31, No. 1, S. 127–182.

Pak, K., Kooij, D. T.A.M., Lange, A. H. de & van Veldhoven, M. J.P.M. (2019) „Human Resource Management and the ability, motivation and opportunity to continue working: A review of quantitative studies“, *Human Resource Management Review*, Vol. 29, No. 3, S. 336–352.

Pauceanu, A. M., Rabie, N. & Moustafa, A. (2020) „Employability in the fourth industrial revolution“, *Economics & Sociology*, Vol. 13, No. 3, S. 269–283.

Pejic-Bach, M., Bertoncel, T., Meško, M. & Krstić, Ž. (2020) „Text mining of industry 4.0 job advertisements“, *International Journal of Information Management*, Vol. 50, S. 416–431.

Penrose, E. T. (2009) *The Theory of the Growth of the Firm*, 4. Aufl., Oxford, Oxford University Press USA - OSO.

Pereira, A. C. & Romero, F. (2017) „A review of the meanings and the implications of the Industry 4.0 concept“, *Procedia Manufacturing*, Vol. 13, S. 1206–1214.

Philippaers, K., Cuyper, N. de & Forrier, A. (2019) „Employability and performance“, *Personnel Review*, Vol. 48, No. 5, S. 1299–1317.

Piwowar-Sulej, K. (2020) „Human Resource Management in the context of Industry 4.0“, *Organization & Management Quarterly*, Vol. 49, No. 1, S. 103–113.

Plattform Industrie 4.0 (Hg.) (2015) *Umsetzungsstrategie Industrie 4.0: Ergebnisbericht der Plattform Industrie 4.0* [Online]. Verfügbar unter https://www.bitkom.org/sites/default/files/file/import/150410-Umsetzungsstrategie-0.pdf (Abgerufen am 11 März 2022).

Podsakoff, N. P., Shen, W. & Podsakoff, P. M. (2006) „The Role of Formative Measurement Models in Strategic Management Research: Review, Critique, and Implications for Future Research“, *Research Methodology in Strategy and Management*, Vol. 3, S. 197–252.

Podsakoff, P. M., MacKenzie, S. B., Lee, J.-Y. & Podsakoff, N. P. (2003) „Common method biases in behavioral research: a critical review of the literature and recommended remedies“, *The Journal of applied psychology*, Vol. 88, No. 5, S. 879–903.

Pollitzer, E. (2019) „Creating a better future: Four Scenarios for how digital technologies could change the world“, *Journal of International Affairs*, Vol. 72, No. 1, S. 75–90.

Pool, L. D. & Sewell, P. (2007) „The key to employability: developing a practical model of graduate employability“, *Education + Training*, Vol. 49, No. 4, S. 277–289.

Posada, J., Toro, C., Barandiaran, I., Oyarzun, D., Stricker, D., Amicis, R. de, Pinto, E. B., Eisert, P., Döllner, J. & Vallarino, I. (2015) „Visual computing as a key enabling technology for Industrie 4.0 and Industrial Internet“, *IEEE Computer Graphics and Applications*, Vol. 35, No. 2, S. 26–40.

Potgieter, I. L. & Mawande, L. (2017) „Self-esteem, employability attributes, and retention factors of employees within the financial sector“, *Journal of Psychology in Africa*, Vol. 27, No. 5, S. 393–399.

Preenen, P., Verbiest, S., van Vianen, A. & van Wijk, E. (2015) „Informal learning of temporary agency workers in low-skill jobs“, *Career Development International*, Vol. 20, No. 4, S. 339–362.

Pruijt, H. (2013) „Employability, empowerment and employers, between debunking and appreciating action: nine cases from the ICT sector“, *The International Journal of Human Resource Management*, Vol. 24, No. 8, S. 1613–1628.

Pruitt, J., & Grudin, J. (2003) „Personas: practice and theory“, *Proceedings of the 2003 conference on Designing for user experiences*, S. 1–15.

Raab-Steiner, E. & Benesch, M. (2018) *Der Fragebogen: Von der Forschungsidee zur SPSS-Auswertung*, 5. Aufl., Wien, facultas.

Rampersad, G. (2020) „Robot will take your job: Innovation for an era of artificial intelligence“, *Journal of Business Research*, Vol. 116, S. 68–74.

Reibnitz, U. von (1992) *Szenario-Technik: Instrumente Für Die Unternehmerische und Persönliche Erfolgsplanung*, 2. Aufl., Wiesbaden, Springer Gabler. in Springer Fachmedien Wiesbaden GmbH.

Rensing, C., Després, L. & Bürger, S. (2016) *Mitarbeiterqualifizierung und Wissenstransfer im Zusammenhang der Digitalisierung von Arbeits- Mittelstand-Digital: Mitarbeiterqualifizierung und Wissenstransfer im Zusammenhang der Digitalisierung und Geschäftsprozessen. Ergebnisse einer Bedarfs- und Trendanalyse,* Mittelstand Digital [Online]. Verfügbar unter https://kommunikation-mittelstand.digital/content/uploads/2017/06/Studie-Qualifizierung-Wissenstransfer-Prozessdigitalisierung.pdf (Abgerufen am 25 September 2022).

Riebe, L. & Jackson, D. (2014) „The Use of Rubrics in Benchmarking and Assessing Employability Skills", *Journal of Management Education*, Vol. 38, No. 3, S. 319–344.

Ringle, C. M., Sarstedt, M., Mitchell, R. & Gudergan, S. P. (2018) „Partial least squares structural equation modeling in HRM research", *The International Journal of Human Resource Management*, Vol. 31, No. 12, S. 1617–1643.

Romero, D., Mattsson, S., Fast-Berglund, A., Wuest, T., Gorecky, D. & Stahre, J. (2018) „Digitalizing Occupational Health, Safety and Productivity for the Operator 4.0", *APMS 2018: Advances in Production*, S. 473–481.

Romero, D., Wuest, T., Stahre, J. & Gorecky, D. (2017) „Social Factory Architecture: Social Networking Services and Production Scenarios Through the Social Internet of Things, Services and People for the Social Operator 4.0", *APMS 2017: Advances in Production*, S. 265–273.

Ropohl, G. (2009) *Allgemeine Technologie: eine Systemtheorie der Technik*, s.l., KIT Scientific Publishing.

Rossiter, J. R. (2002) „The C-OAR-SE procedure for scale development in marketing", *International Journal of Research in Marketing*, Vol. 19, No. 4, S. 305–335.

Rossiter, J. R. (2011) „Marketing measurement revolution", *European Journal of Marketing*, Vol. 45, 11/12, S. 1561–1588.

Rothwell, A. & Arnold, J. (2007) „Self-perceived employability: development and validation of a scale", *Personnel Review*, Vol. 36, No. 1, S. 23–41.

Ruessmann, M., Haghi, S., Bergstein, D. & Schmitt, R. H. (2019) „Smartes Fehlermanagement auf dem Shop Floor. Ein Lösungsansatz für KMU", in Bosse, C. K. & Zink, K. J. (Hg.) *Arbeit 4. 0 Im Mittelstand: Chancen und Herausforderungen des Digitalen Wandels Für KMU,* Berlin, Heidelberg, Springer Berlin / Heidelberg, S. 267–278.

Sanders, J. & de Grip, A. (2004) „Training, task flexibility and the employability of low-skilled workers", *International Journal of Manpower*, Vol. 25, No. 1, S. 73–89.

Saucedo-Martínez, J. A., Pérez-Lara, M., Marmolejo-Saucedo, J. A., Salais-Fierro, T. E. & Vasant, P. (2018) „Industry 4.0 framework for management and operations: a review", *Journal of Ambient Intelligence and Humanized Computing*, Vol. 9, No. 3, S. 789–801.

Schaufeli, W. B. (2015) „Engaging leadership in the job demands-resources model", *Career Development International*, Vol. 20, No. 5, S. 446–463.

Schlick, C. M., Luczak, H. & Bruder, R. (2010) *Arbeitswissenschaft*, Heidelberg, Springer.

Schloderer, M. P., Ringle, C. M. & Sarstedt, M. (2011) „Einführung in varianzbasierte Strukturgleichungsmodellierung: Grundlagen, Modellevaluation und Interaktionseffekte am Beispiel von SmartPLS“, in Schwaiger, M. (Hg.) *Theorien und Methoden der Betriebswirtschaft: Handbuch für Wissenschaftler und Studierende,* München, Franz Vahlen, S. 573–602.

Schlund, S., Hämmerle, M. & Stölin, T. (2014) „Industrie 4.0-Wie Automatisierung und Digitalisierung unsere Produktion verändern werden“, *Studie im Auftrag der Ingenics AG.*

Scholarios, D., van der Heijden, B. I.J.M., van der Schoot, E., Bozionelos, N., Epitropaki, O., Jedrzejowicz, P., Knauth, P., Marzec, I., Mikkelsen, A. & van der Heijde, C. M. (2008) „Employability and the psychological contract in European ICT sector SMEs“, *The International Journal of Human Resource Management*, Vol. 19, No. 6, S. 1035–1055.

Schulte, P. A., Streit, J. M. K., Sheriff, F., Delclos, G., Felknor, S. A., Tamers, S. L., Fendinger, S., Grosch, J. & Sala, R. (2020) „Potential Scenarios and Hazards in the Work of the Future: A Systematic Review of the Peer-Reviewed and Gray Literatures“, *Annals of Work Exposures and Health*, Vol. 64, No. 8, S. 786–816.

Schumacher, A. (2015) *Development of a maturity model for assessing the industry 4.0 maturity of industrial enterprises,* TU Wien.

Schumacher, A., Erol, S. & Sihn, W. (2016) „A Maturity Model for Assessing Industry 4.0 Readiness and Maturity of Manufacturing Enterprises“, *Procedia CIRP*, Vol. 52, S. 161–166.

Schumacher, A., Nemeth, T. & Sihn, W. (2019) „Roadmapping towards industrial digitalization based on an Industry 4.0 maturity model for manufacturing enterprises“, *Procedia CIRP*, Vol. 79, S. 409–414.

Seibert, S. E., Crant, J. M. & Kraimer, M. L. (1999) „Proactive personality and career success“, *The Journal of applied psychology*, Vol. 84, No. 3, S. 416–427.

Sharma, A. & Bhattarai, P. C. (2022) „Mixed Methods Research in Employability Discourse: A Systematic Literatur Review Using PRISNA“, *Education Research International*, S. 1–11.

Shukla, O. P. & Garg, S. K. (2017) „Perception of faculty members on factors affecting quality education and employability skills in technical education sector: an empirical analysis“, *International Journal of Services, Economics and Management*, Vol. 8, 1/2, S. 109.

Sok, J., Blomme, R. & Tromp, D. (2013) „The use of the psychological contract to explain self-perceived employability“, *International Journal of Hospitality Management*, Vol. 34, S. 274–284.

Sony, M. & Naik, S. (2020) „Industry 4.0 integration with socio technical systems theory: A systematic review and proposed theoretical model“, *Technology in Society*, Vol. 61, S. 101248.

Spöttl, G. (2016) „Industrie 4.0–Konsequenzen für die Facharbeiter/-innen!“, *Digitale Vernetzung der Facharbeit*, No. 7.

Spöttl, G. (2017) „Development of "Industry 4.0"! - Are Skilled Workers and Semi-Engineers the Losers?“, *7th World Engineering Education Forum*, S. 851–856.

Spöttl, G. & Windelband, L. (2021) „The 4 th industrial revolution – its impact on vocational skills“, *Journal of Education and Work*, Vol. 34, No. 1, S. 29–52.

Statista (2022) *Umsätze der wichtigsten Industriebranchen bis 2020 | Statista* [Online]. Verfügbar unter https://de.statista.com/statistik/daten/studie/241480/umfrage/umsaetze-der-wichtigsten-industriebranchen-in-deutschland/ (Abgerufen am 17 Februar 2022).

Statistisches Bundesamt Deutschland (Hg.) (2022) *Beschäftigte und Umsatz der Betriebe im Verarbeitenden Gewerbe: Bundesländer, Jahre, Wirtschaftszweige* [Online]. Verfügbar unter https://www-genesis.destatis.de/genesis/online?operation=previous&levelindex=2&levelid=1659167372206&levelid=1659167309657&step=1#abreadcrumb (Abgerufen am 30 Juli 2022).

Stengård, J., Bernhard-Oettel, C., Näswall, K., Ishäll, L. & Berntson, E. (2015) „Understanding the determinants of well-being and organizational attitudes during a plant closure: A Swedish case study“, *Economic and Industrial Democracy*, Vol. 36, No. 4, S. 611–631.

Stifterverband (2019) *Data Literacy Education NRW* [Online]. Verfügbar unter https://www.stifterverband.org/data-literacy-education-nrw (Abgerufen am 25 September 2022).

Stocker, A., Brandl, P., Michalczuk, R. & Rosenberger, M. (2014) „Mensch-zentrierte IKT-Lösungen in einer Smart Factory“, *e & i Elektrotechnik und Informationstechnik*, Vol. 131, No. 7, S. 207–211.

Störmer, E., Patscha, C., Prendergast, J., Daheim, C., Rhisiart, M., Glover, P. & Beck, H. (2014) *The future of work: Jobs and skills in 2030*, London, UKCES.

Sturges, J., Guest, D. & Mac Davey, K. (2000) „Who's in charge? Graduates' attitudes to and experiences of career management and their relationship with organizational commitment“, *European Journal of Work and Organizational Psychology*, Vol. 9, No. 3, S. 351–370.

Sun, L.-Y., Aryee, S. & Law, K. S. (2007) „High-Performance Human Resource Practices, Citizenship Behavior, and Organizational Performance: A Relational Perspective“, *The Academy of Management Journal*, Vol. 50, No. 3, S. 558–577.

Sun, L.-Y. & Pan, W. (2011) „Differentiation strategy, high-performance human resource practices, and firm performance: moderation by employee commitment“, *The International Journal of Human Resource Management*, Vol. 22, No. 15, S. 3068–3079.

Süß, S. & Becker, J. (2013) „Competences as the foundation of employability: a qualitative study of German freelancers“, *Personnel Review*, Vol. 42, No. 2, S. 223–240.

Taylor, S. E. (1983) „Adjustment to threatening events: A theory of cognitive adaptation“, *American Psychologist*, Vol. 38, No. 11, S. 1161–1173.

Thiede, S., Juraschek, M. & Herrmann, C. (2016) „Implementing Cyber-physical Production Systems in Learning Factories“, *Procedia CIRP*, Vol. 54, S. 7–12.

Thijssen, J. G.L. (1998) *Employability: Conceptuele Varianten en Componenten,* FSW, Utrecht University.

Thijssen, J. G.L., van der Heijden, B. I.J.M. & Rocco, T. S. (2008) „Toward the Employability—Link Model: Current Employment Transition to Future Employment Perspectives", *Human Resource Development Review*, Vol. 7, No. 2, S. 165–183.

Thramboulidis, K. (2015) „A cyber–physical system-based approach for industrial automation systems", *Computers in Industry*, Vol. 72, S. 92–102.

Todd, P. & Benbasat, I. (1991) „An Experimental Investigation of the Impact of Computer Based Decision Aids on Decision Making Strategies", *Information Systems Research*, Vol. 2, No. 2, S. 87–115.

Tomczak, T. (1992) „Forschungsmethoden in der Marketingwissenschaft", *Marketing ZFP – Journal of Research and Management*, Vol. 14, No. 2, S. 77–87.

Tommasi, F., Perini, M. & Sartori, R. (2022) „Multilevel comprehension for labor market inclusion: a qualitative study on experts' perspectives on Industry 4.0 competences", *Education + Training*, Vol. 64, No. 2, S. 177–189.

Tonnon, S. C., van der Veen, R., Kruif, A. T. C. M. de, Robroek, S. J. W., van der Ploeg, H. P., Proper, K. I. & van der Beek, A. J. (2018) „Strategies of employees in the construction industry to increase their sustainable employability", *Work (Reading, Mass.)*, Vol. 59, No. 2, S. 249–258.

Trist, E. L. & Bamforth, K. W. (1951) „Some Social and Psychological Consequences of the Longwall Method of Coal-Getting", *Human Relations*, Vol. 4, No. 1, S. 3–38.

Turhan, C. & Akman, I. (2013) „Employability of IT graduates from the industry's perspective: a case study in Turkey", *Asia Pacific Education Review*, Vol. 14, No. 4, S. 523–536.

Turner, C. J., Ma, R., Chen, J. & Oyekan, J. (2021) „Human in the Loop: Industry 4.0 Technologies and Scenarios for Worker Mediation of Automated Manufacturing", *IEEE ACCESS*, Vol. 9, S. 103950–103966.

Tyler, T. R. & Blader, S. L. (2005) „Can Businesses Effectively Regulate Employee Conduct? The Antecedents of Rule Following in Work Settings", *Academy of Management Journal*, Vol. 48, No. 6, S. 1143–1158.

Ulrich, H. (1982) „Anwendungsorientierte Wissenschaft", *Die Unternehmung*, Vol. 36, No. 1, S. 1–10.

Ulrich, P. & Hill, W. (1976) „wissenschaftstheoretische Grundlagen der Betriebswirtschaftslehre (Teil I)", *WiST – Zeitschrift für Ausbildung und Hochschulkontakt*, Vol. 5, No. 7, S. 304–309.

United Nations (2021) *Global Issues | United Nations* [Online]. Verfügbar unter https://www.un.org/en/global-issues (Abgerufen am 21 Oktober 2021).

Urze, P., Rosas, J. & Camarinha-Matos, L. M. (2021) „Working Beside Robots: A Glimpse into the Future“, *Smart and Sustainable Collaborative Networks 4.0. PRO-VE 2021. IFIP Advances in Information and Communication Technology*, S. 138–147.

van Dam, K. (2004) „Antecedents and consequences of employability orientation“, *European Journal of Work and Organizational Psychology*, Vol. 13, No. 1, S. 29–51.

van den Broeck, A., Cuyper, N. de, Luyckx, K. & Witte, H. de (2012) „Employees' job demands–resources profiles, burnout and work engagement: A person-centred examination“, *Economic and Industrial Democracy*, Vol. 33, No. 4, S. 691–706.

van der Heijde, C. M. & van der Heijden, B. I. J. M. (2006) „A competence-based and multidimensional operationalization and measurement of employability“, *Human Resource Management*, Vol. 45, No. 3, S. 449–476.

van der Heijden, B., Boon, J., van der Klink, M. & Meijs, E. (2009) „Employability enhancement through formal and informal learning: an empirical study among Dutch non-academic university staff members“, *International Journal of Training and Development*, Vol. 13, No. 1, S. 19–37.

van der Heijden, B. I. J. M. & Bakker, A. B. (2011) „Toward a Mediation Model of Employability Enhancement: A Study of Employee-Supervisor Pairs in the Building Sector“, *The Career Development Quarterly*, Vol. 59, No. 3, S. 232–248.

van der Heijden, B. I.J.M., Lange, A. H. de, Demerouti, E. & van der Heijde, C. M. (2009) „Age effects on the employability–career success relationship“, *Journal of Vocational Behavior*, Vol. 74, No. 2, S. 156–164.

van der Heijden, B. I.J.M., Notelaers, G., Peters, P., Stoffers, J. M.M., Lange, A. H. de, Froehlich, D. E. & van der Heijde, C. M. (2018) „Development and validation of the short-form employability five-factor instrument“, *Journal of Vocational Behavior*, Vol. 106, S. 236–248.

van der Klink, J. J. L., Bültmann, U., Burdorf, A., Schaufeli, W. B., Zijlstra, F. R. H., Abma, F. I., Brouwer, S. & van der Wilt, G. J. (2016) „Sustainable employability — definition, conceptualization, and implications: A perspective based on the capability approach“, *Scandinavian Journal of Work, Environment & Health*, Vol. 42, No. 1, S. 71–79.

van Deth, J. W. & Scarbrough, E. (1998) *The impact of values*, Oxford, Oxford Univ. Press.

van Emmerik, I. J. H., Schreurs, B., Cuyper, N. de, Jawahar, I. M. & Peeters, M. C.W. (2012) „The route to employability“, *Career Development International*, Vol. 17, No. 2, S. 104–119.

Vanhercke, D., de Cuyper, N., Peeters, E. & de Witte, H. (2014) „Defining perceived employability: a psychological approach“, *Personnel Review*, Vol. 43, No. 4, S. 592–605.

Veld, M., Semeijn, J. & van Vuuren, T. (2015) „Enhancing perceived employability“, *Personnel Review*, Vol. 44, No. 6, S. 866–882.

Vereinigung der Bayerischen Wirtschaft (2018) *Digitale Souveränität und Bildung: Gutachten*, Münster, Waxmann.

Vogler-Ludwig, K., Düll, N., Kriechel, B. & Vetter, T. (2016) *Arbeitsmarkt 2030 - Wirtschaft und Arbeitsmarkt im digitalen Zeitalter. Prognose 2016*, Bielefeld, Bertelsmann.

Voydanoff, P. (2005) „Toward a Conceptualization of Perceived Work-Family Fit and Balance: A Demands and Resources Approach", *Journal of Marriage and Family*, Vol. 67, No. 4, S. 822–836.

Walker, G. H., Stanton, N. A., Salmon, P. M. & Jenkins, D. P. (2008) „A review of sociotechnical systems theory: a classic concept for new command and control paradigms", *Theoretical Issues in Ergonomics Science*, Vol. 9, No. 6, S. 479–499.

Walwei, U. (2020) „Geschlechterrollen im Kontext von Wohlfahrtstaaten", *Sozialer Fortschritt*, Vol. 69, No. 11, S. 749–770.

Wanberg, C. R., Kanfer, R., Hamann, D. J. & Zhang, Z. (2016) „Age and reemployment success after job loss: An integrative model and meta-analysis", *Psychological bulletin*, Vol. 142, No. 4, S. 400–426.

Wang, M., Burlacu, G., Truxillo, D., James, K. & Yao, X. (2015) „Age differences in feedback reactions: The roles of employee feedback orientation on social awareness and utility", *Journal of Applied Psychology*, Vol. 100, No. 4, S. 1296–1308.

Weber, E. (2016) „Industrie 4.0: Wirkungen auf den Arbeitsmarkt und politische Herausforderungen", *Zeitschrift für Wirtschaftspolitik*, Vol. 65, No. 1, S. 66–74.

Weiber, R. & Sarstedt, M. (2021) *Strukturgleichungsmodellierung: Eine anwendungsorientierte Einführung in die Kausalanalyse mit Hilfe von AMOS, SmartPLS und SPSS*, 3. Aufl., Wiesbaden, Springer Gabler.

Willcocks, L. (2020) „Robo-Apocalypse cancelled? Reframing the automation and future of work debate", *Journal of Information Technology*, Vol. 35, No. 4, S. 286–302.

Williamson, B. (2017) *Big data in education: The digital future of learning, policy and practice*, London, Thousand Oaks, California, SAGE Publications.

Winter, S., Berente, N., Howison, J. & Butler, B. (2014) „Beyond the organizational 'container': Conceptualizing 21st century sociotechnical work", *Information and Organization*, Vol. 24, No. 4, S. 250–269.

Wirtz, J., Patterson, P. G., Kunz, W. H., Gruber, T., Lu, V. N., Paluch, S. & Martins, A. (2018) „Brave new world: service robots in the frontline", *Journal of Service Management*, Vol. 29, No. 5, S. 907–931.

Wittekind, A., Raeder, S. & Grote, G. (2010) „A longitudinal study of determinants of perceived employability", *Journal of Organizational Behavior*, Vol. 31, No. 4, S. 566–586.

Witzel, A. (2000) „Das problemzentrierte Interview", *Forum Qualitative Sozialforschung / Forum: Qualitative Social Research*, Vol. 1, No. 1, S. 8.

Wolter, M. I., Mönnig, A., Hummel, M., Schneemann, C., Weber, E., Zika, G., Helmrich, R., Maier, T. & Neuber-Pohl, C. (2015) *Industrie 4.0 und die Folgen für Arbeitsmarkt und Wirtschaft: Szenario-Rechnungen im Rahmen der BIBB-IAB-Qualifikations- und Berufsfeldprojektionen,* Nürnberg: Institut für Arbeitsmarkt- und Berufsforschung (IAB), IAB-Forschungsbericht 8/2015.

World Economic Forum (2020) *The future of jobs report 2020* [Online]. Verfügbar unter https://www.weforum.org/reports/the-future-of-jobs-report-2020.

Xu, L. D., Xu, E. L. & Li, L. (2018) „Industry 4.0: state of the art and future trends", *International Journal of Production Research*, Vol. 56, No. 8, S. 2941–2962.

Ybema, J. F., van Vuuren, T. & van Dam, K. (2020) „HR practices for enhancing sustainable employability: implementation, use, and outcomes", *The International Journal of Human Resource Management*, Vol. 31, No. 7, S. 886–907.

Zhang, X. & Bartol, K. M. (2010) „Linking Empowering Leadership and Employee Creativity: The Influence of Psychological Empowerment, Intrinsic Motivation, and Creative Process Engagement", *Academy of Management Journal*, Vol. 53, No. 1, S. 107–128.

Zhang, Y.-X., Chao, Q.-C., Zheng, Q.-H. & Huang, L. (2017) „The withdrawal of the U.S. from the Paris Agreement and its impact on global climate change governance", *Advances in Climate Change Research*, Vol. 8, No. 4, S. 213–219.

Zheng, P., Wang, H., Sang, Z., Zhong, R. Y., Liu, Y., Liu, C., Mubarok, K., Yu, S. & Xu, X. (2018) „Smart manufacturing systems for Industry 4.0: Conceptual framework, scenarios, and future perspectives", *Frontiers of Mechanical Engineering*, Vol. 13, No. 2, S. 137–150.

Zheng, T., Ardolino, M., Bacchetti, A. & Perona, M. (2021) „The applications of Industry 4.0 technologies in manufacturing context: a systematic literature review", *International Journal of Production Research*, Vol. 59, No. 6, S. 1922–1954.

Zhong, R. Y., Xu, X., Klotz, E. & Newman, S. T. (2017) „Intelligent Manufacturing in the Context of Industry 4.0: A Review", *Engineering*, Vol. 3, No. 5, S. 616–630.

Zink, K. J. & Bosse, C. K. (2019) „Arbeit 4.0 im Mittelstand", in Bosse, C. K. & Zink, K. J. (Hg.) *Arbeit 4. 0 Im Mittelstand: Chancen und Herausforderungen des Digitalen Wandels Für KMU,* Berlin, Heidelberg, Springer Berlin / Heidelberg, S. 1–11.

ZUKIPRO (2022) *MOOC | ZUKIPRO* [Online]. Verfügbar unter https://zukipro.de/lernen/mooc/ (Abgerufen am 2 Dezember 2022).

Anhang

A.1 Interviewleitfaden der Experteninterviews (Deskriptive Studie I)

Ablauf der Interviews

- Begrüßung und kurze Vorstellung der eigenen Person und des Themas
- Kurze Erläuterung des Interviewablaufs:
    - Geplante Dauer 30 bis 45 Minuten
    - Zielsetzung: Verständnis der Industriellen Beschäftigungsfähigkeit aus Expertensicht
- Durchführung der Interviews
    - Dank und Verabschiedung

Interviewleitfaden

Schritt 1 – Erklärungsphase

Vielen Dank, dass Sie sich die Zeit nehmen, uns bei unserem Forschungsprojekt zur Beschäftigungsfähigkeit in Industrie 4.0 – kurz: Industrielle Beschäftigungsfähigkeit – zu unterstützen. Die industrielle Beschäftigungsfähigkeit soll die Beschäftigungsfähigkeit im produktionstechnischen Kontext unter Berücksichtigung der Veränderungen von Industrie 4.0 abdecken. Im Fokus sind die Mitarbeitenden auf operativer Ebene, insbesondere auf dem Shopfloor.

Wir haben uns an Sie als Expertin/ Experten gewandt, da wir uns erhoffen, dass Sie uns, basierend auf Ihren berufliche Erfahrungen, unterstützen, ein besseres Verständnis von industrieller Beschäftigungsfähigkeit zu erhalten. Dabei gibt es Ihrerseits keine falschen Antworten. Antworten Sie daher bitte unbefangen im Rahmen Ihrer persönlichen Einschätzungen und Erfahrungen.

Schritt 2 – Sozialdaten

Bevor wir mit dem eigentlichen Interview beginnen, würde ich gerne weitere Informationen zu Ihrer Person notieren. Dies dient zur statistischen Beschreibung der Expertengruppe.

- Alter: <20, (20-29), (30-39), (40-49), (50-59), (60-69), >70
- Branche der Organisation/ des Unternehmens
- Tätigkeitsbereich
- Berufserfahrung gesamt [in Jahren]
- Berufserfahrung im aktuellen Tätigkeitsbereich [in Jahren]
- Geschlecht

Schritt 3 – Einleitungsfrage als Erzählanstoß mit Fokus auf dem Verständnis der IB

Die Digitalisierung und der demografische Wandel haben einen erheblichen Einfluss auf das Arbeitsleben. Industrie 4.0 verändert Tätigkeitsfelder, z. B. durch die Digitalisierung und Vernetzung von Produktionsprozessen oder durch den Einsatz von KI- und AR-Technologien. Diese Veränderungen stellen neue Anforderungen an die Beschäftigten.

Wenn Sie in diesem Zusammenhang an Beschäftigungsfähigkeit denken und die „Industrielle Beschäftigungsfähigkeit“ (IB) als Synonym zur Beschäftigungsfähigkeit in Industrie 4.0 verstehen, was bedeutet IB für Sie?

Schritt 4 – Interviewphase mit Fokus auf Definition und KSAOs

Folgende Leitfragen sind zu beantworten. Definition und genannte KSAO sind zu verschriftlichen, um diese nachfolgend mit der literaturbasierten Definition und den KSAOs abgleichen zu können.

Wenn Sie Ihre Erläuterungen zur IB nun in eine Definition überführen, wie würden Sie das Konzept definieren?

Welche Kompetenzen, oder KSAOs (*Definition nennen*) werden Ihrer Ansicht nach zukünftig für die operativen Tätigkeiten auf dem Shopfloor in Industrie 4.0 notwendig sein? Erläutern Sie gerne Ihre Aussagen mit Beispielen.

Schritt 4/5 – Abgleich der literaturbasierten IB-Definition und zugehöriger KSAOs

Nachfolgend sollen die Experten die literaturbasierte IB-Definition und die Auswahl der KSAOs sowie deren Eingruppierung in die vier Dimensionen beurteilen, mit ihren Versionen vergleichen und die literaturbasierten Inhalte ggf. ergänzen. Anpassungen sind zu notieren.

Bitte sehen Sie sich nun diese IB-Definition an und vergleichen Sie sie mit Ihrem eigenen Verständnis. Sie haben IB eben wie folgt definiert: „…“. Entspricht diese Definition Ihrem Verständnis? Würden Sie ggf. Anpassungen vornehmen? Falls Sie keine Übereinstimmung feststellen können, was sind die Gründe für die Ablehnung?

Schauen Sie sich nun bitte die Liste und Eingruppierung der KSAOs an. Vergleichen Sie dies mit Ihrem eigenen Pool an KSAOs. Dieser war wie folgt: „…“ Welche KSAOs decken sich mit Ihrer Auflistung? Sehen Sie Synonyme? Enthält die Liste KSAOs, die Sie entfernen würden? Bitte begründen Sie.

Haben Sie noch weitere Anmerkungen/ Ergänzungen?

Ich lese Ihnen nun noch einmal die angepasste Definition der IB inklusive der KASOs und deren Eingruppierung vor. (*Vorlesen*)

Passt diese zu Ihrem Verständnis von Beschäftigungsfähigkeit in Industrie 4.0? (*Falls nicht passend, sollten die Gründe dafür ermittelt und weitere Anpassungen vorgenommen werden.*)

Abschluss: Dank und weiteres Vorgehen

A.2 Definition der Schlüsselfaktoren des Szenarios zur Zukunft der Produktionsarbeit (Deskriptive Studie I)

Die nachfolgenden Definitionen wurden in Metzmacher et al. (2020) veröffentlicht und hier wortwörtlich übernommen.

Arbeitsmarkt

„Der Arbeitsmarkt hat die Funktion, Arbeitskräfte und Arbeitsplätze in einer optimalen Weise zusammenzuführen [...]" (Franz, 2006, S. 4). Darüber hinaus ist der Arbeitsmarkt aus verschiedenen Perspektiven zu betrachten. Aus ökonomischer Sicht geht es um einen Ausgleich zwischen Angebot und Nachfrage. Beschäftigungs-, Steuer-, Familien- sowie Rentenpolitik fließen ebenso in den Arbeitsmarkt ein, da sie Schnittstellen ökonomischer und sozialpolitischer Zielsetzungen darstellen (Bothfeld et al., 2016). Bei dem Ausgleich zwischen Angebot und Nachfrage gilt es, die Entwicklungen des Arbeitsangebots durch neue Technologien und Automatisierung zu betrachten. Nachhaltige, politische Zielsetzungen spielen ebenfalls eine wichtige Rolle bei der Zusammensetzung des Arbeitsmarktes.

Arbeitsrecht

„Das Arbeitsrecht dient der Regelung der Rechtsbeziehungen zwischen Arbeitnehmer und Arbeitgeber sowie deren jeweiligen Zusammenschlüssen" (Jesgarzewski, 2019, S. 8). Da beim Interessensausgleich meist ein Machtgefälle zugrunde liegt, muss der Gesetzgeber Mindeststandards zum Schutz der Beschäftigten setzen (Jesgarzewski, 2019). Das Arbeitsrecht ist unmöglich zu verallgemeinern und muss in einem fortlaufenden Prozess im Kontext der Kompetenz der Handelnden interpretiert werden (Heilmann et al., 2015). So muss Recht sowie dessen Auslegung, aufgrund wandelnder Rahmenbedingungen von Wirtschaft und Industrie, kontinuierlich angepasst werden (Jesgarzewski, 2019). Beispiele von Anpassung rechtlicher Bedingungen durch technologische Entwicklungen sind Anpassungen bezüglich Zeit und Ort der Leistungserbringung, genauso wie Richtlinien bezüglich Datenschutz und Privatsphäre. Weiterhin ist die Rolle von Gewerkschaften und Betriebsräten miteinzubeziehen, die einen Einfluss bei der Ausarbeitung des Arbeitsrechts haben.

Arbeitsorganisation/ -bedingungen

Die Arbeitsorganisation ist ein Teilgebiet der Arbeitssystemgestaltung und umfasst dabei die Planung und Gestaltung menschlicher Arbeit. Sie unterscheidet sich von der technischen Arbeitssystemgestaltung darin, dass besondere die Aspekte Arbeitsteilung und Kooperation im Vordergrund stehen. Die Arbeitsorganisation koordiniert die Arbeitssystemgestaltung auf Makro-Ebene. Die Mikro-Ebene, wie z. B. ergonomische Arbeitsfaktoren, sind nicht Teil ihres Systembereichs. Die Arbeitsorganisation zielt ab auf eine produktive, effiziente und gleichzeitig menschengerechte Arbeitsgestaltung. Wirtschaftliche Zielgrößen wie Betriebsmittelauslastung werden genauso zur Bewertung der Arbeitsgestaltung herangezogen wie humanorientierte Zielgrößen (Schlick et al., 2010). Die Makro-Ebene der Systemgestaltung betrifft die Organisation der Arbeitsleistenden, sowohl strukturell als auch zeitlich. Humanorientierung spiegelt sich im Begriff der Arbeitsqualität wider, in welchem die Art und der Erfüllungsgrad der Arbeit eine Rolle spielen.

Bildung

Bildung beschreibt die Fähigkeit des Menschen, sich kritisch mit sich selbst und seiner Umwelt auseinanderzusetzen. Sie spiegelt das Selbst- und Weltverständnis des Individuums (seiner Zeit) wider (Böhm & Seichter, 2017). Bildung bezeichnet die kulturelle Formung des Individuums in einem aus drei Grundsteinen bestehenden Gesamtkonzept. Das Bildungsziel (objektiv), die Art der Aneignung der Bildung des sich Bildenden (subjektiv) und zuletzt die Institutionen und Personen, die andere bilden (Böhm & Seichter, 2017). Besonders die Rolle der Institutionen in diesem Prozess kann sich einem Wandel unterziehen. Im Zusammenhang mit der Digitalisierung des Lernens und anforderungsspezifischen Lehrinhalten wird die Rolle traditioneller Institutionen neu bewertet.

Gesellschaftliches Wertesystem

„[Werte sind…] Vorstellungen des Wünschbaren, die nicht unmittelbar beobachtet werden können, die jedoch im moralischen Diskurs sichtbar werden und Bedeutung für die Strukturierung von Einstellungen besitzen" (van Deth & Scarbrough, 1998, S. 46). Ein Wertesystem kann definiert werden als ein globales Regelungssystem, das nicht vollkommen aus lokalen Nützlichkeitsüberlegungen besteht und dennoch verbindliche und nachvollziehbare Regeln schafft. Diese Regelungen muss das Individuum nicht nur respektieren, sondern auch aus intrinsischer Motivation einhalten wollen. Das Wertesystem besteht dabei aus der kleinsten Übereinstimmung der Werte aller in der Gesellschaft zusammengefassten Individuen (Kick & Schmitt, 2011). Werte einer Gesellschaft spiegeln sich in den Verbrauchsentscheidungen der Konsumenten wider, wo z. B. die Individualisierung einer Gesellschaft der „Sharing-Kultur" entgegenwirken könnte. In der Wirtschaft entscheiden die Werte über die Akzeptanz von Beschäftigten gegenüber neuen Technologien und auch der Einstellung gegenüber ihrem Arbeitgeber.

Gesellschaftsstruktur

„Der Begriff Gesellschaftsstruktur bezeichnet die sozialen Differenzierungsformen von Gesellschaften. Er bezieht sich demnach auf die kontingente Form der sozialen Differenzierung der Gesellschaft, die im Kontext sozialen Wandels variieren kann." (Hillebrandt, 1999, S. 15) Struktur einer Gesellschaft oder Sozialstruktur dient als Einteilung der Gesellschaft in Teilbereiche und untersucht Wechselbeziehungen und Wirkzusammenhänge dieser (Geißler, 2014). „Die Sozialstruktur [umfasst] Wirkzusammenhänge in einer mehrdimensionalen Gliederung der Gesamtgesellschaft in unterschiedliche Gruppen nach wichtigen sozial relevanten Merkmalen sowie in den relativ dauerhaften sozialen Beziehungen dieser Gruppen untereinander" (Geißler, 2014, S. 3). Wirtschaftswachstum und Einkommensunterschiede spielen eine zentrale Rolle in der Gliederung der Gesamtgesellschaft nach finanziellen Kriterien. Als weitere Kriterien können auch Migrationshintergründe oder politische Orientierung herangezogen werden.

Ökologische Nachhaltigkeit

„Ökologische Nachhaltigkeit bedeutet, natürliche Ressourcen nur in dem Ausmaß zu nutzen, wie ein Nachwachsen möglich ist." (Fortmann & Kolocek, 2018). Ökologische Nachhaltigkeit rückt durch den fortschreitenden Klimawandel, bestehende Ressourcenknappheit und zunehmender Ungleichheit und Armut immer weiter in den Fokus der Gesellschaft. Ökologisch nachhaltiges Verhalten bezieht daher alle drei Säulen der Nachhaltigkeit – Ökologie, Ökonomie und Soziales – mit ein und ist auf Langfristigkeit ausgelegt (Fortmann & Kolocek, 2018). So werden z. B. sensible Ökosysteme durch Ansätze der Effizienzsteigerung in der Energie- und Rohstoffnutzung in Kombination mit verändertem Verbrauchverhalten von Industrie und Privatpersonen geschützt. Bestehende Energieinfrastrukturen werden infrage gestellt und Änderungen mit festgelegten Klimazielen abgeglichen.

<u>Technologische Disruption</u>

Als Disruption wird ein Prozess einer außergewöhnlich schnellen Marktdurchdringung einer Innovation, die bestehende Produkte oder Geschäftsmodelle ersetzt, bezeichnet (Keuper et al., 2018). Die Idee der „Disruptiven Innovation" beruht darauf, dass etablierte Anbieter von Diensten oder Produkten die unteren, preissensiblen Marktsegmente vernachlässigen und dort einen Freiraum für neue Anbieter lassen. Neue Markteinsteiger, z. B. Anbieter von Plattform-Lösungen zum Management der Energieinfrastruktur, setzen hier an, verbessern die Leistung ihres Produktes und erobern somit den Markt „von unten" (Christensen, 1997, 2006).

A.3 Fragebogen zu Szenarien Zukunft der Arbeit (Deskriptive Studie II)

Im Fragebogen enthalten:

- **Vorstellung der befragenden Institution und Ansprechpartner**
- **Hinweise zum Datenschutz**
- **Beschreibung der Thematik und Hinweise zur Bearbeitung**

Horizon 2030 – Szenarien zur Zukunft der Arbeit

Herzlich willkommen und vielen Dank für Ihr Interesse an der Befragung zu den Szenarien zur Zukunft der Arbeit im Jahr 2030.

Die Bearbeitung des Fragebogens dauert ca. 15 Minuten. Die Daten werden anonym erfasst und nur für wissenschaftliche Forschungszwecke ausgewertet.

Ziel dieser Umfrage ist, Zukunftsszenarien nach der Wahrscheinlichkeit ihres Eintretens zu priorisieren. Zu diesem Zweck werden Ihnen im Folgenden mögliche Zukunftsszenarien für ausgewählte Schlüsselfaktoren bereitgestellt.

Es gelten folgende Rahmenbedingungen für die Betrachtung der Zukunft in 10 Jahren (Horizon 2030):

- Das Internet of Things ist State-of-the-Art in deutschen/europäischen Produktionsunternehmen,
- die politische Lage in Deutschland und Europa ist stabil,
- traditionelle Geschäftsmodelle sind durch digitale Geschäftsmodellmuster weitestgehend abgelöst worden,
- ökologische Nachhaltigkeit ist gesetzlich weitestgehend vorgegeben.

Bitte priorisieren Sie die Szenarien prozentual nach ihrer Eintrittswahrscheinlichkeit von "sehr unwahrscheinlich" bis "sehr wahrscheinlich".

- **Beispielfrage**

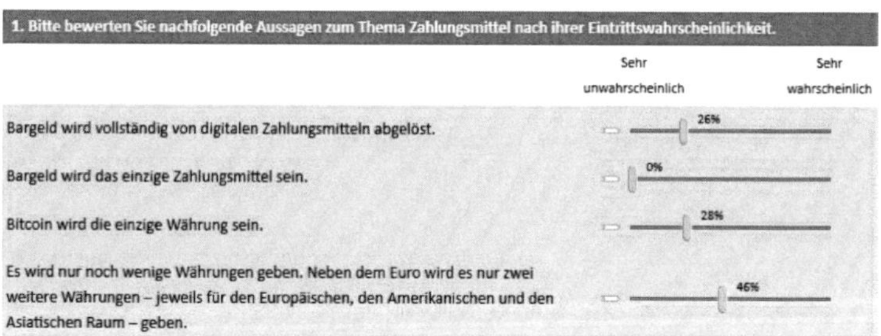

1. Bitte bewerten Sie nachfolgende Aussagen zum Thema Zahlungsmittel nach ihrer Eintrittswahrscheinlichkeit.

Sehr unwahrscheinlich – Sehr wahrscheinlich

Bargeld wird vollständig von digitalen Zahlungsmitteln abgelöst. 26%

Bargeld wird das einzige Zahlungsmittel sein. 0%

Bitcoin wird die einzige Währung sein. 28%

Es wird nur noch wenige Währungen geben. Neben dem Euro wird es nur zwei weitere Währungen – jeweils für den Europäischen, den Amerikanischen und den Asiatischen Raum – geben. 46%

- **Frageblöcke der Schlüsselfaktoren**

Schlüsselkriterium: Arbeitsrecht

Bitte bewerten Sie nachfolgende Aussagen zum Thema Arbeitsrecht nach ihrer Eintrittswahrscheinlichkeit.

	Sehr unwahrscheinlich	Sehr wahrscheinlich
Aktive Gewerkschaften begrenzen die Rationalisierung von Arbeitstätigkeiten. Die Stammbelegschaften werden somit gestärkt und die Sozialversicherungssysteme geschützt. Arbeitszeitflexibilisierung wird sowohl örtlich als auch zeitlich eingeschränkt. Der Datenschutz hat einen hohen Stellenwert, welcher von Gewerkschaften und Politikern weiter gestärkt wird. Beschäftigte werden durch Gewerkschaften und Betriebsräte geschützt. Regulierungen wie eine Diversitätsquote und verpflichtende Maßnahmen zum Schutz und zur sozialen Absicherung der Beschäftigten sind etabliert.		
Während die Grenzen für Beschäftigte an Transparenz verlieren, werden sie für Arbeitgeber durch digitale Technologien und mitarbeiterbezogene Datensammlung umso klarer. Beschäftigte werden zu „Gläsernen Angestellten", die jeglichen Anspruch auf Datenschutz und Privatsphäre abgegeben haben. Arbeitsplätze werden rationalisiert.		
Die Bedeutung des Menschen ist hoch. Neue Geschäftsmodellinnovationen begünstigen die Flexibilisierung der Arbeit, die durch die soziale Absicherung allerdings nicht zur Ausbeutung der Beschäftigten führt. Alte Strukturen werden aufgebrochen und es sind mehr die Fähigkeiten anstatt formelle Abschlüsse zur Ausübung einer Tätigkeit bedeutsam.		
Durch Zunahme an Zeitarbeit sinken Durchschnittseinkommen und Sozialleistungen. Gewerkschaften sind in diesem Prozess zu machtlosen Vereinen geworden, da Streiks im Zuge der Automatisierung und Rationalisierung von Mitarbeitenden zu einem nur wenig gefürchteten Werkzeug geworden sind. Durch fehlenden Datenschutz und mangelnde Privatsphäre entwickeln sich „Gläserne Angestellte".		

Schlüsselkriterium: Arbeitsorganisation/-bedingung

Bitte bewerten Sie nachfolgende Aussagen zum Thema Arbeitsorganisation nach ihrer Eintrittswahrscheinlichkeit.

	Sehr unwahrscheinlich	Sehr wahrscheinlich
Die Flexibilisierung der Arbeitszeit wird nicht durch digitale Technologien überwacht, sondern durch Vertrauensvorschuss ermöglicht. Die Entgrenzung der Arbeit führt zur Entkopplung von Arbeit und Arbeitsort. Dadurch erhalten Arbeitssuchende neuen Zugang zum Arbeitsmarkt. Die Work-Life-Balance wird verbessert. Automatisierung übernimmt belastende Einfacharbeiten.		
Die Entgrenzung der Arbeit führt zur Entkopplung von Arbeit und Arbeitsort. Die Arbeitsleistung wird von unabhängigen Akteuren unterschiedlicher Spezialisierungen erbracht. Arbeitsformen wie „Crowdworking" setzen sich durch. Mangelhafte soziale Absicherung sowie Vermischung von Arbeits- und Privatleben begünstigen psychischen Erkrankungen. Interne Märkte fordern Höchstleistungen von Mitarbeitern.		
Arbeitsraum und Leistungserbringung können oftmals nicht getrennt werden, weshalb der radikale Einfluss von „Crowdworking" ausbleibt. Unternehmen übernehmen die Form der „Schwarmorganisation", wodurch selbstorganisierte Gruppen mit hoher struktureller Offenheit entstehen. Automatisierung übernimmt belastende Einfacharbeiten.		
Genauso wie bei der räumlichen Trennung, wird auch die zeitliche Flexibilisierung nur wenig ausgeweitet, da Beschäftigten diese als Gefährdung ansehen. Die Automatisierung betrifft nur Routinetätigkeiten, wodurch Beschäftigte ein weiteres Tätigkeitsprofil abdecken müssen.		

Schlüsselkriterium: Arbeitsorganisation/-bedingung

Bitte bewerten Sie nachfolgende Aussagen zum Thema Arbeitsorganisation nach ihrer Eintrittswahrscheinlichkeit.

	Sehr unwahrscheinlich – Sehr wahrscheinlich
Die Flexibilisierung der Arbeitszeit wird nicht durch digitale Technologien überwacht, sondern durch Vertrauensvorschuss ermöglicht. Die Entgrenzung der Arbeit führt zur Entkopplung von Arbeit und Arbeitsort. Dadurch erhalten Arbeitssuchende neuen Zugang zum Arbeitsmarkt. Die Work-Life-Balance wird verbessert. Automatisierung übernimmt belastende Einfacharbeiten.	
Die Entgrenzung der Arbeit führt zur Entkopplung von Arbeit und Arbeitsort. Die Arbeitsleistung wird von unabhängigen Akteuren unterschiedlicher Spezialisierungen erbracht. Arbeitsformen wie „Crowdworking" setzen sich durch. Mangelhafte soziale Absicherung sowie Vermischung von Arbeits- und Privatleben begünstigen psychischen Erkrankungen. Interne Märkte fordern Höchstleistungen von Mitarbeitern.	
Arbeitsraum und Leistungserbringung können oftmals nicht getrennt werden, weshalb der radikale Einfluss von „Crowdworking" ausbleibt. Unternehmen übernehmen die Form der „Schwarmorganisation", wodurch selbstorganisierte Gruppen mit hoher struktureller Offenheit entstehen. Automatisierung übernimmt belastende Einfacharbeiten.	
Genauso wie bei der räumlichen Trennung, wird auch die zeitliche Flexibilisierung nur wenig ausgeweitet, da Beschäftigten diese als Gefährdung ansehen. Die Automatisierung betrifft nur Routinetätigkeiten, wodurch Beschäftigte ein weiteres Tätigkeitsprofil abdecken müssen.	

Schlüsselkriterium: Gesellschaftliches Wertesystem

Bitte bewerten Sie nachfolgende Aussagen zum Thema Gesellschaftliches Wertesystem nach ihrer Eintrittswahrscheinlichkeit.

	Sehr unwahrscheinlich – Sehr wahrscheinlich
Gesellschaftliche Unterschiede zwischen arm und reich können verringert werden. Eine Sharing-Kultur entwickelt sich und viele engagieren sich in gesellschaftlich relevanten Bereichen außerhalb der Arbeit. Die Loyalität gegenüber des Arbeitgebers nimmt zu. Der technologische Fortschritt wird kritisch betrachtet und das Bewusstsein für die Risiken der Technik nimmt zu. Datenschutz hat einen hohen Stellenwert.	
Gesellschaftliche Unterschiede zwischen arm und reich können verringert werden. Für Beschäftigte muss die Arbeit sinnstiftend sein und der technologische Wandel im beruflichen Umfeld wird als Möglichkeit gesehen, nicht erfüllende Tätigkeiten durch Maschinen erledigen zu lassen. Eine Sharing-Kultur ist weit verbreitet und viele engagieren sich in gesellschaftlich relevanten Bereichen.	
Postmaterialistische Ziele beeinflussen die Gesellschaft stark. Die zunehmende Individualisierung verstärkt die Vereinsamung Einzelner. Die Loyalität gegenüber dem Arbeitgeber nimmt zu und die Erreichung der eigenen Ziele hat oberste Priorität. Die Verwirklichung der eigenen Persönlichkeit wird vorwiegend außerhalb der Arbeit angestrebt.	
Postmaterialistische Ziele, befristete Verträge und Selbstständigkeit beeinflussen durch geringere Löhne und verminderten Beschäftigungsschutz die Gesellschaft stark. Datenschutz ist weniger wichtig, jedoch haben auch Cyberangriffe kaum negative Einflüsse auf die Technikakzeptanz. Die zunehmende Individualisierung begünstigt die Vereinsamung Einzelner. Die Verwirklichung der eigenen Persönlichkeit wird außerhalb der Arbeit angestrebt.	

Schlüsselkriterium: Gesellschaftsstruktur

Bitte bewerten Sie nachfolgende Aussagen zum Thema Gesellschaftsstruktur nach ihrer Eintrittswahrscheinlichkeit.

	Sehr unwahrscheinlich	Sehr wahrscheinlich
Das Wirtschaftswachstum wird durch den technologischen Fortschritt vorangetrieben. Es entsteht eine Polarisierung der Gesellschaft: Jobs mit mittlerem Anforderungsniveau fallen durch Automatisierung weg, gebildete Gruppen werden immer reicher und weniger gebildete Gruppen werden über Plattform-Arbeitsmodelle ausgebeutet. Die Bevölkerung wird zunehmend überwacht und kontrolliert. Migration findet weiterhin statt und fördert die Diversität der Gesellschaft.		
Durch politische Regularien werden technologische Entwicklungen verlangsamt. Mäßiges Wirtschaftswachstum in Kombination mit strengeren Regularien führen zu abnehmender Migration. Die Gesellschaft wird zunehmend älter.		
Technologischer Fortschritt führt zu Wirtschaftswachstum, einem hohen Lebensstandard und verbesserter Work-Life-Balance. Globalisierung führt zu einem Anstieg der Migration, wodurch die Diversität in der Gesellschaft weiter zunimmt. Ein bedingungsloses Grundeinkommen wird eingeführt, um der Substitution von Arbeitsplätzen durch KI-Anwendungen entgegenzuwirken. Dadurch besteht keine Notwendigkeit einen Job auszuüben. Die Ausübung einer beruflichen Tätigkeit ist meist intrinsisch motiviert.		
Polarisierung der Gesellschaft: Jobs mit mittlerem Anforderungsniveau fallen durch Automatisierung weg. Gebildete Gruppen werden immer reicher und weniger gebildeten Gruppen bleiben Außen vor. Traditionell gewachsene Strukturen werden gefestigt. Die entstandene Zwei-Klassen-Gesellschaft ist statischer Natur, sodass ein Aufstieg kaum möglich ist. Die Bevölkerung wird zunehmend überwacht und kontrolliert. Die Gesellschaft wird zunehmend älter. Das mäßige Wirtschaftswachstum hemmt die Migration.		

Schlüsselkriterium: Bildung

Bitte bewerten Sie nachfolgende Aussagen zum Thema Bildung nach ihrer Eintrittswahrscheinlichkeit.

	Sehr unwahrscheinlich – Sehr wahrscheinlich
Traditionelle Bildungseinrichtungen verlieren an Bedeutung. Bildung erfolgt eigenverantwortlich neben dem Job mit vielen Zertifikaten. Es entsteht eine Polarisierung im Bildungssektor (gebildete Spezialisten vs. Routinearbeiter). Dies wird durch die Privatisierung von Bildungseinrichtungen verstärkt. Studien- und Bildungsgebühren werden eingeführt.	
Traditionelle Bildungseinrichtungen verlieren an Bedeutung. Es werden häufig Zertifikate an verschiedenen privaten und staatlichen Institutionen neben dem Job erworben. Bildungsmaßnahmen sind häufig ohne vorherigen Abschluss belegbar und kostenlos. Digitale Lehr- und Lernmethoden ermöglichen ein eigenverantwortliches, personalisiertes ortsunabhängiges Lernen.	
Es entsteht eine Polarisierung im Bildungssektor (gebildete Spezialisten vs. Routinearbeiter). Die Industrie nimmt großen Einfluss auf den privatisierten Bildungssektor. Studien- und Bildungsgebühren werden eingeführt. Unternehmen fördern aber gezielt „High Potentials" und sehen individuelle Weiterbildungspläne vor.	
Bildungseinrichtungen wie Schulen und Universitäten behalten ihre grundlegende Struktur und es wird nach festen Lehrplänen bzw. Studienordnungen gelehrt. Bildung ist an diese Institutionen gebunden. Digitale Lehrmöglichkeiten werden nicht vollends ausgeschöpft. Es werden klassische Fortbildungen zur Unterstützung lebenslangen Lernens angeboten. Es finden oft Fortbildungen für Mitarbeitende durch Lernfabriken statt. Für Mitarbeitende werden individuelle Budgets für Fortbildungen vorgehalten.	

Schlüsselkriterium: Technologische Disruption

Bitte bewerten Sie nachfolgende Aussagen zum Thema Technologische Disruption nach ihrer Eintrittswahrscheinlichkeit.

	Sehr unwahrscheinlich – Sehr wahrscheinlich
KI-Systeme haben sich nicht durchgesetzt. Sie sind zu sehr auf spezielle Bereiche beschränkt und der erhoffte Produktivitätszuwachs bleibt aus. Roboter, die kooperativ mit Menschen zusammenarbeiten können, haben sich als nicht praktikabel erwiesen. Bereits heute funktionierende Technologien wie das Smart Home haben sich flächendeckend durchgesetzt.	
Die Entwicklungen in der KI-Forschung gehen rasant voran und KI-Systeme sind zukünftig dem Menschen in allen Sinnen überlegen. IoT-Geräte sind stark verbreitet, jedoch sind diese aufgrund mangelnder Sicherheitssysteme anfällig für Cyberangriffe. Die Potenziale der Technologien werden dennoch ausgeschöpft und fördern somit neue, stark spezialisierte Tätigkeitsprofile. Viele aktuell manuelle Tätigkeiten sind automatisiert worden, wodurch die Arbeitslosigkeit ansteigt.	
Die Entwicklungen in der KI-Forschung gehen rasant voran und KI-Systeme sind zukünftig dem Menschen in allen Sinnen überlegen. IoT-Geräte sind stark verbreitet, jedoch sind diese aufgrund mangelnder Sicherheitssysteme anfällig für Cyberangriffe, weswegen das volle Potenzial der Technologien kaum genutzt wird. Viele aktuell manuelle Tätigkeiten sind automatisiert worden, wodurch die Arbeitslosigkeit ansteigt.	
Die Entwicklungen in der KI-Forschung gehen rasant voran und KI-Systeme sind zukünftig dem Menschen in allen Sinnen überlegen. Disruptive Innovationen in der KI und Automatisierung verursachen keine Arbeitslosigkeit, sie verändern lediglich die Tätigkeitsprofile. Viele aktuell manuelle Tätigkeiten sind automatisiert worden. Die Anzahl an Tätigkeiten mit Mensch-Maschine-Interaktion hat aber stark zugenommen, da so die Technik besser kontrolliert werden kann. Die Verbreitung von IoT-Geräten führt zu einem Produktivitätszuwachs und steigender Lebensqualität.	

Schlüsselkriterium: Ökologische Nachhaltigkeit

Bitte bewerten Sie nachfolgende Aussagen zum Thema Ökologische Nachhaltigkeit nach ihrer Eintrittswahrscheinlichkeit.

	Sehr unwahrscheinlich	Sehr wahrscheinlich
Nationalistische Regierungen lösen multilaterale Verbände auf und schwächen globale Projekte wie z. B. die Bekämpfung des Klimawandels. Populistische Parteien sabotieren den Fortschritt erneuerbarer Energien zum Vorteil konventioneller Energieerzeugung.		
Die festgelegten Klimaziele des Pariser Abkommens werden erreicht. Die Netto-Treibhausgaserzeugung der wirtschaftlichen Energiesysteme geht gegen 0. Die globale, nachhaltige Wohlstandssicherung der Bevölkerung gewinnt an Bedeutung.		
„Global Energy Interconnection“ (Plattformen für Entwicklung der globalen Energieinfrastruktur) werden ausgebaut. Die globale, nachhaltige Wohlstandssicherung der Bevölkerung gewinnt an Bedeutung.		
„Global Energy Interconnection“ (Plattformen für Entwicklung der globalen Energieinfrastruktur) werden ausgebaut, da diese auch konform mit wirtschaftlichen Zielen sind. Trotz der Abkehr einflussreicher Regierungen von klimafreundlicher Politik bleibt die Industrie in diesen Bereichen weiterhin stark und einflussreich.		

Schlüsselkriterium: Arbeitsmarkt

Bitte bewerten Sie nachfolgende Aussagen zum Thema Arbeitsmarkt nach ihrer Eintrittswahrscheinlichkeit.

	Sehr unwahrscheinlich	Sehr wahrscheinlich
Die Anzahl an Erwerbsfähigen mit Universitätsabschluss steigt. Die Stagnation der globalen Wirtschaft und die geringe Innovationsgeschwindigkeit führen zur Rationalisierung von Arbeitsplätzen, die durch starke Gewerkschaften abgefedert wird. Der fortschreitende Klimawandel und die wachsende Zustimmung der Bevölkerung zur Bekämpfung globaler Erwärmung führen jedoch zu einem Zuwachs an „grünen Jobs“.		
Bis zu 30 % bestehender Jobs gehen verloren und bis zu 60 % der Jobs mit Routinetätigkeiten werden aufgrund von KI und Robotics obsolet. Der Arbeitsmarkt wird durch Plattform-Geschäftsmodelle geöffnet. Weniger formelle Abschlüsse sind entscheidend, sondern bestimmte Fähigkeiten und Erfahrungen.		
Bis zu 60 % der Jobs mit Routinetätigkeiten werden aufgrund von KI und Robotics obsolet und bis zu 30 % bestehender Jobs gehen verloren. Durch den „Digitalen Taylorismus“ werden Arbeitsqualifikationen stark polarisiert, sodass Unternehmen meist nur wenige, hoch-qualifizierte Arbeitnehmende beschäftigen. Die geringere Innovationsgeschwindigkeit führt zu kontinuierlicher Rationalisierung von Arbeitsplätzen.		
Neue Technologien schaffen mehr neue Jobs, als sie zerstören. Die Gesellschaft ist nahezu vollbeschäftigt. Durch Plattform-Geschäftsmodelle steigt die Inklusion anderer Ausbildungsgruppen in den sekundären Sektor. Die Anzahl an Beschäftigten mit Universitätsabschluss steigt. Dennoch nimmt die Bedeutung bestimmter Fähigkeiten, die nicht über einen formellen Abschluss erlangt werden, weiterhin zu. Die Zustimmung und aktive Unterstützung der Bevölkerung fördert die Zunahme an „sozialen und grünen Jobs“.		

A.4 Übersicht der Fragebögen zum IB-Modell (Deskriptive Studie II)

In allen Fragebögen enthalten:

- **Vorstellung der befragenden Institutionen und Ansprechpartner**
- **Hinweise zum Datenschutz**
- **Beschreibung der Thematik und Hinweise zur Bearbeitung**

  Digitalisierung und der demografische Wandel werden in den kommenden Jahrzehnten einen erheblichen Einfluss auf das Arbeitsleben haben. So wird zum Beispiel die Digitalisierung von Produktionsprozessen zu neuen Arbeitsaufgaben führen, welche neue Anforderungen an Beschäftigte stellen.

  Das Ziel dieses Forschungsprojekts ist die Untersuchung von Kompetenzen und Fähigkeiten, die zukünftig im Rahmen von Industrie 4.0 relevant sind.

  Im Rahmen unserer Studie möchten wir Sie bitten, diesen Fragebogen zu bearbeiten. Die Teilnahme ist freiwillig und anonym. Ein Rückschluss der Untersuchungsergebnisse auf einzelne Personen ist nicht möglich.

  Bitte bearbeiten Sie jede einzelne Aussage und lassen Sie keine aus. Bei den folgenden Fragen gibt es keine „richtigen“ oder „falschen“ Antworten. Antworten Sie bei der Bearbeitung des Fragebogens so, wie es Ihrer Wahrnehmung am ehesten entspricht.

  Die Befragung nimmt ca. 15 bis 20 Minuten in Anspruch.

a. Empirische Studie I/II – Fragebogen 1 Beschäftigte/ Arbeitssuchende

Die Version des Fragebogens für Arbeitssuchende enthält linguistische Anpassungen, z. B.: „Bitte geben Sie die Unternehmensgröße Ihrer aktuellen oder letzten Beschäftigung an.“.

Bitte geben Sie diejenige Kategorie an, die Ihren Erwerbsstatus am besten beschreibt.

- ○ Angestellt, Vollzeit
- ○ Angestellt, Teilzeit
- ○ Arbeitssuchend
- ○ Altersrentner/in
- ○ Arbeitsunfähig
- ○ Selbstständig
- ○ Student/in
- ○ Auszubildende/r
- ○ Schüler/in
- ○ Andere: ______________________________

Sind Sie Teil der oberen Führungsebenen und / oder der Personalabteilung?

- ○ Ja
- ○ Nein

Wie schätzen Sie aktuell Ihre Karrieremöglichkeiten ein?

- ○ Hervorragend
- ○ Sehr gut
- ○ Gut
- ○ Nicht besonders gut
- ○ Überhaupt nicht gut

Wie lautet der Name des Unternehmens, bei dem Sie aktuell beschäftigt sind?

____

Bitte geben Sie an, wo sich der Standort des Unternehmens Ihrer aktuellen Beschäftigung befindet.

- ○ Baden-Württemberg
- ○ Bayern
- ○ Berlin
- ○ Brandenburg
- ○ Bremen
- ○ Hamburg
- ○ Hessen
- ○ Mecklenburg-Vorpommern
- ○ Niedersachsen
- ○ Nordrhein-Westfalen
- ○ Rheinland-Pfalz
- ○ Saarland
- ○ Sachsen
- ○ Sachsen-Anhalt
- ○ Schleswig-Holstein
- ○ Thüringen

Bitte geben Sie die Branche an, in der Sie aktuell beschäftigt sind.

- ○ Maschinen-/ Anlagenbau
- ○ Automobilindustrie (OEM)
- ○ Automobilindustrie (Zulieferer)
- ○ Elektroindustrie
- ○ Gebrauchsgüter
- ○ Energiewirtschaft
- ○ Medizintechnik
- ○ Pharmazie
- ○ Schüler/in
- ○ Sonstige: ____________________

Bitte geben Sie an, in welchem Sektor Sie aktuell beschäftigt sind.

- ○ Primär (Land- und Forstwirtschaft)
- ○ Sekundär (Industrie)
- ○ Tertiär (Dienstleistungen)

Bitte geben Sie die Unternehmensgröße Ihrer aktuellen Beschäftigung an.

- ○ < 250 Mitarbeitende
- ○ 250 bis 499 Mitarbeitende
- ○ 500 bis 999 Mitarbeitende
- ○ 1.000 bis 10.000 Mitarbeitende
- ○ > 10.000 Mitarbeitende

Bitte geben Sie an, wo sich der Hauptsitz des Unternehmens Ihrer aktuellen Beschäftigung befindet.

- ○ D
- ○ EU (ohne D)
- ○ Nicht-EU

Bitte geben Sie Ihr jährliches Bruttoeinkommen an.

- ○ 19.999 € oder weniger
- ○ 20.000 € bis 39.999 €
- ○ 40.000 € bis 69.999 €
- ○ 70.000 € bis 109.999 €
- ○ 110.000 € oder mehr

Welche Art von Vertrag gilt für Ihre aktuelle Beschäftigung in Bezug auf Befristung?

- ○ Unbefristeter Arbeitsvertrag
- ○ Befristeter Arbeitsvertrag

Welche Art von Vertrag gilt für Ihre aktuelle Beschäftigung in Bezug auf das Anstellungsverhältnis?

- ○ Festangestellt
- ○ Leiharbeit

Welche Art von Vertrag gilt für Ihre aktuelle Beschäftigung in Bezug auf den Arbeitsumfang?

- ○ Vollzeit
- ○ Teilzeit

Bitte geben Sie an, ob Sie eine leitende Position innehaben.

- ○ Ja
- ○ Nein

Bitte geben Sie an, ob Sie Personalverantwortung in Ihrer aktuellen Position haben.

○ Ja

○ Nein

Wie lange arbeiten Sie in Ihrer jetzigen Organisation?

_________ Jahre

Wie lange arbeiten Sie in Ihrer aktuellen Position?

_________ Jahre

	Stimme absolut nicht zu	Stimme nicht zu	Stimme weder zu noch nicht zu	Stimme zu	Stimme absolut zu
Mein Vorgesetzter sorgt dafür, dass ich die für meine Karriere notwendige Aus-und Weiterbildung erhalte.	○	○	○	○	○
Ich erhalte eine ausreichende Aus- bzw. Weiterbildung, um meine Karriere weiterzuentwickeln.	○	○	○	○	○
Mir werden Dinge beigebracht, die ich wissen muss, um mich im Unternehmen karriereseitig weiterzuentwickeln.	○	○	○	○	○
Ich kann während meiner Arbeit meine berufsbezogenen Kompetenzen für die Zukunft weiterentwickeln.	○	○	○	○	○
Ich habe einen persönlichen Entwicklungsplan erhalten.	○	○	○	○	○
Mein Vorgesetzter gibt mir klares Feedback zu meiner Leistung.	○	○	○	○	○

Wie viele Jobs hatten Sie in den letzten 10 Jahren?

____

Wie viele Monate waren Sie in den letzten 10 Jahren ohne Beschäftigung?

____

	Stimme absolut nicht zu	Stimme nicht zu	Stimme weder zu noch nicht zu	Stimme zu	Stimme absolut zu
Ich kann jederzeit an einen anderen Wohnort ziehen, um einer anderen / neuen Beschäftigung nachzugehen.	○	○	○	○	○
Es gibt Faktoren in meinem Privatleben (z. B. Kinder im Schulalter, Verwandte etc.), die es mir sehr schwer machen, in naher Zukunft Umzuziehen.	○	○	○	○	○

	Stimme absolut nicht zu	Stimme nicht zu	Stimme weder zu noch nicht zu	Stimme zu	Stimme absolut zu
Es ist mir wichtig, dass ich in vielen verschiedenen Bereichen meines Lebens aktiv bin (z. B. Familie, Freunde, Gemeinschaft, Freizeitaktivitäten und Karriere).	○	○	○	○	○
Bevor ich eine berufsbezogene Entscheidung treffe, denke ich darüber nach, wie sich die Entscheidung auf andere Teile meines Lebens auswirken würde.	○	○	○	○	○
Ich strebe danach, in vielen verschiedenen Bereichen meines Lebens erfolgreich zu sein.	○	○	○	○	○
Es ist mir wichtig, dass ich mit meinen Erfahrungen in vielen verschiedenen Bereichen meines Lebens zufrieden bin.	○	○	○	○	○
Ich treffe arbeitsbezogene Entscheidungen auf der Grundlage der Auswirkungen, die die Entscheidungen auf andere Teile meines Lebens haben.	○	○	○	○	○
Ich nehme an Aktivitäten außerhalb der Arbeit teil, weil sie mir helfen, mich im Leben erfüllter zu fühlen.	○	○	○	○	○

	Stimme absolut nicht zu	Stimme nicht zu	Stimme weder zu noch nicht zu	Stimme zu	Stimme absolut zu
Ich bin wahrnehmungsfähig für die Emotionen anderer und die Auswirkungen, die diese haben können.	○	○	○	○	○
Ich konsultiere andere und teile mein Wissen und meine Informationen.	○	○	○	○	○
Ich bin in der Lage, ein breites und effektives Netzwerk von Kontakten aufzubauen, um meine Ziele zu erreichen.	○	○	○	○	○
Ich fördere verantwortungsvolles Verhalten gegenüber der Gemeinschaft und der Umwelt	○	○	○	○	○
Bei allem, was ich tue, halte ich die Ethik und Werte meines Berufes, meiner Gemeinschaft und meines Arbeitsplatzes aufrecht.	○	○	○	○	○
Ich finde es einfach, Kooperation und Unterstützung von anderen zu erhalten, wenn in einem Team gearbeitet wird.	○	○	○	○	○
Ich kann anderen meine Ansichten klar und fließend kommunizieren.	○	○	○	○	○
Ich finde es einfach, effektiv mit Menschen aus verschiedenen Kulturen, mit verschiedenen Hintergründen und auf verschiedenen Autoritätsebenen zu kommunizieren.	○	○	○	○	○

	Stimme absolut nicht zu	Stimme nicht zu	Stimme weder zu noch nicht zu	Stimme zu	Stimme absolut zu
Ich kann die meisten meiner Ziele erreichen, die ich mir selbst gesetzt habe.	○	○	○	○	○
Ich habe die Kontrolle über meine Karrierechancen.	○	○	○	○	○
Ich treffe meine eigenen Entscheidungen.	○	○	○	○	○
Ich finde es einfach, Deadlines einzuhalten.	○	○	○	○	○
Ich kann alternative Wege zur Lösung eines Problems finden.	○	○	○	○	○
Ich suche ständig nach besseren Vorgehensweisen, um Dinge zu tun.	○	○	○	○	○
Ich bin sehr geschickt darin, günstige Gelegenheiten zu erkennen, um meine Ziele zu erreichen.	○	○	○	○	○
Ich bin ständig auf der Suche nach neuen Wegen, um mein Leben zu verbessern.	○	○	○	○	○
Ich treffe im Allgemeinen Entscheidungen, die sich für mich richtig anfühlen.	○	○	○	○	○
Hinsichtlich meiner zukünftigen Karrieremöglichkeiten bin ich optimistisch.	○	○	○	○	○

	Stimme absolut nicht zu	Stimme nicht zu	Stimme weder zu noch nicht zu	Stimme zu	Stimme absolut zu
Ich betrachte mich als kompetent, um in meinem Arbeitsbereich tiefgreifende Fachgespräche zu führen.	○	○	○	○	○
Wenn möglich, nutze ich neue Ansätze und Technologien in meinem Arbeitsumfeld.	○	○	○	○	○
Bei Bedarf kann ich genaue Erklärungen zu Informationen und Daten geben, die mir präsentiert wurden.	○	○	○	○	○
Bei Bedarf kann ich unterschiedliche Software verwenden, die für meine Arbeit relevant ist.	○	○	○	○	○
Ich kann Technologien effektiv nutzen, um mit anderen zu kommunizieren.	○	○	○	○	○
Bei Bedarf kann ich anhand der Analyse von fachspezifischen Informationen und Daten rationale Schlüsse ziehen.	○	○	○	○	○
Im letzten Jahr war ich im Allgemeinen kompetent, sodass ich meine Arbeit genau und mit wenigen Fehlern ausführen konnte.	○	○	○	○	○
Ich bleibe auf dem Laufenden über Entwicklungen in Bezug auf meinen Beruf.	○	○	○	○	○
Ich sorge dafür, dass meine Fachkenntnisse auf dem neuesten Stand bleiben und ich über neue Entwicklungen in meinem Beruf informiert bin.	○	○	○	○	○
Ich nutze Entwicklungs- und Ausbildungsmöglichkeiten, um meine technologischen Kompetenzen, mein Wissen und meine Fähigkeiten in meinem Beruf zu verbessern.	○	○	○	○	○
Ich stufe meine Fähigkeiten in meinem Fachgebiet als gut ein.	○	○	○	○	○

	Stimme absolut nicht zu	Stimme nicht zu	Stimme weder zu noch nicht zu	Stimme zu	Stimme absolut zu
Ich passe mich den Entwicklungen auf dem Arbeitsmarkt an.	○	○	○	○	○
Variationen in meinen Aufgabenbereichen stellen für mich keine Schwierigkeit dar.	○	○	○	○	○
Ich passe mich generell Veränderungen in meinem Arbeitsumfeld schnell an und nutze deren Vorteile.	○	○	○	○	○
Ich habe eine sehr positive Einstellung zu Veränderungen in meiner Funktion.	○	○	○	○	○
Ich passe mich an die Entwicklungen in meiner Organisation an.	○	○	○	○	○
Ich passe mich einfach Veränderungen an meinem Arbeitsplatz an.	○	○	○	○	○

	Stimme absolut nicht zu	Stimme nicht zu	Stimme weder zu noch nicht zu	Stimme zu	Stimme absolut zu
Im Unternehmen werden moderne Informations- und Kommunikationstechnologien, z. B. Video- und Webkonferenzsysteme (Skype etc.), Kollaborationssysteme (Sharepoint, Confluence etc.), genutzt.	○	○	○	○	○
Die Produktionsmaschinen erfüllen ihre Aufgaben zum großen Teil vollautomatisiert, d. h. ohne menschliches Zutun.	○	○	○	○	○
Die Produktionsmaschinen können flexibel auf veränderte Produktionsanforderungen angepasst werden.	○	○	○	○	○
Im Unternehmen sind mobile Endgeräte, z. B. Smart Devices oder Tablets, zur Vernetzung der Unternehmensaktivitäten im Einsatz.	○	○	○	○	○
In der Produktion werden Sensorik-Systeme zur Generierung und Nutzung von Echtzeit-Daten eingesetzt.	○	○	○	○	○
In den Produktionsmaschinen sind elektro-nische Rechner und Computer (Embedded System) integriert.	○	○	○	○	○
Die Produktionsmaschinen können selbstständig miteinander kommunizieren bzw. Informationen austauschen (Maschine-zu-Maschine-Kommunikation).	○	○	○	○	○
In der Produktion werden ID-Technologien, z. B. RFID, Bluetooth, UWB, zur automatischen Echtzeit-Identifikation von Objekten verwendet.	○	○	○	○	○
Im Unternehmen wird Cloud-Computing (ortsunabhängige Speicherung, Verwaltung und Bereitstellung von Daten) verwendet.	○	○	○	○	○
Im Unternehmen werden generative Fertigungstechnologien (3D-Druck) eingesetzt.	○	○	○	○	○

Bitte geben Sie Ihr Alter in ganzen Zahlen an.

_________ Jahre

Bitte geben Sie Ihr Geschlecht an.

- ○ Weiblich
- ○ Männlich
- ○ Divers
- ○ Keine Angabe

Bitte geben Sie Ihren höchsten Bildungsabschluss an.

- ○ Kein Schulabschluss
- ○ Grund-/Hauptschulabschluss
- ○ Mittlere Reife
- ○ Fachabitur
- ○ Abitur
- ○ Abgeschlossene Berufsausbildung
- ○ Bachelor
- ○ Master / Diplom
- ○ Promotion
- ○ Sonstiger: ______________________________

b. Empirische Studie I – Fragebogen Management/ Personal

Sind Sie Teil der oberen Führungsebenen und / oder der Personalabteilung?

- ○ Ja
- ○ Nein

Wie schätzen Sie aktuell Ihre Karrieremöglichkeiten ein?

- ○ Hervorragend
- ○ Sehr gut
- ○ Gut
- ○ Nicht besonders gut
- ○ Überhaupt nicht gut

Wie lautet der Name des Unternehmens, bei dem Sie aktuell beschäftigt sind?

____

Bitte geben Sie an, wo sich der Standort des Unternehmens Ihrer aktuellen Beschäftigung befindet.

- ○ Baden-Württemberg
- ○ Bayern
- ○ Berlin
- ○ Brandenburg
- ○ Bremen
- ○ Hamburg
- ○ Hessen
- ○ Mecklenburg-Vorpommern
- ○ Niedersachsen
- ○ Nordrhein-Westfalen
- ○ Rheinland-Pfalz
- ○ Saarland
- ○ Sachsen
- ○ Sachsen-Anhalt
- ○ Schleswig-Holstein
- ○ Thüringen

Bitte geben Sie die Branche an, in der Sie aktuell beschäftigt sind.

- ○ Maschinen-/ Anlagenbau
- ○ Automobilindustrie (OEM)
- ○ Automobilindustrie (Zulieferer)
- ○ Elektroindustrie
- ○ Gebrauchsgüter
- ○ Energiewirtschaft
- ○ Medizintechnik
- ○ Pharmazie
- ○ Schüler/in
- ○ Sonstige: ______________________________

Bitte geben Sie an, in welchem Sektor Sie aktuell beschäftigt sind.

- ○ Primär (Land- und Forstwirtschaft)
- ○ Sekundär (Industrie)
- ○ Tertiär (Dienstleistungen)

Bitte geben Sie die Unternehmensgröße Ihrer aktuellen Beschäftigung an.

- ○ < 250 Mitarbeitende
- ○ 250 bis 499 Mitarbeitende
- ○ 500 bis 999 Mitarbeitende
- ○ 1.000 bis 10.000 Mitarbeitende
- ○ > 10.000 Mitarbeitende

Bitte geben Sie an, wo sich der Hauptsitz des Unternehmens Ihrer aktuellen Beschäftigung befindet.

- ○ D
- ○ EU (ohne D)
- ○ Nicht-EU

Bitte geben Sie Ihr jährliches Bruttoeinkommen an.

- ○ 19.999 € oder weniger
- ○ 20.000 € bis 39.999 €
- ○ 40.000 € bis 69.999 €
- ○ 70.000 € bis 109.999 €
- ○ 110.000 € oder mehr

Welche Art von Vertrag gilt für Ihre aktuelle Beschäftigung in Bezug auf Befristung?

- ○ Unbefristeter Arbeitsvertrag
- ○ Befristeter Arbeitsvertrag

Welche Art von Vertrag gilt für Ihre aktuelle Beschäftigung in Bezug auf das Anstellungsverhältnis?

- ○ Festangestellt
- ○ Leiharbeit

Bitte geben Sie an, ob Sie eine leitende Position innehaben.

- ○ Ja
- ○ Nein

Bitte geben Sie an, ob Sie Personalverantwortung in Ihrer aktuellen Position haben.

- ○ Ja
- ○ Nein

Wie lange arbeiten Sie in Ihrer jetzigen Organisation?

_________ Jahre

Wie lange arbeiten Sie in Ihrer aktuellen Position?

_________ Jahre

	Stimme absolut nicht zu	Stimme nicht zu	Stimme weder zu noch nicht zu	Stimme zu	Stimme absolut zu
Es werden große Anstrengungen unternommen, um die richtige Person für einen Job auszuwählen.	○	○	○	○	○
Es wird großen Wert auf langfristiges Mitarbeiterpotenzial gelegt.	○	○	○	○	○
Dem Personalbesetzungsprozess wird eine große Bedeutung beigemessen.	○	○	○	○	○
Bei der Personalauswahl werden sehr umfangreiche Anstrengungen unternommen.	○	○	○	○	○
Die Mitarbeitenden haben einige Möglichkeiten innerhalb des Unternehmens aufzusteigen.	○	○	○	○	○
Mitarbeitende haben klare Karrierewege in unserem Unternehmen.	○	○	○	○	○
Es gibt formelle Ausbildungsprogramme, um neuen Mitarbeitenden die Fähigkeiten zu vermitteln, die sie für ihre Arbeit benötigen.	○	○	○	○	○
Den Mitarbeitenden werden formale Weiterbildungsprogramme angeboten, um ihre Förderungsfähigkeit im Unternehmen zu erhöhen.	○	○	○	○	○

	Stimme absolut nicht zu	Stimme nicht zu	Stimme weder zu noch nicht zu	Stimme zu	Stimme absolut zu
Wir schaffen Strukturen und Verfahren, die unsere Mitarbeitenden dazu ermutigen, Initiative zur Verbesserung der Unternehmensleistung zu ergreifen.	○	○	○	○	○
Wir schaffen neue Strukturen, Richtlinien und Praktiken, die unseren Mitarbeitenden helfen, ihr Wissen und ihre Motivation zu nutzen.	○	○	○	○	○
Kernprozesse werden regelmäßig auf Optimierungspotenziale durch digitale Technologien überprüft.	○	○	○	○	○
Das digitale Potenzial in Kernprozessen ist in Bezug auf aktuelle Best Practices ausgeschöpft und umgesetzt.	○	○	○	○	○
Für die Entwicklung von innovativen digitalen Produkt-, Service- und Prozessideen wurden strategische Rahmenbedingungen geschaffen.	○	○	○	○	○
Unsere Geschäftsstrategie zielt darauf ab, neue Fähigkeiten aufzubauen, um in vielen denkbaren digitalen Szenarien erfolgreich zu sein.	○	○	○	○	○
Mitarbeitende, für die es sinnvoll ist, haben die Möglichkeit, zuhause mobil mit vollem Datenzugriff zu arbeiten.	○	○	○	○	○
Unser Unternehmen hat viel Erfahrung mit mobilem Arbeiten, so dass kaum formale Regelungen nötig sind.	○	○	○	○	○
Unsere Mitarbeitenden wenden für ihre Aufgaben nützliche digitale Lösungen an.	○	○	○	○	○

	Stimme absolut nicht zu	Stimme nicht zu	Stimme weder zu noch nicht zu	Stimme zu	Stimme absolut zu
Im Unternehmen werden moderne Informations- und Kommunikationstechnologien, z. B. Video- und Webkonferenzsysteme (Skype etc.), Kollaborationssysteme (Sharepoint, Confluence etc.), genutzt.	○	○	○	○	○
Die Produktionsmaschinen erfüllen ihre Aufgaben zum großen Teil vollautomatisiert, d. h. ohne menschliches Zutun.	○	○	○	○	○
Die Produktionsmaschinen können flexibel auf veränderte Produktionsanforderungen angepasst werden.	○	○	○	○	○
Im Unternehmen sind mobile Endgeräte, z. B. Smart Devices oder Tablets, zur Vernetzung der Unternehmensaktivitäten im Einsatz.	○	○	○	○	○
In der Produktion werden Sensorik-Systeme zur Generierung und Nutzung von Echtzeit-Daten eingesetzt.	○	○	○	○	○
In den Produktionsmaschinen sind elektro-nische Rechner und Computer (Embedded System) integriert.	○	○	○	○	○
Die Produktionsmaschinen können selbstständig miteinander kommunizieren bzw. Informationen austauschen (Maschine-zu-Maschine-Kommunikation).	○	○	○	○	○
In der Produktion werden ID-Technologien, z. B. RFID, Bluetooth, UWB, zur automatischen Echtzeit-Identifikation von Objekten verwendet.	○	○	○	○	○
Im Unternehmen wird Cloud-Computing (ortsunabhängige Speicherung, Verwaltung und Bereitstellung von Daten) verwendet.	○	○	○	○	○
Im Unternehmen werden generative Fertigungstechnologien (3D-Druck) eingesetzt.	○	○	○	○	○

Bitte geben Sie Ihr Alter in ganzen Zahlen an.

________ Jahre

Bitte geben Sie Ihr Geschlecht an.

- ○ Weiblich
- ○ Männlich
- ○ Divers
- ○ Keine Angabe

Bitte geben Sie Ihren höchsten Bildungsabschluss an.

- ○ Kein Schulabschluss
- ○ Grund-/Hauptschulabschluss
- ○ Mittlere Reife
- ○ Fachabitur
- ○ Abitur
- ○ Abgeschlossene Berufsausbildung
- ○ Bachelor
- ○ Master / Diplom
- ○ Promotion
- ○ Sonstiger: ______________________________

In der Reihe **Ergebnisse aus der Produktionstechnik** zuletzt erschienen:

Metzmacher, Amelie Isabel:
Beschäftigungsfähigkeit im produzierenden Sektor – Entwicklung des Predictive Model of Industrial Employability
ISBN: 978-3-98555-201-6
Erscheinungsdatum: 13.02.2024

Olivier, Marcel:
Abtragmechanismen beim drahtfunkenerosiven Bearbeiten elektrisch leitfähiger Keramiken im kohlenwasserstoffbasierten Dielektrikum
ISBN: 978-3-98555-200-9
Erscheinungsdatum: 30.01.2024

Landwehr, Markus:
Modellierung und Vorhersage des eigenspannungsbedingten Bauteilverzugs bei der Fräsbearbeitung
ISBN: 978-3-98555-194-1
Erscheinungsdatum: 09.01.2024

Goergen, Fabian:
Analogieversuch zur Erzeugung von Zahnflankenbrüchen an Stirnrädern
ISBN: 978-3-98555-191-0
Erscheinungsdatum: 11.12.2023

Studerus, Bastian:
Gestaltung von Kooperationen zwischen Technologiekonzernen und Start-ups
ISBN: 978-3-98555-186-6
Erscheinungsdatum: 04.12.2023

Schulz, Malena:
Digital Twin Methodology for the Automated Fiber Placement with In-situ Consolidation of Thermoplastic Tape
ISBN: 978-3-98555-195-8
Erscheinungsdatum: 30.01.2024

Schweins, Julian:
Datengestützte Gestaltung des nachhaltigen Werkzeuglebenszyklus
ISBN: 978-3-98555-197-2
Erscheinungsdatum: 22.01.2024

Ecker, Christian:
Flexible Inbetriebnahme roboterbasierter Montagesysteme durch Prozessdemonstration
ISBN: 978-3-98555-189-7
Erscheinungsdatum: 11.12.2023

Padberg, Melanie:
Ansätze der inhärent sicheren Konstruktion modifizierbarer, cyberphysischer Produktionssysteme
ISBN: 978-3-98555-184-2
Erscheinungsdatum: 07.12.2023

Wlecke, Shari:
Industrialisierung hochiterativ entwickelter Produkte
ISBN: 978-3-98555-171-2
Erscheinungsdatum: 13.11.2023

Edition Wissenschaft
Apprimus

Riedel, Jörn:
Scannendes Verfahren zur flexiblen Messung asphärischer Optiken
ISBN: 978-3-98555-177-4
Erscheinungsdatum: 31.10.2023

Buckhorst, Armin Friedrich:
Planung und Steuerung von Abläufen in linienlosen mobilen Montagesystemen
ISBN: 978-3-98555-174-3
Erscheinungsdatum: 26.09.2023

Schwarberg, Annika:
Identifizierung von Innovationspotenzialen durch die Analyse von Produktnutzungsinformationen
ISBN: 978-3-98555-169-9
Erscheinungsdatum: 17.08.2023

Müller, Ulrich:
Material Removal and Grinding Wheel Wear Mechanisms during Grinding of Polycrystalline Cubic Boron Nitride
ISBN: 978-3-98555-163-7
Erscheinungsdatum: 01.08.2023

Vogel, Paul-Alexander:
Entwicklung eines Prozessmodells für die nicht-isotherme vakuumunterstützte Dünnglasumformung
ISBN: 978-3-98555-140-8
Erscheinungsdatum: 21.06.2023

Ochel, Tim:
Prognostik zur Resilienzsteigerung im Werkzeugbau
ISBN: 978-3-98555-161-3
Erscheinungsdatum: 22.05.2023

Müller, Clemens:
Elektrische Widerstandserwärmung von Blechwerkstoffen zur Steigerung der Umformbarkeit
ISBN: 978-3-98555-175-0
Erscheinungsdatum: 16.10.2023

Scheuer, Thomas:
Fähigkeitsbündel zur Steigerung der Arbeitsproduktivität für intelligente produzierende Unternehmen
ISBN: 978-3-98555-173-6
Erscheinungsdatum: 25.09.2023

Heutmann, Timo:
Proactive Production Control for a Synchronized Tool Production
ISBN: 978-3-98555-164-4
Erscheinungsdatum: 03.08.2023

Schroers, Marius:
Gehörbezogene Auslegung zweistufiger Getriebe unter Berücksichtigung dynamischer Anregungseffekte
ISBN: 978-3-98555-165-1
Erscheinungsdatum: 01.08.2023

Chavan, Prateek:
Substructuring Methods for Efficient Prediction of Spindle-Holder-Tool Assembly Dynamics
ISBN: 978-3-98555-160-6
Erscheinungsdatum: 05.06.2023

Schneidermann, Dennis:
Orchestration von Vertrauen in interorganisationalen Wissensnetzwerken der Fabrikplanung
ISBN: 978-3-98555-153-8
Erscheinungsdatum: 15.05.2023

Edition Wissenschaft
Apprimus

Zeitfracht Medien GmbH
Ferdinand-Jühlke-Straße 7
99095 Erfurt, Deutschland
produktsicherheit@kolibri360.de